기술과 사회

Jan L. Harrington 지음 김태훈 · 박경문 · 배명일 · 원영선 옮김

한티미디어

■ **역자소개**

김태훈 충남대학교 공학교육혁신센터 전임연구원
박경문 충남대학교 공과대학 초빙교수
배명일 충남대학교 공과대학 초빙교수
원영선 충남대학교 공과대학 초빙교수

기술과 사회

발행일 2009년 03월 14일 초판 1쇄
2011년 09월 01일 초판 3쇄
역 자 김태훈, 박경문, 배명일, 원영선
발행인 김준호
발행처 한티미디어
총 괄 오성준
마케팅 박재인 노재천
편 집 조영주 김현정
관 리 전보라

등 록 제15-571호
주 소 서울시 마포구 연남동 570-20
전 화 02)332-7993~4
팩 스 02)332-7995
인 쇄 이산문화사
가 격 17,000원
홈페이지 www.hanteemedia.co.kr
이 메 일 hantee@empal.com

ISBN 978-89-91182-77-6 93500

>>> 머리말

"기술과 삶의 조화를 위한 책"

이 책의 독자가 된 것을 환영한다. 지난 25년 동안 나는 모든 종류의 프로그래밍, 데이터베이스 관리, 데이터 통신 그리고 컴퓨터 보안과 몇몇의 Mac OS 출판물들을 통합하기 위해 과학기술 관련 책을 써왔다. 그러나 이 책은 다르다. 이 책이 기술에 관한 책이기는 하지만 "어떻게 구체적으로 기술을 사용할까"가 아닌 "어떻게 과학기술이 우리가 사는 세계와 조화를 이룰 수 있을까"에 대한 탐구서이다.

이 책은 내가 가르치는 '과학기술과 사회' 강좌를 바탕으로 집필되었다. 이 커리큘럼은 기술정보(IT) 전공 학부를 졸업하기 위한 필수 과목이라고 말할 수 있다.

우리는 기술을 넓은 의미로 말한다. 기술은 단순하게 컴퓨터만을 다루는 것이 아니다. 우리는 기술이 어떻게 인류의 삶에 자리 잡아 가는지 그리고 어떻게 문명이 기술과 조화되는지를 일상에서 체험한다. 기술에 대한 토론은 학생들의 윤리, 철학, 역사, 심리학, 사회 그리고 문학에서 얻은 지식들을 한 단계 높여준다. 학생들은 인쇄, 영화, 온라인 자료들을 탐색하고 다양한 현재의 논쟁들에 대해 의견을 개진한다.

이 책은 과학과 기술을 학습하면서 반드시 알아야 할 주제들을 모아 설명한 책이다. 독자는 과학기술의 변화에 대한 논쟁, 실패한 과학기술 그리고 그 실패에 관한 충돌, 과학기술을 사용하는 사람들에 대해 학습한다(예를 들어 경제, 정치, 교육 그리고 사회적 상호작용과 엔터테인먼트).

나는 이 책을 통해 기술에 대해 공정하게 서술했지만 네오 러다이트(제4장 참조)가 말하는 것처럼 과학기술이 항상 긍정적이고 중립적이지 않다는 것에 동의한다. 우리 인간들이 창조하고, 제조하는 모든 것에는 항상 긍정적인 면과 부정적인 면이 있다. 어떤 방법으로 이 균형을 맞추는가는 우리가 어떻게 기술을 사용하느냐에 달려 있다. 그러므로 이 책은 기술의 두 가지 측면을 모두 고찰했으며 역사, 심리학, 사회학, 인류학, 과학, 경제, 철학 그리고 윤리학의 다양한 참고문헌을 인용했다.

이 책을 통해 무엇을 할 수 있을까

누구든지 이 책을 아무런 구체적 목적 없이 읽을 수 있다. 왜냐하면 이 책의 내용 자체가 흥미롭기 때문이다. 만약 당신이 교사라면 이 책을 과학의 기초 교재로 사용할 수 있으며, 과학과 기술을 배우는 학생이라면 기술의 역사와 미래를 조망하게 된다. 이 책에서 다루고자 하는 쟁점은 인류사회의 기술 발전을 포함해 컴퓨터를 둘러싼 윤리 등 기술 전반에 대해 설명한다.

이 책으로부터 무엇을 기대할 수 있을까

이 책은 우리가 지금까지 당연하다고 생각해왔던 것을 '정말로 그럴까?' 하고 생각하게 만든다. 과학기술을 전공하는 독자라면—컴퓨터이든 수학이든 상관없이—인식을 새롭게 만들고, 어떻게 사람들이 과학기술적으로 복잡한 반응을 하는지를 되돌아보게 한다. 이 책은 인간 사회에서 없어서는 안 될 과학기술을 볼 수 있게 도와준다.

이 책의 모든 장(Chapter)은 '무엇을 배울까'를 시작으로 '개요'와 함께 본문을 설명하고 단원의 끝에는 '이 장에서 무엇을 배웠나'로 각 장을 요약했다. 또한 '생각해보기'를 실어 독자 스스로 답을 찾도록 했다. 모든 장에는 많은 각주가 나오며 각주에는 해당 온라인 소스를 표시했다. 더 알고 싶은 경우 그 사이트를 방문하면 된다.

>>> 감사의 글

이 책을 쓰는 일은 매우 즐거운 여정이었다. 이 과정에서 많은 사람들의 도움을 받았다. 가장 먼저 편집자 팀 앤더슨(Tim Anderson)에게 감사를 전하고 싶다. 그리고 나에게 이 책을 실제로 만들 수 있는 기회를 준 존 앤 바틀렛(Jhon & Bartlett)에게도 감사를 전한다. 또한 뛰어난 편집자인 멜리사 앨모어(Melissa Elmore)의 도움이 없었더라면 이 책은 만들어지기 어려웠을 것이다.

또 다른 편집인 트레이시 챕만(Tracey Chapman), 사진 조사를 도와준 맥한 하이스(Meghan Hayes), 교열과 교정을 맡은 팜 톰슨(Pam Thomson)과 샬럿 주카리니, 미디어 전문가 조이 라빈(Joy Rabin)에게도 감사를 전한다.

Jan L. Harrington
School of Computer Science and Mathematics Marist College

차 례

Chapter 02 기술의 역사 History of Technology

Chapter 03 기술의 실패 Technological Failures

Chapter 04 기술에 대한 저항

Chapter 05 기술에의 접근성 Accessibiliby of Technology

Chapter 06 경제와 노동 Economics and Work

CHAPTER 07

의사소통과 상호작용

Human behavior: Communicating and Interacting

CHAPTER 08 정부와 정치 그리고 전쟁

CHAPTER 09 어린이와 교육 그리고 도서관
Children, Education and Libraries

CHAPTER 10 과학과 의학 Science and Medicine

CHAPTER 11 엔터테인먼트와 예술 Entertainment and the Arts

CHAPTER 12 앞으로의 기술세계 Looking Ahead

Chapter 01

변화의 시대

Generating Change

제1장에서 무엇을 배울까?

- 기술에 대한 정의를 내려보자.
- 1950년대에 나타난 '미래 기술의 예측'의 정확성에 대해 토론해보자.
- 새로운 아이디어의 창출이 얼마나 어려운지 조사해보자.
- 패러다임의 전환을 보여주는 혁신과 현존하는 기술을 다시 설정한 혁신 사이의 다른 점을 생각해보자.
- 혁신의 근원에 대해 토론해보자.
- 혁신의 발생에서 공상과학소설의 역할을 알아보자.
- 어떻게 혁신이 자금을 제공받는지 고찰해보자.

개요

이 책에서는 기술 변화의 긍정적인 측면과 부정적인 측면을 다룬다. 인류 역사에는 소위 암흑기로 불리는 기술 혁신이 거의 전무했던 시대와 이집트 시대가 있었다.[1] 다행히도—관점에 따라서는 불행히도—그런 시대는 오래 가지 않았다. 르네상스 시대가 시작되자 인류 사회는 과학과 기술에 있어 비약적인 발전을 이루었기 때문이다.[2] 사실 우리는 이러한 기술적 변화를 서유럽과 북미의 산업혁명에서 비롯되었다고 보는 경향이 있다. 이 장에서는 1950년대 이전의 변화에 대해 강조하며, 산업혁명 시대의 변화에 대해 다룰 것이다.

1) 우리는 고대 이집트인들을 위대한 발명가들이라고 생각하는 경향이 있다. 왜냐하면 그들은 피라미드나 다른 놀라운 유적들을 만드는 방법을 발명해냈기 때문이다. 그러나 고대 이집트 사회는 매우 융통성 없고 저항적이었다.

2) 2장에서 르네상스시대부터의 기술적 성장을 설명한다.

우리는 이들 변화가 기술사용을 발생시키고 인간을 변화시킨 것과 마찬가지로 우리가 사는 세상을 어떻게 변화시켰는지 살펴볼 것이다.

또한 우리는 이러한 많은 변화들이 어떻게 인간과 사회를 변화시켰고, 사람들이 기술을 이용하도록 유도하고 강요했는지 살펴볼 것이다. 기술적으로 얼마나 발전해왔으며, 수년 이내에 얼마만큼 더 발전하게 될지에 대해서도 논의한다(여기에는 부정적 예측도 포함되어 있다).

이 책의 목적은 기술이 우리의 삶에 미치는 영향을 깨우쳐주기 위함이다. 이 책을 통해 우리가 사용하는 기술의 영향에 대해 좀더 쉽게 이해하게 되고, 기술의 윤리적이고 유익한 사용법을 발견하게 될 것이다. 기술은 너무나 빠르게 발전하여 그 변화를 따라잡기가 어렵다. 그러므로 우리가 어디를 거쳐 왔고, 현재 어디에 있으며, 앞으로 어디로 가야 하는지 살펴보기 위해서는 잠깐 멈춰서야 할 필요가 있다.

기술이란 무엇인가

시작에 앞서, 우리가 말하는 '기술'이란 무엇인가에 대해 정의해 보도록 하자. 단순히 전자제품을 의미하는 것인가 아니면 더 포괄적인 용어인가? 이 책의 논점대로라면 기술은 전자제품군과 더불어 기술에 의해 만들어진 모든 것을 의미한다. 예를 들면 실험실에서 만들어진 살충제, 유전적으로 조작된 유기화합물, 다양한 약품들 그리고 석유로 만들어진 섬유에 이르기까지, 나아가 컴퓨터, 비디오 게임, MP3 등과 같은 것들뿐만 아니라 훨씬 더 광범위하게 기술의 산물로 간주한다. 그럼에도 불구하고 우리는 인터넷에 중점을 두고 논의할 것이다. 여기에는 두 가지 이유가 있다. 첫째, 인터넷은 전세계적으로 보급되어 있고, 둘째, 다른 어떤 기술보다 인터넷의 사용에 대한 연구가 더 많이 이루어졌기 때문이다.

하늘을 나는 자동차

기술의 변화가 빠르다고는 하지만 가끔은 우리가 생각하는 것만큼 빠르지 않다. 1950년대의 인기 프로그램 '다큐멘터리Documentrary'는 미래의 기술에 대한 이야기였다.[3] 이 쇼는 흑백 다큐였는데—당시에는 칼라가 없었다—이런 쇼들에는 보통 식기들과 조리기구, 음식 그리고 식기세척기를 포함한 중앙 콘솔이 있는 부엌이 등장했다. 그 집의 주부는 1950년대 스타일 원피스와 아마도 초등학생 딸이 묶어줬을 앞치마를 두르고 있다.

---

3) 1950년에 50년 뒤를 예언한 기사이다(웃음이 나온다). http://blog,modernmechchanix.com/2006/10/05/ miracles-youll-see-in-the-next-fifty-years/. 재미있지 않은가? 예언 중 하나는 속옷이 사탕으로 재활용되는 것이다.

[그림 1-1]에서 전형적인 미래의 부엌을 볼 수 있다(1956년에 상상한). 그림에서 앞에 나와 있는 반구형의 기구는 완벽하게 구워져서 설탕을 하얗게 친 생일 케이크를 꺼낸 오븐이다. 주부 뒤에 원형식의 구조로 되어 있는 것은 냉장고와 음식 저장 설비다. 부엌에는 요리사가 조리법 카드를 넣으면 요리에 필요한 모든 재료가 만들어지는 기계도 있다. 이 부엌은 현대의 부엌과 두드러지게 다른 모습을 하고 있지는 않다. 오늘날 우리는 식품점에서 전자렌지에 돌리기만 하면 바로 먹을 수 있는 음식을 살 수 있다. 그러나 대부분 사람들은 그런 음식들이 '집에서 요리한 음식' 이라거나 건강하다고 생각하지 않는다. 빠르고 간편하지만 우리가 매일 매끼니마다 먹는 음식은 아니다.

사실 근본적인 부엌의 구성요소는 1950년대에서 많이 바뀌지 않았다(전자렌지의 등장은 제외하고). 그러나 사회적으로는 변화가 있었다. 누가 요리를 하고 청소를 하는지 등은 오늘날에 들어 많이 변화되었다. 미래의 식사 습관에 대한 많은 예측들은—텔레비전 쇼인 '잿슨쇼 The Jotsons' 에 나오는 것처럼—알약이 음식을 대신할 것이라고 말한다. 그러나 우주 비행사조차 알약을 음식 대신 먹지는 않는다. 우리 인간들은 먹는 것을 좋아한다. 아마도 수분을 뺀 음식을 우주에서나 캠핑을 갈 때나 군인들이나 사용하겠지만 그것은 우리가 선택한 식사는 아니다. 우리는 사람이 만든 따끈따끈한 음식을 좋아한다. 이것은 인간이 기술의 진보를 '거절' 한 상황이다. 실제로 우리는 비료나 살충제 없이 재배한 유기농 음식에 기꺼이 더 많은 값을 치르려 한다.

미래의 다큐멘터리에는 플라잉 자동차(cars flying)도 등장한다. 우리가 사용하는

그림 1-1 1956년에 예측한 미래 부엌의 모습

바퀴 달린 모든 개인 운송수단은 도로보다 하늘의 길을 이용하는 차로 변화될 것이다. 하지만 아직은 일어나지 않은 일이다. 우리는 아직 교통사고에서조차 벗어날 수 없다. 만약 우리가 날 수 있다면 하늘에서 벌어지는 혼돈을 상상할 수 있는가. 도로는 2차원이고 비행길은 3차원이다! 현재 NASA에서는 항공교통을 관리하기 위해 항공교통관제에 대한 연구를 하고 있다. 그리고 **[그림 1-2]**와 같이 개인용 플라잉 자동차를 만드는 회사인 몰러(Moller)의 대표는 2025년에는 많은 개인용 플라잉 자동차들이 생길 것이라고 믿고 있다.[4] 그럼에도 불구하고 미래의 자동차는 여전히 도로 위를 질주할 것이다.

또한 미래에는 로봇도 큰 몫을 차지한다. 미래에는 모든 가정에서 가정 일을 도맡아 하는 로봇 가정부가 있을지 모른다. 로봇은 교사도 될 수 있고, 경찰관도 될 수 있고, 의회에서 일할 수도 있다. 우리가 상상하는 모든 일을 말이다. 현재 로봇 가정부가 없더라도 로봇은 50년 전에 꿈꿔왔던 것과 많이 다르지 않다. 예를 들어 스쿠바(Scooba robot)는 바닥을 닦는 로봇이다(**[그림 1-3]** 참조). 스쿠바는 사람처럼 생기지는 않았지만 매우 유용하다! 인간의 모든 일을 대신 할 수 있는 인간에 가까운 로봇을 만드는 일은 현재로선 많은 기술적 장애에 부딪치고 있다. 예를 들면 다음과 같다.

- 이동: 계단을 오르는 것은 굉장히 어렵고 복잡한 일이다.
- 시야: 움직이는 물체를 따라가는 일을 해결하는 문제는 현재로선 어렵다.
- 전원: 전원을 계속적으로 공급하는 문제 역시 현재로선 해결되지 않고 있다. 휴대용 전원은 시간이 지나면 끝난다.
- 손힘의 조절: 어떻게 로봇은 물건을 잡을까? 로봇은 100kg짜리 돌은 쉽게 들 수 있지만 부드러운 물건을 상처 없이 잡으려면 기계에게는 큰 도전이다. 인간은 물건을 볼 수 있고 물건에 대한 지식을 발휘해서, 얼마나 무거운지 그리고 물건을 들어 올리려면 얼마만큼 힘이 있어야 하는지 바로 알 수 있다. 이것은 로봇에게는 어려운 일이다.

기술적으로 인간과 가까운 로봇으로 혼다(Honda Corporation)의 리서치 프로젝트인 아시모(ASIMO)[5]가 있다(**그림 1-4, 1-5**). 아시모는 첫 번째 이동 문제를 어느 정도 해결했다. 아시모의 키는 3피트 정도이고 무릎은 사람과 같다. 비교적 자연스럽게 계단을 올라갈 수 있고 표지판 주위를 돌면서 뛸 수 있다. 초기 버전의 로봇들은 플러그를 연결해야만 했다. 아시모는 1950년대에 예상한 것처럼 모든 일에서 인간을 도울 수 있다. 하지

---

4) NASA의 항공교통통제 시스템에 대한 기사 전문은 http://www.cbsnews.com/stories/2005/04/15/60min-utes/main688454.shtml

5) 아시모의 개발 업데이트를 보려면 http://asimo.honda.com

그림 1-2 개인용 플라잉자동차

그림 1-3 청소를 전담하는 스쿠바 로봇

그림 1-4 혼다가 만든 ASIMO 로봇

만 아시모가 부엌에 있기를 기대하면 안 된다. 그럼에도 우리의 꿈에 나오는 로봇은 아직 만들어지지 않았다.

기술은 우리가 연구하는 것보다 빠르게 변화한다. 새로운 아이디어와 도구들은 우리를 미래로 인도하는 길이 되며 이를 위해서는 기술의 문제를 해결해야 한다. 많은 변화들은 점진적이다. 종종 새로운 기술은 인간 삶의 모든 것을 변화시킨다. 그러나 우리는 여러 가지 이유로 변화를 반대하다. 인간의 상상력은 가끔 현재의 기술을 앞지르기도 하지만 상상하는 모든 것을 만들 수 있다.

그렇다면 과연 플라잉 자동차는 있을까?(비행장에 있다). 인간에 가까운 로봇이 있을까?(개발 중이다). 왜 기술은 변화할까? 기술은 우리 인간에게 무엇을 주는 걸까? 그리고 우리는 기술에게 무엇을 원하는 걸까? 우리는 이 문제들을 이 책을 통해 살펴보고, 어떻게 기술이 우리를 변화시키고 변화시키지 않는지를 검토한다.

패러다임의 전환

패러다임의 전환은 우리의 생각이나 행위에 대한 큰 변화를 말한다. 예를 들어 활자의 발명은 책을 만들 때 패러다임 전환의 이유가 된다.[6] 손으로 책을 베끼는 것, 나무에 그림들을 조각하는 것보다 인쇄기는 활자를 활용해 단어들을 배열하고 찍어낸다. 이 얼마나 놀라운 일인가! 이로써 적은 비용으로 많은 수의 책을 더욱 빠르게 생산할 수 있다. 이것은 매우 경이로운 일이다. 너무 비쌌던 책은 점점 알맞은 가격으로 변했고, 더 넓은 정보의 보급을 이끌었다. 더 낮은 가격의 책이 널리 퍼질수록 더 많은 사람들이 배우기를 희망했다. 많은 역사가들과 정치과학자들은 글을 읽는 사람들은 민주주의 사회에서 필요조건이라고 말한다. 우리는 활자의 혁신이 현대 민주주의 국가의 초석이라고 믿고 있다.

대부분의 기술적 변화는 점차 증가하지만 그것이 반드시 패러다임의 전환을 뜻하지는 않는다. 마이크로프로세서의 속도 증가는 기술의 점진적인 변화였다. 우리가 기술의 변화를 가까이 들여다 볼 때 매우 적은 패러다임의 전환이 있었다는 것을 알 수 있다. 이 중 몇 가지를 살펴보면 다음과 같다.

- 활자
- 불 논리(Boolean logic)(컴퓨터 하드웨어의 기본이 되는 마이크로프로세서 속에 구현되어 있다)
- 배비지(Charles Babbage)의 차분기관과 해석기관(첫 번째 아키텍처의 출현은 여전히 현대 컴퓨터에서도 쓰고 있다)
- 조면기
- 트랜지스터(오늘날의 전자제품의 초석이 되었다)
- 그래픽 유저 인터페이스(graphic user interface: GUI)
- 인터넷과 월드 와이드 웹(World Wide Web)

6) 첫 번째로 검증된 활자는 1041년에 중국에서 만든 점토였다. 그러나 1440년에 구텐베르크의 금속과 나무활자로 만든 활판인쇄술이 서양 인쇄술의 시작이었다.

이 리스트에 에디슨의 발명품 같은 몇 가지 기술이 누락된 것이 이상하게 보일 수도 있다. 에디슨의 발명품들은 이미 사용되던 기술적 아이디어를 이용했다. 그는 최고의 발명가였으나 최고의 혁신가는 아니었다. 그는 백열등의 아이디어를 가진 최초의 사람이 아니었다. 물론 처음으로 작동하게 만든 것은 사실이다.

어떻게 변화하는가

현재 기술 변화의 속도로 우리는 많은 '발명'과 '혁신'을 매년 볼 수 있다. 그러나 새로운 기술이 패러다임의 전환을 나타내는 것인지 아닌지는 분명하지 않다. 몇몇 기술은 협력의 결과로 나타난 것이다. 예를 들어 트랜지스터를 생각해보자. 이 장래성 있는 기술은 우연히 나타난 게 아니었다. 상업적 컴퓨터가 나타나고 그것을 알맞은 가격과 쓰기에 편리하게 만드는 일이 필요했다. 또 컴퓨터를 너무 크고, 너무 뜨겁고, 너무 비싸게 만드는 진공관을 대신할 무언가가 필요했다. 두 곳의 상업적 연구소는 트랜지스터를 거의 동시에 개발했다. 누구도 트랜지스터가 무엇에 좋은지 의문을 갖지 않았다.

그와 대조적으로 GUI는 상업적으로 실행 가능하기 전까지 몇 해 동안 패러다임 전환의 기술로 인정되지 않았다. 제록스(Xerox)는 초창기에 마우스 구동형의 포인트와 클릭 인터페이스의 가격에 합당한 컴퓨터를 만들 수 없었다. 1984년 GUI가 운영체제 부분에서 넓게 사용될 수 있는 매킨토시가 처음으로 등장했을 때, 매킨토시에 대한 평가는 단지 "너무 귀엽다"였다. 그러나 시간이 흐르고 GUI의 장점에 대한 관심이 늘어났다. 25년 후 GUI는 우세한 유저 인터페이스가 되었다.

인터넷의 영향과 WWW는 아무도 예측할 수 없었다. 우리가 이전의 미래 기술에 대한 예견들을 살펴볼 때, 사실상 아무도 인터넷이 오늘날처럼 세계적인 네트워크가 될 거라고는 예견하지 못했다. 1990년에 큰 충격을 가져다준 첫 번째 웹브라우저와 웹서버의 출현도 마찬가지였다.

우리는 지난 몇 년 동안의 기술을 평가할 때 다음과 같은 문제에 직면하게 된다. 예를 들어 <월스트리트저널>에서 매년 기술 혁신상을 수여하는 것을 참조하라. 2007년 수여된 부문은 아래와 같다.[7)]

- 금상: 스위스 텍터나(Tekturna Drug)에 의해 개발된 고혈압 약에게 돌아갔다. 이 약은 고혈압을 유발하는 효소를 막고 환자들이 먹는 복합적인 약 대신에 쓸 수 있다.
- 은상: 은상은 아쿠아 사이언스(Aqua Sciences)에서 개발한 공기에서 식수를 추

---

7) 어워드에 대해 자세한 기사는 <저널리포트The Journal Report> 참조. 2007. 9. 24일 <월스트리트저널> 발행. 이러한 기술이 패러다임의 전환을 구성하거나 영구적인 영향을 끼친다.

출하는 기술에 돌아갔다.

- 동상: 인터넷으로 고해상도 텔레비전을 보는 기술을 제공하는 유스트(Joost Internet TV)에게 돌아갔다.

컴퓨팅 명예수상작으로는 개인용 컴퓨터를 다수의 유저들과 공유하는 방법을 개발한 N컴퓨팅(Ncomputing)에게 수여되었다. 텔미 네트워크(Tellme Networks)도 휴대폰 기술로 특별 수상을 했다.

이 기술 중 어떤 것이 패러다임 전환이나 영구불멸의 영향력을 만들어낼까? 답은 쉽지 않다. 이는 우리가 생각해보아야 할 문제이다.

창조적 사고를 하라

근대사에서 왜 패러다임의 전환은 조금 밖에 없었을까? 왜냐하면 창조적 사고는 매우 어렵기 때문이다.[8] 예를 들어 비디오테이프 카세트를 생각해보자. 그 제품은 진정으로 패러다임의 전환이나 진화적인 변화를 나타낼까? 비디오테이프는 미국에서 발명되었고 오픈 릴식 기계에서 작동되었다. 일본인들은 테이프 녹화기술을 가져갔고 카세트로 다시 포장했다. 그리하여 그들은 사용하고 저장하기 편리한 오픈릴식으로 바꿨다.

새로운 운영 시스템은 실제로는 새롭지 않다. 사실 우리는 GUI의 도입이 시작된 이래로 운영 시스템에는 패러다임의 전환이 없었다. 그리고 아직 중앙처리장치(CPU) 아키텍처에는 진짜 패러다임의 전환이 있지 않았다. 마이크로프로세서의 내부 구조는 인텔이 처음으로 발명한 이후로 변화가 없었다. 그리고 PC의 CPU 개념은 메인 프레임 CPU와 많이 다르지 않다.[9] 여전히 입력하고 출력하는 논리를 따르고 있고 비록 논리가 다양한 부분의 CPU에서 실행될지라도 여전히 실리콘에 기초를 둔다.

이것은 변화할까? 반드시 그래야 한다. 우리는 CPU를 사용할 때 과열되지 않고 주어진 장소에 넣을 수 있는 트랜지스터 수의 한계를 넘었다. 그리고 곧 얼마나 많은 코어를 하나의 칩에 넣을 수 있을까의 한계를 넘을 것이다. 그런 일이 일어날 때, 실리콘은 한계를 넘을 것이다. 그리고 우리는 완전히 다른 기술로 돌아서야 한다. 그렇게 되면 어떻게 될까? 인간이 완전히 새로운 것을 생각한다는 것은 가지고 있는 아이디어를 발전시키는 것보다

8) 1930년대와 40년대 사람들이 어떻게 기술을 바라보았는지 보기 위해서는 모던 멕카닉스 홈페이지를 참조. http://blog.modernmechanix.com/covers/

9) 메인프레임 CPU는 마이크로프로세서보다 크게 레지스터되어 보통 마이크로프로세서보다 큰 양을 처리할 수 있다. 지금까지도 메인프레임은 PC보다 많은 CPU를 가지고 있다. 그러나 멀티코어의 등장으로 멀티칩 PC의 특징이 사라지고 있다. 그럼에도 불구하고 메인프레임은 매우 복잡한 I/O 능력을 가지고 있고 데스크톱보다 많은 양의 데이터를 다루기에 훨씬 적합하다.

힘든 것이다.

1936년에 예언자 중의 하나로 알려진 소설가 H.G. 웰즈는 <일어날 일들Things to Come>이라는 영화각본을 썼다. 자신의 책 <다가올 일들의 형태*The Shape of Things to Come*>를 기초로 했으며 둘 다 반전영화이다. 또한 20세기 후반 유토피아의 비전을 표현한 것이다.[10] 좋은 영화는 아니었지만 굉장히 흥미로웠던 이유는 그가 예언할 수 있는 그리고 완전히 놓쳐버린 기술적 혁신이 담겨 있었기 때문이다. 영화는 정확히 평면 스크린 모니터와 홀로그래픽 영상을 묘사했다. 또 영화는 헬리콥터와 조립식 건물 패널을 담고 있었다. 그러나 일반적으로 알려진 몇 가지 현대 기술은 놓쳤다.

- 로켓공학: 미래의 웰즈 비행기들은 프로펠러로 운전된다. 영화 끝 부분에는—2차 대전에서나 볼 법한—커다란 총을 '우주 총'으로 묘사했다.
- 디지털 디스플레이: 모든 측정기계와 시계는 아날로그 방식이 없다.
- 무기: 유독한 가스 사용이 등장한다. 웰즈는 전쟁에 가스를 사용하지 말자는 세계 협정을 예언하지 못했다. 사실 그의 궁극의 무기는 나쁜 사람들을 잠들게 하고 좋은 사람들이 평화롭게 살 수 있게 만드는 '평화의 가스'이다. 그는 확실히 핵무기에 대해 예언하지도 못했다.
- 컴퓨터: 컴퓨터가 보이지 않았다

웰즈가 예측할 수 없는 많은 것들—로켓공학, 컴퓨터, 핵무기 등—은 그의 영화가 나오고 15년 후에 등장하기 시작했다.

순간적인 아이디어

기술의 세계에서 혁신은 "1퍼센트의 영감과 99퍼센트 노력"이라는 격언이 있다. 이 말은 사실이 될 수 있다. 어떤 사람이 아이디어나 이론을 만들었는데 이를 실용적 기술로 발전시키기 위해서는 많은 노력이 필요하다. 유리가 뜨거워지기 전에 켜지는 백열등을 만들기 위해 백 개의 필라멘트를 사용한 에디슨처럼 실제적인 해결을 위해서는 막대하게 긴 시간이 걸린다. 그러나 처음에는 1퍼센트의 영감이 필요하다.

영감은 그냥 앉아서 생각한다고 떠오를까? 가끔은 순간적으로 문제 해결책이 떠오르기도 한다. 예를 들어 동남아시아 바다 아래 묻힌 적은 양의 석유를 시추하는 문제에 마주쳤다고 생각해보자. 적은 양의 석유를 위해서는 돈도 많이 들고 환경적으로도 도움이 되

10) http://blog.modernmechanix.com/2006/04/30/h-g-wells-things-to-come/참조. 온라인으로 영화를 보려면 http://www.youtube.com.watch?v=z)pNV2gjhMQ

지 않는다. 비록 석유회사들은 그 석유를 뽑아내고 싶어 하겠지만.

그런데 반 발레구이젠(Jaap Van Ballegooijen)은 엔지니어로 이 일을 할 때 그런 문제에 부딪쳤다. 그는 해결책을 찾지 못했기 때문에 좌절했고 동남아시아를 떠나 암스테르담에 있는 집으로 돌아가 버렸다. 그는 아들을 데리고 점심을 먹으러 갔다가 십대들이 밀크쉐이크의 찌꺼기를 마시려고 구부러진 빨대를 거꾸로 넣는 것을 보았다. 무언가를 마시기 위한 구부리기 쉬운 관의 아이디어는 새로운 석유를 시추하기 위한 기술의 영감이 되었다. 그리하여 그 관은 바다 아래로 들어갈 수 있었다.[11)]

보통 예기치 않은 사건을 통해 영감이 떠오른다. 뉴튼은 사과가 떨어지는 것을 보고 중력을 찾았고, 아르키메데스는 물이 가득 차 있는 욕조에 들어갔다가 부력에 대한 '아르키메데스의 원리'를 발견했다. 때때로 과학자(혹은 연구가)들은 하나의 발견으로 다른 것을 이끌어낸다. 우연한 발견을 새로운 기술로 발전시키는 것이다. 유명한 예로 필립스정유회사(Phillips Petroleum, 오늘날의 코노코 필립스 Conoco Phillips)의 합성물 폴리프로필렌 발견을 들 수 있다. 처음에 필립스는 플라스틱 사업을 전혀 하지 않았다. 회사는 두 화학 연구자들—폴 호간(Hogan J. Paul)과 로버트 뱅크스(Robert L Banks)—에게 프로필렌과 에틸렌을 사용한 옥탄 가솔린을 정제하기 위한 더 나은 촉진제를 찾으라고 부탁했다. 1951년 6월 5일 두 화학자들은 장비의 움직임을 방해하는 하얗고, 진득진득한 물질을, 후에 폴리프로필렌이라고 알려지는 것을 발견했다. 필립스는 폴리프로필렌으로 특허를 획득했으며 플라스틱 사업에 뛰어들었다.

우연으로 시작되어 산업으로 발전한 것들은 다음과 같다.[12)]

- 치즈: 한 아랍인이 양의 뱃가죽으로 만든 작은 주머니에 우유를 담아 사막을 지날 때 우유가 치즈로 변한 것을 발견했다.
- 아이스캔디: 한 소년이 소다를 앞주머니 넣고 하룻밤을 보냈는데 다음 날 아침 그것이 맛이 있게 얼어버린 것을 발견했다.
- 감자칩: 불평하는 손님에게 화가 난 한 요리사가 감자를 얇게 튀겼다. 손님들은 감자가 얇게 튀겨져 나왔을 때 너무 좋아했다.
- 콜라: 콜라 음료(특히 코카콜라)는 두통약으로 시작했다. 어떤 의사가 맛도 좋고 약의 효능도 가지고 있는 것을 만들기 원해 프로젝트를 진행했다. 약은 두드러지게 효과가 있지는 않았지만 맛은 좋았다. 이후 탄산을 더해 청량음료로 변했다.

---

11) 쉘(Shell Oil Company)은 이 이야기를 통해 영화를 만들었다. http://www.youtube.com/watch?v=AzJDDjA3AM4/ 에서 볼 수 있다. 영화는 당연히 쉘의 홍보물이다. 부주의한 석유기업을 어떻게 느끼는가. 사실상 여전히 새로운 기술은 10대들이 사용한 빨대에서 일으킨 영감으로부터 온다.

12) 더 많은 예들은 http://library.thinkquest.org/J0111766/accidents.html과 http://en.wikipedia.org/wiki/Serendipity 참조.

공상과학소설의 역할

몇 가지 새로운 기술적인 아이디어는 과학자들과 기술 연구자들에게서 오는 것이 아니다(상업적인 연구소나 협회에서도 아니다). 작가, 정확히 말하자면 공상과학 소설가들에게서 온다. 책과 영화 둘 다 우리가 전혀 생각지도 못한 기술적 혁신에 박차를 가했다.[13)]

예를 들면 지구의 특정 위치에 고정된 위성에 대한 개념이나 이러한 위성 3개로 전 지구에 전파를 송수신할 수 있다는 발상은 전세계적으로 유명한 사이언스 픽션 작가 아서 클라크(Arthur C. Clarke)의 발명품이다. 의료용 스캐너나 물질이동에 대한 아이디어를 제공한 것도 TV 드라마 '스타 트랙(Star Trek)' 이었다. 현재 스캐너는 아직은 손에 들고 쓸 수 있는 정도는 아니지만 여러 곳에서 활용된다. 물체나 사람을 분해해서 디지털로 전송해서 목적지에서 다시 재구성하는 것은 아직 꿈속의 일이지만 과학자들은 분자 단위[14)]에서는 실현시켰다. 물론 수송 장치는 개발되지 못했지만 말이다.

그래도 사이언스 픽션 작가 혹은 영화감독이 꿈꾸는 모든 것이 기술적으로나 과학적으로 가능하지 않다는 걸 유념해야 한다. 예를 들면 지금은 레이저를 다용도로 사용하지만 영화 '스타워즈' 에서처럼 광선검을 만들 수는 없다. 왜냐하면, 광선검을 만들려면 레이저가 특정 거리만 이동해서 뚝 끊겨야 하기 때문이다. 레이저는 퍼져 없어지거나 벽처럼 장애물이 있으면 멈추는 성격이 있다. 현재의 지식으로는 빛이 퍼져 없어지지 않는 물리적인 장애물이 있기 전까지는 갈 길을 계속 갈 뿐이다.

누가 비용을 지불하는가

이론이나 아이디어에서 실제 팔릴 수 있는 신기술을 개발하려면 많은 비용이 든다. 여기에 누가 자금을 대는가? 자금의 원천에는 보통 세 가지가 있다. 정부, 기업 그리고 개인이다. 각 자금에 대한 연구개발비의 비율은 개발과 연구가 이뤄지는 나라가 어디냐에 따라 영향을 받는다.

정부 기금

많은 기술의 발전은 정부의 기금을 받은 프로젝트에서 이루어졌다. 예를 들면 맨해튼프로젝트는 최초로 원자폭탄을 만들어냈는데, 전적으로 미국 정부의 기금을 받았다. 미국은 2

13) 우리들 중 대부분은 1960년대에 살았고 텔레비전을 알았던 사람이라면 한번이라도 먼 미래의 한나-바베라(Hanna-Barbera) 만화 쇼 '젯슨스' 를 보았다. 우리는 또한 이것이 미래의 모습이라고 심각하게 받아들이지 않았다.

14) 이 연구의 현 상황과 사람 하나를 그런 방식으로 이동할 때 생기는 문제를 알고 싶다면 http://www.se51.net/devnull/2007/07/12/star-treks-beaming-becoming-reality/

차대전을 끝내고 소련과의 경쟁에서 이기기 위해 막대한 자금을 쏟아부었다. 실제로 맨해튼프로젝트에 지원된 기금이 너무 커서 미국 경제의 다른 분야에서는 자금이 말라버렸다.

2차대전에 이기기 위해 영국 정부는 블레츨리 파크에서 암호학 연구를 지원했다. 독일의 암호문을 해독하기 위해서였지만 결과적으로 이후 20년 동안 컴퓨터의 발전에 핵심적으로 기여했다. 아마 미국 정부의 기금을 받은 프로젝트 중에서 가장 중요한 것은 ARPANET이었고, 이는 궁극적으로 우리를 인터넷[15]의 세계로 이끌었다. 원래 이 프로젝트는 NSF(National Science Foundation)와 ARPA(Advanced Research Projects Agency) 두 군데에서 기금을 받아 미군의 보안 커뮤니케이션 네트워크를 만들어내기 위해 진행한 것이다. 이 프로젝트의 특이한 점은 정부가 프로젝트의 대부분에 손을 대시 않고 연구자들 스스로 방향을 잡도록 했다는 점이다. 냉전 중에, 소련의 거의 모든 과학과 기술 연구는 정부 기금에 의해 행해졌다. 이는 정부가 연구 방향을 통제할 수 있는 힘을 지녔다는 뜻이다.

정부는 간혹 기술적인 성과를 홍보수단으로 삼는다. 달에 최초의 사람을 보내려는 경쟁은 일례로 냉전시대에 미국과 소련의 전쟁이었다. 미 대통령이었던 케네디는 1970년이 오기 전에 소련보다 먼저 달에 사람을 보내겠다고 선언했다. NASA는 이 목표를 위해 정부 기금을 받았고 미국은 1969년에 달을 밟을 수 있었다.

1980년에 일본 정부는 인공지능(AI: artificial intelligence)을 개발하기 위해 10년 프로젝트를 구상하고 '제5세대 프로젝트'라 이름지었다. 정부 소속 과학자들은 목표가 현실적이라 판단하고, 그에 따라 기금을 모금했다. 그러나 진정한 인공지능은 예상했던 것보다 정의하기 어렵고 복잡한 문제였다. 이 프로젝트는 10년 내에 진정한 인공지능을 만들어내지 못했다. 그러나 일본 전역에 인공지능에 대한 연구를 자극시켜 오늘까지도 진행 중이다.

정부기금은 간혹 정치의 영향을 받는다. 미국 내 줄기세포 연구를 위한 정부기금 현황을 예로 들 수 있다. 줄기세포는 인간 몸의 특정한 어느 세포로도 개발이 가능해서 파킨슨병이나 여타 질환을 치료할 수 있다는 희망을 준다. 그러나 가장 좋은 최고의 줄기세포는 인간배아이다. 미국 정부는 인간배아를 이런 목적에 쓰는 것은 비윤리적이라는 입장을 취하고 있으며, 인간배아 연구 프로젝트나 현재 인간배아 세포를 사용하는 프로젝트에 기금을 제한하고 있다. 새로운 줄기세포를 생산하거나 줄기세포를 사용하는 프로젝트는 연방정부 기금을 받을 수 없다.

15) 아주 정확하게는, NSF가 ARPANET 프로젝트의 주 후원자였다. 자기 기관만의 네트워크인 NSFNET도 있었는데, 이것이 후에 인터넷으로 진화했다.

현재 미국은 많은 기술연구 프로젝트에 거금을 후원하고 있으며 이는 많은 경우 NSF의 후원을 받아 이뤄진다. 후원이 가능한 프로젝트는 정부의 우선순위에 따라 분류되는데, 이는 교육에서의 기술의 사용, 러시아와의 기술 협업, 데이터 커뮤니케이션(특히 보안), 군사용 하드웨어 개발을 위한 프로젝트 등이다.

다른 나라에서도 다양하고 많은 양의 기술연구 개발 프로젝트들을 후원한다. 일례로 스웨덴은 국민총생산의 약 4%를 개발에 사용하는데(전세계적으로 가장 후한 연구지원금이다), 총 연구지원금의 1/4만이 정부지원금이다. 이에 비하면 러시아의 대부분의 연구 개발은 정부에 의존한다. 몇몇 산업만이 스스로 연구개발을 할 수 있도록 지원금을 제공한다. 중국은 최근 정부기관을 만들어 연구 지원을 시작했다.

산업 기금

많은 실용적인 연구와 개발이 미국의 기업으로부터 시작된다. 예를 들어 제약회사들은 새로운 약을 개발하고 실험하기 위해 많은 자금을 투자한다. 2005년 IBM은 총매출의 5%를 연구와 개발에 사용했다. 같은 해의 마이크로소프트사는 21%를 연구와 개발에 사용했다.[16]

몇몇 회사들은 실용적인 연구보다 더 높은 수준의 연구를 한다. 그들은 싱크탱크라 불리는 분리된 조직을 세워 연구를 한다. 이 조직은 시장성 높은 생산품을 만들 필요는 없지만 과학이나 기술 개발에 이바지한다.

세계에서 가장 유명한 세 곳의 싱크탱크는 아래와 같다.

- 벨연구소:[17] 미국 뉴저지에 있는 머레이힐에 본부를 두었다. 벨연구소(AT&T 벨연구소라고 알려져 있다)는 1925년에 AT&T와 웨스턴일렉트릭(Western Electric)에 의해 설립되었다. 연구원들은 라디오 텔레스콥, 트랜지스터 레이저, 정보이론, UNIX, C프로그래밍 언어 그리고 첫 번째 무선 네트워크로 명성이 자자하다.
- IBM 왓슨 리서치 센터(Watson Research Center):[18] IBM의 싱크탱크는 뉴욕의 요크타운 헤이츠에 본부를 두고 있다. 2차대전 당시 컴퓨터 개발의 목적과 함께 1945년에 시작되었다. 연구원들은 탄소나노튜브 기술 개발, 마이크로프로세서의 다양성(모토로라의 파워 PC와 공동연구 포함), 데이터 암호화 기준(DES),

16) 더 많은 리서치와 개발의 통계는 http://technolodyrewiew.com/articlefiles/2005_rd_scorecard.pdf
17) http://www.bell-labs.com (벨연구소라는 이름을 가진 다른 조직이 있는데 그곳은 설치류의 지배권에 관한 곳이다.)
18) http://www.watson.ibm.com/index.shtml

포트란(FORTRAN) 프로그래밍 언어, 프랙털, 자기 디스크 기억장치, 관계 데이터베이스 이론으로 명성이 높다.

- 제록스 팔로알토센터(Xerox Palo Alto Research Center):[19] 제록스는 1970년에 팔로알토 연구센터를 세웠다. 팔로알토센터에서 나온 개발품들로는 레이저 프린터, 스몰토크 프로그래밍 언어, 이더넷(Ethernet), GUI, 클라이언트/서버 컴퓨팅이다.

기업이 싱크탱크에 자금을 투자하는 이유는 두 가지이다. 첫째, 연구는 종종 창의적이고 혁신적인 생산품을 만든다. 둘째, 연구원들의 명성으로 기업의 이미지가 높아지고 이는 더 많은 판매로 이어진다. 예를 들어 벨연구소는 여섯 개의 노벨상을 받았다.

사설 회사와 개인 기금

기술 연구와 발전을 지원하는 것에는 사설 회사들과 부유한 개인이 있다. 예를 들어 영국의 리처드 브랜슨경(Sir Richard Branson)과 버트 루탄(Burt Rutan)은 우주선을 발전시키기 위한 가장 중요한 재정 후원자가 되었다. 그들의 스페이스십원(SpaceShipOne: 민간 우주선)은 2004년에 2주 만에 두 대의 준궤도 비행기를 완성했다. 그리고 10만 달러의 상금을 받았다.[20] 그들의 회사(스페이스십Spaceship Company)[21]는 지금 준궤도우주선 같은 비행기를 개발하고 있다.

19) http://www.parc.xerox.com/

20) 엑스 상은 사설 우주 비행기 발전을 위해 기울이는 X프라이즈(Xprize)에서 제공됐다. http://www.xprize.org/

21) http://www.scaled.com/projects/tierone/

제1장에서 무엇을 배웠나

우리는 빠른 기술 변화의 중간에 있다. 대부분의 변화는 기본적인 패러다임의 전환을 나타내고 이는 계속 증가한다. 완전히 새로운 아이디어를 발생시키기란 매우 어렵다. 우리는 현존하는 기술을 개선하는 경향이 있다. 그것을 빠르게 만들고, 특징을 강조하고 같은 시간에 더욱 저렴하게 만든다. 50년 전의 기술에 대한 예견 중에 몇몇은 현실화되지 않았다. 비록 몇 가지 경우들은 —그중에서도 로봇공학은— 예상에 근접하고 있다.

변화에 대한 아이디어는 많은 곳에서 탄생한다. 몇몇은 과학자들이 일하는 연구소에서 오고, 몇몇은 학술적인 환경 그리고 심지어는 공상과학소설에서도 탄생한다. 기술 개발의 자금은 정부, 회사 아니면 개인적으로 받을 수 있다.

생각해보기

1. 어떠한 것이 기술이 될 수 있는가? 이 장에서 내린 정의에 동의하는가 아니면 정의는 좀더 한정적이어야 하는가?
2. 지금은 창조적 사고를 할 차례다. 완전히 새로운 기술을 상상하려고 노력해보라(반드시 컴퓨터와 관련될 필요는 없다. 어떠한 것이라도 된다). 그 다음에 아이디어를 써라.
3. 현재 부엌에서 사용하는 기구 중에서 가장 최근에 개발된 기술은 무엇인가?
4. 기술 연구원이 되는 상상을 하라. 완전히 새로운 타입의 컴퓨터 프린터에 대한 아이디어가 있다. 그러나 이것을 개발할 돈이 없다. 연구 모금을 위한 자금 출처를 인터넷을 사용하여 찾아보라.
5. 아래의 고전 공상과학소설 중 하나를 읽어라. 아이작 아시모프의 <파운데이션 *Foundation*>, 프랭크 허버트의 <듄*Dune*>, 로버트 하이레인의 <달은 잔인한 여인 *The Moon is Harsh Mistress*>, 윌리엄 깁슨의 <뉴로맨서*Neuromancer*>, 언올슨 스콧 카드의 <엔더의 게임*Ender' s Game*>, 데이비드 브린의 <떠오르는 행성*Startide Rising*>. 선택한 책에서 어떻게 미래 기술에 대한 묘사가 있었는지 서술하라.
6. '계획' 에 의해 개발된 기술에 대해 묘사하라. 즉 연구원들이 만들려고 시도했던 것이 정말로 만들어진 기술을 주변에서 찾아라.

참고문헌

혁신과 창조

Chesbrough, Henry William. Open Innovation: *The New Imperative for Creating and Profiting from technology*. Cambridge, MA:Harvard Business School Press, 2003.

Christensen, Clayton M., Erik A. Roth, and Scott D. Anthony. Seeing *What's Next: Using Theories of Innovation to Predict Industry Change*. Cambridge, MA:Harvard Business School Press, 2004.

Davila, Tony, Marc J. Epstein, and Robert Shelton. *Making Innovation Work : How to Manage It, Measure It, and Profit from It*. Upper Saddle River, NJ: Wharton School Publishing,2005.

De Bono, Edward, *Lateral Thinking : Creativity Step by Step*. New York, NY : Harper Paperbacks, 1973.

Ditkoff, Mitchell. "Back to the garden: An 8-step process for creating a culture of innovation." *http://www.innovationtools.com/Articles/EnterpriseDetails.asp?a=278*

Gelb, Michael J. *How to Think Like Leonardo da Vinci: Seven Steps tp Genius Every Day*. New York, NY: Dell, 2000.

"Innovation: Life, Inspired" *http://www.pbs.org/wnet/innovation/*

Kelley, Thomas, and Jonathan Littman. *The Ten Faces of Innovation: IDEO' s Strategies for Defeating the Devil's Advocate and Driving Creativity Throughout Your Organization*. New York, NY: Currency, 2005.

Michalko, Michael. *Cracking Creativity: The Secret of Creative Genius. Berkeley*, CA: Ten Speed Press, 2001.

Phillips, Jeffrey. "Creating a culture of innovation." *http://www.innovationtools.com/Articles/EnterpriseDetails.asp?a=276*

Rushkoff, Douglas. Get Back in the Box: *Innovation from the Inside Out*. New York, NY: Collins, 2005.

Yu, Larry, and MIT Sloan Management Review. "New insights into measuring the culture of innovation." *http://www.innovationtools.com/Articles/EnterpriseDetails.asp?a=277*

Funding Sources for Technological Advancement

The Australian Research Council, *http://www.arc.gov.au/*

"China to make research funding more transparent." *http://www.scidev.net/News/index.cfm?fuseaction=readNewsQitemid=1600Qlanguage=1*

Funding a Revolution: Government Support for Computing Research. Washington, DC : The National Academies Press, 1999. *http://books.nap.edu/openbook.php?record_id=6323Qpage=36*

Lynn, Gary S., and Richard R Reilly. "Growing the top line through innovation." *http://findarticles.com/p/articles/mi_m4070/is_2002_August-Sept/ai_91568346*

"The Swedish System of Research Funding." *http://www.vr.se/mainmenu/applyforgrantstheswedishsystemofresearchfunding.4.aad30e310abcd973578000722.html*

Tassey, Gregory. "Comparisons of U.S. and Japanese R&D policies." *http://www.nist.gov/director/planning/rQdpolicies.pdf*

Chapter 02

기술의 역사

History of Technology

제2장에서 무엇을 배울까?

- 인간이 선사시대부터 계산을 좀더 쉽게 하기 위해 애썼던 것으로부터 시작된 기술의 역사를 살펴본다.
- 세계의 사건들과 기술발달 사이의 관계를 탐구하기 위해 기술의 역사와 함께 세계의 역사 속 중요한 사건들을 살펴본다.

개요

이 책의 일부분은 과거의 기술들에 대해 다룬다. 제2장에서는 역사와 관련된 기술들에 대한 이해를 돕기 위해 기술의 간략한 역사와 함께 같은 시기에 발생한 주요 세계 사건들 몇 가지에 대해 다루고 있다. 몇몇 초기 기술발달에 대한 검토를 한 후 산업적인 변화가 시작된 1800년대의 유럽과 미국 그리고 21세기로 향하면서 나타난 변화에 대해 더욱 자세한 토의를 할 것이며, 전문가들이 지난 몇 년 동안 어떤 기술들을 매우 독창적이라고 생각하고 있는지 알아본다. 이 과정에서 많은 발명품들이 아주 일찍부터 나왔다는 사실을 알게 된다. 예를 들어 우리가 20세기 발명품이라고 알고 있는 팩스는 실제로 19세기에 개발되었다. 그러나 많은 경우에 있어 발명품들의 혜택을 온전히 누리기 위해 전기의 사용이 확대되는 시점인 20세기까지 기다려야만 했다.

기술은 어떻게 발전되었나

1800년대 이전에 기술적 토대가 되는 몇 가지 중요한 기술적 발달이 있었다. [**표 2-1**]에

수록된 발명과 발견이 없었다면 현대 과학기술의 많은 부분이 존재하지 못했거나 훨씬 시간이 더 많이 흐른 후 이루어졌을 것이다.

표 2-1 초창기의 기술 발달

연도	기술 발달의 주요 성과
선사시대	• 이 시기의 인간은 부신(옛날 대차 관계자가 막대기에 금액을 눈금으로 새긴 후, 증거로 둘로 나눠가짐)으로 뼈를 사용. 가장 오래된 부신은 기원전 35,000년 전에 발견(29눈금이 새겨진 비비원숭이의 종아리뼈).
~기원전 2400	• 인간의 첫 계산도구로 일려진 주판이 바빌로니아에서 발명.
~기원전 500	• 인도에서 처음으로 0을 사용. • 인도에서 귀납과 같은 현대적 수학개념이 처음으로 사용. 문법학자 파니니(Panini)는 오늘날 프로그래밍 언어의 논리적 통사법을 명기하기 위해 사용된 문법들과 유사한 성과를 이룸.
~기원전 300	• 핀갈라(Pingala)라는 인도의 수학자가 이진수 방식을 설명. 그는 또한 모스 부호(Morse code)와 비슷한 이진 부호를 개발.
~기원전 240	• 에라스토스틴스(Erastosthenes)의 여과기(Sieve)로 인해 소수를 발견.
~기원전 200	• 오늘날에도 사용되고 있는 중국의 주판이 나타남 **[그림 2-1]**.
~기원전 100	• 중국의 수학자에 의해 제창된 음수가 처음으로 사용됨.
1045	• 활자가 중국에서 발명됨.
1202	• 이탈리아의 수학자인 피보나치(Fibonacci)가 힌두-아랍의 기수법을 유럽에 소개.
1206	• 로봇의 첫 번째 디자인이 나타남(로봇이라는 용어는 수백년 후에 나타남).
1455	• 구텐베르그(Johannes Gutenberg)가 이동형 인쇄활자를 발명.
1492	• 레오나르도 다 빈치(Leonardo da Vinci)가 항공기를 도해. 그의 디자인으로 된 항공기가 실제로 날았는지는 여전히 의견이 분분함.
1622	• 윌리엄 오트레드(William Oughtred)가 계산자(slide rule)를 개발. 대수계산척을 기본으로 하는 이 계산자는 곱셉과 나눗셈을 단순화시킴. 또한 대수와 지수 계산을 돕고 제곱근과 세제곱근을 발견할 수 있게 하였음 **[표 2-2]**.
1623	• 윌헬름 치카드(Wilhelm Schickard)는 덧셈과 뺄셈이 6자리 숫자까지 가능한 계산시계(calculating clock)라는 장치를 고안. 계산 가능한 자릿수를 넘어갈 경우에 이것을 감지할 수 있는 첫 장치였음.
1642	• 프랑스의 수학자 파스칼(Blaise Pascal)은 자동계산기를 발명함 **[그림 2-3]**. 그는 이 발명품으로 세무징수원이었던 아버지를 도왔다. 파스칼린(Pascaline)이라고 불린 이 장비는 덧셈과 뺄셈만 가능했음.
1671	• 라이프니쯔(Gottried Wilhelm Leibniz)가 계산기를 발명.
1712	• 최초의 증기기관에 대한 특허권이 발행.
1745	• 레이덴 자(Leyden jar)라고 불리는 전기축전기가 발명됨.

연도	기술 발달의 주요 성과
1768	• 정방기(spinning frame)의 특허권이 출원됨. 이 발명품은 훗날 러다이트(Luddites) 단원들에 의한 기술반대운동의 기폭제가 됨(4장을 참조).
1769	• 제임스 와트(James Watt)가 증기기관을 개선하여 실질적인 장치로 제작.
1774	• 전신기의 특허권이 출원.
1789	• 알레산드로 볼타(Alessandro Volta)가 건전지를 개발.

1800~1849

19세기 상반기의 주요 기술진보와 역사적 사건들이 [표 2-2]에 실려 있다. 이 시기 동안 많은 유럽의 제국들이 남아메리카의 여러 나라들이 독립하던 때 붕괴되었다. 캐나다는 단일국가로 통합되었고 미국은 많은 서부지역들을 합병하였으며, 유럽의 경계선이 끊임없이 변화하였다. 자카드(Jacquard)의 편물기계, 바배지(Babbage)의 계산장치(computing

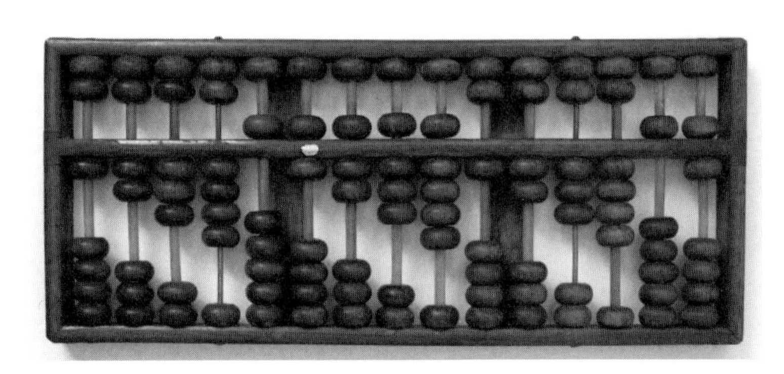

그림 2-1 주판

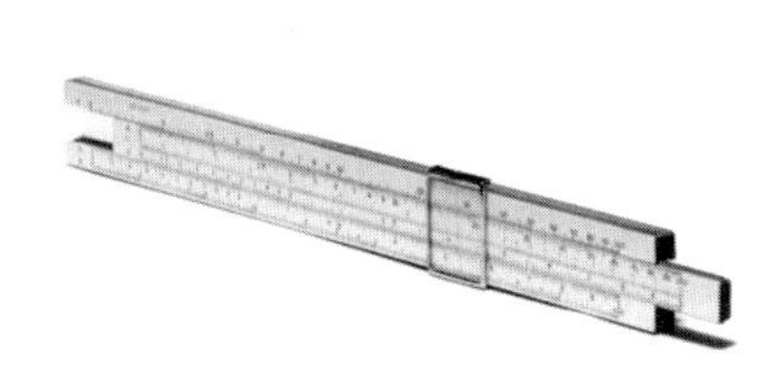

그림 2-2 계산자: 곱셈, 대수 그리고 지수의 계산을 하는 기계장치

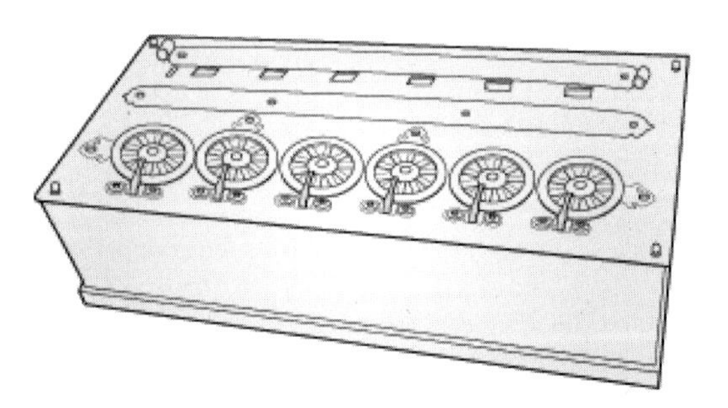

그림 2-3 파스칼린: 파스칼이 발명한 계산기. 파리의 마티에 미술박물관 소장

engines), 여객철도 그리고 전신기와 같은 중요한 발명품들이 개발되었음에도 불구하고 기술변화의 속도는 비교적 느렸다.

표 2-2 19세기 상반기 동안의 기술과 역사적 진보

연도	주요 기술 발달	세계 역사의 주요 사건
1800	• 자카드(J. M. Jacquard)가 편물기계(knitting machine)를 발명. 자카드 직조기(Jacquard loom)는 실의 색상을 바꿀 때 펀치카드를 이용한다. 펀치카드(punch cards)는 훗날 컴퓨터의 입력에 이용. • 알레산드로 볼타 백작(Count Alessndro Volta)이 건전지를 개발.	• 나폴레옹이 프랑스를 지배. • 워싱턴DC가 미국의 수도가 됨.
1803		• 미국이 루이지애나까지 합병.
1804	• 영국인 리처드 트레비티크(Richard Tre-vithick)가 증기 기관차를 발명했으나 철로를 부술 만큼의 무게로 인해 실질적이지 못했음.	• 아이티가 독립국이 되다. • 나폴레옹이 프랑스를 제국으로 변모시킴. • 미국의 알렉산더 해밀톤(Alexander Hamilton)이 아론 부르(Aaron Burr)와의 결투에서 죽음. • 루이스와 클라크(Lewis and Clark) 원정대의 활동이 시작.
1805		• 영국 넬슨 경(Lord Nelson)이 스페인무적함대를 격파. • 나폴레옹은 오스트리아와 러시아까지 프랑스제국의 영토 확장을 계속해 나감.
1807	• 로버트 풀톤(Robert Fulton)이 증기보트로 성공적인 항해를 함.	
1808		• 나폴레옹이 이탈리아와 스페인을 정복.
1809	• 험프리 데이비(Humphry Davy)가 발명한 전기 아크램프(arc lamp)가 선보임.	
1812		• 나폴레옹은 러시아를 침공했으나 혹독한 겨울날씨로 인해 패배. • 미국과 영국 간의 전쟁이 1812년에 시작됨. 쟁점은 바다에서 자유로운 미국의 항해권을 얻기 위한 것임.
1814	• 실질적인 증기기관차가 등장. • 조셉 니셉스(Joseph Nicéphore Nicepce)가 사진기를 발명.	• 나폴레옹이 러시아와의 전투 패배로 엘바로 추방.

연도	주요 기술 발달	세계 역사의 주요 사건
1814	8시간의 노출이 필요했으므로 사진은 희미하게 나왔지만 우리가 알고 있는 바로 그 사진과 같음. • 성형수술이 영국에서 처음으로 시술.	
1815	• 청진기가 개발됨.	• 나폴레옹 엘바섬 탈출. 워털루에서 패배.
1819		• 스페인으로부터 콜롬비아, 베네수엘라, 에콰도르가 독립.
1820		• 미국은 미주리타협안(Missouri Compromise)을 제정하여 미주리주 내에서의 노예제도는 허가하지만 루이지애나 북부 지역에서는 금지.
1821		• 스페인의 식민지였던 과테말라, 파나마, 산토도밍고의 독립. • 멕시코가 스페인으로부터 독립을 선언, 1824년 공화국으로 되다.
1822	• 바배지(Babbage)는 다른 엔진을 디자인했는데 여러 기능을 수행하도록 고안되었음. 정밀한 부품을 제조할 만큼 기술이 발달하지 못한 관계로 1800년대에는 이 엔진이 만들어지지 못했음.	• 그리스가 터키에서 분리되어 국가를 세움.
1823		• 미국, 먼로주의를 공표. 원래 목적은 유럽국들에게 서반구의 문제에 간섭하지 말라는 경고를 하기 위함이었지만 후에는 서반구 지역 국가들의 합병을 정당화하기 위해 쓰여졌음.
1824	• 풍선이 장난감으로 개발. • 영국에서 포틀랜드(Portland)시멘트를 개발.	• 페루가 스페인으로부터 자유를 얻음.
1825	• 처음으로 전자석(electromagnet)이 사용됨. • 영국에서 여객열차가 운행을 시작.	
1826	• 질산은필름으로 사진을 찍다. 미국의 첫 철도가 밀톤에서 매사추세츠의 퀸시까지 운행되고, 자동차는 말에 의해 운행됨.	

연도	주요 기술 발달	세계 역사의 주요 사건
1827	• 성냥이 처음으로 등장. • 찰스 휫손(Charles Wheatsone)이 마이크로폰을 발명.	
1829	• 미국의 버트(W. A. Burt)가 타자기를 발명 **[그림 2-4]**. • 브라이유식 점자인쇄가 개발됨. • 미국에서 첫 증기기관차가 운행됨.	
1830	• 한 프랑스인이 재봉틀을 발명.	• 프랑스가 알제리아를 침공하여 식민지로 삼음. • 프랑스군주제가 폐지됨.
1831	• 캐나다인 윌리엄 칼머스(William Chalmers)가 플렉시글라스(Plexiglass)를 발명.	• 벨기에가 네덜란드로부터 분리 독립됨. • 미국에서의 노예제도에 대항하는 내트 터너(Nat Turner)의 반란이 실패.
1832	• 루이 브라이유(Louis Braille)가 입체경(stereoscope: 입체영상을 만들어 내는 장치)을 발명.	
1833		• 영국이 노예제도를 폐지.
1834	• 에테르를 사용하여 냉동되는 냉장고가 출현하여 실제적인 음식저장장치로 이용됨. • 바배지는 오늘날의 컴퓨터와 구조적으로 유사한 '분석 장치(analytical engine)'를 고안. 이것은 연산논리장치, 메모리, 입출력 장치를 포함. 다른 엔진처럼 당시의 기술로는 만들 수 없었음.	
1836		• 산타 아나(Santa Ana)와 그의 멕시코군대가 알라모를 점령하고 방어자들을 모두 죽임. • 텍사스가 멕시코에서 독립. • 남아프리카는 나탈(Natal), 트란스발(Transvaal), 오렌지 프리스테이트(Orange FreeState)의 세 국가로 됨.
1837	• 모스의 키는 모스(F. B. Morse)가 1844년 5월 24일 보낸 유명한 메시지인 "신이 무엇을 만들었는가!"를 친 전신 키(telegraph key)와 비슷하며 그의 파트너인 알프레드 베일(Alfred Vail)과 함께 고안해냈다. 원본은 금속판을 누를 수 있게 되어 있는 단순한 긴 스프링이었음. 모스의 이 키는 통신 세계를 영원히 바꿔 놓았음.	• 빅토리아(Victoria)가 영국의 여왕이 됨.

연도	주요 기술 발달	세계 역사의 주요 사건
1838	• 사무엘 모스(Samuel Morse)가 모스부호를 개발. 다양한 길이의 코드 패턴 때문에 컴퓨터에 사용하기엔 부적합하지만 널리 이용되는 첫 번째 디지털 코드라는데 의미가 있음.	
1839	• 사진술은 은판사진법의 발명으로 진보 • 맥밀란(Kirkpatrick Macmillan)이 처음으로 자전거를 만듬. • 수소연료전지 이론은 웰시 태생인 그로브스 경(Sir William Robert Groves)에 의해 발명.	• 영국과 중국 간의 아편전쟁이 시작되어 1842년까지 계속됨.
1840		• 캐나다가 단일국가로 통합.
1841	• 스테이플러의 발명으로 종이를 함께 보관하기가 더 쉬워짐.	• 미국의 부통령 존 테일러(John Tyler)가 해리슨(Harrison) 대통령이 한 달 만에 죽자, 대통령이 됨.
1842	• 곡물운반 엘리베이터의 개발은 농작물을 부두로 운반하는 것을 수월하게 함. • 에테르가 수술 시에 마취제로 사용됨. • 캐나다인 티베츠(Benjamin Franklin Tibbets)가 복합 증기기관을 발명.	
1843	• 스코틀랜드인 알렉산더 베인(Alexander Bain)이 발명한 팩스기계가 선보임.	
1844		• 미국은 오레곤 지역을 획득.
1845	• 미국인 엘리야스 호위(Elias Howe)는 실제 사용 가능하도록 재봉틀을 개량함.	• 텍사스가 미국에 추가됨.
1846	• 마취제가 치과에서 사용됨.	• 미국과 멕시코의 전쟁이 시작됨. 멕시코가 텍사스, 캘리포니아, 애리조나, ,뉴멕시코, 유타, 네바다의 소유권을 포기함으로써 1848년 전쟁이 끝남.
1847	• 헝가리인 이그나즈 세멜위즈(Ignaz Semmelweis)가 방부제를 개발.	
1848	• 오늘날 거의 모든 컴퓨터 작동의 기초가 되는 불린대수학(Boolean algebra)이 영국인 수학자인 조지 불(George Boole)에 의해 개발됨.	• 프랑스혁명으로 루이 나폴레옹이 대통령이 됨. • <공산주의 선언>이 출간됨. • 해리엇 터브맨(Harriot Tubman)은 미국의 언더그라운드 레일웨이(underground railway:노예탈출 비밀조직)에 가입하여 미국 노예폐지운동의 상징이 됨. • 비엔나, 베니스, 베를린, 밀라노, 로마에서의 폭동과 함께 유럽에 대격변이 일어남.

그림 2-4 19세기 초 타자기인 써카(circa)

1850~1899

19세기 후반은 [**표 2-3**]처럼 좀더 안정된 유럽의 특색을 보여준다. 오늘날 우리가 알고 있는 대로 대부분 유럽 국가들의 경계선이 확정된다. 그러나 미국은 남북전쟁을 겪으며 노예해방과 그 여파를 해결해야만 했다. 게다가 산업화로 인해 발생한 사회불안에서 노동조합이 자리 잡기 시작한다. 이 시기 동안의 기술발전은 현대기술의 많은 부분의 토대가 되었다. 전화기와 무선통신과 같은 통신의 발전, 사진과 초기 영화와 같은 엔터테인먼트, 그리고 미국 대륙의 철도횡단 등 교통의 발달이 있었다.

그림 2-5 싱거의 재봉틀

표 2-3 19세기 후반 기술과 역사적 진보

연도	주요 기술 발달	세계 역사의 주요 사건
1850	• 아직 실질적이지 않았지만 식기세척기가 발명됨.	
1851	• 싱어(Isaac Singer)가 재봉틀을 • 발명**[그림 2-5]**.	
1852	• 포컬트(Jean Bernard Leon Foucault)	• 남아프리카가 단일국가로 됨.
	가 자이로스코프(gyro-scope)를 발명.	
1853	• 조지 케일리(George Cayley)의 수동글라이더가 성공적으로 하늘을 남.	• 터키가 러시아를 공격함으로써 크림전쟁 시작.
1854	• 존 틴댈(John Tyndall)이 유리섬유에 의한 빛의 굴절전달 장치 이론을 개발. • 캐나다의 사무엘 매킨(Samuel Mckeen)이 차의 주행기록계(odometer)를 발명	• 러시아와 맞서는 터키에 영국과 프랑스가 합세.
1855	• 싱어가 재봉틀 모터에 특허출원을 획득. • 레이온(Rayon)이 개발됨.	• 미국의 캔자스주에서 노예해방과 이를 반대하는 세력 간에 폭력 발생. • 나이팅게일(Florence Nightingale)이 크림전쟁에서 부상병들을 치료.
1856	• 파스퇴르 살균법이 개발.	
1857	• 캐나다의 사무엘 샤프(Samuel Sharp)가 개발한 풀먼식 침대차가 최초로 기차에 부착. • 해저 전신케이블이 캐나다인 프레드릭 뉴튼 기스본(Fredrick Newton Gisborne)에 의해 발명.	• 미국 대법원에서 드레드 스캇 판결(the Dred Scott decision)이 공표됨. 노예는 시민이 아니라는 내용. • 영국의 지배로 인도에서 세포이반란이 일어남.
1858	• 첫 대서양횡단 전신케이블이 설치됨.	
	• 회전세탁기가 발명됨.	
1859	• 르느와르(Jean-Joseph Etienne Lenior)가 만든 내연기관이 선보임.	• 미국에서 반노예제도 운동가인 존 브라운(John Brown)의 하퍼스 페리(Harpers Ferry) 습격이 실패함. 반노예제에 대한 과장과 활동들이 미국 전역에서 활발함. • 다윈이 <종의 기원>을 출간. • 이탈리아가 통일됨.
1860		• 사우스캐롤라이나는 미국에서 분리된 첫 주가 됨.
1861	• 엘리샤 오티스(Elisha Otis)의 엘리베이터 안전장치에 특허권이 주어짐. • 최초의 현대자전거 출현	• 미국 남북전쟁의 불씨가 되는 남부연합이 형성되어 미국에서 탈퇴. • 미국이 처음으로 소득세를 법제화함. • 러시아 농노 해방.

연도	주요 기술 발달	세계 역사의 주요 사건
1862	• 리처드 개틀링 박사(Dr. Richard Gattling)가 기관총을 개발. • 플라스틱이 개발됨.	• 미국의 남북전쟁이 계속됨. • 링컨이 노예들에게 법적으로 자유를 보장하는 노예해방령을 공표.
1863		• 남북전쟁이 계속됨. • 프랑스가 멕시코를 침략하여 수도를 점령하고 그들의 황제를 임명.
1865	• 조셉 리스터(Joseph Lister)가 의학에서 방부제를 사용.	• 남북전쟁 종료. 링컨 암살됨. • 멘델의 유전 법칙 발표.
1866	• 노벨(Alfred Nobel)이 다이너마이트를 발명 • 열림 장치(key opener)가 달린 깡통이 개발됨.	• 프러시아와 이탈리아가 오스트리아를 패배시킨 결과로 7주전쟁 발발.
1867	• 크리스토퍼 스콜(Christopher Schole)이 현대식 타자기를 개발.	• 미국이 알래스카를 사들임. • 남아공에서 다이아몬드가 발견됨. • 일본에서는 쇼군의 통치가 끝남. • 프랑스가 멕시코에서 물러남. 그들이 뽑은 황제 맥시밀레인(Maximillain)은 처형됨. • 오스트리아와 헝가리가 단일 군주의 통치하에 놓임.
1868	• 조지 웨스팅하우스(George Westing House)가 공기제동기(air brakes)를 개발. • J. P. 나이트(J. P. Knight)가 교통신호등을 발명.	• 미국은 해방된 노예들에게 시민권을 부여하는 헌법 수정안을 비준함.
1869	• 미국 대륙횡단 열차의 철로가 완성.	• 수에즈운하 개통. • 멘델레프(Mendeleev)가 주기율표를 발표.
1870		• 1871년까지 프랑스와 프러시아 전쟁이 일어남. • 프랑스가 다시 공화국으로 되어 새로운 정부 수립.
1871		• 독일제국이 세워짐. • 미국에서는 원주민과의 충돌이 점점 확대됨. • 뉴욕에서 뇌물수수 사건이 폭로되어 트위드가 사기죄로 체포됨. • 시카고 화재로 250명이 사망. • 아프리카 탐험가인 스탠리(Stanley)와 리빙스톤(Livingston)이 만남.

연도	주요 기술 발달	세계 역사의 주요 사건
1873	• 철조망이 발명됨.	
1876	• 전화기를 발명한 캐나다인 알렉산더 그레함 벨(Alexander Graham Bell)에게 특허권을 줌.	• 조지 커스터(George Custer) 장군이 리틀빅혼에서 수족 인디언에게 패함.
1877	• 에디슨이 축음기로 특허권을 얻음. 레코딩 매체는 은박지로 된 실린더로, 각 실린더는 한 번만 사용이 가능. • 멜빌 비셀(Melville Bissell)이 카펫 청소기로 특허권을 얻음.	• 헤이스(Rutherford B. Hayes)는 대중적인 인기보다 대학투표로 된 첫 번째 미국 대통령임. • 러시아와 터키의 전쟁이 시작되어 1878년 끝이 남.
1878	• 첫 상업적 전화교환이 코네티컷주의 뉴헤이븐에서 개통됨.	
1879	• 에디슨이 전구 필라멘트의 적절한 소재를 찾고 실제적 백열전구를 생산.	
1880	• 화장실용 휴지가 출현. • 존 밀네(John Milne)가 영국에서 지진계를 발명.	• 미국과 중국 간의 조약 내용에 중국인의 미국으로의 이민을 제한.
1881	• 벨(Alexander Graham Bell)이 금속탐지기를 발명. • 카메라용 롤필름(roll film)이 출현. • 자동 플레이어 피아노의 특허가 출원됨.	• 미국 대통령 가필드(Garfield)가 암살됨.
1882	• 결핵균이 식별됨.	• 아일랜드에서의 퇴거 명령은 테러리스트들의 활동을 불러일으킴. • 대영제국이 이집트를 영토로 삼음. • 스탠다드오일트러스트(Standard Oil Trust)가 처음으로 산업 독점회사로 됨.
1884	• 루이스 에디슨 워터맨(Lewis Edison Waterman)이 만년필을 개발. • 금전등록기가 출현. 현대의 금전등록기와는 다르게 당시에는 기계적인 것이었음. • 증기터빈 특허출원이 됨	
1885	• 내연엔진으로 움직이는 첫 자동차가 칼 벤츠(Karl Benz)에 의해 발명됨. • 고틀리에브 다임러(Gottlieb Daimler)가 가솔린으로 운행되는 오토바이를 발명.	

연도	주요 기술 발달	세계 역사의 주요 사건
1886	• 허먼 홀러리트(Herman Hollerith)가 프랑스로 가서 자카드의 펀치카드로 통제하는 편물기계를 봄. 그는 같은 원리를 일람표 번호에 적용할 수 있음을 알게 되고 카드에 표시할 수 있는 12개 이진코드(12-position binary code)를 고안해낸다 **[그림 2-6]**. 또한 천공값에 따라 카드를 분류하는 일람표 기계를 발명. • 실질적인 식기세척기가 등장. • 다임러가 사륜구동엔진차량을 개발. • 코카콜라 등장.	• 무정부주의자들이 시카고의 헤이마켓을 폭파하여 7명 사망.
1887	• 레이더 개발. • 에밀 버리너(Emile Berliner)가 다용도 왁스 실린더에 녹음되는 축음기를 발명. • 콘택트렌즈가 등장.	• 빅토리아 여왕(Queen Victoria)의 50주년을 기념.
1888	• 조지 이스트맨(George Eastman)이 코닥카메라 개발. • 던롭(J.B. Dunlop)이 공기타이어 개발. • 음료용 빨대 제조공정이 개발됨. • 니콜라 테슬라(Nikola Tesla)가 전기교류모터와 변압기를 발명.	• 연쇄살인마 잭(Jack the Ripper)이 런던에서 매춘부들을 살해.
1889	• 성냥 첩(matchbook)이 발명됨. • 무연화약인 코르다이트(Cordite) 폭약이 발명됨.	• 에펠탑이 세워짐.
1890	• 미국 정부가 1890년 인구조사를 분석하기 위해 홀러리트(Hollerith)의 일람표기계 **[그림 2-7]**를 사용. • 디젤엔진에 특허권이 주어짐. • 캐나다인 토마스 에헌(Thomas Ahearn)이 전기자동차 히터를 개발.	
1891	• 에스컬레이터 개발.	
1892	• 루돌프 디젤(Rudolf Diesel)이 디젤내연엔진을 발명.	• 노동조합의 활동이 미국에서 증가.
1893	• 지퍼가 발명됨.	• 뉴질랜드가 세계 최초로 여성에게 투표권을 부여.

연도	주요 기술 발달	세계 역사의 주요 사건
1894	• 에디슨이 활동사진 영사기(kinetoscope, 영화의 전신)를 선보임.	• 중국과 일본의 전쟁이 시작되어 1895년에 끝남. • 프랑스인 알프레드 드레퓌스(Alfred Dreyfus)가 반유대주의로 인한 반역죄로 억울하게 유죄선고를 받았으나 1906년 사면됨. • 주요 산업계의 파업 등 노동조합 활동이 미국에서 계속됨.
1895	• 빌헬름 뢴트겐(Wilhelm Roentgen)이 X-ray 발견. • 뤼미에르 형제(Lumiere brothers)가 영화를 실제로 보여줌	
1896	• 영국의 마르코니(Marconi)에 의해 초기 무선라디오 장치가 특허권을 얻음. • 포드(Henry Ford)가 첫 자동차를 제작.	• 노벨 다이너마이트 사용에 대한 죄책감으로 노벨상을 제정. • 그리스의 아테네에서 최초로 현대 올림픽이 개최됨.
1897		• 시온주의운동이 시작됨.
1898	• 퀴리 부부가 라듐(radium)과 폴로늄(polonium)을 발견. • 롤러코스터(roller coaster)에 특허권이 주어짐.	• 중국에서 의화단사건 발생. • 스페인과 미국 전쟁이 시작되어 1899년에 끝남.
1899	• 모터가 장착된 진공청소기에 특허권이 주어짐.	• 보어전쟁이 남아프리카에서 시작되고 1902년 끝남. • 남아프리카연방이 대영제국의 일부가 됨.

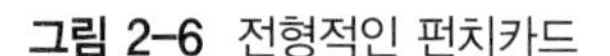

그림 2-6 전형적인 펀치카드

그림 2-7 홀러리트(Hollerith)의 일람표 장비

1900~1949

기술의 변화 속도는 20세기 상반기 중 가속화된다 [표 2-4]. 연구자들과 발명가들은 이전 50년 동안 만들어진 장비들을 기초로 기술을 발전시킬 수 있었다. 게다가 두 번의 세계대전으로 암호해독과 항공술에 이용된 컴퓨터와 원자력 병기들을 포함한 많은 과학기술의 발전에 박차를 가하게 되었다. 미국은 이 시기에 사회적 변화를 맞게 되었다. 여성들은 가정주부로서의 위치를 크게 변화시킬 수 없었지만 투표권을 가지게 되었다.

중산층은 번영하였으나 생활수준이 경제적으로나 사회적으로 공민권을 박탈당한 사람들에게까지 확대되지는 못했다. 노예제도가 폐지되었으나 흑인에 대한 차별이 횡행하였는데, 흑인들은 저임금 노동을 하는 상태로 전락했으며 열악한 공립학교에 다니고 버스에서는 뒷좌석에 앉아야만 하는 차별 등을 겪어야 했다. 이들이 사는 지역도 분리되었다.

표 2-4 20세기 상반기 동안의 기술과 역사의 진보

연도	주요 기술 발달	세계 역사의 주요 사건
1900	• 제펠린 백작(Ferdinand von Zeppelin)이 항공기보다 더 가벼운 것을 발명. • 현대적인 에스컬레이터가 발명됨.	
1901	• 라디오 수신기가 라디오 송신을 받음.	• 빅토리아 여왕이 죽고 그녀의 아들인 에드워드 7세가 대영제국의 왕이 됨. • 미국의 매킨리(Mckinley) 대통령이 암살당함.
1902	• 윌리스 캐리어(Willis Carrier)가 냉난방장치를 발명. • 프랑스의 조지 클라우드(Geirge Claude)가 네온등 발명. • 엔리코 카루소(Enrico Caruso)가 축음기를 사용하여 첫 녹음을 함.	
1903	• 라이트 형제가 캘리포니아의 키티 호크에서 처음 비행. • 포드가 포드자동차회사를 설립.	
1904	• 벤자민 홀트(Benjamin Holt)가 트랙터 발명. • 존 A. 플레밍(John A. Fleming)이 실질적인 진공관 개발.	• 조선과 만주의 소유권을 두고 러시아와 일본이 전쟁을 시작하여 1905년 끝남. • 영국과 프랑스 간에 협정이 이뤄짐. • 뉴욕 지하철이 개통됨.
1905		• 조선은 일본에 귀속되고 만주는 중국에 귀속됨. • 러시아혁명이 시작됨.

연도	주요 기술 발달	세계 역사의 주요 사건
1906	• 미국인 리 드 포레스트(Lee de Forest)가 초기 컴퓨터의 기초가 되는 진공관인 3극 진공관 발명.	• 샌프란시스코에서 지진이 발생하여 500명이 사망하고 3일간 화재가 지속됨.
1907	• 루미에르 형제(Lumiere brothers)가 컬러사진을 발명. • 조종사가 있는 헬리콥터가 선보임.	• 46개국이 참석한 두 번째 헤이그평화회담에서 전쟁규범을 공표. • 오클라호마가 미국의 주로 포함됨.
1908	• 포드의 자동차인 모델-T가 팔리다. 이후 1천5백만 대의 검은 소형 자동차들이 미국 전역을 달리게 됨.	• 남부 이탈리아와 시실리에서 일어난 지진으로 15만 명이 사망 • 미국 대법원은 제2의 노조 보이콧에 반하는 판결로 노동조합을 탄압.
1909	• 드러머(Geoffrey W.A. Drummer)가 집적회로의 디자인을 발표. 1956년까지도 이 장치를 만들 수 없었음.	• 로버트 피어리(Robert Peary)와 매튜 헨슨(Matthew Henson)이 북극에 도착. • NAACP 설립.
1910	• 에디슨이 발성영화의 원형을 보여줌.	• 미국의 보이스카우트가 공식적인 기관이 됨.
1911	• 자동차 전기점화장치 출현. • 항공기가 최초로 터키-이탈리아 전쟁에 사용. • 원자구조에 관한 루터포드의 연구 성공.	• 이탈리아가 터키를 이긴 후, 리비아를 편입. • 중국의 군주정치 끝나고 손문이 공화국의 대통령이 됨. • 멕시코혁명이 일어남. • 뉴욕의 트라이앵글셔트웨이스트회사에서 일어난 화재로 146명의 공장근로자들이 사망. • 아문센(Roald Amunsen)이 남극 탐험을 끝냄.
1912	• 수동 크랭크 모델의 영화 카메라를 대신할 모터장착 영화 카메라가 개발됨. • 군사용 탱크가 선보임.	• 증기선인 타이타닉호가 처녀출항에서 침몰. • 발칸반도에서의 전쟁은 유럽계 터키가 불가리아, 세르비아, 그리스와 몬테네그로로 분리되며 끝남. • 불가리아는 세르비아를 침공했으나 패배함. • 뉴멕시코와 애리조나가 미국의 주에 포함됨.
1913		• 의류업계 노동자들이 뉴욕에서 파업을 하지만 개선한다는 조건으로 파업을 끝냄.
1914	• 가스마스크가 발명됨. • 포드사에 움직이는 생산라인 설치됨.	• 오스트리아의 대공과 그의 아내가 암살된 것을 계기로 1차대전이 시작. 초기의 충돌은 오스트리아 대 세르비아, 독일 대 러시아와 프랑스, 그리고 영국 대 독일이 서로 대항. • 미국이 자국의 이익을 보호한다는 주장을 하며 멕시코내란에 개입.

연도	주요 기술 발달	세계 역사의 주요 사건
1915	• 아인슈타인이 일반상대성이론을 발표.	• 1차대전이 계속. • 독일의 잠수함이 여객선 'Lusitania'호를 침몰시킴. • 터키 병사들이 600,000명의 아르메니아인들을 학살.
1916	• 다양한 방송국의 전파를 수신할 수 있는 라디오 채널기가 발명됨. • 헨리 브리얼리(Henry Brearly)가 스테인리스를 발명.	• 1차대전이 계속. • 마거릿 생어(Margaret Sanger)에 의해 산아제한병원이 문을 염. • 부활절혁명이 아일랜드에서 일어나고 영국군대가 승리.
1917		• 미국이 독일에게 선전포고를 하며 세계대전에 참가하고, 1년 후 오스트리아-헝가리에도 선전포고를 함. • 러시아의 볼세비키 레닌(Lenin)과 트로츠키(Trotsky)가 쿠데타를 성공시킴. 독일과 평화협상을 함. • 팔레스타인이 유대인들의 모국으로 밸포어선언(Balfour Declaration)에 의해 약속됨.
1918		• 1차대전이 끝남. • 독일 황제(German Kaiser) 퇴위.
1919	• 플립플롭 진공관 회로의 디자인이 선보임. 이 회로는 현대 컴퓨터에 폭넓게 사용됨. • 토스터기 출현. • 직행항로 여객기 대서양 횡단.	• 소련이 세계적인 공산주의운동의 주도권을 확립.
1920	• 톰슨(John T. Thomson)이 톰슨식 소형기관총을 발명.	• 국제연맹이 회의를 시작. • 미국의 주들이 여성에게 투표권을 주는 헌법개정을 비준.
1921	• 로봇이 만들어짐.[1]	• 미국은 니콜라 사코(Nicola Sacco)와 바르톨로미오 반제티(Bartolomeo Vanzettti)를 스파이 혐의로 처형.
1922	• 입체영화 상영.	• 무솔리니가 이탈리아 정권을 장악하고 파시스트 정부를 설립. • 아일랜드공화국이 독립국이 됨. • 터키의 마지막 황제가 케말 아타티르크에 의해 폐위됨.

1) 로봇이라는 용어는 카렐 카펙(Karel Capek)이 쓴 희곡 <R.U.R, 로숨(Rossum)의 세계 로봇>에서 처음으로 소개되었다. 이 희곡은 1921년 최초로 상연되었다.

연도	주요 기술 발달	세계 역사의 주요 사건
1923	• 모건(Garrett A. Morgan)이 교통신호등 발명. • 조리킨(Vladimir Kosma Zworykin)이 브라운관을 발명. 그는 이것을 '아이코노스코프(iconoscope)'라고 칭함.	• 프랑스와 벨기에 군대가 독일의 1차대전 배상금 보장을 위해 독일에 주둔.
1924	• 논리적 연산게이트(AND gate)가 등장. AND gate는 현대컴퓨터에 폭넓게 쓰임.	• 레닌 사망. 스탈린이 권력을 잡음.
1925	• 스코틀랜드의 발명가 존 로지 베어드(John Logie Baird)가 텔레비전으로 사람의 모습이 송출 가능하다는 것을 보여줌. • 캐나다인 시카드가 제설차 발명. • 캐나다에서 기드온 선백이 지퍼 발명.	• 존 T. 스콥스(John T. Scopes)가 진화론을 가르친 혐의로 유죄를 받음. • 히틀러가 <나의 투쟁> 첫 부분을 출간.
1927	• 캐나다인 프레데릭 조지 크리드(Frederick George Creed)가 송수신 겸용 텔레프린터(teleprinter)를 개발. • 오늘날 텔레비전 시스템의 전신인 전자 텔레비전이 선보임. • 원래 이 당시에는 필름용이었던 테크니컬러 등장. • 린드버그(Lindbergh)가 최초로 단독 대서양 횡단 비행에 성공. • 조지 레마이트리(George Lemai?tre)가 우주생성의 대폭발(Big Bang) 이론을 제안.	• 소련, 트로츠키를 추방. • 독일경제의 붕괴가 나치에게 힘을 실어주게 됨.
1928	• 알렉산더 플레밍(Alexander Fleming)이 페니실린을 발견. • 캐나다인 모르스 롭(Morse Robb)이 전자오르간의 특허권을 받음.	
1929	• 에드윈 포웰 허블(Edwin Powell Hubble)은 계속하여 팽창하는 우주이론(ever-expanding expanding)을 제안.	• 미국 증권시장의 붕괴가 전세계 공황의 신호탄이 됨.
1930	• MIT의 바네바 부시(Vannevar Bush)가 아날로그 컴퓨터를 개발. • 프랭크 위틀(Frank Whittle)과 한스 본 오하인(Hans von Ohain)에 의해 제트엔진 개발됨. • 로렌스(Ernest O. Lewrence)가 처음으로 이온가속기 개발.	• 독일에서 나치의 세력이 성장.

연도	주요 기술 발달	세계 역사의 주요 사건
1931	• 독일에서 전자현미경이 발명됨. • 유레이(Harold C. Urey)가 중수소 (heavy hydrogen)를 발견.	• 일본이 만주를 점령. • 스페인 군주제가 폐지되고 공화국이 됨.
1932	• 랜드(Edwin Herbert Land)가 폴라로이드사진을 개발. • 전파망원경 등장.	• 나치가 계속하여 독일에서 세력을 키움. • 소련이 기아에 고통받음.
1933		• 히틀러, 독일 수상에 취임. • 나치의 대규모 숙청 시작. • 국제연맹이 일본과 독일의 탈퇴로 붕괴되기 시작. • 미국이 소련을 의식하기 시작.
1934	• 첫 마그네틱 녹음장치인 테이프 녹음기가 발명됨.	• 나치가 오스트리아의 수상을 암살.
1935	• 레이더에 특허권이 주어짐.	• 이탈리아가 에티오피아를 침공. • 나치가 1차대전으로 맺은 베르사이유조약을폐기.
1936	• 알란 터닝(Alan Turning)이 터닝머신 (Turning machine)을 제안. 이론적 개념은 논리연산에 쓰여질 수 있음. 터닝머신은 외부적으로 저장되는 부호들을 조작. 부호조작 규칙은 정규 논리 기호법에 나와 있음. • 벨연구소에서 음성인식 장치가 개발됨.	• 독일이 라인지역으로 이동. • 이탈리아가 에티오피아를 편입. • 스페인내전이 시작되고 1939년프랑코 (Franco)의 승리로 끝남. • 중국과 일본 사이에 전쟁이 시작됨. • 독일, 일본, 이탈리아가 동맹.
1937	• 조지 스티비츠(George Stibiitz)가 두 자리 이진법 숫자를 추가하기 위한 1비트 가산기(1-bit adder)를 개발. • 복사기 등장. • 제트엔진이 디자인되어 제작.	• 독일군의 세력이 계속하여 성장. • 독일이 오스트리아를 합병.
1938	• 독일인 콘래드 주스(Konrad Zuse)가 이진법을 사용하는 기계적이고 프로그램이 가능한 컴퓨터를 개발. 원래 이름이 V1인 이것은 한 번에 16개까지 자유롭게 숫자를 조작할 수 있음. 입력은 영화필름에 펀치된 구멍들로 읽혀지거나 숫자판에 의해 찍힌 구멍들에 의해 읽혀짐. 출력은 광원에 의해 보여짐. 이 기계는 Z1으로 알려지게 됨.	• 독일이 오스트리아를 침공 • 체코슬로바키아가 붕괴되어 영국, 프랑스, 이탈리아는 독일이 이 국가를 분리하도록 허가함.

연도	주요 기술 발달	세계 역사의 주요 사건
1939	• 존 빈센트(John Vincent)와 클리포드 베리(Clifford Berry)가 16비트 가산기를 개발(이 디지털 회로는 각각 16비트까지 두 개의 숫자를 더할 수 있다). 원형은 진공관을 최초로 사용한 기계로 알려져 있다. 일반 목적이나 프로그래밍을 위한 것이 아니었지만 많은 사람들이 최초의 전자적 연산기계로 인식하고 있음. • 주스(Zuse)가 두 번째 컴퓨터인 Z2를 완성. Z1처럼 반복기능인 루프(loop)를 할 수 없었으므로 일반 목적의 터닝머신이 아니었음. Z2는 2차대전 중 연합군의 폭격에 파괴됨. • 이고르 시코르스키(Igor Sikorsky)가 헬리콥터 운행 시범을 보임. • 아인슈타인이 트루먼 대통령에게 원자폭탄의 원리에 대해 말함.	• 독일이 폴란드를 침공. • 독일이 소련과 불가침조약을 맺음. • 독일이 영국과의 조약 폐기. • 2차대전 발발. 미국은 아직 중립적인 위치에 있음.
1940	• 컬러텔레비전이 발명됨. • NBC가 최초로 네트워크 텔레비전 쇼를 방송.	• 독일이 노르웨이, 덴마크 네덜란드, 벨기에, 룩셈부르크 그리고 프랑스를 침공. • 소련이 에스토니아, 라트비아, 리투아니아를 합병. • 미국은 군인징병을 시작.
1941	• 주스(Zuse)는 프로그래밍이 가능한 Z3 컴퓨터 개발. 무조건 반복수행이 가능했지만 "참일 때까지 반복"과 같은 명령은 수행할 수 없었음. 오늘날 컴퓨터와 구조적 유사성을 가진 Z3는 '첫 번째 컴퓨터'라는 타이틀을 놓고 아타나소프/베리 기계(Atanasoff/Berry machine)와 경쟁관계에 있음. • 엔리코 페르미(Enrico Fermi)는 연구 도중 핵분열의 결과를 얻음으로써 중성자 반응장치를 최초로 개발.	• 일본의 진주만공격으로 미국이 참전. 영국이 일본과의 전쟁을 선포. • 독일은 소련과 발칸반도 침공. • 맨해튼 프로젝트 시작.
1942	• 아타나소프와 베리는 선형방정식을 풀 수 있는 계산가를 세움. 메인기억장치를 위한 드럼기억장치와 제2의 저장소를 위한 펀치카드를 포함한 구축물이 이 계산기의 특징임. • 페르미(Fermi)는 지속적인 핵 연쇄반응을 생산해냄.	• 나치의 대학살이 대대적으로 자행됨. • 미국은 일본인들과 일본계 사람들을 체포하여 수용시설로 이동시킴.

연도	주요 기술 발달	세계 역사의 주요 사건
1943	• 블레츨리 파크(Bletchley Park)의 영국 암호해독가들은 암호해독을 위해 사용되는 카운팅 장치인 히드 로빈슨(Heath Robinson)을 만들어 냄. 이는 후에 암호해독장치인 콜로서스(Clolssus)의 토대가 됨.	• 무솔리니가 정권에서 축출됨.
1944	• IBM이 하버드 마크 I(Harvard Mark I)을 세움. 이는 자동연속 계산기([**그림 2-8**]에서 보이는 부분)로 불리는데, 하워드 에이킨(Howard Aikin)의 생각이었음. 두번째로 프로그래밍이 가능한 컴퓨터로 진공관과 기계적 교체(mechanical relays)가 기본으로 이뤄짐. 입출력을 위해 펀치카드, 종이테이프, 타이프라이터가 사용됨. 미 해군장교인 그레이스 하퍼(Grace Hopper)는 이 기계를 위한 세계 최초의 어셈블러를 썼음. • 암호해독 기계인 콜로서스가 블레츨리 파크에서 사용됨. 이것에 대한 정보는 전쟁의 안전을 이유로 최근까지 거의 알려진 것이 없음. • 신장투석 기계가 등장.	• 6월 6일 노르망디 상륙작전 • UN에 대한 제안이 미국, 영국, 소련에 의해 이뤄짐
1945	• 콘래드 주스가 플란카큘(Plankalkul), 또는 플랜 칼큘러스(Plan Calculus)라는 고급 프로그래밍 언어를 최초로 개발. • 배니버 부시(Vannevar Bush)가 메멕스(memex)라는 하이퍼텍스트를 최초로 개발. • 존 본 뉴맨(John von Neumann)이 현대 컴퓨터의 원형이 되는 컴퓨터 구성 디자인에 대한 책을 출간. • 원자폭탄에 대한 디자인이 완성됨. • 캐나다인 휴 르 캐인(Hugh Le Caine)이 전압제어 음악 신시사이저를 개발.	• 루스벨트, 처칠, 스탈린이 독일의 최종 공격계획을 조율하기 위해 얄타에서 회담을 가짐. • 히틀러 자살. • 독일 항복. • 일본에 원폭투하. • 일본 항복. • UN 설립.

연도	주요 기술 발달	세계 역사의 주요 사건
1946	• 펜실베니아대학의 무어스쿨 공학대학에 근무하는 존 머출리(John W. Mauchly)와 에컬트 (J. Presper Eckert)가 에니악 (ENIAC)**[그림 2-9]** 완성. 완전히 전자적인 것이지만 십진법으로 운용되고 각 프로그램은 패치코드(patch codes)로 재프로그램되어야 한다. 8,000개의 관, 7,200개의 크리스털 2극진공관 (diodes), 1,500개의 릴래이(relays), 70,000 개의 레지스터는 무게가 30톤이 나가고 1,800평방피트를 차지. 진공관은 유니트(unit)[2] 의 열기로 인해 계속하여 타오름. • 펄시 스펜서(Percy Spencer)가 전자렌지를 발명.	• 이탈리아의 군주제가 폐지됨. • 뉘른베르크 전범재판. • 국제연맹 해체되고 UN 결성.
1947	• AT&T의 벨연구소에서 근무하는 쇼클레이(William B. Shockley), 존 바딘(John Bardeen), 월터 브레튼 (Walter Brattain)이 트랜지스터를 발명. • Mark II가 하버드에서 완성된다.[3] 이 프로젝트에 종사하던 미 해군장교인 그레이스 하퍼(Grace Hopper)가 최초로 어셈블러를 만듬. • AT&T가 휴대전화에 대한 아이디어를 개발. • 척 예이거(Chuck Yeager)가 음속보다 더 빨리 남.	• 인도와 파키스탄이 영국으로부터 독립. • 미국은 트루먼주의를 제정하여 공산주의가 그리스와 터키에 확산되지 못하도록 도움. • 미국은 유럽의 재건을 돕기 위해 마셜플랜을 발효.
1948	• 맨체스터대학에서 소규모 실험기계인 셈(SSEM)을 개발했는데, 이것은 프로그램과 데이터 둘 다 램(RAM)에 저장할 수 있는 첫 기계였음. • IBM이 604머신을 발표. 주기억장치와 보조기억장치 사이의 프로그램을 서로 교환할 수 있는 장소를 만든 최초의 컴퓨터임.	• 미얀마와 실론이 영국에서 독립. • 미국의 주 조직기구 • UN이 이스라엘과 한국을 탄생시킴. • 간디 암살. • 베를린장벽 구축 • 인도네시아 독립 • 소련이 체코슬로바키아 침공.
1949		• NATO 창립 • 서독 건국 • 소련 첫 핵실험 강행 • 중화인민공화국 창건 • 소련이 동독을 건설

2) 오랫동안 애니악은 첫 번째 컴퓨터로 생각되어 왔다. 이것은 2차대전 후 미국과 독일의 힘의 차이로 인해 생긴 다소 정치적인 영향이었다. 미국은 독일인인 주스(Zuse)에게 우위를 주려하지 않았기 때문이다.

3) 마크 제2호(MarkII)는 컴퓨터에 생긴 문제를 설명하기 위해 '버그(bug)'라는 용어를 처음 사용하게 된 사연을 가지고 있다. 그레이스 하퍼(Grace Hopper)의 조수가 타버린 진공관을 조사하기 위해 갔다가 죽은 나방을 발견하게 된다. 그는 그 벌레를 로그(기록일지)에 누른 후, 다음과 같은 기록을 남겼다. "처음으로 실제 벌레가 발견되었다." 이것은 사실일까? 우리는 그 로그 페이지 사진을 가지고 있지만(그림 2-10), 설사 사실이 아니라 하더라도 재미있는 이야기인 것만은 확실하다!

그림 2-8 하버드 마크 제1호(Harvard Mark I)

그림 2-9 애니악(ENIAC)

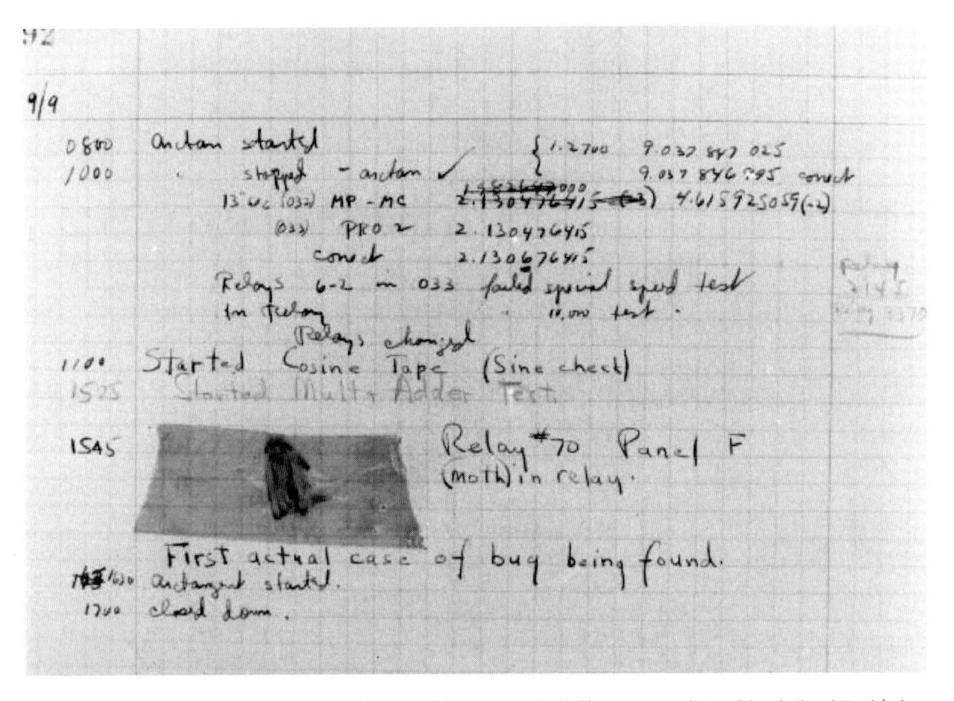

그림 2-10 마크 제2호(Mark II)에서 발견된 로그 페이지(log page)로, 첫 번째 컴퓨터 '버그(bug)'를 보여준다.

1950~1999

40세 이상의 미국인들이 1950년대를 돌이켜볼 때, 그들은 종종 이 시기를 목가적이고 고요하다고 생각한다. 만약 가정을 돌보는 아내가 있는 미국의 중산층 백인남성이라면 그러한 형태의 삶을 누렸을 것이다. 그러나 이와 같은 조건이 아니라면 삶은 사회적으로도 경

그림 2-11 IBM의 펀치카드기

그림 2-12 UNIVAC

제적으로도 투쟁 그 이상이었을 것이다. 1960년대는 급변하는 사회적 변화의 시기였다. 여성들은 전통적인 역할을 깨고 사회로 진출하며, 소수민족들은 눈에 띄게 차별에 대항하기 시작하고, 히피들은 사회적이고 정치적인 불공정, 특히 미국의 베트남전쟁과 관련하여 시위를 벌였다. 이러한 변화의 여세는 1970년대까지 넘어갔다. 1900년대의 마지막 20년 동안 세계는 이전 30년 동안 일어났던 사회적 대변동에 적응해갔다. 이 시기에 또한 공산주의 경제체제의 실패와 붕괴로 중요한 정치적 변화가 있었다.[4)]

사회적 변화는 기술발달이 급격히 가속됨에 따라 수반되었다. **[표 2-5]**에 보인 것처럼 20세기 후반에 중앙연산처리장치(processor)와 저장력(storage power)에 있어서의 갑작스런 비약과 함께 현대 컴퓨터의 발전이 이뤄졌다. 컴퓨터는 확산되었고 인터넷이 정보공유의 세상을 만들었다.

표 2-5 20세기 하반기 동안의 기술과 역사의 진보

연도	주요 기술 발달	세계 역사의 주요 사건
1950	• 수소폭탄의 발달이 시작. • 펀치카드와 관련 기계**[그림 2-11]**들이 컴퓨터 입력장치의 가장 흔한 형태임.	• 한국전쟁 시작.
1951	• 유니박(UNIVAC: universal automatic computer 만능 자동계산기)이 미국 인구조사 분석에 사용됨. 레밍턴 랜드	• 리비아가 독립국이 됨. • 미국이 줄리어스(Julius)와 에텔 로젠버그(Ethel Rogenberg)에게 스파이 혐의로

4) 오늘날 세계에는 아주 소수의 공산주의 정부만이 남아 있다. 거대한 중국은 자유시장 경제를 위해 사회주의 경제체제를 버렸고 그 변화로 인해 경제적으로 발전하고 있다. 다른 주요 공산주의 정부로는 쿠바가 있는데, 지도자와 친한 친구일 경우에만 그곳이 천국이거나 높은 생활수준에서 살 수 있다.

연도	주요 기술 발달	세계 역사의 주요 사건
1951	(Remington Rand)가 만든 이 기계는 처음으로 대량생산을 하는 컴퓨터였음 **[그림 2-12]**. • 영국의 LEO(Lyons Electronic Office)가 첫 업무용으로 설치된 컴퓨터가 됨. • 찰스 진스버그(Charles Ginsberg)가 비디오테이프 녹음기를 발명.	사형을 선고. 그들은 1953년 처형되었고, 후에 죄가 없음이 밝혀짐. • 49개국이 일본과 평화조약에 조인함.
1952	• IBM은 첫 700/7000 시리즈인 IBM 701을 선보임. 일반적으로 IBM의 본체로 간주됨. • 조셉 우드랜드(Joseph Woodland)와 버나드 실버(Bernard Silver)가 만든 바코드에 특허출원이 됨. • 수소폭탄 완성됨. 원자폭탄 실험이 에네워탁에서 이뤄짐.	• 엘리자베스 2세가 영국의 여왕이 됨.
1953	• 음악 신시사이저 등장 • 일명 블랙박스로 불리는 비행기록기가 발명. • 텍사스 인스트루먼트(Texas Instrument)사가 트랜지스터 라디오 발명. • DNA의 이중나선구조가 왓슨(Watson)과 크리크(Crick)에 의해 발표됨. • 미국이 수소폭탄을 실험. • 소아마비 예방백신이 이용 가능해짐.	• 한국전쟁이 끝남. • 동독에서의 반공산주의 항거가 탱크를 앞세운 정부의 진압으로 진정됨. • 이집트가 공화국이 됨.
1954	• IBM이 마그네틱 자심기억장치(magnetic core memory)가 사용된 IBM704를 선보임. • 태양전지 발명. • 미국이 핵잠수함을 진수시킴.	• 소련이 동독이 독립국이 되는 것을 허가. • 미국에서 맥카시(McCarthy) 청문회가 열림. • 미국 대법원은 공립학교에서의 인종차별을 금지함. • 동남아시아조약기구(SEATO) 설립. • 알제리가 프랑스로부터의 독립을 위해 싸우기 시작.
1955	• 모리세 윌크스(Maurice Wilkes)가 컴퓨터의 명령세트를 기호화하는데 이용될 마이크로 프로그램을 발명. • 광학섬유 개발.	• 로사 팍스(Rosa Parks)가 버스 앞자리의 양보를 거절한 것을 계기로 인종차별에 대한 첫 조직적인 항거가 일어남. • 페론이 아르헨티나에서 추방됨. • 서독이 한 국가로 탄생.

연도	주요 기술 발달	세계 역사의 주요 사건
1956	• IBM이 개발한 마그네틱 디스크인 라막은 계산과 통제에 랜덤 액세스(random access)하는 방식. • 조지 데볼(George Devol)과 조셉 엔젤버거(Joseph Engelberger)가 로봇회사를 설립. • 크리스토퍼 칵커렐(Christopher Cockerell)이 호버크래프트(hovercraft)를 발명. • 수소폭탄이 대기권에서 실험.	• 폴란드 노동자들의 공산주의 항거를 군대가 진압. • 이집트가 수에즈운하를 통제. • 미국의 휴전 중재로 영국, 프랑스, 이스라엘의 이집트 침공을 멈추게 됨. • 모로코가 독립국이 됨.
1957	• IBM704는 고급 프로그램 언어인 포트란(FORTRAN)을 사용하는 첫 컴퓨터가 됨. • 소련이 지구궤도에 우주선을 성공적으로 쏘아 올림(스푸트닉 1호). • 켄 올슨(Ken Olsen)과 할란 앤더슨(Harlan Anderson)이 Digital Equipment Corporation(DEC)를 세움.	• 아칸사스주, 리틀락의 백인고등학교에 처음으로 9명의 흑인 학생들이 등록.
1958	• 모뎀(modem) 디자인이 완성되고 미군에서 사용. • 고든 굴드(Gordon Gould)가 레이저를 발명. • 첫 비디오 게임인 2인용 테니스 게임이 브룩헤븐연구소에서 오실로스코프(oscilloscope) 위에서 이뤄짐. • 미국 첫 인공위성 발사. • 캐나다인 봄바디에르(Joseph-Armand Bombardier)가 스노우모빌(snowmobile)을 발명.	• 유럽경제공동체(European Common Market)가 설립. • 이집트와 시리아가 아랍연합공화국이 됨. • 샤를 드골이 프랑스의 수상이 됨.
1959	• 텍사스 인스트루먼트사에 근무하는 잭 킬비(Jack Kilby)는 집적회로로 특허권 출원. 페어차일드 세미컨덕터(Fairchild Semiconductor)에 근무하는 로버트 노이스(Robert Noyce)가 집적회로를 개발하나 1961년까지 특허출원을 하지 않음.	• 피델 카스트로, 쿠바 통치. • 달라이라마가 티베트에서 인도로 망명. • 알래스카와 하와이가 주로 격상함.
1960		• 미국의 정찰비행기가 소련 상공에서 격추. 조종사는 1962년 러시아의 스파이와 교환되어 풀려남.

연도	주요 기술 발달	세계 역사의 주요 사건
1960		• 중국과 소련은 공산주의에 대한 견해 차이로 각자 다른 길을 가게 됨. • 세네갈, 가나, 나이지리아, 마다가스카르, 자이레로 구성된 아프리카연합이 독립. • 미국, 베트남에 군사고문단 파견.
1961	• 뉴저지의 제너럴모터스 자동차 공장에서 첫 산업용 로봇이 사용. • 소련이 성공적으로 인간을 지구궤도로 보냄. • 미국이 두 명의 사람이 탑승한 궤도우주선을 쏘아 올림.	• 미국이 쿠바의 피그스만 침공하지만 실패함. • 베를린장벽이 동독과 서독 사이에 세워짐. • 더 많은 미국의 군사고문단이 베트남에 파견.
1962	• 초당 300비트의 속도를 가진 Bell 103 모뎀이 일반시민용으로 판매됨. • 오디오 카세트가 선보임. • '스페이스 워(Spacewar)'라는 컴퓨터게임이 등장하고 Digital PDP-1[5] 에서 운용됨. • 미국의 우주선이 지구궤도를 돌다.	• 알제리가 독립된 공화국이 되다. • 미시시피대학에 첫 흑인학생 입학. • 부룬디, 자마이카, 서사모아, 트리니다드, 토바고 독립.
1963	• 컴퓨터로 통제되는 로봇 팔이 등장. • 영국의 벨펀치회사와 섬락-콤토미터 회사(Sumlock-Comptometer)가 완전한 전자계산기인 아니타를 선보임. • 비디오디스크 발명. • 인공심장이 인간에게 이식됨.	• 미국 대법원은 공립학교에서의 기도를 금지. • 마틴 루터 킹 주니어(Martin Luther King Jr.)가 워싱턴에서 "나는 꿈이 있다"라는 연설을 함. • 미국의 케네디 대통령 암살당함. • 케냐 독립.
1964	• 다트머스대학의 존 G. 케메니(John George Kemeny)와 톰 커츠(Tom Kurtz)가 베이직 프로그래밍 언어를 개발. • DEC가 PDP-8이라는 컴퓨터를 성공적으로 선보임. • 소니가 완전한 트랜지스터 계산기를 선보임. • ANSI(American Standards Institute: 미 표준협회)가 ASCII라는 컴퓨터에서의 표준기호를 제작.[6]	• 세 명의 공민권 운동가들이 미시시피에서 살해당함. 체포된 21명 중 7명이 유죄판결을 받음. • 넬슨 만델라(Nelson Mandella)가 남아공에서 종신형을 선고받음. • 비틀스가 미국에 옴.

5) 현재는 오직 하나의 PDP-1만이 실행되고 있지만, 다음의 온라인에서 그 느낌을 볼 수 있다. http://www.cgl.uwaterloo.ca/~anicolao/sw/Spacewar/spacewar.html

6) ASCII를 대신할 가장 큰 대용물은 EBCDIC로 IBM 메인프레임에서 단독으로 사용된다.

연도	주요 기술 발달	세계 역사의 주요 사건
1964	• IBM이 360개의 본체를 선보임 **[그림 2-13]**. 컴퓨터가 향상됨에 따라 소프트웨어가 상위 구조에 맞춰 조화되는 같은 부류의 컴퓨터가 처음으로 선보임.	
1965	• 제임스 러셀(James Russell)이 콤팩트디스크를 발명. • 캐나다의 온타리오발전소의 전력이 고장나 미국의 8개 주와 캐나다의 2개 지방이 암흑에 휩싸임.	• 미국의 공민권이 말콤 엑스(Malcolm X)의 살해와 셀마행진으로 진행됨. • 미국, 도미니카공화국에 군대 파견. • 미국의 고령자들을 위한 의료보험프로그램인 메디케어(Medicare) 설립. • 로스엔젤레스에서 인종폭동이 일어남.
1966		• 두 번째 인종폭동이 일어남.
1967	• 세 명의 미 우주비행사들이 발사대에서의 화재로 사망.	• 아랍과 이스라엘 간의 6일전쟁 발발. 이스라엘 승리. • 인종의 사회적 불안이 많은 미국의 주요 도시들에 확산됨.
1968	• 더글라스 엔젤바트(Douglas Engelbart)가 컴퓨터 마우스를 발명. • 밥 노이스(Bob Noyce)와 고든 무어(Gordon Moore)가 인텔을 창립. • 캐나다인 그래미 퍼구송(Graeme Ferguson), 로만 크로이터(Roman Kroitor), 로버트 케르(Robert Kerr)가 아이맥스 영화를 발명	• 북한이 미 해군함정을 억류. • 베트남전쟁이 격화됨. • 마틴 루터 킹 목사 암살당함. • 소련이 체코슬로바키아 침공.
1969	• 미국의 정부 지원 네트워크인 ARP-ANET이 시작되고, 후에 인터넷이 됨. • 첫 자동화기기(ATMs)가 등장. • 미국의 우주비행사들이 달에 첫 발을 디딤.	• 우드스탁 뮤직 페스티벌이 열림. • 닉슨(Richard M. Nixon)이 임기를 시작. • 뉴욕의 스톤웰폭동으로 게이 권리찾기운동이 시작.
1970	• 알란 슈가르트(Alan Shugart)가 플로피디스크를 발명. • 첫 휴대용 계산기가 판매. 초기의 전자계산기와는 달리 이것은 건전지를 사용.	• 비아프라가 나이지리아로부터의 독립전쟁 개시. • 로데지아가 영연방에서 탈퇴. • 미국이 캄보디아를 침공. • 캄보디아 침공에 항의 시위.
1971	• 휴대용 계산기가 아직 매우 고가임에도 세계적으로 판매. • 도트 프린터 발명됨 • 제임스 페르가송(James Fergason)이 LCDs를 발명.	• 미국이 투표 연령대를 18세로 낮춤. • 중국이 UN에 가입하고 대만은 축출됨.

연도	주요 기술 발달	세계 역사의 주요 사건
1971	• 테드 호프(Ted Hoff), 스탠 마조르(Stan Mazor)가 첫 마이크로프로세서인 인텔 4004 개발. • 비디오카세트 녹음기 등장. • 스티브 잡스(Steve Jobs)와 워즈니악(Wozniak)은 취미용품으로 애플을 판매하기 시작.	
1972	• 인텔사가 마이크로프로세서 8008을 선보임. • 워드 프로세서 등장. • 첫 비디오게임인 '퐁(Pong)'이 선보임.[7]	• 영국, 북아일랜드를 점령. • 워터게이트사건 발생. • 뮌헨올림픽에서 아랍의 테러리스트들이 8명의 이스라엘 운동선수들을 살해.
1973	• 로버트 메트캘프(Robert Metcalfe)가 오늘날 가장 많이 사용되는 지역 네트워킹의 형태인 이더넷(Ethernet)을 발명.	• 미 대법원, 여성이 낙태를 할 권리가 있다고 판결. • 베트남전쟁 종결. • 닉슨이 워터게이트사건에 책임이 있음을 시인. • 그리스가 공화국이 됨. • 이스라엘과 주변 아랍국들 간에 있었던 대축제일전쟁이 이스라엘의 승리로 끝남.
1974	• 인텔이 마이크로프로세서 8080을 개발. 이것은 첫 마이크로컴퓨터인 알타이어(Altair)에 사용됨. • 빌 게이츠와 폴 앨런(Paul Alan)이 마이크로소프트사를 세움.	• 닉슨 대통령 사임, 후임자인 제럴드 포드(Jerald Ford)가 대통령직 인계.
1975	• 처음으로 레이저 프린터가 등장. • 미국의 우주선이 소련 우주선과 함께 지구궤도에 도킹.	• 캄보디아가 공산군 폴포트(Pol Pot)와 크메르루즈(Khmer Rouge)에 의해 점령당함.
1976	• 잉크젯 프린터 등장. • 스티브 잡스, 스티브 워즈니악, 마이크 마쿨라(Mike Markkula)가 애플컴퓨터 설립.	• 미 대법원은 소수인종들이 직업의 연공서열에 따른 소급 적용을 받을 수 있다고 판결. • 친 팔레스타인 과격론자들에 의해 우간다 엔테베의 비행기에 억류되어 있던 이스라엘인 103명 인질들이 풀려남.
1977	• Apple II 컴퓨터가 선보임. • 탠디와 코모도레(Tandy and Commodore)회사가 설립되어 마이크로컴퓨터를 판매. • 인공 인슐린이 처음으로 만들어짐.	• 미 대통령 카터(Carter)는 베트남전쟁 시 탈영병들을 사면해 줌. • 핵확산금지조약(NPT)에 미국, 소련 및 13개국이 서명.

7) 오리지널 '퐁(Pong)'의 무료 판(shareware version)은 다음 사이트에서 참조. http://www.freedownloadscenter.com/Games/Classic_Games/Pong.html

연도	주요 기술 발달	세계 역사의 주요 사건
1979	• 스탠포드 카트(Stanford Cart)는 로봇 사용의 전망을 보여줌. • 세이무어 크래이(Seymour Cray)가 크래이 슈퍼컴퓨터를 개발. • 워크맨 등장. • 스리마일 아일랜드에 있는 핵발전소는 방사선의 방출이 최소임에도 불구하고, 부분적인 용해로 고민.	• 이란의 펠레비 왕이 이슬람 근본주의 세력에 의해 권좌에서 축출됨. • 이란 군대가 테헤란의 미 대사관에 들이닥쳐서 인질을 억류. • 마거릿 대처(Margaret Thatcher)가 영국의 수상이 됨. • 소련, 아프가니스탄을 침공.
1980		• 이란-이라크 전쟁이 시작되어 1986년 끝남. • 로널드 레이건(Ronald Reagan)이 미국의 대통령이 됨. • 비틀즈의 존 레논(John Lennon)이 뉴욕에서 살해당함.
1981	• MS-DOS의 사용. • IBM PC[**그림 2-14**]가 선보임. 업무용 이용자들은 "누구라도 IBM을 산다는 이유로 해고 당한 적은 없다"라며 기뻐함. 이 기계는 불티나게 팔림. • 아담 오스본(Adam Osborne)이 휴대용 컴퓨터인 오스본을 처음으로 선보임. • 코모도레(Commodore)사가 성공적인 기계인 VIC-20을 발매.	• 미국의 인질들이 테헤란에서 풀려남. • AIDS가 질병으로 확인됨
1982	• 컴퓨터 바이러스 '클로너(Elk Cloner)'가 출현. 중학교 3학년 학생의 장난으로 시작된 것으로 부트섹터 바이러스로 감염된 플로피디스크를 사용해 컴퓨터를 시작하면 컴퓨터 스크린에 50번에 한번씩 시 한 편이 나타남. • 인텔은 마이크로프로세서 80286을 선보임. • 코모도레사가 C64를 개발.	• 영국-포클랜드 전쟁, 아르헨티나가 패함. • 이스라엘이 팔레스타인해방기구(PLO)를 견제하기 위해 레바논을 침공.
1983	• 애플사가 매킨토시의 전신인 리사(Lisa)를 선보임. 리사의 운영시스템은 최초로 그래픽 사용자인터페이스 중 한 가지를 특징으로 함. 안타깝게도 리사는 가격이 너무 비싸고 속도가 너무 느려서 컴퓨터 업계에서 성공을 거두지 못함. • AT&T사가 최초로 휴대폰을 판매하기 시작. • 최초로 영구 인공심장이 이식됨.	• 한국의 민간항공기가 사고로 소련 상공을 침범하여 격추되고 생존자는 없음. • 테러리스트들이 베이루트에 있는 미 해군병영을 공격하여 237명의 사망자 발생.

연도	주요 기술 발달	세계 역사의 주요 사건
1984	• 애플 매킨토시 등장. 매킨토시가 처음에는 업무용으로 적합하지 않다고 여겨졌으나, 운영시스템에 의한 사용자 인터페이스의 실용성 때문에 컴퓨터 주요 양식 변화의 토대가 됨. • 마이클 델(Michael Dell)이 델컴퓨팅을 설립. • IBM이 개인용 컴퓨터 AT를 선보임. • 우주왕복선 챌린저호가 첫 임무를 성공적으로 완수.	• 미국은 베이루트에서 모든 군대와 주변 해상의 군함들을 철수. • 소련은 미국에서 개최된 올림픽을 보이콧함. • 인도 수상 인디라 간디 암살됨. • 인도의 보팔에 위치한 유니온카바이드 공장에서 유독가스가 배출되어 1,000명 이상 사망하고 150,000명이 부상.
1985	• 마이크로소프트가 윈도우 운영체제를 시작. • 인텔이 마이크로프로세서 80386을 선보임. • 테드 와트(Ted Watt)가 게이트웨이(Gateway)사를 설립. 이 회사는 eMachines이라는 이름으로 컴퓨터 판매.	• 팔레스타인해방기구가 여객선을 납치하여 사망자 발생. • 이탈리아, 미국, 이집트 등지에서 비행기 납치가 세계적 중요 문제로 부상.
1986	• 우주왕복선 보이저2호가 천왕성으로부터 귀환.	• 필리핀 대통령 마르코스가 쫓겨나고 아키노(Corazon Aquino)가 대통령으로 선출됨. • 핼리혜성 출현. • 소련의 체르노빌 원자력발전소에서 방사선 유출. • 미국은 인종차별을 하는 남아공에 단호한 제재를 가함. • 미국이 비밀리에 무기를 이란에 팔고 그 돈을 니카라과의 콘트라 모반세력에 보낸 사실을 폭로.
1987	• IBM이 컴퓨터 PS/2를 발매. • 매킨토시용 소프트웨어인 페이지메이커(PageMaker)가 IBM 컴퓨터에서도 사용이 가능해짐.	• 미국의 청문회에서 이란-콘트라 스캔들의 심각성이 밝혀짐.
1988	• 디지털 휴대폰이 소개됨. • 크리스천 A. 도플러가 도플러(Doppler) 레이더를 발명. • 유전조작 동물에 대해 특허권이 주어짐.	• 미국과 캐나다가 자유무역협정(FTA)을 체결. • 미 해군함정이 이란의 민간항공기를 제트전투기로 오인하여 격추, 탑승객 290명 전원 사망. • 베나지르 부토(Benazir Bhutto)가 파키스탄의 첫 회교도 수상이 됨. • 테러리스트들에 의한 폭탄으로 스코틀랜드 상공을 날던 팬암747 비행기가 폭파됨.

연도	주요 기술 발달	세계 역사의 주요 사건
1989	• 고화질 텔레비전 개념이 밝혀짐. • 인텔사가 마이크로프로세서 80486을 선보임. • 유조선 '엑손 발데즈(Exxon Valdez)'가 알래스카의 프린스 윌리엄 사운드에서 역사상 가장 심각한 기름유출 사고를 냄. • 우주왕복선 보이저 2호가 해왕성까지 항해.	• 중국의 학생들과 시민들이 베이징 천안문 광장을 점거하고 시위함. 정부가 탱크를 앞세워 진압함에 따라 많은 희생자를 냄. • 베를린장벽이 붕괴. • 체코슬로바키아 공산당 정부 붕괴. • 루마니아 공산당 정부 붕괴. • 미국이 미 정부를 깡패라고 비유한 마누엘 노리에가를 잡기 위해 파나마를 침공.
1990	• 팀 버너스-리(Tim Berners-Lee)가 HTML과 월드 와이드 웹을 개발. • 마이크로소프트가 처음으로 이용 가능한 윈도우3.0을 선보임. 그러나 이 윈도우 3.0은 독립적으로 작동하는 것이 아니라 MS-DOS의 상위 프로그램인 유저인터페이스 셸의 외형임. • 세계 첫 검색엔진인 '아치(Archie)'가 이용 가능해짐. • 그래픽 검색장치인 '고퍼(Gopher)가 첫 선을 보임. • 허블천체망원경이 사용되기 시작. • IBM사가 시스템/9000종을 포함하여 컴퓨터 본체 계열인 시스템/390을 출시.	• 유고슬라비아 공산당 해체. • 소련 공산당이 단독 공산당 체제를 포기. • 남아공이 넬슨 만델라를 석방. • 이라크가 쿠웨이트를 침공. 서방과 아랍연합군이 쿠웨이트의 독립을 위해 '페르시안 걸프전쟁' 을 시작. • 동독과 서독 통일.
1991	• 리눅스 토르발즈(Linux Torvalds)가 리눅스의 첫 번째 버전을 출시. • 디지털전화 자동응답장치 등장. • PGP(Pretty Good Privacy) 등장.	• 걸프전 종료. • 프랑스가 핵확산반대조약(APT)에 서명. • 알바니아 공산 정부 붕괴. • 리투아니아, 에스토니아, 라트비아가 독립국이 됨. • 이스라엘과 러시아가 상호관계를 재정립함. • 소련연방 해체.
1992	• 세계 최초 프로그래머로 간주되는 그레이스 하퍼(Grace Hopper)가 사망함.	• 유고슬라비아 연방이 보스니아 세르비아와 크로아티아로 분열. 기독교도들에 의한 회교도들의 대학살인 인종청소가 시작됨. • 미국이 중국에 대한 경제제재를 가함. • 북미자유무역협정(NAFTA)이 제안됨. • 미국이 필리핀에 남아 있는 모든 군대를 철수시킴. • 체코슬로바키아가 체코공화국과 슬로바키아공화국의 두 국가로 분리됨.
1993	• 인텔사가 펜티엄 프로세서를 출시. • 마이크로소프트사가 윈도우NT를 출시. • 모토롤라 파워 PC칩이 선보이고 2006	• 포위된 보스니아의 마을들이 구호물자를 공수 받음. • 미연방 정부기관이 텍사스의 와코에 있는 종교

연도	주요 기술 발달	세계 역사의 주요 사건
1993	년까지 매킨토시 컴퓨터에 사용됨.	과격주의자들의 건물을 급습하여 내부에 있던 전원이 화재로 사망. • 소말리아 내전. • 이라크가 유엔의 무기 사찰을 허용. • 중국 핵무기 실험. • 유럽연합 체결됨. • 미국이 북미자유무역협정(NAFTA)에 찬성. • 남아공이 다수결원리에 따르는 법을 채택. • 테러리스트의 폭탄이 뉴욕 세계무역센터건물 주차장에서 폭발하지만 건물의 구조에 심각한 훼손을 입히진 않음.
1994	• 마르크 안드리센(Marc Adreesen)과 클락(James H. Clark)이 넷스케이프를 설립. • IBM이 OS/2를 출시. OS2의 견고한 운영체제에도 불구하고 윈도우가 점유한 컴퓨터시장에서 큰 성과를 거두지 못함. • Iomega가 집 드라이브(Zip drive)를 출시. • 레드 햇 리눅스(Red Hat Linux)사가 설립됨. • 인텔사가 펜티엄 프로세서를 리콜함. 플로팅 유닛에 문제가 발생하여 수학적 연산에 에러가 나옴. • 야후(Yahoo)가 설립됨. • 마이크로소프트사가 윈도우 3.11을 출시하나 아직 완벽한 운영체제는 아님. • 코모도레(Commodore)사 파산. • 캐나다인 제임스 고슬링(James Gosling)이 자바 프로그래밍 언어를 개발.	• 전 유고슬라비아의 분리된 국가들끼리 전쟁이 계속됨. • 르완다내전. 후투스(Hutus)에 의해 투치스 부족(Tutsis) 대학살이 자행됨. • 넬슨 만델라가 남아공 대통령이 됨. • 장 베르탕 아리스티드(Jean-Bertand Aristide)가 하이티로 돌아가 새로운 정부를 형성. • 체첸이 러시아로부터 탈퇴를 시도하여 러시아가 군대 파병. • 미 대법원이 여성의 낙태권리를 재확인하였으나, 반낙태 과격주의자들이 낙태시술 병원 종사자들을 살해함. 미국 의회는 낙태 시술 병원들을 보호하기로 서약.
1995	• DVD가 처음으로 등장. • eBay가 첫 등장. • 애플사가 FireWire를 출시. • USB 기준 제정. • 인텔사가 펜티엄 프로 프로세서를 출시. • 마이크로소프트가 처음으로 완전한 독립 운영체체 소프트웨어인 윈도우95를 출시. • 아마존닷컴(Amazon.com)이 설립됨.	• 멕시코 경제의 대혼란 • 테러리스트들이 도쿄 지하철에 신경가스 공격. 8명이 사망하고 수천 명의 부상자를 발생시킴. • 테러리스트들의 자동차 폭탄이 오클라호마 연방건물에서 폭발. • 르완다에서의 대학살이 계속됨. • 보스니아와 크로아티아 간의 전쟁이 휴전됨. • 프랑스 핵실험.

연도	주요 기술 발달	세계 역사의 주요 사건
1995		• 이스라엘군이 요르단 서안지구를 팔레스타인에게 이양하는데 동의함. • 퀘벡이 캐나다로부터의 독립을 시도했으나 근소한 표 차이로 실패. • 나이지리아가 소수파 권리를 옹호하는 행동가들의 승리를 인정함.
1996	• 세계 체스 챔피언인 게리 카스파로프(Garry Kasparov)가 IBM의 빅 블루 컴퓨터(Big Blue computer)와의 경기에서 패배. • 윈도우CE 출시됨. • Web TV가 처음으로 등장. • 세르게이 브린(Sergey Brin)과 래리 페이지가 구글(Google)에 대한 작업을 시작함.	• 프랑스 핵실험 중지 선언. • 중국이 핵실험의 세계적 금지에 동참. • 광우병이 영국에서 발견됨. • 러시아가 체첸과 평화조약에 서명함. • 폭탄이 애틀랜타 올림픽이 열리는 동안 폭발함. • 이라크가 자국 내의 쿠르드족 거주지를 공격, 이에 미국은 이라크 방공망을 공격함. • 아프가니스탄의 카불이 탈레반에 의해 함락됨. • 자이리안 난민수용소에서 폭행. 르완다와 버룬디 지역의 난민들은 수용소를 떠나 집으로 돌아감.
1997	• 인텔사가 펜티엄 II프로세서를 출시. • 무선 네트워크용 802.11 스탠다드 등장. • 미 우주선이 러시아의 우주정거장에 도킹함. • 미국 무인우주선이 화성을 찍은 사진을 보냄.	• 이스라엘이 요르단 강 서안지구에 있는 헤브론의 대부분을 팔레스타인에게 반환하였으나 동예루살렘에 정착해 있던 이스라엘 정착민들의 잔류를 허가. • 알바니아의 경제 대혼란. • 미국 상원이 화학무기 관련 조약을 인가함. • 미국의 실업률이 24년 만에 최저를 기록. • 유럽연합이 공동통화로 유로(Euro)의 채택을 승인함. • 이라크가 유엔무기감찰단을 추방함.
1998	• 애플사가 첫 번째 아이맥스(iMacs)를 출시. • 페이팔(PayPal) 등장. • 구글(Google) 등장. • 윈도우98이 출시됨. • 인텔사가 셀러론 프로세서를 출시. • DEC의 자산이 콤팩(Compaq)에 매각.	• 미국이 30년 만에 처음으로 균형잡힌 예산을 짬. • 코소보에서 소수인종인 알바니아인에 대한 세르비아인의 전쟁이 시작됨. • 일명 '유나버머'라 불리는 테드 카진스키(Ted Kaczynski)가 가석방 없는 무기징역을 선고받음. • 러시아의 경제가 붕괴에 가까워짐. • 미국이 예산을 초과 달성. • 미국이 유엔무기사찰단 추방한 이라크에 공습을 감행. • 미국의 클린턴 대통령 탄핵. 대통령 직은 유지.

연도	주요 기술 발달	세계 역사의 주요 사건
1999	• 인텔사가 펜티엄 III프로세서를 출시. • 전기전자엔지니어협회(IEEE)가 802.11b 기준 발표. • 마이크로소프트사가 정부의 반독점 규제법을 어기고 독점행위를 한 것으로 판결이 남. • 중국이 우주선을 쏘아 올림.	• NATO가 코소보 지역에서의 폭력사태를 멈출 의도로 세르비아인을 목표로 폭탄을 투하. 세르비아가 코소보에서 후퇴할 것에 동의함. • 중국 정부가 파룬궁을 금지함. • 러시아의 한 종교단체인 '다제스탄(dagestan)'이 스스로 독립적인 국가임을 선언. • 동티모르 독립. • 러시아-체첸 전쟁을 재개함. • 파키스탄 정부가 군사쿠데타에 의해 전복됨. • 북아일랜드가 자치를 시작. • 미국이 중국과 무역협정을 맺음.

2000년 이후

21세기가 시작된 지 얼마 되지 않았지만 기술적인 측면에서 볼 때 이전과는 다소 차이가 느껴진다. 석유자원은 한정되어 있고 지구는 점점 온난화되어 가고 있는 심각한 상황에서 실리콘을 기초로 하는 마이크로프로세서의 속도를 더 이상 향상시킬 수 없는 한계에까지 다가서고 있다. 지난 30~40년 동안 우리에게 편안함을 가져다준 과학기술을 더 이상 당연한 일로 생각할 수는 없다. 우리가 중요한 기술변화를 이루지 못한다면 서구사회는 더 이상 현재의 생활수준을 유지해 나가지 못할 것이다.

[표 2-6]에서 이제 나타나기 시작한 대안 기술을 창조하기 위한 노력을 볼 수 있다. 역사가 반복되는 것처럼 보이지만 기술은 새로운 방향으로 나아가고 있다.

그림 2-13 1964년경의 IBM 360

그림 2-14 초기의 IBM 개인용 컴퓨터

표 2-6 21세기 상반기 동안의 기술과 역사의 진보

연도	주요 기술 발달	세계 역사의 주요 사건
2000	• Y2K 버그(bug)는 가짜임. • 윈도우2000과 윈도우ME 출시됨. • 인텔사가 펜티엄4프로세서를 출시. • 미국은 13세 이하 어린이들을 인터넷 폭력으로부터 보호하기 위해 '어린이 온라인 보호법'을 통과시킴.	• 북한과 남한 사이에 평화협정을 맺음. • 미국의 증권시장이 인터넷사업의 몰락이 주 요인이 되어 급격히 폭락함. • 이스라엘이 22년간 주둔했던 레바논에서 군대를 철수시킴. 이 지역에서는 폭력이 계속되고 있음. • 유고슬라비아 대통령인 슬로보단 밀로세비치가 선거에서의 패배를 인정하지 않은 후 축출됨. 이후 유엔은 그를 회교도 박해의 전범으로서 기소함.
2001	• Macintosh OSX가 출시되고 1년 후에 두 번째 모델이 출시됨. • 애플 iPod이 출시됨. MP3 플레이어의 유저 인터페이스가 애플 아이팟에 엄청난 강점을 부여함. • 'AbioCor' 인공심장이 자체 완비된 인공심장으로서 성공적으로 사용됨. • 지속적인 약물의 자동 주입이 필요한 환자들에게 이식가능 약물펌프의 사용을 인가함. • 착용자의 심장과 호흡 수치, 체온, 그리고 칼로리를 측정하는 옷이 개발됨. • 신장투석기와 거의 비슷한 인공 간 개발됨. • 포드자동차가 전기 자동차를 처음으로 선보임. 이 전기자동차는 한 번의 충전으로 55마일을 주행할 수밖에 없었기 때문에 대중화되지 못함. • 수소연료전지로 작동하는 전기자전거를 아프릴라(Aprilla)사가 처음으로 선보임. • 세그웨이 개인수송기[**그림 2-15**]를 시연. 승차자의 신체 위치에 따라 통제되는 자동추진기임. • 도로에 표시된 선을 따라 자동운전되는 버스가 라스베가스에 선보임. • 디지털 위성 라디오 등장. • 켜짐과 꺼짐이 원격조종되는 화재경보기인 '퍼스트 얼럿(First Alert)'이 시판됨.	• 미국의 정찰기가 중국 정찰기와 중국 상공에서 충돌. 미국이 이 사고에 대한 유감을 표명한 후, 승무원들이 풀려남. • 미국이 178개국이 서명한 지구온난화 협약에 서명 거부. • 마케도니아에서 6개월간의 소수민족 전쟁이 끝남. • 테러리스트들이 뉴욕의 세계무역센터 쌍둥이건물을 폭파함(9.11테러). 오사마 빈 라덴과 그가 이끄는 알-카에다조직이 이 사건에 책임이 있는 것으로 밝혀짐. • 탄저균에 감염된 편지에 손을 댄 5명이 사망. • 미국과 영국이 9.11사건의 보복으로 아프가니스탄에 있는 알-카에다 조직을 폭파하기 시작. 탈레반이 축출됨.

연도	주요 기술 발달	세계 역사의 주요 사건
2001	• PPG Industries사가 '선클린 유리'라는 자동 세척이 가능한 유리를 선보임. • 박테리아와 오염물질을 99% 제거하는 '스테리 펜(Steri-Pen)'이 첫 선을 보임. 프리플레이 에너지(Freeplay Energy)사가 휴대폰용 손전지를 개발. • 나이지리아의 냄비 제조업자가 전기 없이 음식의 냉각이 가능한 이중냄비 시스템을 개발함. • 괄태충을 먹는 정원용 로봇 개발됨. • 윈도우XP 출시.	
2002	• 애플사가 윈도우용 iPod를 지원하는 소프트웨어를 출시. • 산아제한용 패치 등장. • 치아에 심을 수 있는 전화기를 선보임. • 무오염 제트엔진인 '스크램제트'가 항공기 모형 시험터널 밖에서 첫 비행을 함. • 무선 블루투스 헤드세트(Wireless Bluetooth headsets)가 등장. • 데이트 강간을 위해 약을 섞었는지 검사하기 위한 장비인 '코스터'가 시판됨. • 군대용 로봇이 지뢰를 발견하고 폭발 없이 물을 이용하여 지뢰를 해체하도록 고안됨. • 로봇 진공청소기인 아이로봇(iRobot)사의 룸바(Roomba)가 등장함. • 목소리 인식과 로봇의 시각을 가진 신디 스마트 돌(Cindy Smart Doll)의 첫 등장으로 로봇공학이 장난감 분야로 한층 더 깊이 침투함. • 웹에서의 3차원 가상세계인 세컨드 라이프(Second Life)가 처음으로 선보임. • 일본에 세계 최강의 슈퍼컴퓨터가 세워짐. 이 컴퓨터는 1초당 3500만 개의 연산을 수행 가능하며 기상예측과 지구온난화의 영향 예측을 위한 지구의 기상모델을 만들기 위해 사용됨.	• 유럽 12개국이 유로를 사용하기 시작. • 미국과 아프가니스탄이 탈레반과 알 카에다의 나머지를 색출하기 위해 지상 공격을 시작. • 미국과 러시아가 핵무기 감축에 동의함. • 미국의 부시 대통령이 이라크에 경고. 이라크의 무장해제 유엔결의안이 채택됨. 1년 후, 이라크는 무기사찰단의 방문을 허용함. • 북한이 조약을 파기하고 핵무기를 개발. • 미국이 이스라엘이 테러리스트라고 지칭한 팔레스타인 지도자 야세르 아라파트의 축출을 지지함. • 미국의 엔론사와 월드콤사를 포함한 기업 스캔들로 미국 경제가 타격을 받음.

연도	주요 기술 발달	세계 역사의 주요 사건
2002	• 캐네스타(Canesta)와 VKB가 레이저를 이용한 가상의 키보드와 손가락의 움직임을 감지하는 시연을 보임. • 휴렛-패커드사가 콤팩을 인수함.	
2003	• iTunes이 음악의 합법적 구매와 다운로드를 위한 장소로 성공. • 마이스페이스(MySpace)가 첫 선을 보임. • 독감 예방주사가 비강 미스트(nasal mist)로 보급 가능해짐. • 인간의 염색체를 모두 저장할 수 있는 특화 마이크로칩이 등장. 유전적인 상담을 하기 전에 테스트할 때 유용함. • 일본의 한 연구자가 착용하면 사라지는 효과를 내는 반사물질을 개발. • 미국의 콜롬비아우주선이 폭발함.	• 유엔 무기사찰단이 이라크에서 대량살상무기를 발견하지 못했음에도 미국이 이라크 공격을 발표함. 유엔에서 미국의 이라크 공격을 정당화하려 시도하지만 유엔안보리 이사회 회원들을 설득시키지 못함. • 미국 이라크를 침공함. 3주 이내에 공식적인 전쟁은 끝났으나, 게릴라와 테러리스트의 활동은 계속됨. 12월 이라크 지도자인 사담 후세인이 체포됨. • 유럽연합이 10개국을 더 회원으로 받아들임. • 이란이 원자력과 핵무기 개발을 하고 있음이 밝혀짐. • 미국 대법원이 대학 입학에서 인종차별 시정계획을 인정함. • 중동지역에서의 평화 조치가 좌절됨.
2004	• 아디다스사는 착용자에게 자동으로 견고하게 맞춰지는 신발을 생산하려고 애플사와 공동제작을 함. • 미국의 화성 탐사로봇이 화성에 성공적으로 착륙하여 지구로 화성의 영상을 보내기 시작. 두 대의 화성탐사로봇은 NASA의 예상보다 더 오래 그리고 더 심도 있는 탐사를 할 예정임.	• 유엔 무기사찰단장은 이라크에 대량살상무기가 없음을 공표. • 알카에다가 스페인의 테러리스트들에게 지원을 함. • NATO가 소련의 붕괴 후 독립한 국가들을 인정함. • 수단 반군이 수단 정부와 평화협정을 맺었으나 다푸르 지역에서의 학살은 계속됨. • 아부 그라입(Abu Ghraib) 감옥에서 미군들이 이라크 죄수들을 고문하는 사실이 밝혀짐.
2005	• 유투브(YouTube) 등장. • 페이스북(Facebook) 등장. • IBM이 중국 회사인 레노보(Lenovo)에 PC 부문을 매도함. • 일명 '타이거(Tiger')인 Mac OS X 10.5 출시됨.	• 미군이 이라크의 테러리스트들과 게릴라군과 전쟁을 계속함. • 시리아가 29년 만에 레바논에서 군대를 철수함. • 런던에서 테러리스트에 의한 폭탄이 터져서 50명 이상의 사망자가 발생. • 미국이 중앙아메리카와의 자유무역협정에 서명.

연도	주요 기술 발달	세계 역사의 주요 사건
	• 애플사가 매킨토시를 모토롤라 파워 컴퓨터 중앙처리장치에서 인텔의 CPU로 옮길 것을 공표함. • 카드시스템의 보안상 결점으로 4천만 명의 신용카드 이용자들이 쉽게 해커에게 정보유출의 위험에 노출됨.	• 인도네시아 내전이 종식. • 이스라엘이 가자지구를 팔레스타인에게 양도하기 위한 준비로 가자지구 정착민들을 이주시키기 시작. • 사담 후세인이 이라크 법정에서 살인을 시도함.
2006	• 고선명 DVD를 위한 블루레이(Blu-ray)기술이 개발됨. • 인텔사가 코어 듀오(Core Duo)와 코어2 듀오(Core2 Duo)를 탑재함. • 마이크로소프트사가 iPod와 경쟁하려고 출시한' 준 미디어플레이어(Zune media player)'는 너무 저용량이고 시기도 늦음. • 명왕성이 왜성으로 재분류되어, 현재 태양계 8개의 행성과 3개의 왜성으로 재편됨. • 처음으로 인텔의 CPU가 탑재된 매킨토시가 출시됨.	• 미군이 이라크의 테러리스트들과 게릴라군과 전쟁을 계속함. • 이란이 핵프로그램을 재개하면서 오직 평화적인 목적으로만 이용한다고 주장함. • 사담 후세인이 대량학살의 혐의로 기소되어 유죄판결을 받고 사형됨. • 몬테네그로가 세르비아로부터 독립하려고 투표를 실시. • 이스라엘은 레바논의 군대인 헤즈볼라와의 전투를 위해 레바논으로 군대를 재파병함. • 북한이 핵무기를 대기권에서 실험.
2007	• 애플의 iPhone 출시됨. 74일 만에 백만 대가 팔림. • 윈도우 비스타 출시됨. • 인텔사가 코어2 쿼드 프로세서 출시함.	• 미군이 이라크의 테러리스트들과 게릴라군과 전쟁을 계속함.

그림 2-15 Segway의 개인 이동수단

제2장에서 무엇을 배웠나

인간들은 선사시대에 셈을 하기 위해 도구들을 이용하기 시작했다. 금속을 연마하는 법을 배움으로써 사람들은 셈을 위한 기계들을 만들어낼 수 있었다. 심지어 진공관이 사용된 초기 전자기기들도 적군의 암호해독, 총의 표적겨냥 그리고 인구조사 통계 등 숫자들을 조작하기 위해 고안되었다. 진공관이 집적회로로 대체된 후 컴퓨터의 사용은 텍스트, 그래픽, 오디오, 비디오로 확장되었다. 역사 전반에 걸쳐 컴퓨터 이용의 기본 경향은 "더 빠르게, 더 작게, 더 싸게"로 흐르고 있다. 오늘날 이러한 경향은 더욱 늘어난 기능들과 함께 더 작아진 기기들의 출시로 이어지고 있다.

생각해보기

1. 오스본 컴퓨터 컴퍼니(Osborne Computer Company)는 "사용자의 필요에 부응하면 되지 최첨단일 필요는 없다"는 아담 오스본(Adam Osborne)의 표현에 걸맞는 '만족스런' 컴퓨터를 만들어냈다. 이러한 전략에 대한 생각은 어떤가? 이 전략이 오늘날 어디에서나 충족되는가? 적당한 가격이지만 최근의 기능들은 모두 갖추지 않은 컴퓨터를 구매할 의사가 있는가? 그 이유는 무엇인가?
2. 수년간에 걸쳐, 예를 들어 콤팩(Compaq), 코모도(Commodore), 덱(DEC)과 같은 많은 컴퓨터 회사들이 설립되었다가 사라졌다. 이러한 일이 왜 일어난다고 생각하는가? 이 현상이 컴퓨터업계에서만 일어나는 특이한 현상인가?
3. 어떤 사람들은 전쟁이 과학기술의 진보를 가져온다고 주장한다. 이 장에서 기술의 발전과 주요한 역사적 충돌들을 살펴볼 때, 이러한 주장에 동의하는가? 만약 동의한다면 그 이유는 무엇인가?
4. 기술발달이 발생했던 장소들에 대해 생각해보라. 2차대전이 일어나기 전, 어디에서 기술의 발달이 가장 많이 일어났는가? 2차대전 이후로 무슨 일이 일어났는가? 왜 그런 일이 일어났다고 생각하는가?
5. 로터스 코퍼레이션(Lotus Corporation)(1-2-3)이 개발한 스프레드시트는 1980년대의 스프레드시트 시장에서 압도적인 우위를 차지했다. 로터스는 첫 스프레드시트인 VisiCalc를 개발한 회사를 인수한다. 그리고 곧 스프레드시트 1-2-3를 위해 VisiCalc의 생산을 중단한다. 이러한 일이 여러 번 발생했다. 예를 들면 회화 프로그램 '일러스트레이터'를 개발한 Adobe는 매크로미디어(Macromedia)를 인수한 후 일러스트 업계에서 가장 경쟁력이 있던 매크로미디어 프리핸드(Macromedia Freehand)의 생산을 중단했다. 이런 형태의 사업 활동을 어떻게 생각하는가? 이것은 비윤리적인가 아니면 단순히 사업을 잘하는 것인가? 그 이유는?

참고문헌

Abbate, Janet. Inventing the Internet. Cambridge, MA: The MIT Press, 2000.

Allen, Roy A. *A History of the Personal Computer: The People and the Technology.*" Hersham, United Kindom: Allen Publishing, 2001.

Berners-Lee, Tim. *Weaving the Web: The Original Design and Ultimate Destiny of the World Wide Web*. New York, NY: Collins 2000.

Campbell-Kelly, Martin. *From Airline Reservations to Sonic the Hedgehog: A History of the Software Industry*. Cambirdge,MA: The MIT Press,2004.

Ceruzzi, Paul E. *A History of Modern Computing*. 2nd ed. Cambidge, MA: The MIT Press, 2003.

"A history of information technology and systems." *http://www.tcf.ua.edu/AZ/ITHistoryOutline.htm*

"History of science and technology." The Internet Public Library. *http://www.ipl.org/div/subject/browse/hum30.03.80/*[8]

"History of technology." Wikipedia. *http://en.wikipedia.org/wiki/History_of_technology*

Ifrah, Georges. *The Universal History of Computing: From the Abacus to the Quantum Computer*. Hoboken, NJ: Wiley, 2002.

"Internet resources for history of science and technology." University of Delaware Library. *http://www.2.lib.udel.edu/subj/hsci/internet.htm*[9]

"Nineteenth century inventions 1800-1850." About.com: Inventors. *http://inventors.about.com/library/weekly/aa111100a.htm*[10]

Orstein. Severo M. *Computing in the Middle Ages: A View from the Trenches 1955-1983*. Bloomington, IM: 1st Books Library, 2002.

Rojas, Raul, and Ulf Hashagen. *The First Computer-History and Architectures*. Cambridge, MA: The MIT Press, 2002.

Schoenherr, Steven. "Recording technology history."*http://history.sandiego.edu/GEN/recording /notes.html*

Williams, Michael R. *A History of Computing Technology*. 2nd ed. Los Alamitos, CA: Wiley-IEEE Computer Society Press, 1997.

8) 이 페이지는 기술 역사의 훌륭한 모음 부분에 연결되어 있음.

9) 더 많은 과학과 기술의 역사와 연결됨.

10) 선사시대로부터 2000년까지 이 페이지에서 이용할 수 있음.

Chapter 03

기술의 실패

Technological Failures

제3장에서 무엇을 배울까?

- 열기구의 종류에 대해 알아보자.
- 폭발한 미 우주선에 무슨 문제가 있었는지 토론해보자.
- 원자력발전소의 사건들에 대해 생각해보자.
- DDT의 영향들을 살펴보자.
- 앞의 예들을 통해, 어떻게 그 실패들이 우리의 기술사용에 영향을 주었는지 토론해보자.
- 왜 안전문제가 기술의 실패와 연관되는지 생각해보자.
- 대중매체가 기술의 위험 인식에 미친 영향을 알아보자.
- 새로운 기술의 중요성을 예측하기 어려운 이유를 생각해보자.

개요

대부분의 서구사회 사람들은 기술에 의해 삶이 풍요로워졌다고 믿고 있다. 그러나 이는 제한된 역할을 위해 만들어졌던 기술이나, 비교적 안전한 결과를 낳았던 기술만을 본 것이다. 새로운 기술의 가장 큰 문제는 널리 사용되어지기 전에 그 영향력을 먼저 예측한다는 것이다. 한때는 성공할 것이라 생각된 기술일지라도 결과적으로 큰 실패로 이끌 경우가 있기 때문이다. 이 책은 기술의 성공에 관해 서술하지만 이 장에서는 몇몇 기술의 실패를 살펴보고자 한다. 실패한 기술이란 그 기능을 제대로 수행하지 못하여 버려지거나 역할이 축소되어진 기술을 뜻한다.[1] 이 장의 끝부분에서는 보안유지에 실패하여 기술이 실패하게

1) 기술에 문제가 생기는 경우는 흔히 볼 수 있다. 실례로 2007년 7월, 로스앤젤레스 국제공항 세관의 컴퓨터가 7시간 동안 다운되었다. 이때 6천명 이상의 여행객들이 세관을 통과하지 못하고 기다려야 했다. 이러한 실패는 이번 장에서 살펴보려는 종류의 실패는 아니다.

된 경우를 살펴볼 것이다. 또한 기술에만 의존함으로써 생기는 취약성을 알아볼 것이다.

폭발된 열기구

1차대전에서 2차대전 사이 시기에 항공여행이란 항공기보다 가벼운 것(요즘에는 열기구라 불리는 것)에 의해 이루어졌다. 이 기구는 승객과 짐을 나르기 위해 가스가 든 주머니에 곤돌라를 달았다. 승객들과 승무원들의 편의시설은 가스주머니 속에 위치했다. 그 시대의 비행은 이런 기구를 상업적인 여행에 이용하는 데에 초점을 두었다. 세계에서 가장 큰 열기구는 독일의 여객용 기구인 힌덴부르크(Hindenburg, LZ-129)였다. 힌덴부르크는 현대의 여객선보다도 컸고 승객용 침대 객실을 가지고 있었다. 객실의 크기는 78 × 66인치로 그다지 크지 않았지만 현대의 여객선에 비해서는 훨씬 컸다.

힌덴부르크에 의해 증기선을 타지 않고도 대서양을 건널 수 있게 되었다. 승객들은 유보 간판([**그림 3-1**] 참조)에서 쉬거나, 책을 보거나 글을 쓰거나, 라운지에서 사교를 즐기거나, 흡연실을 이용할 수 있었다. 식당은 한번에 50명을 수용할 만큼 컸다. 힌덴부르크의 정원은 승객 50명과 승무원 40명이었다. 1937년 5월 6일까지 미래의 고급 해외여행은 열기구에 의해 이루어질 것이 확실해 보였다. 힌덴부르크는 뉴저지의 레이크허스트에 위치한 해군 공항에 정박하기 위해 다가가고 있었다. 레이크허스트로의 첫 기구여행이어서 많은 뉴스영화 작가와 리포터들이 기구가 들어오는 것을 보기 위해 착륙지점에 모여 있었다.

아무도 정확한 원인을 모르는 가운데 힌덴부르크는 295피트 상공에서 폭발했다. 오늘날의 기구와는 달리 1930년대 독일 기구는 가연성이 높은 수소로 채워져 있었다(미국은 독일에 헬륨을 판매하는 것을 거부했다). 일단 불이 붙자 힌덴부르크는 폭발했고, 탑승객 97명 중 35명이 사망했을 뿐 아니라 지상요원 한 명도 사망했다([**그림 3-2**] 참조. 이 특별했던 열기구 여행에 35명의 승객과 21명의 승무원이 초과 탑승했었다). 당시 참석자 중에는 많은 취재진이 포함되어 있었기 때문에 이 재난은 스틸과 영화 필름으로 찍히게 되었다.[2)]

힌덴부르크의 비극은 전세계에 신속히 알려졌다. 사람들은 극장에서 뉴스영화를 통해 무슨 일이 일어났는지 볼 수 있었다(1937년에는 TV가 없었다!). 화재와 폭발에 의해 사람들은 공포심을 갖게 되었고, 전세계적으로 기구 사용을 반대하게 만들었다. 이로써 상업적인 비행기의 이용이 가능해졌다. 얼마 지나지 않아 사람들은 개인적인 여행에 기구를 이용하지 않게 되었다. 오늘날에는 1925년에 기구를 만들기 시작한 굿이어(Goodyear)사에 의해 단 세 대의 기구만이 운행되고 있다. 모든 기구는 불연성인 헬륨으로 채워져 있으

2) 힌덴부르크와 기구에 대한 더 많은 정보를 원하면 http://www.nlhs.com/html 참조. 폭발 당시의 필름은 http://www.youtube.com/watch?v=8V5KXgFLia4를 보라.

그림 3-1 *힌덴부르크의* 유보 간판

그림 3-2 1937년 5월 6일 힌덴부르크의 폭발

며 대부분 특정 용도인 항공 비디오나 사진 촬영에만 사용된다. 탑승 서비스는 제공되지 않고 있다.[3]

3) 굿이어(Goodyear) 기구의 상세한 내용은 http://www.goodyearblimp.com/basics/index.html을 보라.

우주비행선의 참사

1981년 이래로 우주비행선은 미국 우주탐험계획(US space program)의 토대가 되었다. 우주선의 주요 임무는 국제 우주정거장 건설을 위한 대량의 재료들과 그 외의 많은 부품들을 실어 나르는 것이다. 2010년 퇴거되는 우주선은 수많은 인공위성과 허블우주망원경(Hubble space telescope)을 우주로 나르는 역할을 했다. NASA의 초기 우주탐험 프로그램은 매년 많은 비행을 하는 것이 목표였었다. 우주선은 재사용이 가능한 우주의 화물트럭이었다. 사실 1985년에만 9번의 우주비행 임무가 있었고 1990년대에 이르러 NASA는 매년 평균 6번이나 우주선을 발사했다. 모든 언론에서 우주탐험 프로그램은 굉장한 성공으로 보도되었다.

그러나 우주선에 사용된 기술에 대한 많은 우려가 있었고, 그 기술 중 두 가지 기술의 실패로 두 대의 우주선과 탑승한 우주비행사를 잃게 되었다. 첫 번째 사건은 1986년 1월 28일에 일어났다. 우주선 **챌린저**(Challenger)호의 7명의 승무원 중에는 선생님으로서는 처음으로 우주에서 비행하게 된 크리스타 맥커리(Christa McAuliffe)가 포함되어 있었다(**[그림 3-3]** 참조).

선생님이 우주선에 타게 되자 전 미국의 학생들이 이 우주선 발사를 지켜보았다. 발사의 처음 시작은 성공적이었으나 비행 73초 만에 챌린저호는 갑자기 허공에서 폭발했다(**[그림 3-4]** 참조). 힌덴부르크와 마찬가지로 챌린저호의 폭발은 수많은 유명한 대중매체에 의해 비디오로 찍혀졌다. 챌린저호 폭발의 직접적인 원인은 기술의 실패였다. 외부 연료탱크의 양쪽 면에 장치된, 우주선의 고체 보조 추진장치 로켓의 톱니바퀴는 O자형 실(O-ring seal)로 합체되어 있었다. 1월 아침, 영하로 내려간 기온에 의해 O자형 실이 오작동되었고 외부 연료탱크를 새게 만들었다. 외부연료장치의 액체산소연료가 점화되면서 폭발이 일어났다.

그러나 O자형 실이 낮은 온도에서 오작동할 가능성이 있다는 것에 대해서는 알려진 바 없었다. 사실 우주선 작업에 참여했던 기술자들은 우주비행 프로그램의 간부들에게 위험에 대한 우려를 표명했고 그날 우주선을 발사하지 말자고 주장했다(사실 O자형 실의 문제는 1977년부터 알려져 있었으나 아무 조치도 취해지지 않았었다). 그러나 이미 네 번이나 연기된 상태였고 이로 인해 최상위층 운영진은 우주선 발사에 대한 심한 압력을 받고 있었기에 발사를 중지하지 않기로 결정했다. 문제가 일어난 이유 중 하나는 NASA의 조직 구성에 있었다. NASA의 조직 구성 상 엔지니어들은 의견을 직접적으로 전달할 수 없었다. 엔지니어들은 그들의 우려를 중간 간부들에게만 전달할 수 있었다. 그러나 중간 간부들은 엔지니어들의 의견을 최상위층 운영진에게 전하지 않았다.

그림 3-3 챌린저호의 탑승자들(뒷줄 오른쪽에서 왼쪽으로, 엘리슨 오니즈카(Ellison Onizuka), 크리스타 맥컬리(Christa McAulliffe), 그레고리 자비스(Gregory Jarvis), 주디스 레스닉(Judith Resnick) · 앞줄 왼쪽에서 오른쪽으로 마이클 스미스(Michael J. Smith), 딕 스커비(Dick Scobee), 로날드 맥네일(Ronald McNair)

그림 3-4 챌린저호의 폭발

챌린저호의 승무원 탑승선은 폭발에 의해 부서지지 않았다. 그러나 기체에 문제가 발생했을 때 우주비행사들을 선실 밖으로 탈출시켜줄 장치가 없었다. 우주비행사들이 정확히 언제 사망했는지는 알 수 없지만 시속 300 km로 추락해 바다에 떨어질 때까지 우주비행사들이 탈출할 수 없었다는 것은 확실하다. 탈출 장비의 미설치는 NASA의 결정이었다. 우주선은 아주 안전하기 때문에 탈출 기술이 필요치 않다는 생각에서였다. 챌린저호의 비극을 일으킨 기술적, 구조적인 결점을 조사하던 32개월 동안 NASA는 우주선 발사를 중지시켰다. 이때 밝혀진 결점들은 이전에 있었던 폭발을 조사하면서 이미 알려졌던 결점들이었다. 그러나 그들은 여전히 우주선이 안전하다고 믿었고 비행사 탈출 장치를 설치하지 않기로 했던 것이다.

1988년 오직 두 번의 비행만 성공한 상태에서 우주비행은 다시 시작되었다. 2000년에 NASA는 모든 것이 매우 안전하다고 확신했다.[4] 하지만 불행하게도 NASA는 두 번째 우주선인 **콜롬비아**(Columbia)호를 2003년 2월 1일에 잃게 되었다. 이번에는 발사 때가 아니라 대기권에 재돌입했을 때 우주선이 폭발했다. 우주선은 재돌입시의 열을 견딜 수

4) 2007년 8월 8일, 마침내 학교 선생님이 우주선 앤디볼(Endeavor)에 탑승하게 되었다. 크리스타 맥컬리(Christa McAuliffe)의 후임으로 바바라 모간(Barbara Morgan)이 비행했다. 그녀는 1998년부터 우주비행사 훈련받았고 학생들에 대한 기대에 부응할 책임을 지게 되었다.

있도록 수천 개의 단열 타일로 제작되었다. 콜롬비아호가 발사되었을 때, 연료탱크의 단열재 일부가 부서졌고 우주선 왼쪽 날개의 앞쪽에 있는 타일에 부딪혔다. 우주선 탑승자와 지상 근무자 모두 단열 타일에 문제가 일어났음을 알았다. 하지만 누구도 타일이 헐거워지면 더 이상 우주선이 대기권 재돌입시의 열로부터 우주선을 보호할 수 없다는 것을 알아채지 못했다. 진입시 온도는 평상시처럼 3000°F까지 올라갔다. 타일의 보호막이 부서진 상태였으므로 높은 온도를 견디지 못한 우주선은 착륙 전에 부서지고 말았다.

콜롬비아호를 잃은 후 NASA는 우주선에 카메라를 장착한 긴 팔을 가진 로봇을 실어, 우주비행사들이 우주선 발사 후에도 타일을 살펴볼 수 있도록 했다. 만약 부서진 타일이 발견될 경우, 우주선이 착륙을 시도하기 전에 문제 해결을 위해 우주선 밖으로 나갈 수 있도록 했다. O형 실의 문제처럼 우주선의 연료탱크의 파손 역시 NASA의 직원들에게는 잘 알려진 문제였다. 단열재가 자주 부서졌지만 큰 문제는 발생하지 않았기 때문에 이 문제는 무시되어졌다. NASA 규정에는 이런 경우 발사를 중지하도록 되어 있으나 이 규정은 유야무야해졌다.

우주선은 아주 복잡한 기계이다. 어떤 면에서는 작동한다는 자체가 놀랍다고 할 수 있다. 하지만 두 대의 우주선 손실을 통해 기술적인 문제들이 알려졌음에도 불구하고 NASA의 문화나 조직구조는 기술적 문제를 해결하는데 방해가 되고 있다. 여기서 우리는 결과나 발생 가능성이 있는 문제를 예측할 수 있다 할지라도 문화적 또는 사회적 인식의 방해로 기술의 실패를 예방할 수 없다는 교훈을 얻게 되었다.

불안한 원자력발전

최근 우리는 새로운 에너지 획득의 방법을 발견하기 위해 노력하고 있다. 지금껏 우리가 의존하고 있던 화석연료의 공급이 감소하고 있기 때문에 다른 다양한 기술들을 개발하게 되었다. 그 대안의 하나인 원자력은 초기에는 사람들에게 큰 희망을 주었다. 원자력은 비교적 오랜 시간 사용한 후에야 그 결과를 알 수 있었던 복잡한 기술 중 하나이다. 원자력 문제의 어려운 점은 전문가들이 실제적인 위험에 대해 인정하고 있지 않아, 이 기술에 우려를 나타내는 사람들에게 아무런 구체적인 해결점을 주지 못하고 있다는 점이다.

최근의 원자력 기술은 원자가 쪼개질 때(즉, 핵분열 시에) 발생하는 에너지와 관계가 있다.[5] 그래서 결과적으로 에너지 발생에 사용된 연료봉과 핵분열의 결과물인 방사능은

5) 대안 기술인 핵융합은 핵이 결합할 때 에너지를 발생한다. 핵융합은 핵분열과 관계되는 방사능 폐기물이 발생하지 않는다. 이 책을 쓰고 있는 시점에서는 아직까지 실용적인 방법을 발견하지 못했다. 냉각결합 기술의 현재 상태를 조사하려면 http://www.wired.com/science/discoveries/news/2007/08/cold_fusion을 보라.

수천년 간 남게 된다. 또한 원자력발전 계획은 안정적인 컨테이너와 저장 설비에 대한 문제를 안게 되었다. 연료봉은 일반적으로 연료봉의 열을 식혀줄 수 있는 붕산 웅덩이(pool) 안에 저장된다. 웅덩이 안에서 단기간(대략 6개월) 정도만 보관하도록 되어 있지만 장기보관 방법이 없어 몇 년간 방치되고 있다.[6] 이는 또 다른 문제를 발생시킨다. 연료봉은 핵연쇄반응이 일어나지 않도록 다른 물질로부터 격리되어야 한다.

핵분열 폐기물은 일반적으로 땅에 묻는다. 폐기물은 컨테이너 안에 넣어 수천년 간 썩거나 부패하지 않도록 건조한 곳에 보관해야 한다. 미국의 폐기물 보관 장소 중 하나는 매우 건조한 지역인 네바다주의 유카산에 위치하고 있다. 또 거대한 양의 핵폐기물이 핸포드 지역의 워싱턴 핵폐기장에 보관중이다(핸포드는 더 이상 핵폐기장으로 사용되지 않고 방사능 처리 중에 있는데 여기에는 미국 전 지역의 핵폐기물이 저장되어 있다). 그러나 누구도 자신의 뒷마당에 새로운 핵폐기장 설립을 원하지 않아 지질학적으로 적당한 지역이라도 지역 주민들이 핵폐기장 건설을 반대하고 있다.

폐기물 저장 문제는 원자력 계획이 제대로 이루어졌을 때 나타난다. 그러나 다른 위험은 원자로나 냉각기에 문제가 발생할 때, 즉 원자로의 노심(core)이 녹을 때 발생한다. 냉각 시스템이 성공적으로 원자로의 노심을 냉각시키지 못할 때 노심은 녹기 시작한다. 이때 원자로의 내용물이 과열되고 녹게 된다. 결과적으로 심각한 방사능 오염물이 방출되어 암(특히 림프절암)의 발생률과 선천적 기형을 증가시킨다.

원자력발전의 지지자들은 원자로의 봉이 녹는 경우는 매우 드물다고 주장한다. 그럼에도 불구하고 우리에게 매우 잘 알려진 2건의 사고가 미국의 쓰리마일 아일랜드(Three Mile Island)와 우크라이나의 체르노빌에서 일어났다. 두 번째의 경우는 훨씬 더 심각한 경우였다.

쓰리마일 아일랜드

쓰리마일 아일랜드 핵발전소는 펜실베이니아주의 미들타운 근처 섬에 위치하고 있다(**[그림 3-5]** 참조). 핵발전소에는 두 개의 원자로가 있으며 그중 한 개는 여전히 작동되고 있다.[7] 문제는 1979년 3월 29일 두 번째 원자로(TMI-2)에서 연속적인 기술 실패로 발생했다.

첫째, 원자로의 열을 식히기 위해 물을 공급하는 펌프를 작동시키는 발전기가 멈춰

6) 사용한 연료봉의 일부를 다시 처리하여 에너지 생산에 다시 사용하는 것이 가능하다. 이를 통해 보관해야 하는 방사능 폐기물의 양을 줄일 수 있다. 그러나 재활용에 의한 생산물이 '무기 수준'의 핵물질이기 때문에 미국은 적대적 국가에게 재활용 물질이 넘어가는 것을 염려하여 재생산 과정을 금지시켰다. 이는 정부가 정치적인 이유로 기술의 사용을 박탈한 한 예가 된다.

7) The operating reactor's license expires in 2014, at which time the owner has indicated that it will be decommissioned.

섰다(펌프가 왜 멈추게 되었는지 아무도 모른다. 알 수 없는 종류의 기술적 문제였다고 생각된다). 원자로는 이 상태에 적합한 대응으로 원자로를 폐쇄했지만 이는 원자로의 압력을 상승시켰다. 그래서 압력을 줄이기 위해 밸브를 열었다. 이 시점에서 원자로는 냉각기가 고장 났을 경우에 프로그램된 대로 작동했다. 그러나 원자로의 압력이 어느 정도의 수준으로 낮아지면 밸브는 닫혔어야 했으나 닫히지 않았다. 냉각수가 밸브에서 새어나오고 원자로 노심의 온도가 낮아지기 시작했다. TMI-2의 노심이 심각하게 녹아내렸다. 다행히도 원자로가 있던 빌딩은 파괴되거나 폭발하지 않았고 아주 소량의 방사능만이 방출되었다. 그럼에도 불구하고 미국의 많은 사람들은 원자로가 녹았다는 것을 두려워했다. 특히 쓰리마일 아일랜드는 인구 밀집 지역 근처에 위치했기에 더 심각했다.

원자로의 노심이 녹는 것을 방지할 수 있었을까? 만약 발전소 직원이 밸브가 제때 닫히지 않았다는 것을 깨달았다면 아마도 수동으로 밸브를 닫을 수 있었을 것이다. 그러나 통제실 어디에도 지시기 하나 없었기 때문에 발전소 직원이 밸브가 여전히 열려 있다는 것을 알 수 없었다. 게다가 원자로의 냉각수의 레벨을 보여주는 지시기도 없었다(만약 지시기가 하나라도 있었다면 냉각수의 레벨이 내려가고 있는 것을 깨닫고 밸브가 열렸다는 것을 알았을 것이다). 그러므로 발전소의 경보기가 꺼졌다 할지라도 직원들은 무엇이 응급상황을 일으켰는지 알 수 있었을 것이다. 결국 원자로 냉각수의 레벨이 감소되어 상황은 악화되었다. 쓰리마일 아일랜드의 원자로가 녹은 사건은 두 가지의 기술 실패의 결과이다. 그러나 발전소의 통제실에 지시기가 있었다면 이런 실패들을 알아채고 수정할 수 있었을

그림 3-5 쓰리마일 아일랜드 원자력발전소

것임이 확실하다. 부족한 사용자 상호작용 수단은 잠재적으로 심각한 사건을 일으키는데 기여한다는 예일 것이다.

체르노빌

일반 대중의 안전성을 고려한다면 쓰리마일 아일랜드의 원자로는 비록 작은 손상일지라도 공포를 조장했다. 그러나 1986년 4월 26일 우크라이나의 프리피야트 근처에 위치한 체르노빌 원자력발전소의 원자로가 녹은 사건은 달랐다. 발전소에는 작동 중인 4개의 핵원자로가 있었고, 2개의 원자로는 건설 중에 있었다. 직원들 간의 잘못된 의사소통과 기술의 실패로 4번 원자로가 녹아내렸다. **[그림 3-6]**은 원자로가 녹아내림으로 심하게 손상되었음을 보여준다. 그러나 이 사진에는 방사능에 의한 주변의 막대한 피해는 담겨 있지 않다!

4월 25일, 4번 원자로의 냉각기에 전기 공급이 끊겼을 경우를 대비한 보조동력기를 테스트하도록 계획되어 있었다. 테스트를 준비하기 위해 원자로 전력생산량의 50%를 줄였고, 테스트를 안전하게 수행하기 위해 그 이상을 줄여야 하는 상황이었다. 그러나 키에프시의 전기 공급 담당자는 전력생산량을 더 줄이게 되면 저녁 시간에 충분한 전력을 공급할 수 없다고 말했다. 그래서 테스트는 연기되어 밤 근무조에게 위임되었다. 낮 근무조는 밤 근무조에게 원자로의 전력생산량을 얼마나 줄였는지 알려주지 않았다. 그래서 밤 근무조는 전력생산량을 너무 급격히 줄이게 되었고 결과적으로 핵독극물인 크세논-135(xenon-135)가 초과로 발생되었다. 전력생산량은 직원들의 예상보다 훨씬 빨리 감소

그림 3-6 사고 후의 체르노빌 핵발전소

하였다. 그러나 직원들을 그 이유를 알지 못했다. 대신 직원들은 문제가 자동전력 조절장치에 있다고 생각하여 원자로의 노심에서 통제 레버를 당기기 시작했고 위험할 정도까지 이동시켰다.

이 시점에서 원자로의 전력생산량은 조금 증가되었다. 그러나 시험에 필요한 수준에는 미치지 못했다. 그럼에도 직원들은 테스트를 중지하지 않고 속행하기로 했다. 그들은 원자로의 물 흐름을 증가시키고 통제 레버를 더 당겼다. 원자로는 한계를 훨씬 넘어서 작동되었다. 그러나 통제실에는 원자로가 불안정하다는 것을 직원에게 경고할 지시기가 없었다.

보조동력기를 테스트하기 위해 일반동력기를 차단했을 때 원자로 안의 온도는 빠르게 상승했다. 냉각수 파이프의 빈 공간에 수증기 거품이 생겼다. 사용 가능한 크세논-135는 고갈되었고 더 많은 핵분열 물질이 더해졌다. 직원들은 원자로를 닫고 봉을 다시 넣으려했다. 그러나 직원들의 의도와 반대되는 결과를 낳았다. 원자로의 반응은 계속해서 빨라졌고 더 이상 직원들이 할 수 있는 일은 없었다. 원자로는 수증기에 의해 크게 폭발했고 원자로가 설치된 건물의 지붕이 날아가면서 산소가 들어가 점화되었다.

폭발과 화재는 발전소 주변의 넓은 지역으로 방사성 오염물을 퍼뜨렸다. 사람들을 피난시켰음에도 불구하고 발전소 근처의 135,000명 이상의 사람들이 방사능에 노출되었다. 발전소 주변 100마일 이내는 심각하게 황폐화되었고 방사성 물질은 10일 만에 지구 전체로 퍼져갔다. 사고 직후 237명의 사람들이 심각한 방사능에 의해 질병을 겪었고 28명이 얼마 지나지 않아 죽었다. 이들의 대부분은 불을 끄기 위한 응급 대처 인력과 방사능 잔재물의 유출을 막으려던 사람들이었다.

이후 이 지역에 살던 사람들에게 방사능이 미친 영향에 대해서는 많은 논쟁이 있다. 갑상선 암에 걸린 아이들이 증가했다는 기록이 있다. 그러나 선천적 기형이나 다른 암에 있어서의 발생률 증가는 확실치 않다(백혈병의 경우 인구 노화에 따라 증가한 것일 수도 있다). 동물들은 차츰 핵발전소 근처의 지역으로 돌아왔고 인간이 살고 있지 않는 방사능 누출지역에서 잘 지내는 것처럼 보인다. 그러나 방사능의 영향을 결정하기는 어렵다. 왜냐하면 이 지역의 정상적인 암이나 선천적 기형의 발생률에 대한 정보가 적기 때문이다. 체르노빌 발전소의 주변 지역에는 방사능 때문에 여전히 인간이 살고 있지 않으며 앞으로 수천년 동안은 다시 사용할 수 없다. 대지뿐 아니라 지하수가 오염되었기 때문이다.

체르노빌의 재앙은 누구의 그리고 무엇의 책임일까? 한 가설은 지시기에서 비정상 상태를 읽은 후에도 위험한 테스트를 계속한 발전소 직원에게 모든 비난을 돌린다. 또 다른 가설은 원자로의 봉쇄 레버에 설계상의 결함이 있었다고 믿는다. 봉쇄 레버가 충분이 삽입되어 있지 않았다 할지라도 반응을 제어할 수 있어야 했다는 것이다. 아마도 두 가지 요인이 결합되어 이 사건이 일어났을 것이다.

핵기술의 미래

미국 국민은 원자력을 선호하지 않기에 소수의 핵발전소만이 작동되고 있다. 새로운 발전소는 건설되고 있지 않으며 새로 건설할 계획도 없다. 핵폐기물에 연관된 문제들과 체르노빌에서 일어난 것과 같은 사건이 다시 일어날 수 있다는 두려움 때문에 화석 연료를 사용하지 않고 많은 양의 에너지를 생산할 수 있다는 이점에도 불구하고 핵을 선호하지 않게 되었다.

쓰리마일 아일랜드 사건에서 일어나지 않은 상황들을 통해 그와 다른 의견을 살펴볼 수 있다. 어떤 사람은 원자로의 설계가 매우 잘 되어 비극을 막을 수 있었으며, 더 악화된 조건에서도 핵원자로는 안전하다는 것을 보여준다고 말할 수도 있다. 미국은 원자력을 두려워하는데 반해 유럽인들은 원자력을 찬성한다. 예를 들어 대부분의 유럽 국가들은 에너지의 3/4을 60개의 원자력발전소를 통해 얻는다. 독일은 에너지의 대략 1/3을 17개의 원자력발전소에서 얻으며, 스웨덴은 대략 반 정도의 에너지를 핵발전소에서 얻는다. 원자력은 또한 물에서 특히 잘 작용된다.

원자력을 이용하는 잠수함이나 비행기에 설치된 작은 발전소는 안전성에 있어 좋은 기록을 세웠다. 한 이유를 들자면 군대는 민간 조직보다 원자로의 조작 절차를 훨씬 엄격하게 지킨다는 점일 것이다. 그러나 대부분의 미국인들은 원자력이 버려야 할 실패한 기술이라고 믿는다. 그러나 원자력 사고가 일어났음에도 불구하고 세계의 모든 사람들이 원자력이 실패한 기술이라는 것에 동의하지는 않는다.

DDT의 파괴 위력

dichlorodiphenyltrichloroethane의 약어인 DDT는 1874년에 처음으로 합성된 농약이다. 그러나 과학자들은 1939년까지 이것을 특정 곤충을 죽이는데 사용할 수 있다는 것을 알지 못했다. 특히 DDT는 말라리아와 장티푸스를 전염시키는 모기를 죽이는데 매우 효과적이다. 말라리아가 걸리기 쉬운 지역에서 DDT를 사용하자 말라리아 발생률이 거의 제로가 되었다. DDT는 농장의 곡식을 공격하는 파리, 진드기, 대벌레, 콜로라도 감자 딱정벌레 등의 많은 해충을 없애는 데도 매우 좋다.

그러나 1962년에 출판된 레이첼 카슨(Rachel Carson)이 쓴 〈침묵의 봄 *Silent Spring*〉이라는 책에서 DDT에 몇 가지 매우 심각한 문제들이 있다고 주장했다. 특히 DDT의 사용은 대머리 독수리, 갈색 펠리칸, 캘리포니아 콘도르 같은 몇몇 특정 조류에게 치명적이다(**[그림 3-7]** 참조). 새들은 부화할 수 없는 얇은 껍질을 가진 알을 낳는다. 캘리포니아 콘도르는 이미 위기에 처했고 DDT의 영향으로 멸종할 수도 있다.

어떻게 DDT가 새들의 알에 영향을 미칠 수 있을까? 먹이사슬의 꼭대기에 있는 새들이 DDT의 영향을 받았다. DDT가 뿌려진 식물들은 먼저 작은 포유류의 먹이가 된다. 포유동물의 몸에 농축된 DDT는 처음 넓은 초원에 뿌려졌던 것에 비해 농도가 훨씬 높다. 새들은 작은 포유류를 먹고, 그들의 혈관에는 더 많은 DDT가 농축된다. 캘리포니아 콘도르는 특히 치명적이다. 왜냐하면 콘도르는 썩은 고기를 먹는 동물이기 때문에 DDT가 훨씬 더 많이 농축되게 된다.

1972년, 미국에서는 새들을 위기에서 보호하려는 대중의 반대로 미국 내의 DDT 사용이 금지되었다. 1972년 이래로 DDT에 의해 멸종 위기를 맞았다고 생각되었던 대부분의 새들의 개체수가 회복되었다. 20년 동안, 그들의 알껍데기는 적당한 정도로 단단해졌다. 하지만 캘리포니아 콘도르는 운이 좋지 않았다. 사진이 찍힐 당시 이미 DDT가 그들의 몸에 침투했었고 인간들이 그들을 돕기로 결정했을 때는 오직 27마리만이 남아 있었다. 한때 야생 콘도르는 5마리만이 남아 있었다. 하지만 현재는 300마리 이하의 캘리포니아 콘도르가 살아 있고 대부분은 인공으로 부화되어 원래의 서식지인 중부와 남부 캘리포니아, 애리조나, 멕시코로 방생되고 있다.[8] 미국과 멕시코가 함께한 인공 부화 프로그램의 희망은 방출된 새들이 야생에서 부화하여 천천히 그 개체수를 채워가고 있는 것이다.

대부분의 통계학자들이 "상관관계가 원인을 의미하지는 않는다"고 말할지라도 DDT의 사용과 새들의 알껍데기 두께 사이에는 매우 강한 상관관계가 있다. DDT가 환경에서 제거되었을 때 새들의 개체 수는 회복되었다. 이는 많은 사람들에게 DDT가 새들에게

그림 3-7 캘리포니아 콘도르

8) 새들을 야생에 돌려보내는 것이 항상 쉽지만은 않다. 초기에 다섯 마리의 새가 권력다툼(Power line)에 의해 죽었다. 요즘은 어린 새들이 권력다툼에 끼지 않도록 훈련시키고 있다. 캘리포니아 콘도르 인공 부화 프로그램에 대한 세부사항은 Http://www.fws.gov/hoppermountain/cacondor/AC&AC9.html

문제를 일으킨 원인이었다는 결론을 내리게 하기에 충분했다. 작물에 농축된 DDT는 인간에게 해롭지 않은 것으로 보인다. 하지만 말라리아와 장티푸스가 심각한 문제가 되는 나라에서는 오늘날도 DDT를 사용한다. 그러나 미국에서는 여전히 DDT가 금지되고 있다.

불안전한 기술

만약 정보기술 전문가에게 오늘날 기술에서 가장 중요한 문제가 무엇인지 질문한다면 그들은 정보의 보안이라고 말할 것이다. 기술 실패에 의한 보안의 실패는 사적인 정보를 폭로하고 기술을 무용지물로 만들 것이다.[9] IT법 예산의 많은 부분이 의도적이거나 우연하게 보안이 뚫리는 것을 방지하는 보안기술에 쓰인다. 몇몇 보안의 뚫림은 성가심 이상의 것이다. 예를 들어 라이벌 정당이 그들과 적대 관계에 있는 웹사이트를 손상시켰다. 이런 경우, 윤리적으로 비난받을지라도 이러한 행위가 지속적으로 해를 끼치거나 대중에게 사적인 정보를 풀어놓는 경우는 드물다.

그러나 몇몇 보안 공격은 심각한 위험을 초래한다. 예를 들어 2007년 세계에서 가장 인터넷에 밀접하게 연관되어 있던 나라인 에스토니아에서 일어난 사건을 생각해보라. 에스토니아 정부와 은행은 인터넷에 많이 의존했다. 대부분의 에스토니아 시민들은 은행 업무를 보거나 새로운 뉴스를 볼 때 인터넷을 이용했다. 에스토니아는 또한 온라인으로 선거를 시행했다.[10]

며칠 후 에스토니아의 정부 홈페이지(대통령, 국회, 정부내각)는 서비스거부(denial-of-service)공격의 희생양이 되었다. 웹서버는 너무 많은 트래픽으로 넘쳐났고 합법적인 이용자들에게 무용지물이 되었다. 이 공격은 은행, 신문, 방송사까지 퍼졌다. 다른 나라로부터 온 공격을 멈추는 유일한 방법은 에스토니아의 인터넷 연결을 모두 끊어 국가를 다른 세상과 고립시키는 것이었다. 이 행위로 공격은 멈출 수 있었으나 다른 나라들이 에스토니아에서 무슨 일이 일어나는지를 알 수 없었다. 그러나 나라는 효과적으로 안정되었다. 운 좋게도 대부분 자동(automatic)이었던 공격은 2주 후 멈추었고 에스토니아는 국제 인터넷망을 복구할 수 있었다.[11]

에스토니아는 이 공격을 군대에 의한 침략과 같다고 생각했다. 그때 에스토니아는

9) 보안과 사생활은 각기 다른 의미이다. 사생활은 확실하게 특정 정보를 지킬 필요가 있음을 나타낸다. 보안은 사적인 정보를 사적일 수 있도록 지켜주는 것이다.

10) 에스토니아의 온라인 투표에 대한 더 많은 정보는 http://www.wired.com/ploitics/security/news/2007/03/72846을 보라. 2007년 4월 초에 에스토니아 정부는 2차대전에서 전사한 군인을 위한 기념비를 도시의 중앙에서 교외의 묘지로 이장하기로 결정했다. 시골에 살던 몇몇 소수민족들이 이전에 의해 손해를 보았고 몇몇 러시아의 지도자들은 에스토니아의 조치에 유감을 표명했다.

11) 에스토니아에서 일어났던 종류의 공격을 막을 방법은 없다. 유일한 방법은 에스토니아가 쓴 연결을 끊는 방법뿐이다.

NATO의 회원국으로서 다른 회원국에 방어를 위한 도움을 요청할 수 있었다. 그러나 그 당시 나토는 사이버 공격이 군대의 행동과 같다고 생각지 않았고 상호방어조약 규정이라고 생각지 않았다. 에스토니아는 러시아가 이 공격의 뒤에 있다고 암시했다. 에스토니아 정부가 러시아를 직접적으로 비난하지 않았음에도 불구하고(만약 비난했다면 두 나라 사이의 위험한 파괴를 가져올 수도 있었겠지만) 에스토니아는 러시아가 서비스거부공격을 시작하는 소프트웨어에 이미 감염된 좀비(zombi) 컴퓨터의 네트워크를 통제할 수 있는 악의적인 해커를 고용했다고 확신했다.[12]

사이버 공격의 가능성에 대한 두려움만큼이나 우리의 기술은 훨씬 더 근본적인 레벨에서 공격에 상처받기 쉽다. 기술을 가지고 하는 모든 것은 전기에 의존하고, 대부분의 세계는 전력을 지역 발전소에서 얻는다. 만약 전력망이 고장 나면 많은 기술을 사용할 수 없게 된다. 2003년 8월 14일 뉴욕 북부에서 매사추세츠, 미시간 서부, 북부 온타리오에 이르기까지 정전이 되었을 때 북동부의 미국과 캐나다에서 무슨 일이 일어났었는지 생각해보라([**그림 3-8**] 참조). 지하철과 전기 기차들은 달리기를 멈췄고 엘리베이터의 작동이 멈추고(때로 층과 층 사이에서), 신호등은 꺼지고, 터널 안의 등이 작동되지 않았다. 다행히 대부분의 전화는 계속해서 작동했다. 그러나 핸드폰의 기지국은 증가한 트래픽으로 과부하되었다. 몇몇 도시는 상수 체계를 멈춰야 했다. 이는 단순한 불편함을 넘어서는 대중의 건강과 안전의 문제였다. 전력이 다시 복구되었을 때 재정적 손실은 60억 달러로 추정되었다.

2003년에 경험했던 정전은 몇 가지 중요한 교훈을 주었다. 첫째, 전력 그리드(grid)는 아마도 가장 공격받기 쉬운 부분일 것이다. 전력이 없다면 기술 문명은 멈추게 된다. 둘째, 전기 그리드의 실패 시를 대비한 안전통제장치를 만들 필요가 있다. 그토록 넓은 지역이 정전에 영향을 받게 된 이유는 '직렬 영향(cascade effect)'이라 불리는 것 때문이다. 이는 전력이 없는 지역에 자동적으로 전력을 공급하려는 것인데 더 멀리까지 정전이 일어난 원인이었다. 하나의 정전이 방아쇠가 되어 다른 정전을 일으키고 전력발전소를 과부하시켰다. 마지막으로 테러리스트가 북아메리카 전체의 경제를 무력화시키려 한다면 전력발전소를 공격하는 것으로 이를 실행할 수 있다. 그러므로 2003년의 보안보다는 더 나은 보안이 필요하다.

개인은 두 가지 방법으로 이 장에서 토론한 기술 실패의 유형에 대응할 수 있다. 계속적으로 진화하고 향상되는 기술 사회의 한 부분으로서 기술의 실패를 받아들일 수 있다.

12) 좀비는 전세계에 있고 많은 수가 미국에 있다. 어떻게 좀비가 감염될 수 있을까? 사용자가 악질적인 소프트웨어가 포함된 이메일을 열거나 이를 다운로드시키는 웹사이트를 방문했을 때이다. 사용자는 아마도 대부분 자신의 시스템이 오염되었다는 것을 깨닫지 못할 것이다.

그림 3-8 2003년 정전의 영향을 받은 지역

또 하나는 기술의 실패를 우리가 기술을 버리고 단순한 삶으로 돌아가야 하는 이유라고 결정할 수도 있다.

기술에 대한 우리의 인식

지금까지 살펴본 모든 기술의 실패들에는 영속적인 맥락이 있다. 미국은 세계의 다른 나라에서 계속적으로 사용하는 기술을 금지시켰다. 왜 이렇게 되었을까? 미국인들이 다른 나라의 사람들보다 더 현명하기 때문일까? 또는 미국인이 잘못에 대해 더 조심스러운 걸까? 대답의 일부는 미국 뉴스 매체와 인쇄 매체가 기술의 부정적인 면을 중시하고, 경우에 따라 기술을 무용지물로도 만드는 경향이 있다. 미국인의 다양한 인식에 뉴스 매체는 큰 영향을 미친다. 미국인은 뉴스 리포터의 의견에 의존한다.

예를 들어 쓰리마일 아일랜드의 누출 사고를 생각해보자. 이 사건을 보는 두 가지 관점이 있다. 큰 사건이 거의 일어날 뻔 했다고 보는 관점과 재앙을 막아낸 성공적인 기술이라고 보는 관점이 있다. 사건의 보도는 확실하게 전자의 경향을 띠었고 얼마나 많은 방사능이 유출되었는지, 무슨 일로 발전소 건물이 폭발했는지를 강조했다.[13] 관점에 따라 이런 보도는 처리해야 할 위험에 대해 사람들에게 경각심을 주기 위한 것으로 볼 수도 있다. 하지만 한편으로 상황을 부정적으로 보아 실제보다 더 심각한 것으로 만들었다고 볼

13) 예를 보려면, http://ww.super70s.com/News/1972/March/28-Three_Mile_Island.asp, http://www.eyeonwackenhut.com/index.asp?Type=B-BASIC&SEC=%BC2969EF5-B919-451E-87C6-082D39236A2F%7D, 와http://web.mit.edu/newsoffice/2007/threemile.html

수도 있다.

대부분의 미국인들은 언론의 자유를 억압하는 것을 원치 않는다. 그러나 뉴스 보도가 반드시 편견이 없지는 않다는 것을 염두에 두어야 한다. 기술에 대한 뉴스를 듣거나 읽거나 볼 때 리포터의 경향을 고려해야 한다. 예를 들어 만약 '연구한 보도'의 결과라면 거의 대부분 편견이 있다. 오늘날 우리가 직면한 가장 어려운 도전의 하나는 읽고 듣고 보는 거대한 미디어 방송들 중에서, 무엇이 사실이고 무엇이 다른 사람의 견해인지를 결정하고 분류하는 것이다. 만약 기술의 실패와 그 영향에 관한 보도를 평가하려 한다면 무엇이 진실이고 무엇이 좋은 과학인지를 판단헤 결정해야 한다.

기술의 실패가 많은 손실을 야기시킬 수 있는 이유 중 하나는 기술 사용의 모든 결과를 예측하는 것이 거의 불가능하기 때문이다. 예를 들어 석면을 처음 개발했을 때 석면은 효과적인 방화 단열재처럼 보였다. 누구도 석면 섬유의 흡입이 암을 유발할 것이라고 예측하지 못했다. 당연히, 누구도 맹금류에 미치는 DDT의 영향이나 아동용으로 만든 납이 든 물감의 영향을 예측할 수 없었다.

자동차 리콜에 대해 생각해보라. 자동차 리콜은 자동차가 실패한 기술이라는 것을 의미하기보다는 자동차를 아무리 신중하게 테스트할지라도 기계적이거나 기술적인 결점이 남아 있을 수 있다는 것을 의미한다. 후미에 충돌한 후 가스탱크가 폭발하는 것처럼 때때로 결과는 비극적이다.[14] 다른 사례에서는 저절로 풀리는 안전벨트로 인하여 심한 부상이나 사망 전에 리콜을 했다.[15]

우리는 종종 소프트웨어의 버그와 마주친다. 소프트웨어 오류로 인한 결과는 진행 중인 문서가 날아가는 단순하고 짜증나는 일부터, 기름 정제소나 원자력발전소의 진행 통제 시스템을 읽는 센서의 부정확함으로 인한 인명 손실에 이르기까지 다양하다. 소프트웨어 개발자는 제품을 엄격한 테스트 프로그램에 넣은 후 베타 테스트(beta testers)에게 보낸다. 최종 사용자는 자신이 사용하는 소프트웨어가 많은 테스터를 거쳤지만 여전히 심각한 버그가 있을 수 있다는 것을 알고 있다. 프로그래머가 아무리 열심히 노력한다 해도 모든 문제를 발견하는 경우는 드물다. 사용자는 소프트웨어를 개발자들이 쉽게 예측할 수 없는 방법으로 작동시킨다. 아마도 사용자의 자판 사용의 결함은 개발자들이나 사용자가 예측하지 못했던 순서로 프로그램 숫자를 작동시키는 것에 기인한다.

---

14) 이 장에 언급된 많은 사례들처럼 이 이야기에도 양면이 있다. 어떤 사람들은 포드 자동차가 핀토의 설계 결함을 알았으나, 법정 조정을 하는 것이 새로운 차를 설계하고 완제품의 자동차들을 리콜하는 것보다 싸게 먹히기 때문에 결함을 무시했다고 주장한다. 다른 이들은 가스탱크 폭발 사고가 아주 적게 일어난 것에 주목하고(2백만 대가 제작되었으나 27명만이 죽었다), 자동차 안전 기록은 이 영역의 다른 차들과 비슷하다고 생각한다.

15) 예시를 보려면 http://www.lawyearsandsettlements.com/case/defective-seatbelts-in-heavy-trucks.html

애플II 컴퓨터를 개발할 때 애플 테스터들은 불규칙적인 키보드의 작동을 알아보기 위해 코카콜라 유리병을 키보드 주변에 굴리는 실험을 했다. 그들은 사용자들이 예측할 수 없는 행동들을 키보드에 할 것임을 잘 알고 있었다.[16)]

---

16) 사용자가 행한 이상한 일들에 대한 많은 이야기가 있다. 어떤 것은 아마도 정확하지 않은 이야기일 것이다. 그런 사용자에게 마우스는 재봉틀의 발 페달처럼 보일 것이다. 보고에 의하면 사용자들은 컵받침과 CD을 혼동한다. 고객센터에 전화한 사용자와 관련된 고전적인 이야기는 키보드의 어느 곳에 '아무' 키가 있는지를 물은 것이다. 그의 모니터에는 "아무 키라도 누르면 계속 됩니다"라고 쓰여 있었다.

제3장에서 무엇을 배웠나

기술의 장기적 영향을 예측하는 것은 어렵다. 때때로 장기적 영향은 생명을 잃거나 심각한 부상을 입는 것처럼 부정적일 수 있다. 그런 사건이 일어났을 때, 우리는 사건을 일으킨 기술의 사용을 재고하는 경향이 있다. 특히 기술의 실패가 기술 자체의 설계문제의 결과라면 때로 기술이 버려지거나 그 기술의 사용은 심각하게 줄어들게 된다. 그러나 실패가 인간의 실수에 의한 것이라면, 사건이 다시 일어나는 것을 방지하기 위해 행동을 조정하거나 기술을 수정한다.

몇몇의 경우에는 기술의 실패를 한 가지 이상의 관점으로 볼 수 있다. 어떤 사람들은 기술 그 자체를 탓하는데 반해 다른 이들은 실패를 인간의 실수로 돌린다. 심각한 문제를 발생시킨 기술의 사용 여부가 전세계 어디서나 동일하지는 않다. 어떤 나라에서는 한 기술을 완전히 버린 반면에 다른 나라에서는 계속적으로 사용하기도 한다. 사람들이 기술의 실패를 보는 관점을 결정하는데 미치는 큰 영향 중 하나는 대중매체이다. 사건에 관한 대중매체의 '스핀(spin, 경향)'에 의해 기술에 대한 대중의 의견이 확실하게 좌우될 수 있다.

생각해보기

1. 탈리도마이드(thalidomide: 수면제, 진정제의 일종)에 대해 생각해보자. 원래 용도는 무엇인가? 이 약의 문제점은 무엇인가? 결과는 얼마나 심각한가? 이 약품은 위험을 감수하면서도 지속적으로 복용할 만큼의 이점이 있는가? 만약 그렇다면, 문제가 반복적으로 발생하는 것을 방지하기 위해 어떤 통제가 필요할까?
2. 뉴스 매체에 의해 잘못 보도된 기술을 밝혀내라. 이 실수를 대중매체는 어떤 관점에서 보도했는가? 언론이 기술에 대한 관점을 변화시켰는가? 만약 그렇다면 어떤 식으로 변화시켰는가?
3. 이 장에서 논한 몇 가지 기술의 실패들은 그 기술을 책임져야 하는 조직의 실패에 의해 악화되었다. 기술의 실패를 일으키지 않는 조직 환경을 조성하기 위한 전략에 대해 토의해보자.
4. 소프트웨어에는 거의 언제나 버그가 남아 있기 마련이다. 소프트웨어 회사의 품질 관리와 제품 시험의 책임을 지고 있다고 상상해보라. 상품판매를 시작하기 전에 최근 프로젝트의 버그 수를 최소화하기 위한 시험 계획을 준비하라(힌트: 인터넷에서 소프트웨어의 시험에 대한 조사를 할 수 있다).

참고문헌

Spcae Shuttle

"51-L: the *challenger accident.*" *http://www. fas.org/spp/51L.html*

"Space accident." *http://www.inforplease.com/ipa/A0001485.html*

"Space shuttle Dolumbia and her crew." *http://www.nasa.gov/columbia/home/ indes.html*

Three Mile Island

"Fact heet on the Three Mile Island accident." *http://www.nrc.gov/reading-rm/doc-collections/fact-sheets/3mile-isle.html*

"Three Mile Island emergency." *http://www.threemileisland.org/*

Chernobyl

"Chernobyl accident." *http:www.uic.com.au/nip22.htm*

"Chernobyl: a nuclear disaster." *http://library.thinkquest.org/3426/*

DDT

"DDT@3Dchem.com:banned insecticide." *http://www.3dchem.com/molecules.asp?ID=90*

"DDT banned insecticide." *http://www.3dchem.com/molecules.asp?ID=90*

"DDT ban tkes effect" *http://www.epa.gov/histoty/topics/ddt/01.htm*

Edwards, J. Gordon, and Steven Milloy. "100 things you shold know about DDT." *http://www.junkscience.com/ddtfaq.html*

Estonia

Smith, Adam. "estonia: under siege on the Web." *http://www.time.com/time/magaziner/article/0,9171,1626744,00.html*

Vamosi, Rober. "cyberattack in Estonia-what it really means." *http://news.com.com/Cyberattack+Estona-what+it+rally+means/2008-7349_3-6186751.html*

Chapter 04

기술에 대한 저항

제4장에서 무엇을 배울까?

- 왜 인간이 변화에 반대하는지 생각해보자.
- 산업혁명 중에 대량생산 기술에 반대했던 러다이트(Luddites)에 대해 토론해보자.
- 어떤 기술은 사용하고 어떤 기술은 거부하는 아만파(Amish)에 대해 토론해보자.
- 환경을 해치는 기술에 반대하는 그린피스(Green peace)에 대해 토론해보자.
- 기술에 반대하여 과격한 행동을 보였던 테드 카진스키(Ted Kaczynski)에 대해 이야기를 나누어보자.
- 기술에 반대하는 단체가 자신들의 의견을 인터넷을 통하여 전달하는것에 대해 토론해보자.

개요

인간은 선천적으로 변화에 대하여 거부감을 가지고 있으며, 왜 변화를 원하지 않는지 다음과 같은 이유를 생각해 볼 수 있다.

- 현재 상태가 행복하다.
- 너무 바쁘다.
- 변화의 결과가 이전보다 개선된 것 같지 않고 오히려 나빠진 것 같다.
- 변화에 특별한 관심이 없다.
- 변화는 너무 힘든 과정을 거쳐야 하므로 노력할 가치가 없다.
- 계획은 좋지만 어떤 방법으로 변화를 해야 하는지 모르겠다.

덧붙여 말하면, 인간이 변화를 두려워하는 것은 아무리 계획이 좋다고 해도 결과를 알 수 없기 때문이다. 기술의 변화는 다른 변화와 비교해 볼 때 차이가 없으며, 이로 인하여 사람들은 변화를 반대하게 된다. 중요한 기술적인 변화가 있을 때에는 프로젝트를 시작하기 전에 계획된 프로젝트가 성공하여 이전에 가지고 있던 기술보다 더욱 개선된 결과를 가지게 될 것이라는 믿음이 필요하다. 하지만 여기에는 어떤 변화라도 위험이 뒤따르게 된다.

제4장에서는 기술적인 변화에 반대했던 사람들에 소개한다. 자동화에 반대하여 과격한 행동을 보여준 구(舊) 러다이트(Historical Luddites)를 비롯하여, 기술에 반대하는 다양한 이유를 가진 단체들에 관하여 살펴보겠다. 구 러다이트와 아만파(Amish) 그리고 기술에 반대하는 사람들에게서 발견할 수 있는 특징은 이들 모두가 기술에 반대한 것이라고 생각하지만 꼭 그렇지만은 않다는 것이다.

구 러다이트 운동

산업혁명 직전, 의류는 숙련된 기술자에 의해 집에서 만들어졌기 때문에 품질은 좋지만 생산량은 적었고 이로 인하여 가격은 높았다. 1800년대 초기 영국 공장들은 스타킹을 생산하기 위해 '스타킹 기계'를 사용하였으며 이 때문에 수공업에 비하여 빠르고 값싸게 스타킹을 생산할 수 있었으며 품질도 수공업 제품에 비하여 향상되었다. 그렇지만 싼 가격의 기계생산 스타킹은 수공업 시장에 큰 영향을 미치기 시작했다. 이 때문에 수공업자들의 지위는 하락되었고 그들의 수입과 삶의 질이 하락했다.

1811년 네드 러드(Ned Lud)의 지도 아래 설 자리를 잃은 수공업자들로 이루어진 조직적인 단체가 결성되었다(네드 러드가 실존 인물인지 여부는 불분명하다). 러다이트라 불리는 그의 추종자들은 영국의 방직공장에 쳐들어가 스타킹 기계를 파괴하였다. 그들은 또한 공장주들을 협박하는 편지를 보냈다. 1812년 식량 가격이 상승했으며 수공업자들은 더 이상 가족을 부양할 수 없었고, 이 때문에 식량 폭동이 일어났다. 미들턴의 버톤스(Burton's Mill)에서는 기계 작업이 지역 수공업자들을 자극했다는 것을 파악하고 공장을 보호하기 위해 무장 경비원들을 고용했으며, 이들은 러다이트가 공장을 공격해 왔을 때, 러다이트의 회원들을 살해했다.

경찰은 러다이트의 공격에 대처하지 못하였으며 영국 정부는 증가하는 폭력을 통제하기 위하여 개입하였고. 스타킹 기계를 파괴하는 '기계파괴(Machine breaking)'는 1813년의 주요 범죄가 되었다. 얼마나 많은 사람들이 처형되었는지에 관한 정확한 자료는 없지만 대략 60에서 70명 정도가 처형된 것으로 보이며 기계파괴에 참여하고도 처형되지 않는 사람들은 호주로 보내졌다.[1)]

---

1) 이 방법은 범죄자를 부유한 영국 식민지 개척자의 사실상의 노예로 보내 처벌 기간 동안 노동하도록 하는 것이었다. 처벌 기간이 끝난 범죄자들은 영국으로 돌아갈 수 있었지만 대부분 식민지에 남았다.

바이런은 러다이트를 후원하였으며 1812년 2월 27일 하우스 오브 로드(House of Lord)에서 직장을 잃은 노동자의 곤경에 동정을 표했고 다음과 같이 주장했다. "이 불행한 사람들이 보인 행동은 절대적인 필요 때문에, 한때 정직하고 근면했던 많은 사람들이 그들 자신과 가족과 공동체에게 위험을 가져올 일을 행하게 되었음을 보여준다." 그는 러다이트들을 범죄자로 생각하지 않았으며 다음과 같은 믿음을 갖고 있었다. "노동자들과 사업주들의 불만을(사업주라 할지라도 불만이 있을 것이므로) 공평하게 평가하고 정당하게 조사한다면, 노동자들을 일터로 돌려보내고, 국가를 안정시킬 수 있는 방법을 찾으리라 생각된다." 바이런의 호소는 '기계 파괴자'들이 바이런의 반론을 무시했기 때문에 큰 영향을 끼치지는 못했다.

1812년 러다이트운동으로 사업주들이 죽음을 당했으며, 사업주를 죽인 사람들 중 3명은 기계파괴로 사형당한 사람들 중에 포함되어 있다. 이후 러다이트들은 점점 세력을 잃었고 1917년에는 사실상 사라졌다. 역사학자에 따라, 러다이트는 기술 변화에 반대한 폭력 집단으로 볼 수도 있고, 공장에서 만들어진 물건에 의해 강요된 고정 가격에 반대했던 집단으로 볼 수도 있다. 후자의 관점은 러다이트를 폭도라기보다는 자유시장 경제의 공헌자로 본다. 그럼에도 불구하고 러다이트가 모든 기술에 반대하지 않았음은 분명하다. 그들은 자신의 생계를 위협하는 기술에만 반대했으며 당시 상황을 고려해보면 그들의 행동이 과격하기는 했으나 이해할 수는 있다.

아만파

미국에서 기술에 저항했던 가장 잘 알려진 단체는 아만파(Amish)일 것이다. 아만파의 기술에 대한 태도는 단순히 어떤 기술도 사용하지 않는 것이 아니라 훨씬 더 복잡하다. 아만파는 종교 공동체로 시작되었다. 아만파는 메노파(Mennonites) 기독교 단체의 일종인 지도자 야곱 아만(Jacob Amman)의 이름을 따서 만들어졌다. 아만파는 1693년 메노파에서 분리되었고 18세기에 미국으로 전해졌다.

아만파는 초기에 펜실베이니아주의 랭카스타 근처의 농장에 정착했다. 오늘날, 옛 방식을 따르는 아만파(Old Order Amish:전통적인 아만파의 삶의 방식을 따름)는 21개 주에서 찾을 수 있다. 약 55,000명이 오하이오에, 39,000명이 펜실베이니아에, 37,000명이 인디애나에 살고 있다. 전체 인구는 대략 200,000명 정도로 추정된다. 각 아만파 공동체는 올트눙(Ordnung)으로 알려진 종교 규칙들을 따르고 있다.

공동체마다 약간의 차이는 있지만 대부분 다음을 지키고 있다.

- 아만파는 다른 사회와 분리되어 살아야 한다. 그들은 군대에 가서는 안 되고 어떤

종류의 정부 원조도 받아들이지 않는다.

- 아만파의 삶은 '평범'해야 한다. 그 누구도 다른 사람보다 더 낫다고 믿게 할 만한 소유물을 가져서는 안 된다. 아만파는 오만을 배제하고 인간성을 포용한다. 결과적으로 아만파의 옷은 매우 평범하고 보수적이다. 옷에 단추나 지퍼 대신 숨겨진 고리나 구멍을 사용한다.
- 아이들은 교회에서 세례를 받을지 여부를 결정할 수 없다. 그러므로 세례는 성인기에 들어선 후에 이루어진다.

주류 사회의 흐름에서 떨어져 살아가도록 구속하는 것은 기계를 피하기 위한 결정 때문이다. 그들은 차 대신에 말이 끄는 마차를 사용한다. 자전거는 평범한 탈 것으로 판단하기 때문에 아만파의 어린 세대들도 자전거를 타는 것이 가능하다. 전통적으로 아만파는 전기를 사용하지 않는다. 등불이나 냉장고는 고압전송망에서 전력을 가져올 필요가 없으므로 받아들인다. 그러나 몇몇 아만파는 낙농업을 하고 있고, 건강규제법에 따라 우유를 전기 장치가 있는 곳에서 차갑게 보관해야 한다.

아만파들은 자신들만의 발전기로 전기를 얻는다. 그들은 고압 전송망을 통한 전력 사용은 거부하고 있다. 이뿐 아니라 몇몇 아만파들은 더 넓은 사회와 떨어져 지내기 위해 태양에너지를 통해 전기를 발전시키고 있다. 전기는 사업을 주목적으로 할 때 사용가능하며 집에서는 최소한만 사용가능하다. 아만파의 전화에 대한 생각도 같은 맥락을 따른다. 전화는 사업상으로 필요하지만 전화사용이 쉽거나 편해서는 안 된다.[2] 그러므로 몇몇 가족들은 바깥의 작은 헛간에 설치된 전화를 함께 사용한다(보고에 의하면, 어떤 전화기는 심지어 옥외 화장실에 있다).

그러나 아만파는 현대 의학이나 응급 상황과 같은 삶을 위협하는 질병에 관해서는 기계를 사용하고 있다. 그들은 또한 말과 마차로 가는 것이 실용적이지 않을 때, 즉 장거리 여행을 할 때에는 자동차, 기차, 비행기를 탄다. 또한 공동체 외부와 교류를 하며 사업을 운영한다. 다시 말해, 아만파는 기계와 완전히 고립되어 있지는 않다. 때때로 아만파 공동체는 자신들의 신조에 맞도록 기술을 변경한다. 특히 농장의 기계들의 경우가 많다. 현대 농기구들은 인간이 이끌거나 말이 끌 경우 받아들여진다. 그러므로 트랙터 대신 말이 끄는 파종기를 볼 수 있다.

만약 아만파 공동체의 일원이 새로운 기술을 이용하기 원한다면 기술의 도입 여부를 결정하는 공동체의 연장자 앞에 새로운 기술을 가져간다. 종이 클립과 같은 몇 가지 물품은

---

2) 전화에 대한 아만파의 아이러니는 공동체에 따라 핸드폰은 받아들여진다는 것이다.

망설임 없이 받아들여졌다. 전화기와 같은 다른 기술들은 신중한 토의를 통해 몇 가지 제약을 가한 후 설치되었다. 하지만 텔레비전과 같은 몇 가지 기술들은 아마도 영원히 거부되어질 것이다. 그러므로 아만파는 엄격하게 기술에 저항하는 사람들은 아니다. 그들은 바깥 세상에 의존해야 하는 기술들을 거부함으로써 단순한 삶의 방식을 유지하며 일반 사회와 떨어진 상태를 유지하고 싶어 한다. 그들의 기준에 맞는 기술이나 외부와 연관된 사업에 필요한 기술은 받아들여질 수 있고 받아들여졌다. 그외의 기술은 거부되었다.

그린피스

기술에 저항하는 몇몇 단체들은 기술이 환경에 영향을 준다고 믿는다. 가장 잘 알려진 단체로 그린피스(Greenpeace)가 있다.[3] 이 단체는 산업과 기술에 의한 환경파괴에 관심을 가지고 있다. 예를 들어 그린피스 멤버들은 '산업적인 어획'이 큰 바다 물고기의 개체수를 줄였다고 생각하여 산업적인 어획에 반대한다. 그린피스의 활동은 환경적으로 안전한 어획 정책을 위반하고 잡은 물고기들을 실어 나르지 못하도록 막는 것이다. 또한 그린피스는 지구 온난화, 자연에 버려지는 화학 독극물, 핵폐기물, 곡물을 이용한 생체공학에 관심을 갖고 있다.

그린피스는 환경에 부정적인 영향을 주는 기술에만 반대한다. 그린피스는 기술에 반대하는 단체가 아니라 환경단체이다. 그리하여 그린피스는 환경 친화도에 따라 기업들을 서열화한 [환경친화 전기가이드 Guide to Greener Electronics][4]를 출간했으며 2007년 7월 노키아(Nokia)는 제품 제작 과정에서 폴리비닐 크로라이드(PVCs)를 완전히 제거하여 최고의 환경기술 친화기업으로 이름이 올라 있다. 그리고 델 앤 레노브(Dell and Lenove: IBM의 퍼스널 컴퓨터 부서를 사들인 중국계 회사)가 2위였으며, 이전 판에서 마지막에 등재되어 있던 애플(Apple)은 CEO인 스티브 잡스(Steve Jobs)가 PVC를 제품에서 없애기로 약속했기 때문에 10위까지 올라갔다. 애플에 반대하는 인쇄물과 개인들의 저항 집회를 포함한 '그린 마이 애플(Green my apple)'로 불리는 그린피스의 캠페인은 전세계적으로 퍼져나갔다. 또한 그린피스는 어떤 목적이든 핵을 사용하는 것에 반대하고 있다.

대부분의 그린피스가 하는 일은 물이 있는 곳에서 이루어진다. 1971년 시작된 후 그린피스는 환경에 해를 끼치는 행위에 저항하고 있다. 그린피스의 노력은 여러 분야에서 성공을 거두고 있다. 예를 들면 털가죽을 얻기 위한 아기 물개의 사냥을 중지하게 하였고(그들의 저항 기술은 아기 물개의 머리에 빨간 페인트로 'Xs'를 새겨서 하얀 털을 못 쓰게 하는 것

---

3) 그린피스 홈페이지는 http://www.greenpeace.org/usa/

4) 가이드에 관한 전체 기사를 보려면 http://www.greenpeace.org/usa/news/ apple.greener-nokia-regains-l

이었다). 쉘(석유회사)이 해안가에 세워진 공장을 바다 위로 이전하지 않도록 설득했다.

또한 그린피스는 전세계적으로 고래사냥이 금지되도록 하는데 큰 영향을 미쳤다. 이전의 포경선은 냉장설비가 되어 있지 않았기 때문에 한번 출항시 한 마리의 고래만을 포획하여 고기가 상하기 전에 항구로 가져와야만 했다. 하지만 포경선 제작 기술의 발전으로 포경선은 더 오래 바다에 머물 수 있게 되었고 항구로 돌아오기 전에 여러 마리의 고래를 잡아 빠르게 처리하는 것이 가능해졌다. 결과적으로 많은 종류의 고래 수가 감소하였고 그린피스는 이를 막기 위해 활동했다. 고래 사냥에 대항하는 그린피스의 활동에는 바다에서 실제로 고래잡이배를 방해하거나 배로 항해하며 시위하는 것이 포함된다.

그린피스는 비폭력을 지향한다. 그러나 그린피스 멤버들의 관점에서 볼 때 환경을 해치는 사람들로부터 자연을 지키기 위해 때때로 폭력적인 행위를 하기도 한다. 예를 들어 1994년 그린피스의 멤버들은 고래잡이배에 올라 배의 작살총을 없애려 했고, 배의 선원들은 그들의 자산을 훔치려는 것으로 보고 물리적으로 대처했다. 그린피스 멤버들은 또한 PVC 공장에 접근하지 못하게 하고 차량의 출입을 막았다. 그린피스가 폭력의 희생양이 되기도 했다. 예를 들어 1985년 프랑스의 부두에 정박되어 있던 레인보우 워리어호에서 두 개의 폭탄이 터져 그린피스의 간부가 살해되었다. 이 당시 그린피스는 프랑스의 핵실험에 반대하고 있었고, 이 사건으로 의해 조직이 널리 알려지게 되었다.

그린피스를 이해함에 있어 중요한 것은 그들이 모든 기술에 반대하는 것이 아니라 몇 가지 특정 기술의 결과를 반대한다는 것이다. 이는 자동화된 스타킹 기계에 반대했던 구(舊) 러다이트와 그들의 삶에 조화를 이루지 못하는 기술만을 거부하는 아만파와의 차이점이다.

네오 러다이트

우리가 앞에서 다룬 집단들이 모든 기술에 반대하는 것은 아니지만, 어떤 집단이나 개인들은 기술의 종말을 원한다. 이런 생각을 하는 사람들을 네오 러다이트(Neo-Luddites)라 부른다. 그들이 기술을 반대하게 된 이유는 기술이 인간에게 미친 나쁜 영향 때문이다. 특히 인간을 강등시키고 문화의 가장 좋은 특징을 파괴한 것 때문이다. 네오 러다이트는 매우 느슨한 집단으로 여럿이 함께 일하지 않는 경우가 종종 있다. 정치적으로 자유주의이자 보수주의다. 그들을 함께 뭉치게 하는 이유는 인간이 기술로부터 긍정적인 어떤 것도 얻지 못했다는 것과, 그렇기 때문에 기술에 의존이 심하지 않았던 시절로 돌아가야 한다는 것이다. 따라서 네오 러다이트가 기술에 반대하는 것은 철학적인 면이라 생각되어진다.

가장 잘 알려진 네오 러다이트는 커크패트릭 세일(Kirkpatrick Sale)이다. 그는 기술(사람이 아닌 재산)이 파괴에만 공헌했고 현재까지 긍정적인 기술이 거의 없다고 말했다. 그 예로 자동차를 '자유를 주는' 기술이라고 표현했던 질문자에게 했던 인터뷰를 살펴보자.

> 오직 소수의 산업주의자와 계몽된 정신에 무지한 사람만이 자동차를 '자유를 주는'것으로 표현할 것이다. 이것은 상업주의와 산업주의, 아노미 현상, 공동체 분열, 시장의 힘을 증대시키기 위한 의도이고 실제로 증대시켰다. 대부분의 모든 기술이 이와 유사하다. 기술이 우연하지도 중립적이지도 않다는 것을 이해하게 된다면, 우리는 기술이 필연적으로 기술을 소개하고 적응시키는 사회의 힘에 대한 가치와 믿음을 표현한다는 것을 알게 될 것이다. 진보적인 민족국가, 자본주의는 한 종류의 기술이며 이것은 완전히 다른 종류의 분산된 무정부공동체주의를 만들어낼 것이다.[5)]

그는 인간이 매우 짧은 생의 주기(25년)를 가졌고 우리가 좀더 오래 생존한다 할지라도 기술의 부정적인 면이 긍정적인 면을 넘어선다고 믿었다. 그는 우리가 '기술적 아마게돈'으로 향하고 있다고 믿었다. 산업주의와 상호의존적으로 꼬여 있는 국가의 상태는 원조와 방어에 의해 반란을 쓸모없게 만들고 개혁을 효과 없게 만들 것이다.[6)] 그럼에도 불구하고 "...윤리적인 정의에 근본을 두고 윤리적 급변이라는 점에 근거한 산업주의 체제에 대한 저항은 가능할 뿐만 아니라 필요한 것이다."[7)]

또 다른 잘 알려진 네오 러다이트에 제리 멘더(Jerry Mander)의 메시지는 기술 문명이 자연과 인간의 삶을 파괴한다는 것이다. 이러한 문제에 대한 제리의 해결책은 기술문명의 폐지이다.[8)] 기술이 교육을 방해한다고 믿는 스티브 탈보트(Steve Talbott)는 기술이 환경에 부정적인 영향을 미치고, 컴퓨터는 언어를 해치고, 컴퓨터에 기반을 둔 조직은 반몽유병적인 방식과 의식의 자유, 현실의 통제로 유지된다고 했다.[9)] 네오 러다이트는 비폭력주의다. 그들은 관심을 유도하기 위하여 책을 쓰고 연설을 한다.[10)] 그들은 다른 사람들에게 영향을 주고 싶어 했고 결과적으로 기술사용에 반대하는 여론을 고조시켰다.

---

5) 인용 http://www.primitivism.com/sale.htm

6) [The Nation]에서 1985년 6월 5일에 최초로 출판. http://www.geomatics.ucalgary.ca/~terry/luddite/sale.html

7) [The Nation]의 세일(Sale)의 기사에서 인용

8) 인용 http://www.undueinfluence.com/mander.htm. 멘더(Mander)의 철학에 대해 더 알고자 하면 http://www.ratical.org/ratville/AoS/theSun.html#IV

9) 인용 http://natureinstitute.org/tech/index.htm 네오 러다이트는 비폭력주의다. 그들은 책과 기사를 쓰고 청자의 관심을 유도하기 위해 연설을 한다. 그들은 다른 사람들에게 영향을 주고 싶어 했고 결과적으로 기술사용에 반대하는 여론의 고조를 가져왔다.

10) 커크패트릭 세일은 4분 동안 연설을 한 적이 있다. 그는 1분 30초간의 연설 후 나머지 시간을 대형 망치로 컴퓨터를 부수는데 사용했다. 그는 컴퓨터를 부셔버리는 것은 만족스러웠으나, 결코 사람에게는 비슷한 일을 하지 않을 것이라고 말했다. 그는 물건에 대한 폭력은 좋아했으나 살아있는 것에는 폭력을 쓰지 않았다.

무정부-원시주의: 자연으로의 회귀운동

무정부-원시주의자는 농업조차도 없는 사냥 · 수렵을 하는 삶으로 돌아가야 한다고 믿는 사람들이다. 그들은 정부가 존재해서는 안 되고 모든 기술이 훨씬 적어져야 한다고 믿는 무정부주의자들이다. 원시주의자들은 오늘날 우리가 가진 문제의 시작 시기가 자연에서 야생으로 자란 식량을 모으는 대신에 농업을 시작한 시기라고 믿는다. 농업은 인간을 비록 괭이나 말이 끄는 쟁기와 같은 간단한 기술일지라도 기술에 의존하게 만들었다. 자연 속에서 줍고, 잠시 사용한 후 버려지는 간단한 도구는 받아들이지만 어떤 방식으로든 제조된 도구는 받아들이지 않는다.

그들은 사냥수렵 공동체는 평화로웠다는 고고학적인 증거를 찾아내고 이를 인간애의 모델로 보았다. 그들의 의견에 의하면, 원시 공동체의 일원들은 많은 여가시간을 가졌고, 조직 폭력으로부터 자유로웠고, 건강했으며, 자연과 조화된 삶을 살았고, 남녀평등을 이루었다. 원시주의자들은 사냥 수렵의 삶의 방식을 획득하려면 다른 모든 문명과 함께 모든 기술을 해체해야 한다고 믿는다. 그들은 언어, 문자, 정보를 표현하기 위한 물리적인 형태인 '상징 문명'은 인간에게 세계를 이해하도록 강요하므로 그것들도 모두 제거해야 한다고 주장한다.

원시주의자들은 그들이 소위 '교화'라 부르는, 원시주의와 유목 생활 방식에서 인간을 멀어지게 하는 모든 것에 반대한다. 뿐만 아니라 과학적인 발견도 거부한다. 원시주의 운동의 아이러니 중 하나는 원시주의자들이 조직에 반대하면서도 문명에 반대하는 어떤 종류의 조직된 반란도 반대한다는 것이다. 그럼에도 불구하고 그들은 폐지보다는 수정을, 개혁보다는 혁명을 주장한다. 형식적인 협회가 없음에도 존 제르잔(John Zerzan)과 다니엘 퀸(Daniel Quinn)과 같은 몇 명의 작가들은 이 운동을 주장하고 있다. 뿐만 아니라 원시주의 사상은 웹과 <그린 아나키 *Green Anarchy*>와 같은 잡지의 지지를 받고 있다.

저항이 폭력적으로 변화되었을 때: 유나바머

현대의 기술 저항의 대부분은 비폭력이었다. 그러나 때때로 한 개인이 지나친 저항을 하기도 한다. 예를 들어 테오도르 카잔스키(Teodore(Ted) Kaczynski)는 기술의 진보를 파괴하기 위해 많은 사상자를 만들었다. 카잔스키의 사연은 아주 평범하게 시작된다. 이후 미시간대학에서 수학 박사학위를 받은 똑똑한 학생이었다. 이후 UC버클리의 교수로 아주 평범한 학구적인 직업을 갖게 되었다. 그가 UC버클리에 있는 동안 어떤 일이 일어난 것 같지만 아무도 무엇이 변화의 방아쇠가 되었는지는 알지 못했다. 카잔스키는 학문적인 지위를 포기하고 원시주의자의 삶의 방식으로 살아가기 위해 몬태나산으로 갔다.

카잔스키는 1978년 노스웨스턴대학에 폭탄소포를 보냄으로써 기술에 대항하는 활동을 시작했다. 폭탄이 폭발하여 두 명이 부상당했다. 그 후 17년 동안 그는 훨씬 위험한 소포폭탄을 주로 학문적인 연구소의 과학과 기술에 관련된 사람들에게 보냈다. 그의 목표물에는 아메리칸항공의 항공기가 포함되었는데 이 폭탄은 고도계에 의해 작동되었다.[11)]카잔스키의 소포폭탄에 의해 1985년 컴퓨터 가게 주인, 1994년 엑손을 위해 일하는 회사의 광고 이사, 1995년 목재산업 로비 집단의 사장 등이 목숨을 잃었다.

대중매체에 의해 유나바머(Unabomber)란 별명으로 불리던 카잔스키는 FBI에 의해 주요 범죄자로 지명수배 되었다. 카잔스키는 그가 생각하기에 기술의 나쁜 점과 어떤 식으로든 연관되었다고 생각되는 사람들을 목표물로 골랐다. 1995년 그는 산에서 나와 그의 희생자들에게 그가 얻고자 하는 바를 설명한 편지를 보냈다. 그는 또한 '성명서'를 주요 신문에 실어준다면 폭발을 멈추겠다고 제안했다. 처음에 신문들은 35,000단어로 된 문서를 신문에 싣는 것이 옳은지에 대한 확신이 없었다. 그들은 살인자에게 무대를 주는 것을 주저했다. 그러나 기사를 실어주고 폭탄을 멈추자는 생각으로 <뉴욕타임즈>와 <워싱턴포스트>는 기사를 싣기로 결정했다.

1995년 9월 19일 카잔스키의 성명서는 보내진 그대로 실렸다.

성명서는 아래와 같이 시작된다.

> 산업혁명과 그 결과는 인류에게 참사를 가져왔다. 그것은 '진보된' 국가에 사는 사람들에게 훨씬 향상된 삶으로의 기대를 갖게 했으나 사회를 불안정하게 만들고 삶을 충족되지 못하게 하며, 인간이 모욕에 지배받도록 하여 널리 심리적인 고통을 받게 했다(제3세계에서는 육체적인 고통도 받게 했다). 그리고 자연 세계에 심각한 손상을 입혔다. 기술의 계속적인 개발은 상황을 악화시킬 것이다. 이는 인간을 더 큰 모욕에 지배받게 만들고 자연세계에 더 큰 손상을 입히며, 아마도 더 큰 사회적 혼란과 심리적 고통을 주고 어쩌면 진보된 국가에서조차도 육체적인 고통을 증가시킬 것이다.[12)]

카잔스키는 1996년 4월 5일, FBI가 폭탄 제조 물질을 발견한 숲속의 오두막에서 체포되었다. 카잔스키가 편집적 정신분열증을 앓고 있었다는 심리학자의 진술에도 불구하고 그는 재판을 받았다. 그는 그에게 혐의 지어진 모든 범죄를 시인하는 조건으로 사형을 면하고, 현재까지 콜로라도의 플로렌스에 있는 감옥에서 가석방 없는 종신형을 살고 있다.

---

11) 항공사가 항상 오늘날과 같이 안전하다고 여겨지지는 않았다. 보안검색은 세 번의 비행기 납치가 일어난 후인 1972년까지는 시작되지도 않았다. 최초의 보안장치는 간단하게 탐지기를 지나가는 식으로 구성되었다. 1988년에 스코틀랜드의 로커비 상공에서 팬암(Pan Am)의 103비행기가 폭발한 후에야 여행 가방을 검사하기 시작했다. 그래서 1978년 카잔스키는 쉽게 폭탄을 비행기에 반입할 수 있었다.

12) 카잔스키의 완전한 성명서를 보려면 Http://cyber.eserver.org/unabom.txt를 보라.

아이러니한 저항

기술의 저항을 둘러싼 꽤 재미있는 아이러니가 있다. 대부분의 조직된 대항 단체들이 인터넷을 사용한다는 것이다. 그들은 자신들의 철학에 관한 의견을 퍼뜨리기 위해 대항하려고 하는 기술을 사용한다. 심지어 원시주의자의 잡지도 홈페이지를 가지고 있다. 아만파가 직접적으로 인터넷을 개인적, 사업적 목적으로 사용하지 않는다고는 하지만 그들도 인터넷으로 상품을 팔아 얻게 되는 경제적 이익을 알고 있다. 그래서 그들은 이익을 위해 아만파의 상품인 퀼트나 가구 등을 팔기 위한, 아만파가 연관되지 않은 홈페이지를 갖고 있다.[13) 또한 아만파가 아닌 사람들이 운영하고 아만파가 성보를 제공하는 교육적인 홈페이지도 있다.[14)]

13) 아만파의 상품을 판매하는 많은 링크(links)를 찾으려면 http://www.personal.umich.edu/~bpl/mennocon.html#amish 'Amish Connection' 이라는 라벨이 나올 때까지 스크롤을 내려라.

14) 아만파의 이익을 위해 아만파가 아닌 사람들에 의해 운영되는 교육적 웹사이트의 예를 보려면 http://holycrosslivonia.org/amish/

제4장에서 무엇을 배웠나

대부분의 서양 사람들이 기술의 향상을 환영함에도 불구하고 새로운 기술의 도입에 저항하는 집단이나 개인들이 있어왔다. 역사적으로 가장 잘 알려진 집단은 자동화 기계도입의 결과인 제품의 질 향상과 이로 인해 잃게 된 직업에 대항하기 위해 19세기 영국에서 일어난 러다이트운동이다. 오늘날 기술에 저항하는 집단 중에 가장 잘 알려진 것은 아만파이다. 종교적인 공동체인 아만파는 사회의 주요 흐름에서 떨어져 사는 삶을 선택했다. 그들은 모든 기술을 거부하지는 않지만 단순한 삶의 방식에 조화되도록 기술의 사용에 제한을 두고 있다.

그린피스와 같은 환경단체들 또한 몇 가지 형태의 기술을 거부한다. 이 경우, 자연세계에 부정적인 영향을 준다고 생각되는 기술을 거부한다. 네오 러다이트는 기술을 비인간화시키는 것으로 보고 기술의 사용을 확실하게 줄여야 한다고 믿는다. 이 철학은 모든 문명의 제거와 수렵 채집하는 삶의 방식으로 돌아가자고 주장하는 무정부-원시주의에 의해 극단으로 치달았다. 대부분의 경우, 현대의 기술에 저항하는 사람들은 비폭력적이다. 그러나 테드 카잔스키와 같은 사람들은 (살인을 포함한) 폭력으로 돌아섰다.

생각해보기

1. 컴퓨터 사용을 좋아하지 않는 급우, 친구 또는 친척을 찾아라. 왜 그는 컴퓨터 사용을 싫어하는가? 그 사람이 컴퓨터를 사용하도록 하기 위해 다른 사람이 할 수 있는 일이 있을까? 만약 있다면 무엇이 있을까?
2. 변화에 대한 인간의 저항에 관한 엄청난 양의 조사가 있어왔다. 웹을 사용하여 이런 조사들을 찾아보고 사람들이 변화를 받아들이기 쉽도록 하기 위해 조직이 할 수 있는 일을 알아보라.
3. 스타킹을 만드는 수공업자라고 상상해보라. 더 싼 스타킹을 만들어내는 것으로 판명된 스타킹의 기계를 부수는 것 외에, 당신의 수입, 공동체 안에서의 지위, 상품의 질을 위해 할 수 있는 일로 무엇이 있었을까?
4. 카진스키의 성명서(Umabomber's Manifesto) 전체를 http://cyber.eserver.org/unabom.txt에서 찾아 읽어보라. 기술에 대항하는 논쟁들의 목차를 만들어라. 그들이 인식한 문제에 대한 그들 나름의 잠재적인 해결책의 목차를 만들어라. 그들의 의견이 타당하다고 생각하는지 아닌지를 서술하고 결정의 이유를 설명하라.
5. 기술에 저항하는 많은 집단이 폭력에 의지한다. 어떤 사람들은 이러한 폭력이 다른 방식으로 대항할 경우 그들의 의견에 귀 기울이려 하지 않는 정부기관이나 다른 조직에 의해 탄생된다고 주장한다. 기술에 저항하기 위한 폭력이 때로 정당화될 수 있다고 믿

는가? 만약 그렇게 생각한다면 어떤 상황에서 폭력을 정당한 행위로 생각하는가? 만약 반대라면 그 이유는 무엇인가?

참고문헌

Luddites and Neo-Luddites

Jones, Steven E. Against Technology:*From Luddites to Neo-Luddism*. Florence, KY: Routledge, 2006

Pynchon, Thomas, R. "Is it O.k. to be a Luddite?" *http://www.themodernword.com/pynchon/pynchon_essays_luddite.html*

Sale, Kerkpatrick. *Rebels Against the Future: The Luddites and Their War on the Industrial Revolution.* New York, NY: Basic Books, 1996

Amish

Lefal Affairs. "The gentle people." *http://www.legalaffairs.org/issues/January-February-2005/feature_labi_janfeb05.msp*

Levinson, Paul. "The Amish get wired. The Amish?" *http://www.wired.com/wired/archive/1.06/1.6_amish.html*

Powell, Kimberly, and Albrecht, Powell. "Amish 101-Amish beliefs, culture&lifestyle." *http://pittsvurgh.about.com/cs/pennsylvania/a/amish.htm*

"The Amish:simply captivating." *http://www.padutchcountry.com/our_world/the_amish.asp*

Anarcho-Primitivism

Beating Hearts Press. "Anarchist distribution for Australasia." *http://www.beatingheartspress.com/anticiv.html*

"Green anarchy: an anti-civilization journal of theory and action." *http://www.greenanarchy.org/*

Green Anarchy Collective. "An introduction to anti-civilization and anarchist thought and practice." *http://www.greenanarchy.org/index.php?action=viewwritingdetail&writingId=286*

Zerzam, John. Against Civilization: Readings and Reflections. Los Angeles, CA:Feral House, 2005

The Unabomber

CNN Interactive/Time. "The unabomb case." *http://www.cnn.com/SPECIALS/1997/unabomb/*

Court TV News. "Psychological evaluation of Theodore Kaczynski." *http://www.courttv.com/trials/unabomber/documents/psychological.html*

News Real. "Revolutionary suicide." *http://www.salon.com/news/1998/01/21news.html*

Chapter 05

기술에의 접근성

Accessibiliby of Technology

제5장에서 무엇을 배울까?

- 인터넷 사용자를 정의하는데 쓰이는 거주지, 수입, 교육, 성별과 같은 인구통계학을 포함하는 다양한 프로파일에 대해 토의해보자.
- 기술에 접근하는 것을 막기 위해 존재하는 장벽을 생각해보자.
- 기술의 한계를 결정하는 디지털 격차(digital divide)에 대해 조사해보자.
- 디지털 격차를 위해 제안된 해결책을 살펴보자.

개요

이 책을 읽는 독자들은 아마도 기술에 쉽게 접근할 수 있을 것이다. 그러나 이것이 전세계의 모든 사람들에게 해당되는 것은 아니다. 이 장에서는 어떻게 기술이 전세계로 퍼져 나갔는지를 살펴보면서, 특히 누가 가지고 있고 누 가 가지지 못했는지에 초점을 맞춘다.

사용자는 누구인가

미래학자들이 예측할 수 없었던 사건 중의 하나는 인터넷의 광대한 성장이었다. 매년 수백만의 사람들이 인터넷에 연결되고 있다. 기술의 정의가 컴퓨터나 인터넷보다 훨씬 넓게 확장되었음에도 불구하고 가장 믿을 만한 기술사용의 통계가 인터넷과 연관되어 있다. 그래서 우리는 기술의 확산을 조사하기 위해 그 숫자들을 사용한다. 이 장에서 보여주는 통계치는 이 책을 쓰던 당시의 수치로, 오늘날 그 숫자는 분명 더 증가되었다.

인터넷 사용의 지리적 차이

[그림 5-1]은 전세계의 지역에 따른 인터넷 사용자의 분포를 보여준다.[1] 북아메리카에 있는 사람들은 자신들이 가장 큰 인터넷 사용자일 것이라고 생각하겠지만 아시아와 유럽에 더 많은 사용자가 있다. 그러나 사용자 수가 실제로 무슨 일이 일어나고 있는지를 보여주지는 못한다. 우리가 '인터넷 접속'이라 부르는 인터넷에 접근하는 인구수의 퍼센트가 더 많은 것을 알려준다. 인터넷 접속은 집에서, 직장에서, 도서관이나 인터넷 카페와 같은 공공장소에서 이루어질 수 있다.

[그림 5-2]에서 인터넷 접속을 살펴보면, 북아메리카, 호주, 유럽이 가장 높은 퍼센트의 접근수를 보이는 것을 알 수 있다. 아시아에 더 많은 사용자가 있겠지만 아시아의 많은 인구를 생각하면 사용자의 숫자에 비해 아주 적은 퍼센트를 차지하는 것으로 해석된다. 얼마나 빨리 인터넷 접속자 수가 늘어나고 있는가? **[그림 5-3]**을 보면 2000년에서 2007년 사이에 아프리카의 이용자 수가 가장 많이 증가했다. 그러나 그들의 사용자 비율이 낮은 것을 고려하면 이용수가 증가하는 것이 그다지 놀랍지 않다. 북아메리카가 가장 낮은 성장을 보였다. 북아메리카 사람들이 초기 기술 도입자이고 2000년 이전에 인터넷 접속이 가능했으므로 이 또한 놀랍지 않은 일이다.

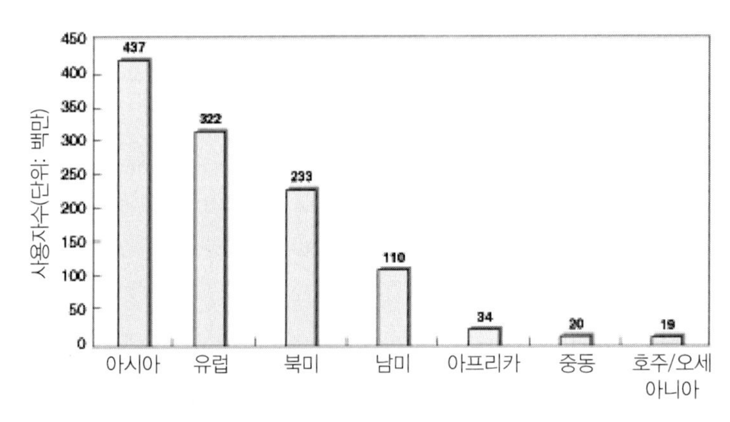

그림 5-1 세계의 지역별 인터넷 사용자수

1) 이 통계자료는 가장 최신의 인터넷 사용 통계치를 어디서든 무료로 볼 수 있는 http://www.internetworldstats.com/stats.htm에서 얻었다.

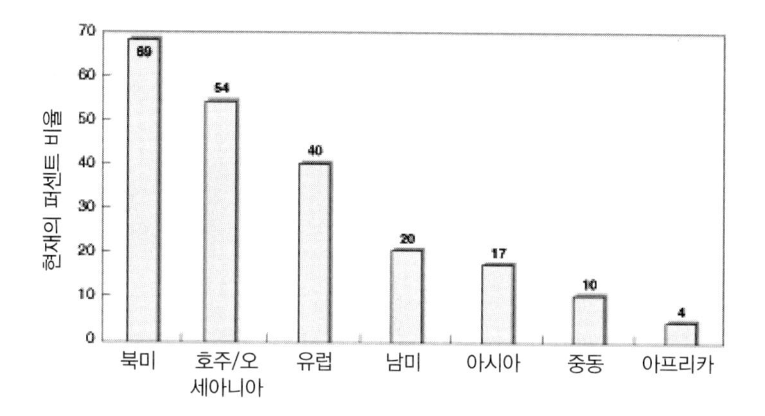

그림 5-2 세계의 지역별 인터넷 사용 비율

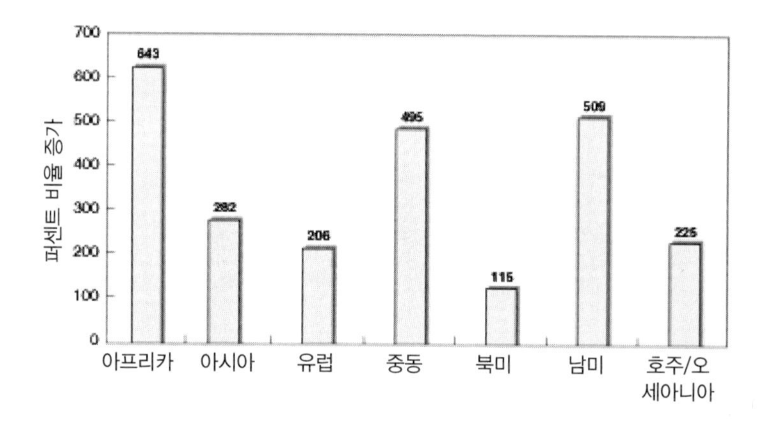

그림 5-3 세계의 인터넷 사용 증가 (2000~2007년)

우리는 또한 세계의 인터넷 사용자 비율이 높은 국가가 어디인지도 인터넷 통계를 통해 파악할 수 있다. **[그림 5-4]**의 짙은 회색 막대는 세계에서 가장 높은 인터넷 사용자 비율을 보여주는 10개국을 나타낸다. 중국이 미국보다 더 많은 인터넷 사용자를 가지고 있음에도 미국의 사용자 비율이 여전히 더 높다. **[그림 5-4]**의 밝은 회색 막대는 인터넷 광대역 접속 사용자의 비율을 나타낸다. 미국 사용자의 20%에 조금 못 미치는 수가 광대역 접속을 하고 있다. 그러나 한국의 27% 이상이 고속 접속을 하고 있다. 1980년대에 첨단 기술에 의한 통신을 배치한 선두주자였던 프랑스도 광대역 비율이 높은 것을 알 수 있다.[2)]

2) 1980년대 초기 프랑스는 표준 전화선을 ISDN(Integrated Services Digital Network)으로 바꾸었다. ISDN은 자료전송이 모뎀보다 빠른 다이알 업(Dial-UP) 서비스이다. 프랑스 미니텔 시스템은 ISDN 라인으로 전자 전화번호부, 전자카드, 이메일을 사용하는 것이다. 프랑스 사용자들은 미니텔 터미널을 무료로 사용하는 대신 시스템을 시간 단위로 이용요금을 지불하였다. 프로젝트 정보는 http;/wigipedia.org/wiki/Mnitel을 참조.

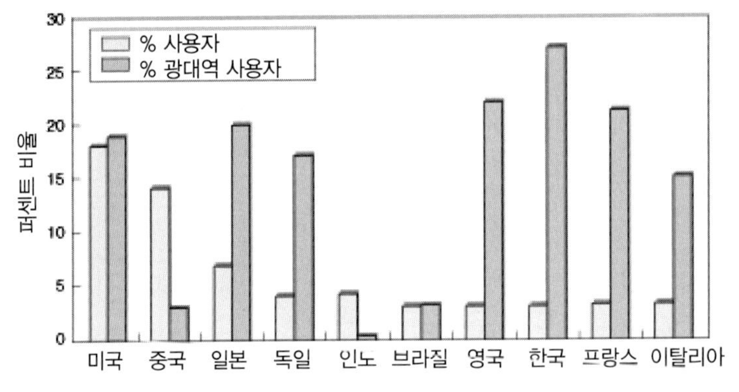

그림 5-4 세계의 사용자 중 가장 높은 퍼센트 비율을 가진 나라들과 광대역 연결을 사용하는 사용자의 퍼센트 비율

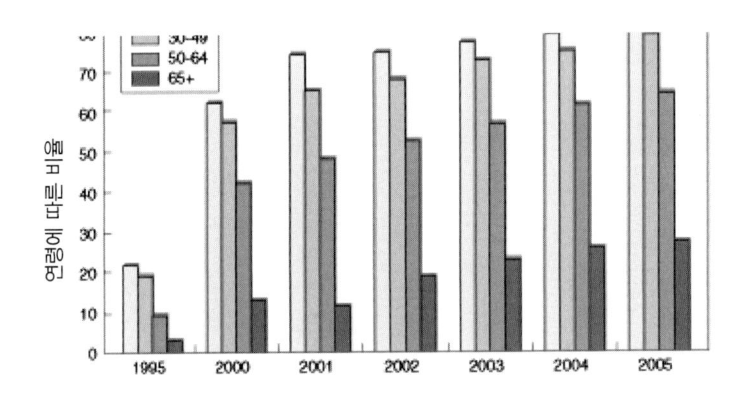

그림 5-5 연도와 나이에 따른 인터넷 사용

인구 통계학적 차이

통계치가 인구 전체의 인터넷 접속이 어떻게 이루어지는지를 보여주지는 못한다. 예를 들어 미국에서는 나이 집단, 경제적 집단, 교육 수준에 따라 인터넷 사용이 달라진다.[3] 인간의 역사를 살펴보면 사회의 젊은층이 늙은 세대보다 변화와 새로운 아이디어에 더 개방적이었다. 그러므로 인터넷 사용이 적용이 비슷한 패턴을 따르는 것은 놀라운 일이 아니다. 1995년에서 2005년까지 인터넷 사용자가 모든 연령대에서 증가하였지만, 젊은 세대일수록 인터넷 접속 인구 비율이 높아진다([**그림** 5-5] 참조).[4]

---

3) 차트의 자료는 http://www.cnn.com/specials/2005/online.evolution/interactive/chart.online.life/intro.html을 참조.

4) 모든 패턴에는 나이가 증가할수록 인터넷 사용자의 비율이 낮아지는 것과 같은 예외가 있다. 누구나 이메일을 규칙적으로 사용하고, 쉽게 웹서핑을 하는 나이든 컴퓨터 명인을 한 명쯤은 알고 있다. 그럼에도 나이든 사람들은 젊은 사람들보다 온라인을 적게 사용하는 경향이 있다. 컴퓨터를 하며 자라난 세대들이 나이들었을 때에도 이 패턴이 남을지 여부는 알 수 없다. 나는 이 패턴이 남지 않을 것으로 예측한다. 왜냐하면 우리는 자랄 때 편하게 느끼던 것을 전 생애에 거쳐 편안하게 느끼는 경향이 있기 때문이다.

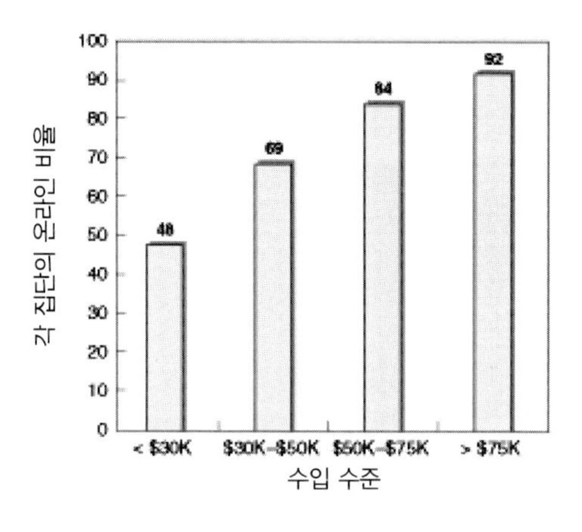

그림 5-6 수입에 따른 미국 인터넷 사용자

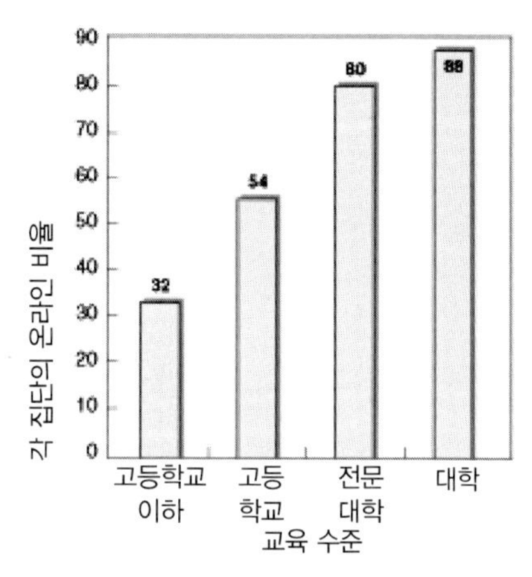

그림 5-7 교육 수준에 따른 미국 인터넷 사용자

인터넷 연결은 수입 수준과 절대적으로 상관관계를 갖고 있다.[5] [**그림** 5-6]에서 가장 높은 수준의 수입이 있는 집단은 90% 이상의 사용자가 인터넷에 접속하는 반면 가장 낮은 수준의 집단은 48%만이 인터넷에 접속하고 있음을 볼 수 있다. 컴퓨터와 인터넷 서비스(ISP)의 요금은 가난한 자와 일은 가졌으나 여전히 가난한 직장인들은 낼 수 없는 금액이므로 이 결과는 당연한 것이다.

인터넷 접속은 교육 수준과 절대적 상관관계를 갖는다([**그림** 5-7] 참조). 인터넷 접속 인구 비율은 교육 수준이 높을수록 증가한다. 이 또한 놀라운 통계치는 아닌 것이 새로운 기술에 대한 호기심과 이것을 배우려는 의지는 전통적으로 높은 교육 수준과 상관관계가 있어왔기 때문이다. 그러나 이제 보여줄 통계들은 새로운 사실을 알려준다. 얼마나 많은 사람이 접속하는가보다는 사람들이 무엇을 하는가와 연관되어 인터넷 사용의 성별에 따른 차이점이 생긴다. 2005년에 미국의 여성과 남성의 인터넷 사용 비율은 거의 비슷했다. Pew의 <인터넷과 미국인의 삶에 관한 조사 A Pew internet and American Life survey>[6]에 의하면 68%의 미국 남성과 66%의 여성이 인터넷을 사용한다.

그러나 여성이 전체 인구의 반 이상을 차지하고 있으므로, 여성의 인터넷 접속자 수는 남성에 비해 많다. 미국 남성과 여성 사이의 인터넷 접속은 나이에 따라 다르다. 젊은 여성들이 인터넷을 더 많이 사용하는데 비해 남성의 경우는 나이든 그룹이 인터넷을 더 많이 사용한다. 또한 인종에 따른 차이도 있다([**그림** 5-8] 참조). 더 많은 수의 흑인 여성이

5) 이 수치는 2004년 자료이다.

6) http://www.netlingeo.com/more/PIP_Women_and_Men_online.pdf

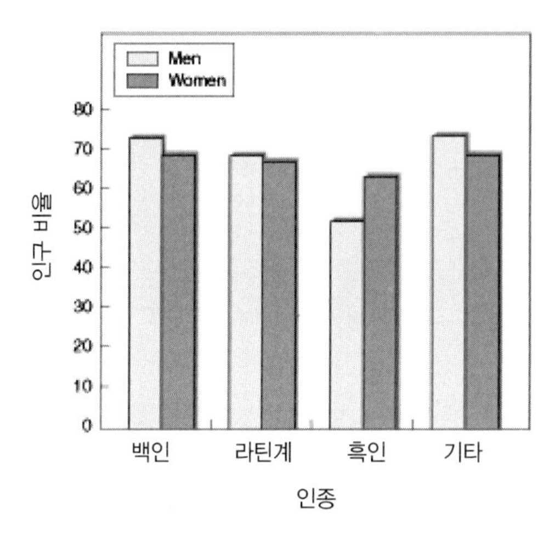

그림 5-8 인종과 성별에 따른 미국의 인터넷 사용

인터넷에 접속하며 (아시아계를 포함한) 기타 인종의 남성들이 인터넷에 더 많이 접속한다. 미혼에 비해 기혼인 미국인들이 좀더 인터넷을 사용하는 경향이 있다. 18세 이하의 자녀가 있는 부모가 어린아이가 없는 경우보다 훨씬 더 많이 인터넷을 사용한다.[7)]

퓨(Pew)는 또한 여성과 남성이 얼마나 오랜 시간동안 접속하고 있는지도 살펴보았다. 집에서 인터넷에 접속하는 것이 남녀 모두 같음에도 남자들이 더 많은 시간 동안 인터넷에 접속하고 여성보다 더 자주 접속한다. 직장에서의 인터넷 접속의 빈도는 남녀가 비슷했다.

퓨에 따르면, 여성이 남성보다 다음과 같은 활동을 더 많이 한다.

- 이메일 보내기
- 지도나 길 찾기
- 건강, 의학정보 찾기
- 육체적이고 정신적인 문제들을 위한 도움 찾기
- 종교적이고 영적인 정보 찾기

퓨는 온라인으로 물건을 사는 남성과 여성의 비율이 다름을 보여준다. 나의 학생들에게 수집한 실제적인 증거와 데이터는 여성이 남성에 비해 온라인으로 물건을 더 많이 사는 경향이 있음을 보여준다.

---

7) 어린아이들이 학교 숙제와 관련하여 부모의 도움을 받아 인터넷을 사용하는 경우가 늘었으므로 이 결과는 놀랍지 않다. 남성들은 일반적인 통신보다는 채팅룸이나 토론 그룹에 더 많이 참여하는 경향이 있다. 남성들은 기술과 계산에 대해 더 잘 알고 있는 것으로 보인다. 뿐만 아니라 남성은 새 기술을 더 잘 시도해본다. 그러나 2004년의 퓨 설문지에서는 십대 여성들도 남성만큼 새 기술을 시도하며 기술에 대한 지식도 십대 남성에 못지않다는 것을 발견할 수 있다.

대조적으로, 남성은 다음을 더 많이 하는 경향이 있다.

- 조사(제품, 서비스, 직업에 연관된)
- 날씨 점검
- 뉴스 보기(스포츠뉴스 포함)
- 스스로 할 수 있는 방법 찾기
- 소프트웨어, 음악, 비디오 다운로드
- 재정 정보 얻기, 투자, 영수증 지불
- 채팅방과 블로그하기
- 온라인 강의 듣기

남자들은 또한 성인 웹사이트를 많이 방문하는 경향이 있다. 하지만 대학생을 조사한 결과 남대생보다 여대생이 더 많이 방문한다는 것을 보여주었다(퓨의 조사에서는 21%가 남성인 반면 5%의 여성만이 성인 사이트에 접속했다). 남성과 여성 모두 인터넷을 의사소통 수단으로 이용한다. 그러나 남성보다 더 많은 비율의 여성이 이메일 보내기, 즉석 메시지 사용, 전자카드 보내기, 문자 메시지 보내기를 사용한다.

어떤 장벽이 있는가

무엇이 인터넷 접속의 차이를 가져올까? 그중 두 가지 주요 장벽은 경제와 정치이다. 대부분의 경우 이 두 장벽은 서로 상호작용하여 사람들의 인터넷 접속을 방해한다. 그러나 컴퓨터를 살 능력이 되고 정치적으로 제한받고 있지 않은 사람들도 인터넷에 접속하지 않는 이유가 있다. 이 장의 마지막에서 그 이유들을 살펴볼 것이다.

경제적 장벽

인터넷은 무료가 아니다. 최소한, 대부분의 사람들(또는 고용주들)은 인터넷을 연결하기 위해 비용을 지불한다. 공공도서관을 통해 무료로 접속이 가능하기도 하지만 개인이나 회사는 컴퓨터에 비용을 들이고 ISP를 통한 접속에 비용을 들인다.

세계에서 인기 있는 인터넷카페는 분이나 시간 단위로 비용이 책정된다. 그리고 도서관을 유지하기 위해 내는 세금을 고려한다면, 도서관 접속도 완전히 공짜는 아니다. 결론은 만약 컴퓨터와 ISP 계정을 지불할 능력이 없고, 인터넷카페에 갈 돈도 없고, 컴퓨터 사용을 위해 도서관에 가는 것이 불편하게 느껴진다면 인터넷 사용을 그만두게 될 것이다.

정치적 장벽

어떤 사람들은 그들 나라의 정치적 혼란 때문에 인터넷 접속을 할 수 없거나 접속을 하지 않게 된다. 예를 들어 다푸르(Darfur)의 피난민들은 아마도 인터넷 접속보다는 살아남는 것을 더 걱정할 것이다. 전쟁 지역 외에도 국민의 인터넷 접속에 대해 실질적인 규제를 하는 나라들이 있다. 가장 잘 알려진 곳은 쿠바와 중국이지만, 중동에 있는 몇몇 국가들도 접속을 제한한다. 대부분의 민주주의는 국가를 어떻게 통치할지에 대한 좋은 결정을 내리려면 교육받은 대중이 꼭 필요하다고 믿는다.

전체주의 정부가 국민에 대한 통제를 유지하는 하나의 방법은 정보에의 접근을 제한하는 것이다. 쿠바는 세계에 남아 있는 몇 안 되는 공산주의 국가 중 하나이다. 중국은 자유주의 시장 체제로 바뀌었음에도 여전히 표현의 자유를 제한하는 전체주의 상태에 놓여 있다.

쿠바 2007년 6월까지 쿠바 인구의 1.7%만이 인터넷에 접속했었다. 2004년 1월에 정부가 발표한 칙령은 쿠바의 일반 전화기로 네트워크에 연결하는 것을 불법화했다. 쿠바인은 우체국에 가서 이메일을 보내거나 받을 수 있고 쿠바 국내의 인트라넷(쿠바 웹사이트로 채워진)에 접속할 수 있지만 인터넷에는 접속할 수 없다. 그럼에도 인터넷 접속은 싸지 않다. 3시간에 4.50달러인데, 이는 쿠바인의 평균 월급의 1/3에 해당된다. 그래서 많은 쿠바인들은 직장에서 이메일이나 쿠바 인트라넷에 접속한다.

집에서 인터넷에 접속하고자 하는 사람들은 데이터 콜(Data Call)을 위해 교류전화 네트워크(alternate telephone network)를 사용해야만 하는데 이 네트워크의 사용료는 분당 8센트의 비율로 계산하여 미국 달러로 지불해야 하는데 이는 대부분의 쿠바인은 지불할 수 없는 금액이다. 결과적으로 인터넷 접속은 압도적으로 현재의 쿠바정부를 지지하는 집단인 가장 부유한 쿠바 사람들로 제한되게 되었다.

쿠바 정부는 제한의 이유가 접속선의 양이 한정되어 있기 때문이라고 공식적으로 발표했다. 그러나 쿠바 정부에 반대하는 단체는 쿠바 정부를 지지하는 자들만 인터넷에 접속할 수 있게 하는 것은 인터넷 제한이 정부에 반대하는 의견을 폐쇄시키는 한 방법이기 때문이라고 믿고 있다.

중국 중국 정부는 쿠바 정부와 달리 정보에 접속하는 것을 공공연히 제한하고 있다. 중국 국민은 인터넷에 접속할 수 있지만 ISP의 검열 소프트웨어에 의해 접속할 수 있는 웹사이트가 제한된다. 2002년 지트레인(Zittrain)과 에델만(Edelman)은 그들이 방문한 204,012개의 웹사이트 중에 50,000개 이상의 사이트가 중국 내에서는 접속되지 않는다는 것을 발견했다. 제한된 사이트에는 주요 네트워크(예를 들어 ABC와 CBS), 주요 대학(예를 들어 MIT, 콜롬비아, 조지워싱턴 대학), 연구센터, 중국 외의 나라의 정부 기관, 종교 조직(금지된 파룬궁도 포함된), 성인 사이트, 현 중국 정부를 지지하지 않는 모든 정치적 사이트가 포함된다.

이 필터링은 매우 효과적이다. 2004년에 연구를 업데이트하면서 지트레인과 에델만은 이것을 "설득적이고, 정교하고, 효과적인"이라 칭했다.[8] 중국 정부는 또한 구글을 포함한 주요 검색엔진에 검열을 요구했다. 구글은 검열을 좋아하지는 않지만 검열을 하지 않으면 중국에서는 전혀 접속을 할 수 없게 된다. 구글은 현재 검색의 결과를 검열하라는 중국 정부의 요구를 받아들여 걸러진 검색 결과를 중국 정부로 보내고 있다.[9] 다른 검색엔진들도 검색 결과를 검열하여 중국에 보내고 있다. 중국만이 국민들의 인터넷 접속을 검열하는 유일한 나라는 아니다. 바레인도 약간의 사이트(포르노, 종교, 정치 사이트)를 검열한다. 미얀마와 이란은 중국보다 더하면 더했지 덜하지 않다. 인터넷 검열을 하는 나라들에는 또한 사우디아라비아, 싱가포르, 튀니지, 아랍에미레이트가 포함된다.

인터넷을 사용하지 않는 다른 이유들

경제적 또는 정치적인 장벽이 없음에도 어떤 사람들은 그냥 인터넷에 접속하지 않는다. 이 사람들의 대부분은 다음 이유 중의 하나 또는 그 이상의 이유 때문에 인터넷에 접속하지 않는다.

- 기술은 나쁜 것이다(예를 들어 네오 러다이트들).
- 컴퓨터가 그냥 너무 무섭다.
- 컴퓨터는 배우기에 너무 복잡하다.
- 인터넷은 가치가 없다.
- 온라인 세계에는 포르노나 성적 약탈자 등과 같은 너무 많은 위험이 존재한다.
- 인터넷은 안전하지 않다(예를 들어 신분 도둑).

이들 비사용자들의 일부는 전혀 인터넷을 사용하지 않는다. 어떤 비사용자들은 잠시 사용해보고는 더 이상 사용하지 않기로 결심한다. 그리고 몇몇 비사용자들은 여전히 직접 사용하지 않고 다른 사람이 대신 사용하게 한다. 사람들이 왜 컴퓨터 사용을 회피하는지의 이유와 관계없이 그들의 태도를 변화시키기는 어려울 것으로 보인다.

8) http://www.opennetinitiative.net/studies/china/
9) http://news.bbc.co.uk/3/hi/technology/4647398.stm

디지털 격차

'디지털 격차(digital divide)'라는 용어는 기술(특히, 인터넷)을 사용하는 사람들과 사용하지 않은 사람들 사이의 차이를 의미한다. 기술을 사용하지 않기로 한 사람들과 사용하기로 한 사람들 사이에는 확실한 정보격차가 있다. 인터넷 사용에 대한 다른 장벽이 없다고 가정할 때 정보격차는 그들 스스로 만드는 것이지만 인터넷을 사용하고 싶지만 장벽에 직면하게 된 사람들은 어떻게 해야 할까?

디지털 격차는 있는가

이 장의 앞에서 보여준 통계치는 모든 나라의 사람들이 인터넷에 접속할 수 있는 것은 아니며, 장벽 때문에 인터넷에 접속하지 않는 모든 사람이 인터넷을 회피하는 것은 아님을 보여준다. 이것은 디지털 격차가 실재하며, 기술의 발전에서 소외된 사람들이 있고, 그들 중 많은 이들은 선택의 기회조차 갖지 못함을 강하게 암시한다. 이 디지털 격차가 영원한 것인지, 성장하는 것인지, 중요한 것인지의 여부에 대해 연구자들의 의견은 분분하다.

에버렛 로저스(Everett Rogers)가 이끄는 연구팀은 텔레비전과 전화를 기술의 예로 지목했다. 그 기술들이 새로운 것이었을 무렵에는 그것을 가진 사람들과 그렇지 않은 사람들 사이에 뚜렷한 차이가 있었다. 전화의 경우, 소유한 자와 소유하지 못한 자 간의 차이는 전기와 전화선이 이용가능한가에 달려 있었다. 텔레비전의 경우, 북미에 공중파방송을 볼 수 없는 지역이 있었고 현재도 여전히 그런 지역이 있지만 차이는 주로 경제적인 것이었다.[10)]

그러나 대륙에 전화선이 깔리고 전화 서비스와 텔레비전의 가격이 내려가자 기술을 가진 자와 가지지 않은 자 사이의 차이는 눈에 띄게 줄었다. 그 예로 1978년 미국에서 최소한 한 대 이상의 텔레비전을 가진 가정은 98%였다.[11)] 이 연구로 로저스는 **[그림 5-9]**와 같은 기술 전파를 보여주는 그래프를 만들 수 있었다. 오른쪽 그래프는 시간에 따른 기술의 전파이다. 누적된 기술의 판매 또는 보급은 S자형 곡선을 형성한다. 로저스의 종 모양 그래프는 왼쪽에서 오른쪽으로 다섯 개의 영역으로 나뉜다.[12)]

---

10) 믿기지 않는가? 나는 소위 뉴욕과 알바니 사이의 중간쯤에 있는 백인 구역에 살았다. 우리는 주요 도시의 방송을 볼 수 없었고, 지역 방송은 지붕에 다는 안테나로만 잡을 수 있는 단 한 개의 종교방송과 토론방송으로 제한되어 있었다. 그 지역으로 케이블이 들어올 때까지 사람들은 텔레비전방송을 잡기 위해 C-밴드(band) 위성접시(10피트 크기의 거대접시)를 사용했다. 현대에는 케이블이나 디지털 접시(작고 단단한 접시)를 사용한다.

11) 텔레비전 사용과 소유에 대한 더 많은 통계 자료는 http://www.tvhistory.tv/facts-stats.htm

12) 로저스의 기술 전파에 관한 연구의 원본은 http://www.12manage.com/methods_rogers_innovation_adoption_curve.html과 http://www.kzero.co.uk/blog/?p = 216

1) 2.5% 혁신자(innovators)
2) 13.5% 초기 도입자(early adopters)
3) 34% 초기 다수자(early majority)
4) 34% 후기 다수자(late majority)
5) 16% 정체자(laggards)

연구자들은 컴퓨터와 인터넷 접속은 로저스가 조사했던 기술들과 똑같은 길을 갈 것이라 가정한다. 확실히 데스크톱 컴퓨터의 가격은 눈에 띄게 내려갔지만 300달러짜리 컴퓨터조차도 저소득층 가정의 예산으로는 구입이 쉽지 않다. 지속적인 인터넷 접속비도 저소득층이 내기에는 너무 큰 금액이다. 이 장의 초반에서 보았듯이, 인터넷의 보급률은 텔레비전 보급률인 98% 근처에도 미치지 못했다. 텔레비전이나 전화와 같은 기술의 포기 이유는 컴퓨터에 대한 것만큼 강력하지는 않았다.

그럼에도 불구하고 디지털 격차가 사라질 것이라고 믿는 사람들은 도서관이나 다른 공공장소에서 컴퓨터를 사용할 수 있게 되어, 개인이 인터넷에 접속하기 위해 컴퓨터를 소유할 필요가 없어진 시점에서 디지털 격차가 사라질 것이라고 믿고 있다. 그러나 이들은 특정 장소로 컴퓨터를 사용하러 가는 불편을 무시하고 있다. 도서관이 걸어갈 만한 거리에 위치하지 않아 도서관에 가기 위해 버스를 이용해야 할 수도 있다. 어떤 사람들은 단순히 컴퓨터가 있는 곳에 가기 위해 이런 노력을 하는 것이 귀찮다고 생각할 수도 있고, 육체적으로 이동을 할 수 없는 경우도 있다. 게다가 많은 도서관들이 제한된 숫자의 컴퓨터를 가지고 있어 종종 기다려야 할 때가 있다. 사용자들은 컴퓨터 사용을 위해 미리 예약을 해야만 하고, 사용 시간이 제한될 수 있다.

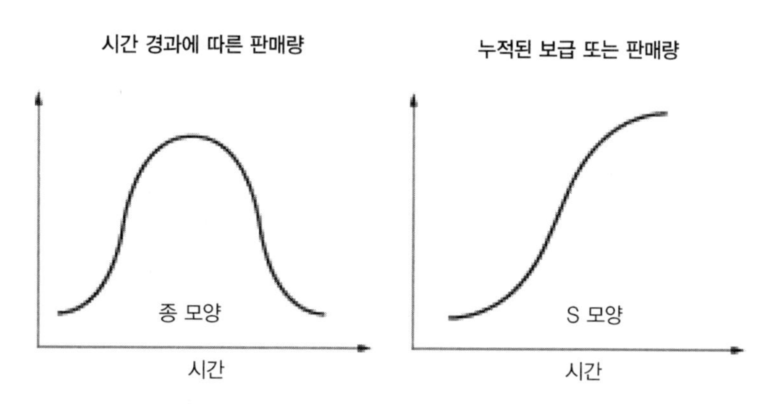

그림 5-9 전형적인 기술 도입 곡선들

기술을 사용하지 않는다면

만약 현대적인 정보 기술을 사용하지 않는다면 어떤 손해를 보게 될까? 인터넷 사용을 지지하는 사람들의 의견에 의하면 다음 중 하나나 그 이상을 손해 보게 될 수도 있다.

- 웹에만 게재되는 고용 기회에 차단됨.
- 이력서를 이메일로 보내야만 하는 직장에 지원하지 못함.
- 기술 사용 능력이 필요한 직장에 지원하지 못함.
- 최신 상세 뉴스에 접속하지 못함. 신문 보도는 24시간이 뒤처진 뉴스이다. 대부분의 사람들이 소식을 듣게 되는 텔레비전 뉴스는 시간의 제한이 있기 때문에 상세한 보도를 할 수 없다.
- 잠재적 시장에 접속하지 못함. 오늘날 모든 규모의 사업은 인터넷으로 판매를 함으로써 그들의 시장을 넓힐 기회를 잡을 수 있다.
- 넓은 범위의 제품과 판매자에 접속하지 못함. 만약 전화를 사용한 카탈로그 판매로 쇼핑하지 않고 인터넷으로도 쇼핑하지 않는다면, 걸어서, 차로 또는 버스로 갈 수 있는 상점에서의 쇼핑만을 할 수 있게 된다. 이러한 제한은 물건 구입이 가능한 장소만을 제한하는 것이 아니라 구입할 수 있는 물건도 제한하게 된다. 온라인 쇼핑을 한다고 반드시 더 싸게 물건을 구입할 수 있는 것은 아니다. 하지만 제품의 특징과 가격을 비교할 수 있는 더 많은 기회를 가질 수 있게 된다.
- 다양한 정보에 접속하지 못함. 인터넷이 널리 퍼지기 전에는 신문, 잡지, 전문지 기사를 조사하고 싶은 학생들은 <문학, 사회과학 인용 색인 정기간행물 가이드 *The Guide to Periodical Literature, Social Science Citation Index*>, <화학 요약 *Chemical Abstracts*>과 같은 종이에 프린트된 색인을 사용했다. 도서관들은 사용자들을 위해 이런 자료들을 제공했다. 이것들은 개인이 소유하기에는 너무 비쌌다(또한 책꽂이의 자리를 너무 많이 차지했다). 일단 원하는 기사를 찾고 나면, 적당한 출판물을 찾기 위해 도서관의 책장을 뒤져야 했다. 만약 도서관에 필요한 출판물이 없다면 원하는 자료가 올 때까지 기다려야 했었다. 오늘날에는 비록 모든 자료가 무료는 아니지만 대부분의 자료를 인터넷을 통해 얻을 수 있다. 학생들은 인터넷을 먼저 찾아본 후 출판물을 찾는다. 또한 어떤 과학 전문잡지들은 종이출판의 높은 비용 때문에 전자출판만으로 전환되기도 했다.

디지털 격차의 해결책들

인터넷을 하지 않는 사람들을 인터넷을 쓰도록 하는 것은 많은 문제들을 푸는 하나의 해결책으로 보인다. 예를 들어 노숙하는 실업자에게 직업을 갖도록 돕는 프로젝트에서 직업을 구하기 위한 인터넷 계정을 만들어주고 인터넷 사용법을 가르쳐주는 것이 포함된다. 이 아이디어의 이면에는 두 가지 이유가 깔려 있다. 인터넷을 사용함으로써 노숙자들은 많은 구인 목록에 접할 수 있고, 자신이 노숙자라는 사실도 숨길 수 있다.[13] 그러면 노숙자들은 구직자들과 동등해질 수 있고 직장을 찾을 기회가 더 많아질 것이다.

다른 프로젝트는 좀더 규모가 크다.

이동 전화 프로젝트 1997년에 이크발 쿠아디르(Iqbal Quadir)는 방글라데시의 교외 마을에 무선전화를 보급하는 그라민전화라는 회사를 설립했다. 쿠아디르에게는 세 가지 목표가 있었다.

1. 시골 마을이 다른 세상과 연결될 수 있도록 한다.
2. 사업의 기회를 제공한다.
3. 경제적 발전으로 바뀌어 갈 수 있는 사업가 마인드를 길러준다.

회사는 시골로 가서 한 마을에 최소한 하나의 전화가 공급되도록 했다. 전화를 소유한 그 한 사람은 마을 사람들에게 전화 사용료를 받을 수 있게 되었다. 그 전화는 마을 사람들을 외부 세계와 연결시켜주었고, 전화를 가진 사람은 생활비를 버는 것뿐 아니라 전화 교환원에게 월급을 줄 수 있는 하나의 사업을 해나갈 수 있었다. 그리고 마을 사람들에게 시골 마을에서도 이익이 나는 사업을 할 수 있다는 것을 증명해 보였다. 전화를 통하여 외부 세계와 연결됨으로써 마을 주민들이 생산한 물건들을 팔 수 있는 시장이 확대되었고, 마을의 경제적 복지에 공헌하게 되었다.[14] 이런 종류의 프로젝트는 디지털 격차에 연결다리를 놓아주는 작은 한 걸음일 것이다. 이 프로젝트는 기술을 마을의 가난을 없애는데 사용했고 기술을 사용하는 더 많은 기회를 줄 수 있는 길을 닦았다.

100달러 랩톱프로젝트 한 명의 어린이 당 한 대의 컴퓨터(OLPC: The One Laptop Per Child) 프로젝트는 개발도상국의 학생들에게 싼 가격(100달러나 그 이하)의 컴퓨터를 공급하려는 시도였다.[15] 2005년 니콜라스 네그로폰트(Nicholas Negrophonte)에

---

13) 컴퓨터는 사용자의 물리적인 환경을 숨겨주기 때문에 인터넷은 '위대한 평등주의자'라고 불린다. 작은 사업체일지라도 큰 사업체와 마찬가지로 전문적으로 보일 수 있으며 나이, 성별, 경제적 지위, 외모를 쉽게 숨길 수 있다.

14) 쿠아디르의 노력에 대한 연설을 보려면 http://www.ted.com/index.php/talks/ view/id/79를 보라. 이 사이트에서 TED 홈페이지를 찾을 수 있고 기술 혁신자들의 이야기를 비디오로 볼 수 있다. TED는 아이디어 교환을 위해 1년에 한 번씩 '앞서가는 사고를 하는 사람들'을 모이도록 하는 매혹적인 조직이다. 이 회의는 혁신자(4000달러의 회비를 지불할 능력이 있다고 추정되는) 만이 참석할 수 있다.

15) OLPC 단체의 홈페이지는 http://laptop.org

의해 공식적으로 시작되었고, 세이무어 페이퍼(Seymour Paper)와 함께 지난 10년간 수행되었다. 기본 아이디어는 개발도상국의 아이들이 학교에서 컴퓨터를 사용할 수 있게 하고, 후에 그 컴퓨터를 가족들이 사용할 수 있도록 집에 가져가게 함으로써, 만약 컴퓨터가 없었다면 가질 수 없었던 기회를 제공하려는 것이다. "우리의 목표는 전세계의 아이들에게 탐험하고 실험하고 자신을 표현할 새로운 기회를 제공하는 것이다."[16]

프로젝트의 핵심은 가격이 200달러일 뿐만 아니라 다양한 방법으로 충전이 가능한, 충전지를 가진 소박한 랩톱(Laptop)컴퓨터이다(랩톱이 사용되는 많은 장소들에는 전기가 없다). XO로 알려진 랩톱([**그림 5-10**] 참조)은 2008년에 사용 가능해졌다. XO는 싸고 기능적이고 거칠게 다루어도 견딜 수 있도록 디자인된 기계로 다음과 같은 특성을 가지고 있다.

- AMD Geode LX-700 CPU
- 256 Mb DRAM
- 1Gb의 플래쉬 기억장치(Flash storage): 하드드라이브는 너무 쉽게 고장 나기 때문에 하드드라이브가 없다.
- 7.5인치 저전력 LCD 모니터
- 완전 무선로우터: 아이들이 인터넷뿐 아니라 서로의 컴퓨터에도 연결이 가능하게 했다.
- 터치패드: 마우스는 쉽게 잃어버릴 수 있다.
- 벽의 콘센트, 자동차 배터리, 크랭크나 발로 밟는 페달 등을 사용한 인간발전을 포함한 다양한 방법의 충전이 가능하다.

그림 5-10 XO 랩톱(마이크 맥그리거 제공)

16) http://www.laptop.org/en/vision/index.shtml

- 오픈 소스(open source)와 무료 소프트웨어: 기계의 환경을 오픈시켜 누구든지 지식과 필요에 의해 소프트웨어를 수정하거나 자신만의 프로그램을 만들 수 있게 한다. 소프트웨어는 응용보다는 활용에 초점을 둔다. 예를 들어 학생들의 주요 활동 중의 하나는 컴퓨터를 이용해 매일의 생활에서 어떤 일이 있었는지를 기록하는 것이다.

OLPC 프로젝트는 정부가 대량의 XO를 구입한 후 아이들에게 나누어주자는 계획을 세웠다. 페루, 르완다, 우루과이,[17] 리비아, 브라질, 태국, 나이지리아는 기계를 사기로 한 나라들에 속한다. 그 예로 나이지리아는 모든 학생에게 한 대씩 돌아가도록 120만 대를 주문했다.

OLPC 프로젝트에 관한 몇 가지 흥미로운 의문들이 생겼다. 첫째, 아이들은 의도한 방식으로 컴퓨터를 사용할 것인가? 시험 프로젝트로 그럴 것이라고 생각되었다. 사실, 학생들이 컴퓨터를 집에 가져가면 종종 가족 전체가 컴퓨터를 사용하고, 학교에 다니는 연령의 아이들에게만이 아니라 더 많은 사람들에게 영향을 미쳤다. 두 번째는 어쩌면 더 중요할 수도 있는데, 어린 시절의 경험이 어른이 된 후 기회로 바뀔 수 있을 것인가?이다. 젊은 사람들에게 더 깊이 있는 교육을 받도록 하고, 그들의 마을에서 사업을 시작하게 만들고, 공동체에서 삶을 향상시키는 프로젝트에 참여하게 할 수 있을 것인가?이다. 이 책을 쓰고 있는 현재, 아직까지 OLPC 프로젝트가 널리 시행되지 않았기 때문에 판단을 하기에는 너무 이르다. 그러나 디지털 격차에 다리를 놓으려는 노력이 학생과 그들의 가족들에게 이익을 줄 것인지 그 결과는 지켜볼 만하다.

디지털 격차에 다리를 놓으려는 다른 프로젝트들 전세계적으로 디지털 격차에 다리를 놓으려는 수많은 프로젝트들이 있다. 일부는 비영리단체가 주관하고 있고, 나머지는 정부에 의해 설립되었다.

- CNET 네트워크 국제미디어(CNET Networks International Media)와 영국 자선 컴퓨터보조 국제기구(UK charity Computer Aid International)는 중고 컴퓨터를 기부받고, 정비한 후 개발도상국의 학교나 공동체 집단에 기부하는 비영리단체인 컴퓨터지원단체(Computer Aid)를 설립했다. 이 단체는 90개국에 최소 42,000대의 컴퓨터를 기부했다.[18]
- 워싱턴 주립대학은 디지털 격차에 다리를 놓는 센터를 운영하고 있다. 이 센터의

17) http;//wiki.laptop.org/images/l/la/San_Jose_Mercury_News_-_LAPTOPS_AND_LESSONS_REACH-LATIN_AMERICA.pdf
18) 컴퓨터 에이드(Computer Aid : 컴퓨터 기부단체)에 대한 더 많은 정보는 http://www.bridgethedigitaldivide.com/

프로젝트 중 하나인 르완다 라스트마일협회(Last Mile Initiative Rwanda)[19]는 인터넷에 기반을 둔 사업 설립에 초점을 맞추고, 마을의 인터넷 연결을 돕기 위한 인터넷 수업을 개발하고 있다. 미국 정보기관인 USAID[20]의 도움으로 이 프로젝트는 위성 원거리 서비스를 포함한 무선통신 기능을 갖추었다. 대학에서 파견된 인턴은 지역 주민과 중앙 집중된 통신시설을 커피 매점과 같은 사람들이 모이는 장소에 설립했다. 또한 센터는 미국의 중서부 지역과 태평양 북서지역의 작은 마을을 가난에서 벗어나게 하기 위한 호라이즌(Horizons)프로젝트[21]에 참여하고 있다.

- 미국 교육부에 의해 운영되고 있는 공동체기술센터(The Community Technology Centers) 프로젝트[22]는 미국 전역의 시골과 교외의 저소득 공동체 안에 공동체 컴퓨터 접속 시설을 설립하고 있다. 이 프로젝트가 주로 초점을 두고 있는 것은 미취학 아동의 교육이지만 더 나은 직업을 가질 수 있게 하기 위한 성인과 십대들에게 방과 후 교육도 제공하고 있다.
- 미국 교육부의 기술교육목표기금(The U.S. Department of Education's Technology Literacy Challenge Fund)[23]은 지역 학교의 기술교육을 향상시키도록 기금을 지급한다. 기금을 하드웨어나 소프트웨어를 사는데 사용할 수 있음에도 불구하고 많은 경우 교사들에게 기술을 어떻게 사용하고 가르칠지를 교육하는 데에 중점을 두고 있다.
- 국제전기통신연합(The International Telecommunications Union)과 시스코 시스템스(Cisco Systems)는 개발도상국을 위한 인터넷훈련센터를 운영하고 기금을 마련하기 위한 동반자 관계를 형성했다.[24] 이 기관은 네트워크를 디자인하고, 설치하고 유지하기 위한 훈련을 제공한다. 또한 이 조직은 개발도상국 여성의 교육에도 초점을 두고 있다.[25]
- 열린사회협회(The Open Society Institute)는 가난한 개발도상국 지역의 지식

---

19) http://cbdd.wsu.edu/projects/global/lmi/index.html
20) http://www.usaid.gov/our_work/economic_growth_and_trade/info_technology/ special_initiatives/last_mile_initiative_overview.html
21) http://horizons.wsu.edu/
22) http://www.ed.gov/programs/comtechcenters/index.html
23) http://www.ed.gov/Technology/digdiv_projects.html
24) http://www.un.org/Pubs/chromicle/2003/wevArticles/012003_women_bridge _digitaldivide.html
25) 선진국에서는 남자와 여자의 기술 사용에 사실상 차이가 없으나 개발도상국에서는 남성 사용자가 압도적으로 많기 때문에 동일하지 않다.

과 통신 · 표현의 자유를 증대시키기 위한 정보프로그램[26]을 전세계에서 운영하고 있다. 이들은 직접적으로 기술 시설을 설립하기 위한 자금을 제공하는 대신에 기술 접속을 증가시키기 위한 지역 자원을 활용할 수 있도록 지역 정치가들을 지원하고 있다.

그것들은 효과가 있을까? 앞에서 다루었던 프로그램들은 디지털 격차를 연결시키기 위한 많은 진행 중인 프로젝트의 예일 뿐이다.[27] 대부분의 프로젝트는 기술의 기초를 향상시키고 사람들에게 기술을 사용할 수 있도록 교육시키는 것에 중점을 두고 있다. 하지만 여전히 의문이 남는다. 이 노력들은 효과가 있는 것일까? 대부분의 경우 아직 평가를 내리기는 이르다. 앞으로 10년간 우리는 다음 질문들의 해답을 찾으려는 노력을 포함하여 무슨 일이 일어나는지 살펴보아야 할 것이다.

- 사람들은 사업을 시작하기 위해 인터넷에서 얻은 정보를 활용하는가?
- 사람들은 인터넷을 함으로써 교육을 더 받고자 하는 동기를 갖게 되는가? 교육은 더 나은 직업과 더 나은 경제적 상황을 가져오는가?
- 개발도상국의 많은 사람들은 인터넷에 접근하지 못하고 있다. 그들이 얻을 수 없는 지식이 그들을 좌절하게 만들고, 살고 있는 상황을 견딜 수 없게 만드는가?

---

26) http://www.soros.org/initiatives/information/about

27) 정보기술에 접속할 수 없는 사람들에게 정보기술을 전하려는 더 많은 프로젝트를 찾으려면 구글에서 '디지털 격차의 연결(bridge digital divide)' 또는 '디지털 격차 연결하기(bridging digital divide)' 를 찾아보라.

제5장에서 무엇을 배웠나

인터넷 접속이 전세계에 똑같이 할당되어 있지는 않다. 미국, 캐나다, 서유럽, 호주를 포함하는 서구문명이 가장 높은 비율을 차지하고 있다. 숫자상으로는 인구가 많은 중국, 인도와 같은 나라에 사용자 수가 많지만 인구비율로 보면 낮은 비율이다. 인터넷 접속 장벽은 경제적인 것(사람들이 인터넷 접속 비용을 낼 능력이 없는 경우)과, 정치적인 것(정부 정책이나 다른 활동들이 접속을 제한하는 경우)이 있다.

기술에 접근할 수 없고 기술에 대한 지식이 없는 사람들은 직업의 기회가 제한될 수 있다. 그들은 또한 인터넷이 제공하는 최신 뉴스나 넓은 영역의 사업 기회에 접근하지 못할 수도 있다. 접속하는 사람들과 접속하지 못한 사람들 사이의 차이는 디지털 격차로 알려져 있다. 디지털 격차가 증가하고 계속될지에 대한 논쟁이 있음에도 불구하고, 세계적으로 기술에 접근하도록 하려는 많은 프로그램이 있다. 대부분은 너무 새로운 것이어서 이 프로그램이 원하는 효과를 줄 수 있는지 여부의 결정은 아직까지 힘들다.

생각해보기

1. 현재 어떤 나라에서 인터넷 접속이 가장 빠르게 성장하고 있는가?(답을 찾으려면 인터넷을 사용한 조사가 필요하다). 만약 ISP를 시작하려고 한다면, 사용자 숫자의 잠재적 성장을 근거로 할 때 어느 나라에 투자할 것인가? 그 이유는 무엇인가?
2. 주요 검색엔진을 운영하는 회사의 CEO라고 가정해보자. 당신에게 외국 정부가 그들이 제공한 기준에 따라 검색된 결과들을 검열할 것을 요구했다. 이 요구에 어떻게 응대할 것인가? 그 이유는 무엇인가?
3. 컴퓨터 사용을 두려워하고, 컴퓨터 사용을 배울 수 없다고 생각하는 사람과 만나게 되었다고 가정해보자. 이 사람을 인터넷 접속과 이메일 사용을 위해 컴퓨터를 사용할 수 있도록 돕고 컴퓨터를 편하게 느끼게 하려고 한다. 어떻게 할 계획인가?
4. 디지털 격차를 줄이려고 시도하는 프로젝트를 위해 5백만 달러를 받았다. 어디에 노력을 집중시키겠는가? 이 프로젝트로 무슨 일을 할 것이며, 참여한 사람들에게 어떤 이득을 줄 수 있을지 논하라.
5. 컴퓨터는 주로 시각적인 매체이다. 오늘날 보통의 컴퓨터를 사용하려면 적어도 약간의 육체적인 능력(마우스와 키보드 사용을 위해)이 필요하다. 이 필요는 시력이 좋지 않거나 근육의 운동신경이 좋지 않은 사람들에게 어떤 장벽을 만드는가? 인터넷으로 조사한 후에, 이 장벽을 낮추기 위해 어떤 기술을 적용할 수 있을지 서술하라.

참고문헌

Internet Access in Cuba

BBC News. "Cuba law tightens Internet access."
http://news.bbc.co.uk/2/hi/americas/3425425.stm

Cnn."Cuba tightens its control ove Internet."
http://www.cnn.com/2004/TECH/internet/01/21/cuba.internet.reut/

"Cuba tightens grip on net access."
http://www.wired.com/politics/law/news/2004/01/61866

Internet Access in China

"Controls on Internet access, China." *http://www.technologynewsdaily.com/node/554/*

Einhorn, Bruce. "No new Internet cafes in China."
http://www.businessweek.com/globalbiz/blog/asiatech/archives/2007/03/no_new_internet.html

Hermida, Alfred. "Behind China's Internet red firewall."
http://news.bbc.co.uk/1/hi/technology/2234154.stm

"Internet access in China." *http://www.marketresearch.com/map/prod/1524755.html*

"Internet access in China." *http://www.iht.com/articles/2006/02/20/opinion/edlet.php*

Reese, Brad. "Uncensored Internet access in China."
http://www.networkworld.com/community/node/12810

Wiley, Richard. "China overtaking US for fast Internet access as Africa gets left behind."
http://business.guardian.co.uk/story/0,,2102517,00.html

Digital Divide

"Bridging the digital divide."
http://www.riverdeep.net/current/2002/01/011402t_divide.jhtml

Digital Divide.org. *http://www.digitaldivide.org/dd/index.html*

Digital Divide Network. *http://www.digitaldivide.net/*

Nielsen, Jakob. "Digital divide: the three stages." *http://www.uset.com/alertbox/digital-divide.html*

OLPC Project

Glaskowsky, Peter. "OLPC battery life-an update." *http://news.com/8301-10784_3-9768920-7.html?part=rss&subj=news&tag=2547-1_3-0-5*

Chapter 06

경제와 노동

Economics and Work

제6장에서 무엇을 배울까?

- 경제가 기술혁신에 미치는 영향을 검토해보자.
- 미국 경제사에 대해 간단히 알아보자.
- 오늘날 제조업이 발생하는 지역에 대해 토론해보자.
- 서비스 중심의 경제에서 생활하는 것이 제조업이나 농업경제하의 생활보다 더 좋은지 고려해보자.
- 기술로 인해 파생되는 산업과 그 성공과 실패의 특징에 대해 토론해보자.
- 우리의 구매행위가 기술로 인하여 어떻게 변화해왔는가 살펴보자.
- 몇몇 산업이 기술변화에 어떻게 적응해왔는지 토론하자.

개요

인터넷을 사용하는 대부분의 사람들에게 금융문제에 미치는 인터넷의 영향은 아주 크다. 우리는 온라인을 통해 상품을 구매하고 은행 업무를 본다. 그러나 기술은 기초적 분야에서 더욱 경제를(특히 산업 분야) 변화시켜왔다. 이 장에서는 미국 사회에 초점을 맞추어 경제에 미치는 기술의 영향을 살펴본다. 어떠한 방식으로 농업, 제조업, 은행업 그리고 서비스 산업이 서로 연관되어 있는지 살펴보고 미국의 역사적 맥락에 맞추어 어떻게 기술이 일하는 장소와 방식을 변화시켰는가를 살펴볼 것이다.

북미 경제는 어떠한 과정을 거쳤나

북미의 경제는 (이 토론의 목적을 위하여 미국과 캐나다를 표본으로 한다) 논란의 여지가 있지만 세계에서 가장 큰 규모의 경제이다. 북미 경제는 그 발단에서부터 중요한 변화를 거듭해왔다. 지형의 차이로 인해 미국과 캐나다의 경제가 다른 역할을 한다고 할지라도 캐나다와 미국은 대부분의 영역에서 함께 행동했기 때문에 흥망을 공유한다. 경제에 미치는 기술의 영향에 대해 미래를 쉽게 전망할 수 있도록 간단한 역사를 살펴보는 것으로 시작하기로 한다.

농업

처음에, 북미에 있던 영국 식민지들은 영국 정부의 관리를 받았다. 식민지의 재정을 관리하기 위해 강령을 제정하고 영국 정부는 신세계에 투자할 수 있는 사람들에게 그 강령을 수행할 수 있는 권한을 부여했다. 그러나 대부분의 식민지 강령은 눈에 띄는 성과를 내지 못했고, 실망한 소유주들은 그들의 강령을 정착민들에게 강요했다. 많은 캐나다 식민이주자들은 덫 놓기, 사냥, 낚시, 벌목, 허드슨만회사[1]에 모피 등을 팔아 생계를 유지했다. 남부 지역에 있는 사람들은 대부분 농부들이었다.[2] 지금 미국에 정착했던 식민지 이주자들도 덫 놓기, 사냥, 낚시에 참여했으며 대부분 작은 농장을 경영했다. 남쪽에는 다소 큰 플랜테이션 농업이 성행했으나 규모가 큰 농업일지라도 겨우 생존 가능한 생활이었다. 사치품은 주로 영국에서 수입해야 했다.[3]

프랑스-캐나다인 식민지 이주자 정착은 리슐리외 추기경이 제창한 강령을 포함한 꼼빠니에 드 상트 아소시에(Compagnie des Cent -Associes: 1627년 프랑스 수상 리슐리외의 제창으로 설립된 회사가 소유했던 특허장. 100명의 주주를 모집해 뉴프랑스 - 캐나다에서의 모피거래 독점권을 15년간 주는 동시에 뉴프랑스 - 캐나다에 거주할 식민주민 4000명을 보내주고, 포교활동을 유지시킬 재원을 부담시켰다. 그러나 뉴프랑스회사의 식민 주민을 실은 최초의 선단이 영국에 붙잡힘으로써 차질이 생겼다. 1663년 이 회사에 대한 특허장이 폐지되었을 때 뉴프랑스에 살고 있던 인구는 2500명 정도였다- 옮긴이)에 의해 많은 영향을 받았다. 이 강령은 회사 창립자들에게 수지맞는 모피무역 지배권뿐 아니라 북미의 프랑스 식민지의 확장에 대한 지배권을 주었다. 그러나 회사는 배를 훔치는 해적선의 강탈로 인해 고통을 받았다. 따라서 식민지로 많은 이주자들을 데려가는 책임을 제대로

1) 허드슨베이사는 북미에 첫 번째로 설립된 회사이다. 이 회사는 이제 모피보다는 다른 상품을 팔고 있지만 여전히 존재한다. 오늘날 이 회사가 무슨 일을 하는지 알아보고 싶다면 http://www.hbc.com/hbc/을 찾아보라.

2) 우리가 농사에 대해 언급할 때 식물재배와 가축사육 모두를 의미한다.

3) 모든 수입품은 영국 정부에 세금을 거두어들일 수 있는 무수한 기회를 제공했다. 그러나 식민지에서는 보스턴 항구에서 차茶화물을 던져버리는 사건이 일어났다.

이행하지 못했다. 프랑스계 캐나다인의 경제는 회사가 망했을 때인 1600년대 중반에 군대로부터 독립하였다.

북미 식민지 지역에서 상업 활동은 지역의 기후와 지리에 의해 광범위하게 결정되었다. 캐나다는 미국에 비해 농업에 적합한 땅이 적었다. 특히, 북쪽 지역은 미국 남부의 두 가지 주요 작물인 면과 담배를 재배하기에 적합한 기후가 아니었다. 그러나 캐나다는 모피 생산 동물의 수가 많은 지역이었고 따라서 미국보다 덫 놓기 경제가 보다 크게 발달했다. 캐나다는 또한 캐나다 식민지 동쪽에 상업용 통나무로 적합한 거대한 입목이 자랐다. 농업 경제는 곡식을 갈 수 있는 방앗간, 제재소, 조선소 그리고 제철소와 같은 지원 산업을 필요로 한다. 식민지가 독립전쟁을 마치고 19세기로 진입하던 무렵, 북미경제는 더욱 지역 특성화되었다. 거대한 플랜테이션 농업이 남부경제를 지배했으며 음식 생산품 재배, 면과 담배 재배 등이 이루어졌다. 북부지역은 소규모 농업과 가내농업 분야에서 우위를 차지했다. 무기와 마차 등 제품 제조업은 소규모 회사 단위로 이루어졌다. 그러나 대부분의 사람들은 농업, 모피, 벌목을 통해 생계를 이었다.

산업

산업혁명은 18세기의 마지막 10여년 동안 유럽에서 일어났다. 그것은 기술적 발전—특히 이전에 손으로 만들었던 수많은 품목들이 대량생산이라는 기술—에 의해 활성화된 것이다. 제조업은 북미지역에 고루 퍼졌다. 그리고 19세기 중엽 대륙은 소득의 1/3 가량을 생산 분야에서 산출했다. 초기 대부분의 산업은 미국 북부의 차지였다(특히, 북동부). 그리고 남부 캐나다에서는 거대한 농업경제를 유지했다. 북부 산업은 이전에 개인적으로 생산했던 필수품에 초점을 맞추었다. 면직물 짜기, 신발, 모직물 뜨기 그리고 기계류 등. 캐나다에서 운하 파기는 제조업자에게 나무와 모피, 농작물의 이동이 증가하도록 촉진했다. 산업화는 18세기와 19세기 동안 유럽인의 이주민의 유입에 의해 촉진되었다. 이민자 대부분은 등에 걸친 옷가지도 없이 북미로 왔다. 그리고 비교적 낮은 임금을 받고 기꺼이 공장에서 일하려고 했다. 사실 그들은 많은 선택권이 없었으며 차별대우를 받았다.

남북전쟁은 남부 미국 경제를 심각하게 바꾸어 놓았다. 노동임금이 매우 낮았기에 플랜테이션 농업은 이익이 많이 남았었다. 노예의 부재로 인하여 많은 플랜테이션 농업 비용은 너무 비싸서 이익을 남기고 운영할 수 없었다. 남부는 북부를 따르는 것 외에 선택의 여지가 없었고 소득을 산출하기 위하여 산업을 재검토하기 시작했다. 남북전쟁 이후 산업은 확장을 지속했다. 전 미대륙은 급속한 기술혁신의 시대로 진입했다. 오늘날 우리가 평범하게 여기는 많은 품목이(예를 들어 차, 전화, 자전거, 엘리베이터, 교통신호 등)[4] 19세기 후반 동안 개발되었다. 이 기간은 또한 석유와 석탄이 선호 받는 연료가 된 시기이다. 그것들은 비교적 싸게 추출할 수 있었고 공급은 끊이지 않았다. 공장 생산품의 변화와 함께 20세기 전반은 무역연합의 출현이 이루어졌다. 값싼 노동에 의존했던 제조업은 근로자의 부족으로 인해 숙고의 대상이 되었다. 임금(그리고 가격) 상승과 이전 세기에 건너온 이민자들이 북미 사회로 통합되고 더욱 기술적인 지위에 고용됨에 따라 새 이민자들이 공장에서 직장을 얻기 위해 왔다.

이민자의 새로운 물결의 대부분은 동부 유럽(예를 들어 러시아와 폴란드)에서 왔으며 북미는 1950년대를 지나면서 거대한 제조업 경제를 고수했다. 심지어 농업조차도 변화의 영향을 받았다. 대규모 농장이 나타나고 가족에 의해서가 아닌 조합에 의해 운영되었다. 조합농장은 소규모 농장보다 에이커 당 더 많은 생산량을 산출할 수 있었고, 더욱 이득을 남겼다. 조합에 의해 북미 근로자의 임금은 지속적으로 상승했고 제조 상품의 비용이 올라가는 원인이 되었다. 옷이나 구두 같은 수입 품목을 구매하는 것이 더욱 값이 쌌다. 라디오, TV와 같은 많은 전기 가전품이 또한 수입되었다. 그리하여 미국은 무역적자를 보기 시작했다.

가장 큰 무역 상대국인 캐나다를 포함하여 1960년대, 1970년대에 대륙 전역에 심각한 가격상승이 나타났다. 군대 지출은 베트남전쟁 지원을 증가시켰다. OPEC(석유수출국기구)의 1970년대 초기 미국에 대한 통상금지는 심각한 연료비용 상승을 이끌었고 제조비용과 상품 수송비용 상승을 수반했다. 미국 연방준비제도이사회(연준)는 인플레이션을 멈추려는 시도로 이자율을[5] 늘렸다. 이 행동은 열망이 반영된 결과였으나 경제발전을 저지했다. 그리하여 1980년대 초기에 경기 후퇴기로 진입했다. 이 시점에서 캐나다 경제는 미국 경제의 경향을 따르고 있었고 따라서 경기 후퇴로 고통을 받았다.

우대금리가 오르면 빌린 돈에 대해 더 많이 지불하고 사람들은 저축함으로써 돈을 번다(이것은 경제에 돈이 적게 순환됨을 의미하며 구매율이 떨어진다는 것을 의미한다. 수요가 내려감에 따라 인플레이션도 내려간다. 최소한, 이론상으로는 그러하다).

서비스산업

북미 경제가 1980년대에 경기 후퇴를 딛고 일어서자 사람들은 지역적으로 만들어진 상품 대신 품질 좋은 수입품을 구매했다(예를 들어 자동차 등). 미국은 거대한 무역적자를 향해 달음질했다. 특히 일본과 같은 나라 등에 엄청난 국가적 차원의 빚을 졌다. 이 상황은 레이

4) 타자기와 축음기 또한 이 시기에 발명되었으나 그것들은 더욱 현대화된 기술에 의해 대체되었다.

5) 연준은 은행이 돈을 빌리는 비율을 통제한다. 은행이 기업과 개인에게 빌려주는 돈의 비율은 프라임레이트(우대금리)에 기초한다.

건(Reagan) 대통령의 경제 정책인 하향침투식이론에 의해 더욱 나빠졌는데 그것은 본질적으로 소비를 늘리고 세금을 삭감하는 정책이었다.[6] 동시에 제조업의 상당 부분은 북미에서 아시아(특히 중국)와 멕시코로 옮겨 갔다. 미국은 더 이상 TV를 제조하지 않았고 휴대폰을 만들어내지 않았다. 심지어 미국에서 조립된 컴퓨터도 각 부품은 해외에서 만들어졌다. 미국 자동차 제조회사들은 여전히 존재한다. 그러나 더 이상 미국의 자동차 시장을 지배하지는 않는다. 사실, 상당수의 외국 자동차회사가 북미에서 조립공장을 열었다(예를 들어 도요타와 혼다). 자동차들은 따라서 북미 근로자들에 의해 조립된다. 그러나 이익은 여전히 외국 소유주에게 돌아간다.

가족농장주들은 더욱 투쟁했다. 거대한 조합농장으로부터 경쟁적 압박이 가해졌다. 게다가 농장은 주택으로서 중요한 가치가 있었다. 그리고 농업으로 생계를 유지할 수 없는 농부들은 개발자[7]에게 그 땅을 팔아 금전적으로 수익을 얻으려고 했다. 동시에 새로운 사업들이 나타났고 그 사업들은 유형 상품을 제조하거나 식재료를 만들지 않고 대신 은행 업무, 소매, 컨설팅(특히 경영과 컴퓨터시스템 개발), 그리고 소프트웨어 개발[8]과 같은 서비스를 제공했다. 그 사업에 고용된 많은 사람들과 그러한 사업에 의해 이익을 얻는 수익은 매우 증가했다. 빌 클린턴(Bill Clinton) 대통령 재임기간, 미국 경제는 흑자를 기록했다. 그러나 이것이 국가 부채와 무역적자를 없애지는 않았다. 오늘날 미국 경제는 여전히 대량의 국가 부채와 대규모 적자(특히 중국과의)로 고통 받고 있다. 비록 어떤 지역에서는 주택비용이 여전히 불균형하게 비싸긴 하지만 연준은 인플레이션을 억제하고 있다. 미국 경제가 무역적자와 석유가격 상승으로 인해 고통 받고 2007년 초의 (경기)후퇴로 향하는 상황이 나타남에 따라 캐나다 경제는 경제침체[9]를 피하려고 노력하고 압박에 항거하고 있다.

제조업의 미래

미국 경제가 서비스산업에 지배된다고 가정하면 우리가 제조해야 할 상품은 어디에 있는

---

6) 하향침투이론 경제 제도는 가장 부유한 미국인에게 이익을 주었다. 부자들이 사업에 더욱 투자할 것이라는 이 생각은 따라서 직업을 창출하고 임금을 증가시키고 결국 이익은 사회의 잔여에 돌아가게 된다는 것이다. 문제는 그것이 이론대로 발생하지 않는다는 것이다.

7) 왜 한 농부가 손익이 없는데 어려움을 겪는가? 장비의 비용을 고려해보자. 장비 당 수만 달러, 동물, 동물 사료, 노동력 등등. 많은 소작농들은 해마다 종자를 심기 전에 은행으로부터 돈을 빌린다. 그들은 다른 필요한 장비와 종자를 구입하고, 빚을 갚을 수 있고, 다음 파종시기까지 가족을 부양할 수 있는 충분한 돈을 얻을 만큼 곡물을 얻기를 바란다. 많은 소농부들은 손익이 없으면 잘된 농사라고 생각한다.

8) 비록 소프트웨어가 북미에서 제작되었고 적어도 북미 기업의 후원 하에 이루어졌으나 판매용 디스크 제품과 매뉴얼 제품은 아시아와 멕시코에서 만들어진다.

9) 2000년대 중반 미국과 캐나다 경제 사이에 일어난 변화된 관계의 증거는 미국과 캐나다의 달러관계이다. 전통적으로 미국달러가 더 가치가 있었다(대략 캐나다 1.30$/1$). 이것은 미국보다 캐나다에서 많은 물건이 더욱 비싸게 팔리는 원인이 된다. 그러나 2007년에 두 통화 가치가 등가되었고 캐나다인들은 비싼 가격 지분에 대해 불평하기 시작했다.

가? 몇몇은 여전히 북미에서 만들어지고 있다(비록 그 상품들은 해외 유사 수입품보다 비싼 경향이 있지만).[10] 그러나 많은 상품들은 브라질, 멕시코 그리고 중국이나 다른 아시아 국가에서 제조된다. 전세계적으로 경제 분포를 살펴보는 몇 가지 방법이 있다. 한 가지는 노동력 분포를 고려하는 것이다. 이를 **[그림 6-1]**에서 볼 수 있다. 그러나 이 자료는 그것이 보여

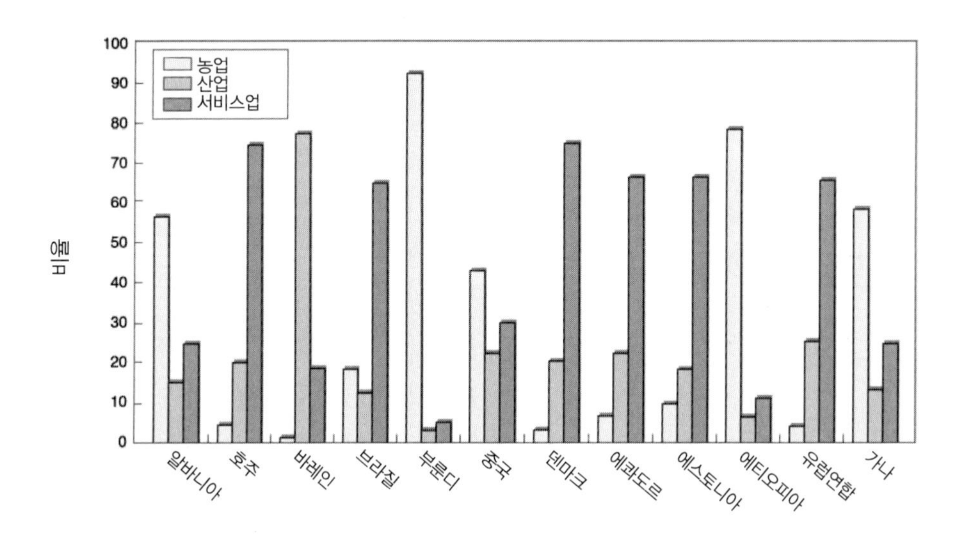

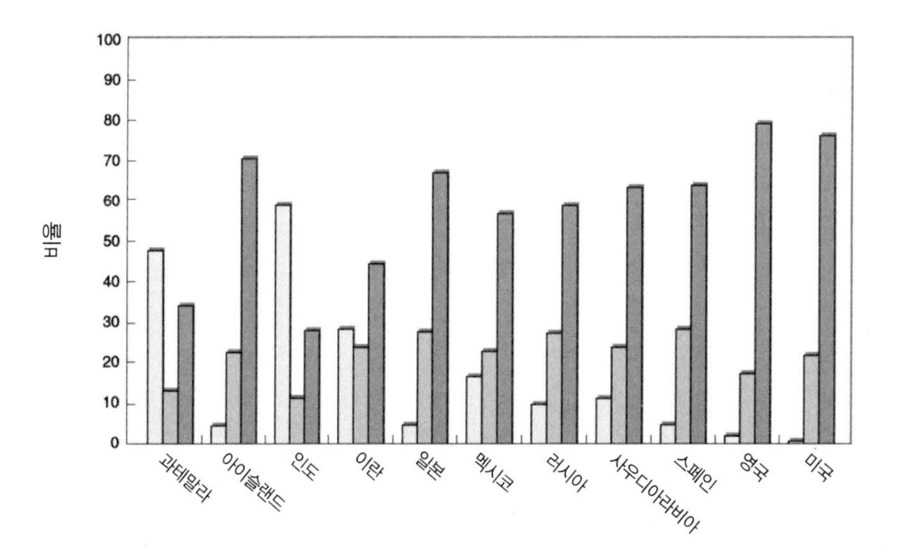

그림 6-1 각 나라의 노동력 분포

10) 이것의 한 가지 예외가 자동차이다. 세계의 가장 비싼 차 대부분은 포르쉐, 벤츠, 롤스로이스 등으로 외국에서 만든 것이다.

주는 것처럼 정직하지 않다. 저개발국가일수록 노동력이 높은 비율로 농업에 종사하는 것이 사실이다. 부룬디와 에티오피아는 농업에 종사하는 노동력이 압도적으로 많다. 그러나 오늘날의 컴퓨터 소프트웨어 개발의 상당량의 원천인 인도는 중산층이 빠르게 등장하고 있으며 그들은 서비스 직업을 택한다. 그럼에도 불구하고 인도는 여전히 거대한 농업국이다.

이 자료는 교육 받은 중산 계층과 가난한 사람들(그들 중 몇몇은 도시 주변에 살고 있고 몇몇은 시골에 살고 있다) 사이의 간극을 지적하지 않았다. 빈곤층은 종종 교육받을 기회를 가지지 못하거나 경제적 상황[11]을 변화시킬 기회를 갖지 못했다. 제조업 통계수치에 따르면 미국에서 제조업에 의해 산출된 소득은 대략 국내총생산(GNP 16~19%)의 같은 비율 상태로 변함이 없다. 제조업체에 종사하고 있는 근로자 수도 변함이 없다. 인구가 지속적으로 증가했다는 사실은 제조업 직업을 가진 미국 근로자의 비율이 실제로 감소했다는 것을 의미한다(1947년의 32%에서 2002년에는 11.5%).[12]

제조업 직업 비율의 쇠퇴의 이유는 자동화에 기인한다. 또 다른 이유는 아웃소싱 때문이다. 아웃소싱에 대해서는 이 장 후반부에서 토론한다. 아이러니하게도 자동화는 각 제조업 근로자를 더욱 생산적으로 만들었고 기존의 기계설비 생산량을 높이는 것을 막았다.

중국은 주요한 제조 상품의 원천이 되었다. 중국은 미국, 캐나다, 유럽보다 훨씬 낮은 임금을 받는 거대한 노동력을 가지고 있다. 비록 **[그림 6-1]**에 중국 인구의 가장 많은 인구가 농업에 종사한다고 나타내고 있지만 중국 인구는 너무나 많아서 제조업에 종사하는 수많은 사람들의 수를 고려할 필요가 있다. 중국 상품의 질은 일반적으로 질이 높고 견실하지 않다.[13] 2006년까지 중국의 산업 생산은 해마다 23% 비율로 증가하고 있다.[14] 2001년 중국은 미국과 마찬가지로 제조 상품의 1/2을 수출했다. 2006년 중국은 세계에서 가장 큰 수출국이 되었다. 미국에서 수출된 상품의 총액은 3,670억 달러였고, 반면 중국의 총 수출액은 4,040억 달러[15]였다. 미국이 무역적자를 보는데 반해 중국은 거대한 무역흑자[16]를 남겼다.

---

11) 인도의 상황은 훨씬 복잡하다. 비록 카스트제도가 법적으로 폐지됐다 하더라도 넓은 범위에서 개인의 사회적 지위는 경제적 진보의 기회를 결정한다. 이것은 특히 대도시에서, 비천한 가난 속에서 살아온 삶을 변화시키기는 것을 매우 어렵게 만든다.

12) 더 많은 정보를 얻고자 한다면 http://www.jimpinto.com/writings/chinchallemge.html

13) 이 책이 쓰여진 때에 두 가지 주요 문제가 중국산 제품에 대해 일어났다. 하나는 아이들 장난감에 납이 함유된 페인트를 사용했다는 것이다. 그로 인해 매텔(Mattel)과 그 자회사인 피셔 프라이스(Fisher-Price)와 같은 회사가 대량의 장난감을 회수했다. 두 번째는 음식에 포함된다. 중국의 음식조리와 음식물조항이 엄격한 보건기준을 지키지 않는 것이었다. 그로 인해 미국은 2008년 베이징 하계올림픽경기에 참가하는 운동선수들의 건강에 대해 심각히 염려했다

14) CIA 월드 페이스 북(World Factbook: CIA (Central Intelligence Agency)에서 운영하는 자료검색 사이트)

15) http://www.manufacturingnews.com/news/06/0905/zrt1.htm/에서 찾은 통계치.

16) 무역잉여가 한 나라에 좋은 것처럼 들릴지 몰라도 중국은 국제무역에 대한 문제점을 안고 있었다. 수출은 더 이상 상승할 수 없을 것이다. 그러나 중국경제의 성장을 지탱하기 위해서는 더욱 많이 팔아야 할 필요가 있다. 이것은 수출에 초점을 맞추는데서 잠시 휴지기를 가질 필요가 있고, 개발하는데 시간을 쓸 필요가 있다는 의미이다.

앞으로 어떻게 될까

북미에서 서비스경제 체제는 짚고 넘어가야 할 사실이다. 이것은 지속적으로 이익과 문제점 모두를 가지고 왔다. 첫째, 모든 국가는 몇몇 물건에 대해 다른 국가에 의존한다. 만약 무역이 멈춘다면, 수입상품 중 어떤 부류의 현저한 결핍을 감수해야 할 것이다. 우리는 새 TV나 핸드폰 등을 살 수 없을 것이다. 컴퓨터와 자동차조립은 부품의 부족 때문에 늦어질 것이다. 그러나 미국만이 다른 나라에 의존하는 국가는 아니다. 무역은 점차적으로 세계화되었고, 오늘날 무역 없이 존재할 수 있는 나라는 거의 없다. 세계경제는 오늘날 훨씬 더 밀접한 관계를 유지하고 있다.

직업의 변화

서비스경제는 근로자들의 직업의 종류를 변화시켰다. 자동차 제조공장에서 무슨 일이 벌어졌는지 생각해보자. 처음에 차는 손으로 조립되었다. 이것은 많은 노동력을 요구했고 노동자가 한번 고용이 되면 평생 고용이 보장되었다. 그러다가 기술의 발전으로 조립라인에서 근로자들이 거의 필요 없어졌고 해고되기 시작했다.[17] 그러나 자동화는 또한 새 직업을 창출했다. 누군가 로봇을 운영하고 유지보존해야 했다. 창출된 직업은 수동식의 조립라인 직업보다 더 많은 기술을 요구했다. 그래서 해고된 근로자들은 보통 새 직업에 적합하지 않았다. 대신에 그러한 직업들은 새로운 기술을 훈련받은 보다 젊은 근로자들에게 돌아갔다. 기술기반의 서비스경제에 의해 생겨난 직업은 고등교육 이상의 교육을 요구하는 고도의 숙련된 기술이었다. **[표 6-1]**에서 각 범주에 있는 직업선택을 찾을 수 있다. 어떤 직업은 전체적으로 아주 새로운 것은 아니지만 기술사용에 새로운 요구사항이 있었다.

예를 들어 개인용컴퓨터(PC)가 소개된 이후 사무원이 어떻게 바뀌었는지 고려해보자. 비서 일을 필요로 했던 사람들은 지금 책상 위에 컴퓨터를 가지고 있다. 매니저는 사무원(보고서를 타이핑하거나 구술을 받아쓰거나 하는)의 필요 없이 이메일을 보낸다. 반면에 사무근로자들은 PC 응용기술을 익힐 필요가 있고 전문적인 서류를 작성할 수 있는 데스크톱 퍼블리싱(전자출판)을 수행해야 한다. 사무원들은 아마도 고용주를 위한 문제해결 방법을 찾기 위해 인터넷 검색을 해야 할 것이다. 사무근로자는 더 이상 타이핑이나 하고 서류작업을 할 수 있는 것으로 충분하지 않다.

---

17) 공정하게 말하면, 자동차 산업의 감량경영은 외국과의 경쟁 때문이다. 미국산 교통수단의 구매는 포드의 모델T 이후 하락해왔다.

표 6-1 서비스경제하에서 숙련된 직업과 비숙련된 직업

고도로 숙련된 직업	비숙련직업
전기 엔지니어	패스트푸드식당 점원
시스템 분석가	소매 판매원
컴퓨터 수리 기술자	
인공위성 텔레비전 설치, 수리자	
기술지원가	

비숙련 직업은—비록 이러한 지위가 기술사용을 피할 수 없을지라도—근무 중 훈련을 요구한다. 예를 들어 대부분의 패스트푸드 레스토랑은 필연적으로 특화된 컴퓨터를 사용하는 현금등록기를 이용해 제품 목록과 판매 트랙을 유지하는 체인점이다. 근로자는 메뉴 품목이 기입된 버튼이 포함된 터치 센서티브 연결장치를 이용하여 일한다. 모든 컴퓨터 연결망은 주문을 합산하고 근로자들은 수량을 기입한다. 그리고 단말기는 액수와 양을 계산한다. 근로자가 주문을 기입하는 동안 뒤에 있는 모니터에 주문이 나타나고 그동안 주문은 레스토랑을 지원하는 서버에 보내진다. 훈련은 근무 중에 행해지므로 이러한 유형의 근로자는 금방 돈을 세고 판독할 필요가 있다.

고도의 기술이 요구되는 직업은 비교적 급료를 많이 받는 경향이 있다. 반면에 기술이 필요 없는 직업을 가진 사람들은 최소한의 월급을 받는다. 사회과학자의 의견 중 하나는 이것이 부자와 가난한 사람들 사이의 틈이며 이러한 틈은 점점 증가한다.[18] 미국은 똑똑하고 잘 교육 받은 사람은 누구나 가난에서 일어나 편안한 삶을 이끌어 나갈 수 있다는 생각을 확신해왔다. 부자와 가난한 사람들 사이의 넓어지는 간극은 미국의 꿈이 더 어렵게 되었음을 증명한다.

일터의 변화

1950년대의 예견 중 하나는 2000년에는 직장에 가기 위해 더 이상 움직일 필요가 없다는 것이었다. 우리는 모두 집에서 일하게 되리라는 것이었다. 몇몇 사람들에게 재택근무는 현실이다. 그러나 대부분의 사람들은 직장에 도달하는 통근이 증가하고 있다. 재택근무자들은 자신들을 고용한 사업장에서보다 지역(특히 집)에서 주당 하루 이상을 일하는 사람들이다. 근로자는 데이터 통신망을 통해 사무실과 연결되어 있다. 모든 직업이 재택근무를 기꺼이 따르는 것은 아니다. 예를 들어 사무근로자가 집에서 많은 일을 하기는 어렵다.

18) http://freedomkeys.com/gap.htm and http://www.post-gazette.com/pg/05133/504149.htm

그러나 컴퓨터 프로그래머는 사무원과 마찬가지로 집에서도 일을 잘할 수 있다. 왜냐하면 프로그래밍으로 대부분의 의무가 고립된 작업이기 때문이다. 약 처방이나 데스크톱 퍼블리싱 또한 집에서 일하기 적합한 비교적 독자적인 일들이다. 비록 23% 가까이가 1주일에 적어도 하루 재택근무를 하지만 미국의 전 노동인구의 대략 5%만이 하루 종일 재택근무를 한다.[19] 더 많은 사람들이 집에서 일할 수 없는 많은 이유들이 있다.

- 모든 직업이 재택근무에 적합한 것은 아니다.
- 어떤 고용주들은 고용인의 감독 아래 있지 않으면 일이 완성된다고 믿지 않는다.
- 사무실에서 잘 보이지 않는 피고용인들은 직업의 발전과 승진의 기회를 적게 갖는다.
- 비록 일이 독립적으로 수행될 수 있을지라도 동료간의 상호행동은 문제해결에 중요한 소스를 제공한다.
- 집 환경은 일하는데 도움이 되지 않는다. 누구든 육아와 일을 동시에 할 수 있다고 생각한다면 착각이다. 성공적으로 재택근무를 하는 사람들조차도 집에 아이들이 없을 때 일을 하거나 일하는 동안 아이들을 돌볼 수 있도록 아이를 돌봐주는 사람을 고용한다.

동시에, 대부분의 근로자는 (특히 극도로 발달된 도시지역에서 일하는 사람들) 직장으로 가는데 보다 많이 움직인다. 많은 주요 북미 도시에서 주택은 터무니없이 비싸다. 교외에서 사는 것이 보다 싸므로 비싼 기름값에도 불구하고 기차를 타거나 운전을 해서 일하러 나온다. 2003년 미국 국세조사국은 뉴욕에서 일하는 사람들의 평균 통근시간이 38.8분이라고 발표했다.[20] 그러나 평균은 속일 수 있다. 미드 허드슨계곡에서 맨해튼으로 편도로 오는 사람들은 2시간이 걸린다. 인구밀도가 미국보다 낮은 캐나다에서는 더 많은 사람들이 오랜 통근 시간을 가진다.[21] 그러나 택지(땅)를 개발할 가치가 있다면 상황은 다소 달라질 것이다. 회사가 주요 사무실을 공식적으로 시골지역에 짓는다면 그 부근에 주택지가 성장한다. 예를 들어 인텔은 오레곤주 버버스에 본부를 설치했다. 주변 지역은 아파트 단지에서부터 싱글가족 가정을 이루는 주택지가 되었다. 쇼핑과 같은 서비스시설은 주택지보다 서서히 이 지역에 들어서고, 초기 거주자들은 필요한 상품을 사기 위해 보다 멀리 이동해야 했다. 그럼에도 불구하고 농장지역이 사업지역이나 거주지역으로 변화하는 것은 많은 사람

---

19) http://www.allbusiness.com/human-resources/employee-development-employee-productivity/892479-1.html
http://www.prnewswire.com/cgi-bin/stories.pl?ACCT=104&STORY=/www/story/07-19-2006/0004399403&EDATE=

20) http://www.census.gov/acs/www/products/ranking/2003/r04T160.htm

21) 미국은 평방마일 당 10명의 인구밀도를 가지는 반면, 캐나다는 8명이다. 캐나다의 재택근무에 관한 정보를 더 알고 싶으면 http://www.ivc.ca/canadianscene.html 을 참조.

들로 하여금 개선된 곳에서 살 수 있도록 하고 직장 근처에서 살도록 만들어준다.

아웃소싱 북미 서비스 경제의 가장 심각한 문제 중 하나는 북미의 임금이 다른 나라와 비교해 매우 높다는 것이다. 컨설팅과 소프트웨어 개발을 포함한 많은 서비스직은 상당한 교육수준을 요구하고 따라서 비싼 급료를 받는다. 그러한 비용을 삭감하려는 시도로 작업인력을 외부에서 조달하고(보다 노동비용이 낮은 멕시코와 인도와 같은 해외국가로 일을 보내) 소프트웨어 개발과 컴퓨터 기술지원은 아웃소싱(Outsourcing)[22]에 상당량을 맡긴다.

아웃소싱이 21세기 초기 몇 년 동안 기본적인 관례가 되자 많은 사람들은 북미의 기술 분야에서 심각한 비고용이라는 결과를 걱정했다. 왜냐하면 회사들은 해외에서 적은 돈으로 동급의 전문성을 갖춘 사람들을 고용할 수 있을 것이기 때문이다. 북미 근로자들은 일하고 싶으면 보다 낮은 급료를 받아들여야 한다. 어떤 직업(일)은 실제로 사라져갔다. 그러나 임금손실과 북미 기술 전문분야에서 대규모 비고용은 발생하지 않았다.

다음과 같은 많은 이유들 때문이다.

- 아웃소싱하는 대부분의 회사들이 외주제작 프로젝트의 경영이 계속 사내에서 운영되기를 원한다. 이것은 프로젝트 매니저라는 추가적인 직업을 만들어냈다.
- 매니저들과 근로자들이 거주하는 시간과 공간이 다른(12시간 떨어진) 프로젝트를 운영하는 것은 어렵다. 이러한 경우 아웃소싱은 운용이 불가능하고 중단된다.
- 고객들은 아웃소싱 근로자들과의 접촉을 불쾌하게 여긴다. 사업을 잃는 것을 피하기 위해 회사는 고객들이 원어민(영어, 프랑스어)과 의사소통할 수 있는 미국에 일거리를 다시 들여와야 할지도 모른다.
- 아웃소싱의 위협은 몇몇 기술전문가들이 적절한 직업을 찾는 것을 등한시 하도록 했다. 왜냐하면 그 일거리들이 언제든지 외주제작으로 될 수 있기 때문에 안전한 직장이 없다라는 두려움 때문이다. 그러면 회사는 직원을 모집하기가 어렵다는 것을 알게 되고 그들을 고용하기 위해서 높은 급료를 계속 지불해야 한다.[23]
- 아웃소싱 직업의 몇몇은 기존의 미국 포지션으로 대신할 수 없는 새로운 일들이다.
- 다양한 아웃소싱 일거리를 보상할 만한 충분한 직업이 북미에서 창출되어왔다. 이것들은 더욱 복잡하고 높은 급료를 요구하는 일이어서 아웃소싱하기가 어렵다.

그렇다 하여 아웃소싱이 증가하지 않고 있다는 의미는 아니다. 아웃소싱이 그렇게

---

22) 외주제작 기술지원은 델(Del)컴퓨터에서 역화를 일으켰다. 사용자들은 회사가 기술지원을 미국으로 가져가야 한다는 것에 대해 불쾌하게 여겼다.

23) http://www.cfu.com/article.cfm/9569700:f=search

파괴적인 효과를 가져온 것은 아니라는 의미다. 그렇다면 그것은 어떻게 빨리 성장했을까? 아웃소싱 조직에 대한 계획을 **[그림 6-2]**를 통해 고려해보자.[24] 각 막대의 전체 높이는 특정 IT분야에서 아웃소싱된 조직의 비율을 나타낸다. 거의 60%의 회사가 소프트웨어 개발을 아웃소싱했고 그 26%가 양을 증가하려고 계획한다. 사실 회사들은 IT 분야의 모든 유형을 막론하고 아웃소싱을 증가할 계획이다.

종이는 사라질까

1975년 <비즈니스위크>의 한 논설은 1990년까지 사입의 대부분이 전자방식으로 이루어지게 될 것이라고 예견했다.[25] 이 생각은 '종이 없는 사무실'로 잘 알려져 있다. 이상적으로 IT는 모든 자료를 전자적으로 저장 가능하게 할 것이고 복구가 가능하도록 할 것이다. 결국 IT는 모든 자료를 전자 방식으로 저장 및 복구 가능하도록 할 것이다. 모든 통신은 컴퓨터를 통한 전자 방식으로 이루어질 것이다. 사실 미래학자 토플러(Alvin Toffler)는 1984년에 "모든 것을 종이로 복사하는 것은 전자 워드프로세서 기능을 원시적으로 사용하는 것이다. 그리고 그것은 그(전자 워드프로세서) 영혼에 대한 신성모독이다."[26] 이 생각은 엄청난 공헌을 한 것처럼 여겨진다. 기업은 종이 파일을 제거함으로써 엄청난 저장

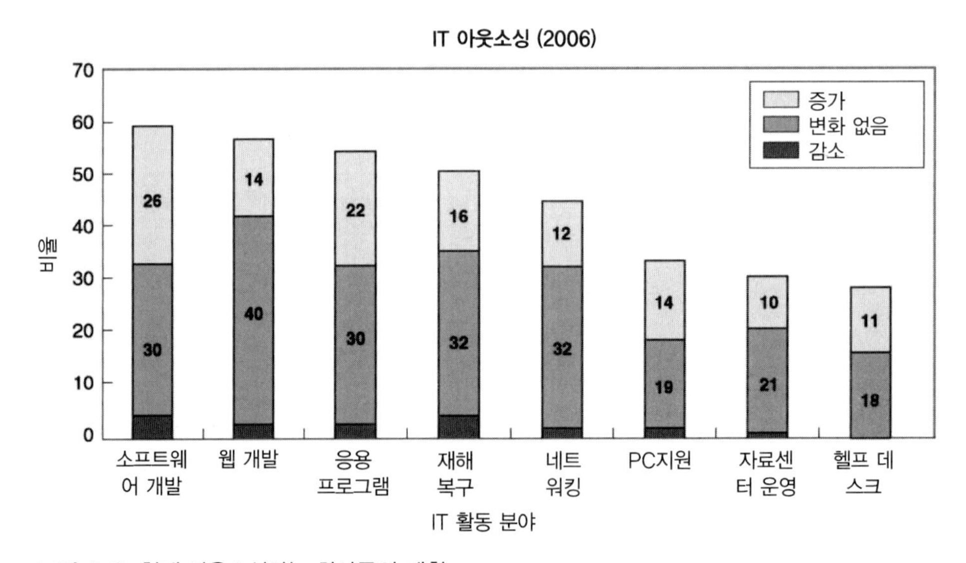

그림 6-2 현재 아웃소싱하는 회사들의 계획

---

24) 이 자료의 출처는 http://www.computereconomics.com/article.cfm?id=1161

25) 미래의 사무, 비지니스위크, 6.30.1975.

26) 앨빈 토플러, 제3의 물결, 뉴욕, 반탐, 1984.

공간을 확보할 수 있었다. 그것은 저장 공간과 저장 장비, 종이 구매 등에 드는 비용을 절감하는 것이다. 특히 조직 내의 공간을 줄이자는 현행의 압력을 생각해볼 때 나무를 아끼고 종이를 만드는데 필요한 에너지를 아끼는 생각은 매우 중요하다. 그러나 비록, 기술이 종이 사용을 줄이는 것은 가능하게 할지라도 대부분의 사업은 순수하게 종이 없는 사무실과는 거리가 멀다.

적어도 2000년 초기에 종이 사용은 실제로 증가했다. 고속복사기와 레이저 프린터의 등장은 더욱 쉽게 더 많은 종이 서류를 생산하도록 만들었다. 이메일과 웹 또한 종이 사용을 줄이지 않았다. 사람들은 종종 그들의 이메일과 방문했던 웹사이트를 출력한다.[27] 왜 사람들은 온라인으로 얻는 정보를 출력할까? 그것은 매우 비생산적인 일처럼 보인다.[28]

문제는 종이 없는 사무 이론이, 사람들이 종이에 대해 느끼는 방식을 고려하지 않았다는 것이다. 어떤 사람들은 서류가 자신의 손에 들려있다고 느끼지 않으면 진짜라고 생각하지 않는다. 종이는 종종 컴퓨터 스크린보다 읽기 쉽다. 종이는 휴대할 수 있고 주머니에 알맞게 접힐 수도 있고, 펜으로 표시할 수도 있다. 따라서 전체적으로 종이 사용은 폐지하기가 어렵다. 다른 요소들 또한 사업이 종이 없이 진행되는데 어려움을 준다.

사업은 종이에 기초한 기록에서 디지털 형태로 바뀌어져야 한다. 종이 사용은 시간 낭비일 뿐 아니라 종종 처리비용도 비싸다. 또한 스캔된 이미지를 편집 가능한 텍스트로 전환하는데 사용되는 OCR소프트웨어(광학식 문자인식 판독기)는 에러가 나기 쉽다. 변환된 서류는 복사된 원본과 반드시 비교되어져야 하고 수작업에 의해 교정되어야 한다. 게다가 종이 없는 사무화를 지향할지라도 파트너 기업이 종이 서류를 요구할지도 모른다. 종이 사용은 지금 감소하고 있다. 이메일 메시지를 출력하지 않고 몇몇 기업이 종이 없는 사무 운영으로 변화해가고 있다.[29] 기업이 전적으로 종이 없이 되어야 한다는 생각은 종이를 적게 사용하자는 목표로 대체되었다.[30]

닷컴기업의 흥망

기술경제하에서 가장 재미있는 일화 중의 하나는 기업이 기술을 실제로 만들어낸다는 것이다. '닷컴(dot-com)'으로 알려진 사업들은 이익을 얻기 위해 인터넷 사용의 새로운 방식을

27) http://earthtrends.wri.org/features/view-feature.php?theme=6&fid=19 참조.

28) 자료를 출력하기 위해 돈을 주고 웹사이트에서 정보를 얻은 적이 있는가? 웹사이트 자체가 종이 과잉 사용에 공헌하고 있다.

29) http://itmanagement.earthweb.com/article.php/3703551

30) http://www.techdirt.com/articles/20060109/0040253.shtml

찾아내고 새로운 하드웨어와 소프트웨어의 상품을 만들어내도록 고안되었다. 한동안 그러한 기업은 황금처럼 여겨졌다. 1900년대, 벤처자본가들은 기술이나 인터넷 관련 사업에 대한 생각을 가진 사람이면 누구든 성공할 것이라고 믿고 많은 돈을 벌 것이라고 믿었다.

벤처자본가는 따라서 창업기업에 수백만 달러를 쏟아부었다. 그러나 그 기업들은 대부분 그들이 무엇을 할지에 대한 계획도 거의 분명하지 않았다. 직원들은 비현실적으로 높은 임금을 받았고 놀랄 만한 특권을 누렸다. 예를 들면 어떤 회사는 피고용인들에게 비싼 차를 주고 헬스클럽 멤버십 카드를 지불해주었다. 그러나 대부분의 닷컴회사들은 잘 계획된 사업안 없이 시작했다. 그들은 '생각'에서 어떻게 '소득'을 이끌어낼지 지식이 거의 없는 무지한 상태에서 일했다.

2000년에 무수한 닷컴기업들이 곤란을 겪었다. 그들은 초기에 벤처자본 투자금을 써버렸고 보여줄 만한 서비스와 생산품을 내놓지 못했다. 많은 닷컴기업들이 여전히 소득이 없고 벤처투자자들은 더 이상 돈을 투자하는 것을 꺼렸다. 자금이 말라가고 적자 속에서 운영되던 닷컴회사는 문을 닫았다. 이것은 IT산업에서 일자리가 부족하도록 만들었다. 실패한 닷컴기업의 직원들이 고용시장에 흘러 넘쳤고 모두 똑같은 직업을 찾아 헤맸다. [**표 6-2**]에서 나타난 최고로 실패한 닷컴기업의 목록을 볼 수 있다.[31] 식료품 배달업 같은 좋은 생각도 있었지만 거의 수행되지 않았고 시기상조인 면이 있었다.[32] 나머지 것들은, 특히 플루즈닷컴(Flooz.com)에 의해 행해진 웹 유통 아이디어는 실패의 대표적 사례이다. 이론적으로 고객이 플루즈닷컴에 입금을 하면 기프트카드처럼 사용될 수 있다. 그러나 플루즈닷컴은 신생 기업이었고 사람들은 기꺼이 돈을 보내려하지 않았다. 실패해가는 닷컴기업에 벤처 자본이 거절하자 전세계 경제에 파문이 일었다. 자본이 고갈되자 닷컴기업의 과장되었던 주식가격은 심각하게 폭락했다.

2000년 3월 20일, 많은 기술 회사의 주식이 거래되었던 NASDAQ 주식시장은 5000포인트 이상이라는 고가로 마감했다. 그러나 단 5일 후, 4600포인트 이하로 떨어졌다. 2003년에도 하락이 지속되어 2000포인트 이하를 밑돌았다. 그토록 많은 닷컴기업의 실패는 새 사업이 인터넷에서 성장할 수 없다는 의미는 아니다. 사실 어떤 기업은 실제로 인터넷에 등장해서 괄목할 만한 성장을 거두었다.

31) http://www.cnet.com/4520-11136_1-6278387-1.html

32) 홈 식료품 배달업(home grocery delivery)은 오프라인상점에서 서비스를 지원하면 최고의 능률을 보일 것이다. 가게 목록이 온라인에 있고 온라인으로 주문을 할 수 있다. 그러면 상점 직원이 목록을 보고 쇼핑을 한다. 그런 다음 배달한다.

표 6-2 실패한 대표적인 닷컴기업

상호명	운영기간	사업 유형	손실 금액 (달러)
Webvan	1999~2001	식료품 배달	12억
Pets.com	1998~2001	애완동물 공급	8천 250만
Kozmo.com		품목의 가정 배달 서비스	
Flooz.com	1998~2001	온라인 유통	3천 5백만
eToys.com*	1997~2001	온라인 유통	1억 6천 6백만
Boo.com	1998~2000	온라인 의류가게	1억 6천만
MPV.com	1999~2000	유명 스포츠 인사들이 추천한 운동기구	8천 5백만
Go.com	1998~2001	디즈니의 포털사이트	7억 9천만
Kibu.com	1999~2000	10대 소녀들을 위한 사회네트워킹	2천 2백만
GovWorks.com	1999~2000	지방자치정부와 일하는 포털사이트	1천 5백만

● 2001년, 파산 이후 eToys는 KayBee Toys에 매각되었다. 지금 다시 독립해서 http://www.etoys.com에서 찾아볼 수 있다.

실패의 영향

닷컴기업의 흥망 효과는 큰 실패가 발생했을 때 그 산업(분야)에서 일하는 사람들에게만 제한되는 것이 아니다. 닷컴기업의 요란한 출현과 몰락을 미디어가 다룸으로써 많은 컴퓨터 관련 전공 대학생들이 동요하게 된다. [표 6-3]에서 볼 수 있듯이 컴퓨터 전공으로 선택하고 입학한 신입생의 비율은 2000년 전까지 꾸준히 증가한다(2000년은 닷컴기업의 실패가 뉴스를 장식하던 때였다). 그 이후 입학 비율은 가파르게 하강한다. 최근 몇 년 동안 약간의 증가율이 있긴 하지만 입학자 수는 2000년 수준으로 회복될 것 같지 않다.

컴퓨터를 공부해서 학위를 얻은 학생들의 대다수는 기술직을 가지고 활동할 수 있는 사람들의 수와 직적접인 관련이 있다. 미국 노동통계청에 따르면 컴퓨터 시스템 설계와 완성 분야의 대다수 직업들은 2016년까지 40% 가까이 증가할 것이다. 시스템 유지보수, 보안 등과 관련된 직업은 80% 가까이 성장할 것이다.[33] 동시에 컴퓨터 관련 학위를 가진 졸업생들의 수는 수요를 맞추지 못할 것이다. 닷컴기업의 파산에 대한 기억은 대학생들의 부

33) http://www.bls.gov/oco/oc02003.htm

모 마음에는 여전히 생생하다. 이러한 경우 부모들은 자녀들이 컴퓨터와 관련된 직으로부터 멀어지도록 능동적으로 유도한다. 왜냐하면 자녀들이 졸업했을 때 직장이 없을 것이라고 믿기 때문이다. 따라서 우리는 2010년에 이르면 IT 근로자의 부족에 직면한다.

표 6-3 컴퓨터 공학을 전공하는 대학 신입생의 입학 비율

연도	남자	여자	합계
1994	3.0	0.9	2.0
1995	3.5	1.0	2.4
1996	4.5	1.1	2.6
1997	5.0	1.4	3.0
1998	5.6	1.5	3.4
1999	6.5	1.4	3.7
2000	6.4	1.4	3.7
2001	6.0	1.2	3.4
2002	4.5	0.6	2.5
2003	3.5	0.4	1.6
2004	2.9	0.4	1.4
2005	n/a	n/a	1.6

예견된 인력 부족이 구체적으로 드러나고 대중잡지, 신문에서 광범위하게 다루는 이슈가 되면 우리는 컴퓨터 관련 입학자 수가 상승하리라고 예상한다. 그러나 신입생의 증가가 시장에 영향을 끼치기까지 4년이 걸린다. 기업 세계가 근로자의 새로운 등장을 기다리는 동안 기존의 기술 전문 영역의 임금은 올라갈 것이다. 임금상승은 기술관련 전공을 선택하려는 학생을 격려할 것이다. 근로자들의 과잉은 시장에 홍수를 이루며 임금을 하락시킬 것이다. 요지는, IT시장에 대한 대중의 직관력이 그 분야에 진입하려는 사람들의 수에 엄청난 영향을 미친다는 것이다. 적어도 예견 가능한 미래까지는 IT 근로자의 공급은 주기적 순환중인 채로 남아 있다.

소프트웨어 산업의 경제학

소프트웨어 산업은 지난 10년 동안 엄청난 뉴스거리였다. 특히 마이크로소프트에 대항하여 각 정부기구에 의해 독점반대 소송이 제기되었다. 법정과 소비자가 직면한 곤경은 소프트웨어 개발에 따른 판매 경제의 독특성이다. 소프트웨어 시장은—그 본성에 따라—순수

한 경쟁시장이 아니다. 먼저 소프트웨어 패키지를 판매하는 행위에 무슨 비용이 드는가에 대해 고민해보자. 모든 소프트웨어 패키지는 개발비용이 든다. 심지어 오픈소스 프로그램을 개인적으로 활용하는데도 시간이 든다. 일단 개발비용이 지불되면 소프트웨어 장치를 팔기 위한 비용이 거의 들지 않는다. 소프트웨어의 '한계원가'(팔기 위한 한 개의 추가적인 유닛을 생산하는 비용)는 생산된 양에 상관없이 사실상 제로이다.[34]

순수한 경쟁시장에서 상품의 판매비용은 보통 한계비용과 같다. 그러나 만약 그것이 소프트웨어 시장에서 사실이라면 모든 소프트웨어는 무료가 될 것이다. 가격 정책은 따라서 한계비용인 상품에 대해서일 때와 소프트웨어 상품일 때 달라진다. 소프트웨어는 소비자가 결정하는 가치에 대해 비용을 할당하는 것에 의해 가격이 결정된다. 앞 장에서 설명했듯이 소프트웨어 시장은 많은 수의 기업이 같은 물건을 만들고 같은 소비자들을 두고 경쟁하는 단순한 경쟁시장이 아니다. 반대로 두 소프트웨어 개발자가 워드프로세서를 만들었을 때 제품은 다르고, 소비자들은 보통 하나만을 선택한다. 각 개발자는 그 상품판매에 대해 독점권을 가진다. 이러한 시장의 유형은 '경쟁적 독점'으로 알려져 있다.

경쟁적 독점은 꼭 나쁜 것은 아니다. 그리고 우리 경제에는 많은 경쟁적 독점이 있다. 책과 음악은 좋은 예이다. 각 출판사는 책에 대해 독점적 지배권을 가진다. 생산품은 차별화되었으나 동등한 기능을 제공한다. 그리고 소비자는 다른 것에 대한 특별한 유형의 생산품 한 가지를 고를 것이다. 예를 들어 만약 값비싼 한 권의 하드커버 책을 살만한 돈을 가지고 있다면, 아마도 다른 출판사에서 나온 몇 권의 값싼 책을 고려할 것이다.

그러나 경쟁적 독점은 가격담합이 가능하다. 시장에서 몇 개의 회사가 담합하여 그들의 상품에 가격을 정한다. 가격담합은 미국과 캐나다에서 불법이다. 왜냐하면 그것은 반경쟁적이고 따라서 자유교환에 반하여 작동하기 때문이다. 담합책정은 소프트웨어 시장에서 잘 이루어지지 않는다. 예를 들어 당신이 데스크톱 컴퓨터 운영체제를 고를 때, 윈도우를 선택할 수도 있고 유닉스(unix)를 선택할 수도 있다.[35] 사용자들은 대부분 한 가지 운영시스템 플랫폼을 선택할 것이다.[36] 따라서 회사는 돈을 벌 수 있는 한도 내에서 최대한 낮은 가격을 고수하기를 원한다.

가격담합보다 법적으로 더 애매한 관행은 '끼워팔기'이다. 한 회사가 소비자에게 어

---

34) 그렇다. 미디어를 복사하고 판매하기 위한 실제 패키지를 준비하는 비용이 든다. 그러나 경제학자들은 소프트웨어 한계비용이 0이라는 점을 여전히 고려한다. 실제로 벤더(vendor)의 홈페이지에서 소프트웨어를 다운로드할 때와 전자매뉴얼을 수신할 때 전혀 비용이 들지 않는다.

35) 맥 OS X(Mac OS X)는 리눅스와 마찬가지로 유닉스 버전이다.

36) 여기에서 제외된 것은 인텔매킨토시(Intel-powered Macintoshes)의 윈도우 사용이다. 이전 오퍼레이팅 시스템은 맥 OS X였지만 컴퓨터가 윈도우로 운영될 수 있거나 윈도우가 맥 OS X 안에서 실제 체제로 운영될 수 있다.

떤 것을 구입하기 위해 다른 한 가지 상품을 받아들이도록 요구하는 것이다. 사실, 미국 정부는 1998년 운영시스템에 웹브라우저(Microsoft's Internet Explorer)를 끼워 파는 MS에 대항한 반독점소송을 걸어 판례를 세웠다. 기본 논거는 대부분 운영자들이 구매할 운영시스템에 브라우저를 끼워 판매함으로써 MS는 브라우저 시장의 경쟁자들을 억압했다는 것이다. 결과는 미국 정부가 원하는 것이 아니었다. 1심판결은 MS가 두 개의 회사 —응용프로그램 분야와 운영시스템 분야—로 분리할 것을 요구했으나 판결이 전복되었다. 대신에 MS는 윈도우 운영시스템에서 브라우저를 분리할 것을 요청받았다. 상당 부분 MS는 미국에서 평소와 다름없이 사업을 계속하고 있다. 그러나 MS는 여전히 다른 나라와 유럽연합에 의해 제기된 소송에 시달리고 있다.

소프트웨어 시장은 전통적인 경쟁적 시장의 몇몇 특징을 보여준다. 중요한 브랜드 충성도가 있을 수 있다. 어떤 소비자들은 특정 판매인이 파는 소프트웨어를 선택한다. 왜냐하면 그들은 그 회사를 알고 있고 과거 그 회사의 제품을 사용해왔기 때문이다. 게다가 일단 소비자는 기존의 운영시스템에서 운영되는 응용프로그램 소프트웨어와 오퍼레이팅 시스템을 산다. 다른 플랫폼으로 전환하는 것이 비용이 많이 들기 때문이다. 이 두 가지 요인은 시장에서 상당수의 경쟁을 감소하는 경향이 있다.

왜 더 이상 소프트웨어 개발자가 없는가? MS가 운영시스템과 오피스 시장을 지배하듯이 어도베(Adobe)사가 그래픽 세계를 지배한다. 왜 Adobe에게는 심각한 경쟁사가 없는 것일까? 두 가지 주요 이유가 있다. 첫째는 그래픽 소프트웨어를 사는 대부분의 사람들이 이미 다 샀다는 것이다. 업그레이드 구매자보다 새로운 구매자가 훨씬 적다. 이것은 새로운 회사가 새 상품 개발에 자금을 제공해야 할 뿐 아니라 기존 사용자들이 전환하도록 확신을 주어야만 하는 중요한 '진입 장벽'을 제공한다. 새 상품이 훨씬 강화된 특징과 사용의 편리를 제공하지 않는다면 사람들은 바꾸지 않을 것이다.

둘째로 소프트웨어 시장에서 엄청난 양의 합병이 있어왔다. 예를 들어 Adobe는 경쟁사인 매크로미디어(Macro Media)를 샀고 Adobe 라인 안에 그 회사의 많은 제품을 통합했다. 이러한 경향은 소프트웨어를 개발하는 회사가 많아지게 하기보다 적어지도록 한다. 이 같은 합병이 발생하면 그 산업에 고용되었던 많은 사람들은 지위가 불안해진다. 합병당한 회사를 위해 일했던 사람들 모두가 해고당하지는 않을지라도 많은 사람들이 스스로 직장을 그만두기도 한다. 결국 우리는 시장에서 소프트웨어의 저작권 침해 효과에 대해 고려해야 한다. 1980년대 동안 PC가 광범위하게 사용되던 때에, 소프트웨어는 복사방지 조치된 디스크 상태에서 판매되었다. 당시에는 복사방지를 깰 수 있는 프로그램이 신개발되어 암암리에 소통되기 시작했다. 디지털 복사가 원본과 동일하고 데스크톱의 초기 소프트웨어가 매우 비싸다면 사람들이 복사방지를 망가뜨리려는 충분한 동기가 생긴다. 그리고 팔거나 무료로 제공할 수 있고 소프트웨어의 해적판을 만들 동기가 생긴다.

궁극적으로, 미션 크리티컬(Mission-critical)은 절대적으로 필요한 시스템을 가리킨다. 이 용어는, 만약 제대로 작동하지 않으면 수십 억 달러를 들인 임무가 한순간에 날아가 버릴 수도 있어 임무 수행을 위해 반드시 동작되어야 할 중요한 부품들을 일컫는 말로 NASA에서 쓰이기 시작하였다. IT 분야에서는, 대개 회사의 운영에 필수적이라고 간주되는 데이터베이스 또는 프로세스 제어 소프트웨어 등과 같은 애플리케이션을 가리키며, 대개 PC보다는 메인프레임 또는 워크스테이션 등에서 운영된다) 응용프로그램의 백업 디스크를 만들기에 무능력하다는데 대한 사용자들의 염려는 결국 복제 방지를 제거하도록 하는 결과를 낳았다. 이와 더불어 소프트웨어 개발자들이 소프트웨어 가격을 낮추기 시작했는데 이는 불법복제의 수익률을 떨어뜨렸다.[37)]

그럼에도 불구하고 심각한 소프트웨어 불법복제가 이루어졌다. 그리고 사무용소프트웨어연합(BSA: Business Software Alliance)과 같은 기구의 노력에도 불구하고 상당수의 불법복제가 탐지되지 않는다. 불법복제를 하는 많은 사람들이 만약 무료복제품을 입수할 수 없다면 어떻게 소프트웨어를 살 것인지 우리는 결코 알 수 없다.

성공적인 인터넷 사업들

웹에서 운영되는 대다수의 성공적인 기업들은 또한 소매 거래점을 소유하고 있다. 백화점은(예를 들어 제이씨(JC), 페니(Penney), 시어스(Sears), 타겟(Target), 케이마트(Kmart), 노드스톰(Nordstorms) 등) 인터넷기업들이 수많은 카탈로그 제작과 배포 비용을 들이지 않고도 엄청난 소비자들의 지지를 얻어 온라인 판매로 이익을 남겼다는 것을 알았다. 전통적인 카탈로그 소매업체들은(예를 들어 엘엘빈(LLBean)과 랜즈 엔드(Lands End)와 같은) 인터넷에서 판매를 하는 것이 비용효과가 크다는 것을 알게 되었다. 그러나 실제적 세계에서 존재하지 않고 인터넷에서만 존재하는 기업도 있었다. 이에 우리는 무엇이 이러한 사업을 독특하게 만드는지 그리고 많은 닷컴기업이 실패하는 동안 왜 성공을 거두었는지 살펴볼 것이다.[38)]

37) 불법복제를 없애기 위한 낮은 가격정책은 컴퓨터 산업에서 시작한 것은 아니었다. 그것은 영화 부문에서 시작했다. 영화 복제는 VCR이 등장한 뒤 여러 해 동안 만연되었다. 그러자 파라마운트는 <칸의 분노The Wrath of Khan>를 19.95달러에 내놓았다. 이 테이프는 불법복제판보다 그다지 비싸지 않게 되었다. 그리고 질적으로 훨씬 좋았다. 전략은 제대로 먹혀들었다. 판매 수는 솟구쳤고 해적판은 시장에서 사라졌다. 영화와 음악의 디지털 복제는 좀 다른 이슈이다. 따라서 11장에서 논의될 것이다.

38) 이 논의는 고의적으로 페이스북(face book)과 마이스페이스(My space)와 같은 사회적 네트워킹 사이트는 제외되었다. 이는 사회네트워킹 사이트가 사회상호관계에 미치는 영향에 대해 살펴볼 7장에 포함될 것이다.

이베이와 페이펄

이베이(eBay)는 업태를 분류하기 어려운 사업이다. 생산품이 없다. 하지만 이베이는 사람들을 위해 상품을 파는 매개자로 역할한다. 이베이에게 매물 등록비(listing fee)와 최종 비용을 지불할 때, 이베이의 사이트를 사용하는 비용을 지불하는 것이다. 팔려는 물품을 광고하고, 팔고, 구매자와 의사소통하기 위해 모든 상호교환이 이베이의 토대를 통해 발생한다. 판매자와 구매자는 거의 만나지 않는다. 그리고 판매자는 구매자에게 팔 품목을 가져다주어야 한다. 이베이는 인터넷 없이 존재할 수 없다.

이베이는 1995년 컴퓨터 프로그래머인 피에르 오미야르(Pierre Omidyar)에 의해 설립되었다. 그는 그것을 옥션웹(Auction Web)이라고 불렀고 개인 홈페이지로서 사용했다. 그는 망가진 레이저프린터를 처음 팔려고 했을 때 너무나 놀랐다. 1996년 가을 무렵, 이베이는 단 한 명의 직원과 사장이 있는 진짜 회사로 출발했다(1997년에 이름을 옥션웹에서 이베이[39]로 바꾸었다). 그 이후로 이베이는 사용자들이 이베이 사이트에서 가상의 점포를 운영하도록 하면서 성장해왔다. 이베이 판매를 통해 전체 소득을 얻는 사람들도 있었다. 2006년에 진출한 이베이익스프레스는 더 전통적 판매를 지지한다.

2002년 이베이는 인터넷 회사인 페이팔(PayPal)을 샀다. 페이팔은 구매자와 판매자간에 금융을 송수신하는 금융중개인으로서 기능했다. 페이팔은 온라인 상인이 직접적 상거래 계좌 없이 신용카드 지불이 가능하도록 했다. 그것은 구매자를 위해 판매자들이 구매자들의 금융 상태를 볼 수 없도록 보호 장치를 제공했다. 판매자들은 페이팔에 계좌를 유지한다. 그러면 그들은 마스터카드를 받는 어떤 곳에서든 상품을 사기 위해서 페이팔데빗 마스터카드를 사용한다. 또한 돈을 개인계좌와 사업계좌에 송금한다. 페이팔은 판매자들이 받는 일정 비율의 수익금을 청구하여 돈을 번다. 법적으로 페이팔은 은행이 아니다. 대출도 안 되고 사용계좌에 이익을 지불하지도 않는다. 돈의 수송을 알려주는 정보교환소이다. 이베이도 유사한 경매교환소, 정보교환소이며 그것은 현존하는 소매사업이 아니다. 인터넷 없이 페이팔은 존재하지 않았을 것이다.

아마존닷컴

아마존닷컴(Amazon.com)은 성공한 닷컴기업 중 하나이다. 아마존은 몇 년간의 적자 이후 2003년부터 이익을 얻기 시작했다. 아마존은 1995년 온라인 책 서점으로 시작했으며

39) 오미야르의 컨설팅회사는 에코 베이(Echo Bay) 기술그룹으로 이름지어졌다. 그래서 처음에 그는 도메인 이름을 echobay.com 으로 등록하려 했지만 이미 사용자가 있었다. 그래서 선택한 것이 eBay이다.

실제 서점보다 책 가격을 훨씬 낮게 내놓았다. 심지어 운송료가 포함되어 있었다. 오늘날, 아마존은 다양한 오락 미디어 전자제품, 부엌용품, 도구, 정원 아이템, 의류, 보석, 운동 기구 등을 판매한다. 또한 토이즈알어스(Toys-R-us), 시디 나우(CD-Now), 보더 북스(Borders Books)와 같은 다른 회사를 위해 온라인 판매를 운영한다. 아마존은 재판매 네트워크도 운영한다. 예를 들어 책이 출판되면 서점 중 하나는 아마존과 접속한다. 재판매자는 직접 구매자에게 수송하고 아마존에게 구매가격의 일정비율을 지불한다.

아마존 리스트에 포함된 다른 소매업자도 그들의 재고품을 교환함으로써 아마존 온라인과 마찬가지로 행동한다. 그러나 아마존은 창고가 있다(북미에 10개, 유럽에 9개, 아시아에 4개). 아마존은 가장 인기 있는 품목들을 저장해두었고, 따라서 재빨리 수송할 수 있다. 몇 가지 요소들이 아마존이 성공하도록 이끌었다. 먼저, 자금 조달이 용이했기에 소비자 토대를 구축하는 동안 손해기간을 버틸 수 있었다. 두 번째, 어디서도 내놓을 수 없는 싼 가격에 물건을 제안했고 우수한 서비스를 제공했다.

구글

웹에서 특별한 뭔가를 찾고 싶을 때 어느 웹사이트를 가장 선호하는가? 어디로 가야 할까? 모든 것을 찾을 가능성이 있는 곳, 그곳은 구글이다.[40] 구글은 세계에서 가장 넓게 사용되는 웹 검색엔진이다. 다른 어떤 검색엔진보다 더더욱 빠르고 직접적으로 연결되고 지속적으로 회신된다. 그것은 웹사이트 내용을 목차화하는 방법을 사용해서 정보를 수송하는 통로가 되었다. 구글은 1996년 스탠포드대학 박사과정에서 연구를 하던 래리 페이지(Larry Page)와 세르게이 브린(Sergey Brin)에 의해 시작되었다. 프로젝트는 더 좋은 웹 검색엔진을 생산하는 설계에 관한 것이었다. 그들의 이론은 웹사이트간의 관계를 목록화하는 것을 포함했다. 스탠포드 웹사이트를 이용한 실험에서 그 이론이 잘적응한다는 것을 증명했다.[41]

그들은 1997년 구글닷컴(google.com)을 도메인으로 등록했다. 그리고 1998년 법인조직이 되었다. 구글은 사용자에게 서비스를 무료로 제공한다. 하지만 구글은 검색결과 페이지 한쪽에 나타나는 광고를 판매하면서 돈을 얻는다. 이 광고들은 단지 문장일 뿐이라는 것을 주지하라. 플래시그래픽이나 성가신 팝업 윈도우가 아니다. 그러나 너무나 많은 사람들이 구글을 사용하기 때문에 스폰서 비용을 지불한다.

---

40) 구글은 오늘날 우리에게 중요한 부분을 차지한다. 구글이라는 말은 "정보 검색하다"라는 동사의 의미가 되었다. 달리 말하면 만약 닷컴에서 프로젝트를 연구할 필요가 있다면 아마도 "난 구글닷컴으로 들어가"라고 말할 것이라는 의미이다.

41) 이 시대에 다른 검색 엔진은 무수히 많다. 검색테스트는 페이지에 무수히 나타난다. 검색텍스트가 많이 나타날수록 결과물에 훨씬 더 고급스러운 페이지가 뜬다.

구글이 성장함에 따라, 그것은 다른 영역으로 확장했다. 구글은 원하는 누구에게든 지메일(g-mail)[42]을 제공했고 구글어스(Google earth)[43]를 제공하여 위성사진으로 지도[44]를 제공한다. 구글은 또한 비즈니스 응용프로그램 세트(Google Docs) [45]를 제공했다. MS오피스[46]와 경쟁하는 서비스사업인 그랜드센트럴(Grand Central)은 사용자가 선택하는 북미 지역의 어떤 코드 안에서는 무료로 전화번호를 제공한다. 누군가 전화를 하면, 그랜드센트럴은 사용자 선택의 번호로[47] 전화를 전송해준다.

비록 어떤 경우 사용자가 약간의 요금을 내고 서비스 확장을 위해 업그레이드할 수 있다고 할지라도 이러한 생산물의 각 서비스 기본단계는 무료이다. 예를 들어 개인이 글로벌 포지셔닝 시스템을 추가하거나 아니면 GPS, 구글어스를 20달러 정도 지불하고 추가할 수 있다. 단체는 40달러 이상 내야 한다.

왜 그들은 성공하는가

많은 닷컴기업이 몰락하는 동안 이 회사들은 왜 성공했을까? 무엇이 그들을 다르게 만드는 것인가?

우선 이 성공적인 기업들이 공통적으로 가진 것에 대해 고려해보자.

- 어느 곳에서도 제공되지 않았거나 신규 사업이 최고의 기존 사업보다 더 나은 것을 제공할 수 있다는 생각
- 견고한 비즈니스 계획
- 소비자 토대가 구축되어 이익이 날 수 있는 시기까지 기다릴 수 있는 튼튼한 자산
- 좋은 경영
- 기업이 성장할수록 다른 분야에로의 확장, 관련 서비스와 제품의 확대

아이러니한 것은 이 요소가 인터넷 기업이든, 소매사업이든, 둘을 결합한 것이든 어떤 새 기업에도 적용될 수 있다는 것이다. 성공적인 웹 사업은 소비자와 상호관계 맺는 방식이 다르다. 기술은 아마도 사업하는 방식을 변화시킬 것이다. 그러나 사업을 성공적으로 만드는 요소는 변화하지 않는다.

---

42) http://mail.google.com

43) http://earth.google.com

44) 구글서비스는 개인 감시에 사용될 수 있다는 몇 가지 문제가 있다. 어떤 경우 위성사진은 식별 가능한 사람들을 보여준다. 그러나 구글서비스 정보는 웹에서 어디서든 유용하다.

45) http://docs.google.com

46) 구글 생산품의 비교적 완전한 목록은 http://en.wikipedia.org/wiki/List_of_Google_products

47) 그랜드센트럴의 가장 좋은 점은 전화를 무료로 전송한다는 것이다. 따라서 만약 전화하는 사람을 위한 장거리전화가 있는 곳에서 지역 코드번호가 있으면 당신에게 도달하는 전화는 비용이 안 든다. 전화가 전송되는 곳의 지역코드에 상관없이 그랜드센트럴은 또한 동시에 복수 전화번호를 전송한다. 집에 있든 직장에 있든, 움직이고 있는 당신에게 갈 수 있도록 전화를 전송한다.

어디에서 어떻게 물건을 살까

WWW이 사용된 이후, 그것을 통해 누군가 물건을 판매함으로써 돈을 벌겠다는 방식을 생각해내기까지 오래 걸리지 않았다. 그러나 전자상거래(줄여서 e-commerce)는 사실 초기에 시작되었다. '전자상거래'라는 용어의 처음 사용은 1970년대에 사용되었던, EFT (electronic funds transfer)와 EDI(electronic data interchange)와 같은 사업 자료를 전송하기 위해 원격통신을 사용하는 것을 언급했던 때이다. 전자상거래는 신용카드의 사용을 통해 확장되었다. 왜냐하면 매매업무가 카드를[48] 발행하는 은행에 연락할 작은 단말기 장치에 의해 자동화되었기 때문이다. 언제 전자상거래가 개인소비자들을 위해 통로를 제공하는 소비자 분야로 확장됐는지 정확히 말하기 어렵다.

보스턴 컴퓨터 익스체인지(Boston Computer Exchange)가 1982년 중고 컴퓨터 장비를 팔기 위한 장소를 제공하기 위해 운영을 시작한 것이 시초이다. 그럼에도 불구하고 1990년대 중반까지 웹이 사업과 소비자간 쇼핑의 매개가 되지 않았다. 2000년 초기 닷컴 기업의 몰락은 많은 취약한 전자상거래 사업이 현실 도피하도록 만들었다. 그리고 오늘날 시장과 '보이지 않는 손'은 어떤 전자상거래 신규 사업이 성공적인지 결정한다.

온라인쇼핑은 장점과 단점을 가지고 있다. 장점은

- 상품에 대한 폭넓은 선택권이 있다. 웹 상점을 소유하는데 많은 비용이 들지 않는다. 그래서 작은 소매업자도 인터넷을 통해 접근하기 쉽다.
- 소매업자들의 가격과 특징을 비교하기 쉽다.
- 집이나 사무실을 떠나지 않고 물건을 살 수 있다. 육체적 문제나 시간에 얽매여 있는 사람들에게 온라인 쇼핑은 물건을 살 수 있는 가능한 유일한 방법이다.

단점은

- 쇼핑의 사회적 측면이 상실되었다. 사회적 활동으로서의 쇼핑의 중요성이 과소평가될 수는 없다. 쇼핑은 어떤 사람들에게는 유일한 사회적 접촉이다. 이러한 이유만으로 소매 쇼핑은 사라지지 않을 것이다.
- 온라인으로부터 품목을 수송 받는 것은 동네 상점에서 사는 것보다 오랜 시간이 걸린다.[49]
- 상품을 구매하기 전 직접 확인할 수 없다. 예를 들어 온라인에서 새 차를 주문할 수 있다하더라도 대부분의 사람들은 주문하기 전 몇 가지 모델을 시험운행해 보고 싶

48) 신용카드 거래업무를 승인하기 위한 모뎀과 표준 전화기 선의 사용은 여전히 많은 소규모 사업에 최첨단 기술로 인식된다.

49) 이 기술의 눈에 띄는 예외는 소프트웨어이다. 소프트웨어 상점의 대부분은 상품을 다운로드하기 유용하게 만들었다. 오픈 소프트웨어에 시리얼번호 사용에 대한 비용을 지불한다. 이 책 후반부에서 논하게 될 전자책(E-books)은 보통 즉각적으로 다운로드할 수 있다.

어 한다. 이러한 상황에서 소비자는 시험운전을 하기 위해 딜러를 방문할 것이다. 그리고 차를 구매하는 결정은 온라인 숍에서 가장 좋은 가격을 찾아볼 것이다.

- 온라인 쇼핑이 안고 있는 위험이 있다. 신용카드 번호, 개인정보 주문 사항들이 도난당할 피해를 입기 쉽다.[50] 소매업자들은 신분정보 도난 방지를 위한 안전장치를 장착할 의무가 있다.

기술은 산업을 어떻게 변화시켰는가

기술은 어떤 산업에서는 기본적 변화를 자극한다. 그래야 사업을 유지할 수 있다. 이제 은행, 출판, 농업에 대해 알아보자.

은행

은행 업무는 새로운 기술의 채용을 일찍 시작한 오랜 역사가 있다. 계산을 쉽게 하는 어떤 것이든 은행 업무를 도울 수 있다. **[표 6-4]**에서 볼 수 있듯이 은행 업무는 1945년 초기부터 운영의 주요 영역에 컴퓨터를 사용하기 시작했다.[51] 이익을 남기기 위해 은행은 대출을 하든, 수표를 교환하든, 양도증서와 같은 금융상품에 이자를 지불하든 간에 반드시 돈을 유통시켜야 한다. 대출을 하기 전 은행은 대출에 요구되는 개인이나 조직의 신용도를 검토할 수 있어야 한다. 그리고 나면 은행은 반드시 절차에 따라 월별 명세서와 신용상환에 따라 대출 서비스를 해야 한다.

신용의 역사 개인의 모든 신용의 이력은 3개의 주요 신용조사기관의 컴퓨터에 저장되어 있다. 신용검토는 전화로 이루어지는 컴퓨터에 의해 이루어진다. 우리가 돈을 내는 회사는 지불내역을 전자로 신용기관에 보낸다. 즉시 접근 가능한 컴퓨터화 된 개인 신용내역에 대해 대부분의 사람들은 좋기도 하고 나쁘기도 하다는 평가를 가졌다. 만약 우리의 신용등급이—얼마나 우리가 돈을 잘 내는가에 기초하여 신용조사기관에서 계산할 숫자상의 수치—좋다면 우리는 빨리 대출을 받을 수 있는 존재로 등록된다. 그러나 신용도가 좋지 않았다면 반대로 기록된다.

수표거래 어음교환소라는 아이디어는 18세기로 거슬러 올라간다.[52] 미국에서 제1의 어

---

50) 공공의 여론과는 반대로 인터넷에서 신용카드 번호가 떠돌아다녀도 관련된 위험이 거의 없다. 우선, 신용카드 번호는 암호화되어 있다. 둘째, 수많은 정보교환이 이루어지는 인터넷에서 신용카드 번호를 포함한 특별한 정보를 수집하는 것은 시간낭비이고 노동집약적이다. 셋째 가장 작은 메시지라도 복합된 정보 안에서 깨진다. 그리고 모든 정보는 같은 루트를 사용하는 행로를 거치지 않는다.

51) 콘라드 주세즈의 세 번째 기계(Konrad Zuse's third machine)인 Z3에 관해 떠도는 이야기가 있다. Z3가 2차대전 연합군 폭격에서 살아남았고 여러 해 동안 오스트리아에 있는 은행에서 사용되어 왔다는 내용이다.

52) 어떻게 시작되었는지에 대한 자료를 찾아보려면 http://www.factmonster.com/ipka/A0001522.html

음교환소는 연준이다. 캐나다에서는(대부분 유럽도) 은행 집단에 의해 도움을 받는 조합이 수표 어음교환을 다룬다. 그 과정에 정부기관은 개입하지 않는다. 손으로 쓴 것을 읽을 수 있는 소프트웨어가 소개되기 전, 수표 어음 교환과정에서 중요한 과정은 손으로 이루어졌다. 예를 들어 미국 연준은 수표가 통과해야 할 특별한 단말기에 사람을 앉히기 위해 고용했다. 오퍼레이터는 수표 액수를 읽고 그것을 기계에 입력하면 그 기계는 수표 아래 부분에 마그네틱 잉크로 액수를 찍는다. 일단 코드화된 수표는 자동적으로 처리되었다.

2004년 이전, 비록 수표 업무와 관련된 금융은 전자로 전사되었으나 실제 수표는 발행된 은행까지 차량에 의해 발송되었다. 수표는 지국에서 종종 손으로 분류되었고 월별 명세서에 따라 고객에게 돌아갔다. 그러나 체크 21법은[53] 미국에서 모든 것을 변화시켰다. 은행은 실제 수표를 회수하는 대신 수표의 디지털이미지를 제공할 수 있도록 허락받았다.[54] 유사한 조건부의 법률이 캐나다에서도 적용되었다.[55] 수표는 디지털로 찍혀 나왔고 온라인 이미지나 출력된 명세서에 소비자가 쓸 수 있도록 만들어졌다. 체크 21에 따르면 대용수표는 취소된 종이 수표만큼이나 유효한 법적 문서이다. 이 변화로 인해 수표가 보다 빨리, 하루 미만 내에 교환되도록 하는 결과를 낳았다.[56]

표 6-4 과거 2세기 동안 금융업의 기술 사용

년도	기술 사용
1846년 이전	인쇄된 수표 등장
1846~1945	위의 사항에 다음 항목 추가
	주식가격 속보 게시(특히 변형된 전신케이블 사용이 국제 거래를 가속화)
	자사간의 원격 통신
1945~1968	위 사항에 다음 항목 추가
	자동 은행 명세서
	체크 개런티 카드
	자동 수표교환 시스템
	수표 위에 은행 확인, 계좌 분포, 금액 부호화 등을 위한 자기잉크 문자 식별기, MICR 소개

53) http://www. federalreserve.gov/paymentsystems/truccatuin/

54) 당시에 대부분의 원본 수표는 갈기갈기 찢겨졌다.

55) http://www.afponline.ca/pub/res/news/ns_20051201_image,html

56) 은행은 보다 빨라진 교환을 통해 이익을 얻는다. 만약 수표를 예금하면 은행은 예금된 돈을 방출하려고 대상을 고른다(은행은 그럴 필요는 없지만 예금자산을 붙잡고 있을 법적 시간을 기다릴지도 모른다. 5일간의 사업 일수만큼 길어질 수도 있다). 그러나 만약 다음 지불일 전에 수표를 유통시키고자 한다면 빠른 수표교환은 심각한 문제가 될 수 있다.

년도	기술 사용
1968~1980	위 사항에 다음 항목 추가 ATMs 자동 자사 계좌 마스터카드, 비자카드 같은 일반 신용카드
1980~1995	위 사항에 다음 항목 추가 원격 은행 업무 전자 금융 송수신
1996~이후	위 사항에 다음 항목 추가 온라인뱅킹, 펀드 변경, 급료 지불, 전자 명세서 대용 수표(수표 이미지, 법률에 의해 권위를 획득한 체크21(Check 21)) 직불 카드

여러 기술들이 디지털 수표 시스템을 현실화하기 위해 함께 사용된다.

- 디지털 이미지화 (Digital Imaging): 수표를 디지털 카메라를 사용해 촬영한다. 그리고 그 이미지는 디지털로 저장된다.
- 광학 문자 인식: 수표에 표시된 금액, 계좌, 은행을 컴퓨터에 의해 판독
- 대량금액 외부 저장

온라인뱅킹 대체수표의 등장은 온라인뱅킹에 확장이 일어났다. 우리 대부분은 더 이상 복사된 계좌문서를 받지 않는다. 인터넷을 통해 온라인으로 모든 것을 한다. 만약 복수계좌를 가지고 있다면 자금을 온라인에서 송수신할 수 있다. 온라인에서 급료를 지불할 수도 있고, 심지어 전자금융 송수신을 받지 않는 조직에게 보낼 수도 있다. 은행은 우리를 위해 수표와 메일을 준비한다. 모든 소비자들에게 이것의 장점은 모두 무료라는 것이다. 인터넷은 온라인뱅킹을 가능하도록 했다. 왜냐하면 은행은 네트워크 자체를 유지할 책임과 비용, 지출로부터 자유롭다. 그들은 홈페이지 기능 개발에 집중할 수 있고 저장된 자료를 안전하게 지키는데 집중할 수 있다.

출판

기술로 인해 주요한 변화를 겪어야 했던 초기 산업들 중 하나는 출판이다. 레이저프린터와 데스크톱 출판은 모든 것을 변화시켰다. 무슨 일이 일어났는지 이해하기 위해, 우리는 먼저 인쇄된 책이나 잡지가 생산되던 전통적 방식을 살펴볼 필요가 있다.

1. 저자는 원고를 준비하기 위해 타자를 사용했다.
2. 원고는 출판사로 보내진다.
3. 원고는 편집자들에게 보내지고, 그들은 글 내용에 대해 검토한다. 그 내용을 타이핑하고 그것들을 출판사에 보낸다.
4. 저자는 원고를 수정한다. 책 전체를 다시 타이핑하기보다는 자르고 붙이는 방법을 사용한다. 가위를 사용해서 타이핑된 원고를 잘라낸다. 그러면 수정된 부분은 사라진다.
5. 수정된 원고는 편집, 교열자에게 간다. 원고 편집자는 잘 알려진 표기법을 사용해 손으로 교열한다.
6. 저자는 교열된 원고를 다시 보고 출판사에 보낸다.
7. 원고는 타이핑머신에 의해 다시 타이핑된다. 그 산물이 교재, 논설, 연재물의 한 페이퍼, 텍스트 등이다. 이것들이 갤리선(galley: 교정본)으로 만들어진다.
8. 저자는 갤리선을 읽는다. 그리고 그것들을 수정해서 다시 출판사로 보낸다.
9. 식자공이 활자 작업을 한다. 그리고 그것을 블루라인 안의 판에 붙인다. 삽화도 또한 이 시점에서 블루라인 안에 붙여진다.
10. 인쇄될 품목에서 금속판이 만들어지기 위해 찍혀진다.
11. 금속판은 인쇄하는데 사용된다.

이러한 방법은 성가시고 시간 낭비이다. 이 과정은 기술사용에 의해 변화되었다.

1. 저자는 원고를 쓸 때 워드프로세서를 사용한다.
2. 저자는 출판사에 PDF 이메일을 보낸다.
3. 출판사는 검토자에게 원고를 이메일로 보내고, 검토자는 주석을 달아 역시 이메일로 출판사에 보낸다.
4. 출판사는 저자에게 교정안을 보낸다. 저자는 다시 원본 파일을 꺼내 필요한 부분을 바꾼 후 출판사에 교정 파일을 보낸다.
5. 원고는 교열되기 위해 출력된다.
6. 교정된 원고는 다시 검토를 위해 저자에게 보내진다.
7. 원고는 디자이너에게 간다. 디자이너는 원고를 정리하고 데스크톱 퍼블리싱 소프트웨어를 사용하여 내용과 삽화의 레이아웃을 만든다.
8. 출판업자는 검토를 위해 저자에게 레이아웃된 PDF를 보낸다.
9. 영상섹터는 최종파일을 거친다. 그리고 금속판을 찍는다.
10. 제품이 인쇄되고 제본된다.

현재 진행되는 절차는 이전보다 빠를 뿐 아니라, 특히 종이 등의 자재를 훨씬 덜 사용한다. 그것은 우편비용도 아낀다. 왜냐하면 모든 것이 전자메일을 통해 송수신되기 때문이다. 또한 직접 자르고 붙이는 방법을 사용하여 수정하는 대신 워드프로세서를 사용하여 일하는 저자에게 헛수고를 덜 시킨다. 전세계 출판사의 대부분이 전자책 출판으로 전환하는데 10년에서 15년이 걸렸다. 가장 전통적으로 책을 만드는 출판사도 자신들이 현대화하지 않으면 빠르고, 싸게 생산해내는 출판사들과 경쟁할 수 없다는 것을 인식하고 있다.

2000년이 되면 종이로 만들어진 자료들의 끝을 보게 될 것이라는 예언은 1950년대부터 줄곧 언급되었다. 향후 모든 책과 잡지 그리고 신문은 전자화될 것이다. 비록 출판업자들이 출판물의 전자화를 기꺼이 받아들이려는 것처럼 보이지만 그들은 전자서적(ebook)을 제공하는 것을 매우 늦추고 있다. 근원적인 이유는 기술적인 것이 아니다. 그것은 사실 수요의 문제이다. 사람들은 읽을거리의 실체적 느낌을 포기할 준비가 되어있지 않다. 그리고 컴퓨터 스크린을 통해 읽는 것은 책을 가지고 빈둥거리는 편안함을 주지 않는다. 요즘에는 많은 학계 출판물과 뉴스 서비스가 웹으로 이주했다. 상당수의 논픽션서적과 저작권이 만료된 서적의 전체 내용이 역시 온라인에 제공된다. 그들 중 어떤 것은 무료이고 몇몇은 유료이다.

이와 대조적으로, 출판업자는 판매를 목적으로 책 중 일부 페이지 카피를 온라인에서 사용하기를 갈망해왔다. 이것은 잠재 구매자들이 구입하기 전에 목차를 읽고 샘플을 읽도록 해준다. 만약 아마존이나 반즈앤노블닷컴(barnesandnoble.com)과 같은 온라인소매상의 목록에서 많은 책을 살펴보면 이러한 마케팅이 이루어지는 것을 볼 것이다. 전자책은 보편화되기 시작했으며 일반적인 책은 들고 다니기에 너무 크고 성가시다. 그리고 콘텐츠의 양도 제한되어 있었다.

2007년에 아마존닷컴은 킨들(kindle)을 내놓았다. 킨들은 문고판 크기의 전자책 판독기이다. 그것이 출시되었을 때, 아마존닷컴은 88,000개의 디지털 타이틀을 제공하고 있었고 가격도 9.99달러가 안 되었다. 킨들은 핸드폰을 통해 무선으로 아마존과 연결할 수 있었다. 그래서 사용자들은 인터넷에 직접적으로 연결하지 않고 책을 열람하고 구매하고 다운로드 받을 수 있었다.

킨들이 출판 시장에서 전자서적을 주요 품목으로 만드는 장치가 될 것인가? 이 점은 알기 어렵다. 킨들 플랫폼에는 몇 가지 주요 한계가 있다. 일단 구매하면 책은 공유할 수 있다. 그러나 킨들북에서는 페이지로 출력할 수 있는 방법이 없다.[57]

---

57) 킨들의 뛰어난 분석과 장치를 보려면 2007.11.26 <뉴스위크>의 '읽을 수 있는 미래 The Future if reading' 57쪽을 참조.

농업

역사를 통틀어서 농업의 기본적 목표는 가장 좋은 작물을 얻거나 좁은 면적의 땅에서 가축을 얻어내는 것이다. 선사시대의 농업은 인간의 노동력을 벗어나지 못하는 돌과 나뭇가지 연장으로 행해졌다. 그러고 나서 처음으로 사람이 끄는 쟁기가 등장했고, 이후 쟁기는 동물에 의해 끌렸다. 북극의 개썰매가 스노우 모빌에 의해 대체되었듯이, 농기구를 이끌었던 황소와 말들은 기계에 의해 대체되었다. 컴퓨터와 GPS를 달아놓은 모양을 **[그림 6-3]**에서 볼 수 있다.

이 장의 시작 부분에서 언급한 바와 같이, 북미의 농업경향은 소규모 농업에서 거대농업으로 향하고 있다. 한 가지 이유는 농업 기술의 막대한 비용 때문이다. 이것은 가족농가가 기술을 사용하기 어렵게 만든다. 그러나 소규모 농가는 기술 없이 경쟁할 수 없다. 그러나 농장 숫자가 감소함에도 북미농업의 생산이 증가했다. 왜냐하면 기술의 사용이 에이커 당 더 많은 곡물과 가축의 생산을 증가시켰기 때문이다. 1950년, 한 명의 농부가 15명의 사람을 먹일 수 있었다. 1995년 무렵에는 농부 한 명이 185명을 위한 충분한 음식을 제공할 수 있었다(그들 중 34명은 북미[58] 외 지역에서 살고 있다).

농장은 운영 전반에 걸쳐 기술을 사용할 수 있다.

- **[그림 6-4]**에서와 같이 터치 감지 기능도구를 포함하여 트랙터는 운전자에게 더 편리하다.
- 씨뿌리기, 비료 주기, 살충제 살포 등이 용도별로 자동적으로 이루어지는 유용한 프로그램이 될 수 있다.
- GPS는 자동적인 씨뿌리기, 살포, 물주기 장치에 활용이 가능한 농지의 지도를 제공한다.
- 컴퓨터는 재무관리에 활용되고 온라인 마케팅 기회를 제공한다. 그리고 가축의 건강 기록을 운영한다. 인터넷은 또한 쉽게 의사소통할 수 있도록 농장간의 커뮤니티 수단을 창출한다.
- 가축의 귀에 장치된 무선주파수칩(RFID: Radiofrequency identification)은 각 가축에 대한 정보를 제공한다.

정확한 일기예보가 심는 시기와 비료 주는 시기, 물 줄 때, 추수할 때를 보다 쉽고 정확하게 결정 내린다.

---

58) http://www.dallasfed.org/reserch/pubs/agtech.html

그림 6-3 GPS가 설치된 존 데크 트랙터

그림 6-4 존 데크 트랙터에 설치된 터치 센스티브 컨트롤

생체공학(Bio engineering)은 논쟁의 여지가 없지 않다. 어떤 부류의 사람들은 종교적인 이유에서 이의를 제기한다. 그들은 살아있는 존재의 유전자구조를 수정하는 행위가 하느님의 계획을 방해하는 것이라고 믿는다. 다른 부류는 생체공학에 의해 생산된 음식재료(동물사료를 포함하여)가 인간에 의해 소비되어도 안전한지 검증되지 않았다고 경고한다.[59]

농부가 진보된 기술을 사용하지 않고 생계를 이을 수 있을까? 그렇기도 하고 아니기도 하다. 아만파는 아마 그럴 것이다. 그러나 아만파는 대부분 자급자족 생활에 종사한다. 비록 그들은 이익 남기는 것을 꺼리지 않을지라도, 그것이 우선목표는 아니다. 그들은 농장을 엄밀한 의미의 사업이라고 보지 않는다. 그리고 조합농장과 직접적으로 경쟁하지 않는다. 그들은 에이커당 가축 수나 곡물 재배량을 증가시키려는 시도를 할 필요가 없다. 반면에 생계를 위해 농장을 경영하는 농부는 기술을 사용하는 조직과 경쟁해야만 한다.

59) 젖소에게 더 많은 우유생산을 가능케 하는 성장호르몬의 위험을 참조하고 싶다면 http://www.shirleys-wellness-cafe.com/bgh.htm를 보라. 반대의견—성장 호르몬이 해가 없다는 의견은 http://www.fda.gov/bbs/topics/CONSUMER/ CON00068.HTML에서 참조.

경제와 혁신

지금까지 우리는 혁신이 단지 우연히 일어난 것이라고 가정해왔다. 그러나 (1장에서 논한 바와 같이) 누군가는 그 비용을 지불해야 한다. 싱크탱트를 운영하는 기관은 시설과 실험, 고용인들에 대해 비용을 지불해야만 한다. 연구가 공론뿐이든 실제 적용되든, 누군가에 의해 비용이 지불되어야 한다. 따라서 혁신은 종종 연구노력에 자금을 제공하고, 조직의 금융안정성 등에 의존한다. 새로운 상품이 기존 상품과 충돌해 수익이 감소할 때 경제는 혁신에 영향을 미친다. 경쟁적 기술이 동시에 시장에서 인기를 얻는 일이 특별한 것은 아니다. 어떤 경우, 한 가지만 살아남고 그것이 꼭 최고의 기술이 아닐 때도 있다.

경제가 혁신을 억제할 수 있는가

경제적 관심이 기술혁신을 억제한 적이 있는가? 기업의 이익이 위기에 처한 상태에서 그렇게 될 수 있다. 예를 들어 차와 트럭의 원동력인 가솔린의 대체물을 찾는다고 가정해보라. 숙고할 만한 연구와 개념이 공기 중에 화학물질을 방사하지 않고도 운송수단의 연료가 될 만한 것을 찾기 위해 전세계를 통해 이루어질 것이다. 연구가 일어나는 영역을 이해하기 위해 세계가 화석연료시대에서 다른 연료의 시대로 옮겨갈 때 누가 승자이고 패자인지 살펴보아야 할 것이다. 가장 큰 손해자는 거대 석유회사일 것이다.

그러나 모든 회사가 그렇게 하고 있지는 않다. 브리티시 페트롤륨(British Petroleum)과 같은 회사는 바이오연료, 태양열, 풍열연구에 투자함으로써 장기생존 전략을 찾고 있다. 반대로 엑손은 석유기초생산품에 대한 미래 위기에 처해 있는 한 실례가 되는 정유회사이다. 그리고 그 회사는 실제로 대체연료 연구를 무시하고 있다.[60] 왜냐하면 대체연료는 석유연료만큼 이익을 가져다주지 않기 때문이다. 대체연료 생산비용이 더 클 뿐 아니라 그 시장은 석유연료보다 훨씬 작다. 엑손의 전략은 성과가 있을까? 단기적으로는 성과가 있다. 그러나 미국이 석유세금을 올리고 배럴당 석유가격이 큰 폭으로 오르면 판도는 변화할 것이다. 적어도 가격이 증가한 후 당분간은 가솔린 가격이 오름에 따라 미국 내 수요는 감소한다. 그리고 공급을 아무리 확장시켜도 소비는 줄어든다. 이 지구는 결국 석유를 고갈시킬 것이다.

최고의 기술이 항상 승리하는 것은 아니다

우리 삶에 중요한 기술만이 시장에서 승리한다. 만약에 시장이 같은 문제에서 다양한 해결

---

60) http://money.cnn.com/magazines/fortune/fortune_archieve/2007/04/30/8405398/index.htm

책을 지지할 만큼 크지 않으면, 시장은 보통 하나의 방식을 선택한다. 아마도 이러한 유형의 경쟁으로 가장 잘 알려진 예는 베타맥스(BetaMax)와 VHS 간의 논쟁일 것이다. 소니는 1970년대 후반에 베타맥스라는 비디오카세트리코더VCR를 출시했다. 그것은 단기간에 VHS 형태의 JVC 제품 VCR을 추격했다. 이 두 가지 유형의 비디오카세트는 서로 호환되지 않았다. 베타맥스 테이프는 테이프당 5시간 분을 녹화할 수 있었고, VHS는 6시간이었다. 오늘날에도 일부 비디오매니아들은 베타영상의 질이 VHS보다 훨씬 우수하다고 믿는다. 그러나 우수한 기술이 시합에서 항상 이기는 것은 아니다.

한동안 공 카세트테이프와 영화테이프가 양쪽 포맷에서 같이 등장했다. 그러나 1980년대 초기 VCR가격이 현저하게 떨어졌고 대량으로 팔리게 되었다. VHS는 베타맥스보다 가격을 300달러까지 떨어뜨렸다. 가격이 떨어지자 VHS는 소니의 베타맥스보다 많이 팔렸다. 베타맥스도 가격을 낮추려 했으나 이미 너무 늦었다. 1984년까지 VHS는 비디오카세트 시장에서 분명히 앞서갔다. 1988년 이후에 소니는 VHS기기를 제조하려고 시도했고 VHS시장을 인정했다.

유사한 싸움이 경쟁적인 고해상 비디오포맷인 HD-DVD(도시바 Toshiba 개발)와 블루레이(Blue-ray: 소니사 개발) 사이에서도 일어났다. 두 회사는 엔터테인먼트와 컴퓨터 분야의 영향력 있는 회사들이 한 가지 포맷을 각자 지지하며 편을 나누었다. 한 가지 포맷기술이 다른 것보다 나을까? 꼭 그런 것은 아니지만 그들은 호환되지 않았다. 그것들은 같은 레이저유형을 사용했다. 그러나 블루레이는 저장용량이 컸고 디스크의 내용 보호를 위해 특수 코팅을 요구했다. 따라서 블루레이는 HD-DVD보다 비쌌다.

MS가 HD-DVD를 후원하는 동안 소니는 블루레이 플레이어를 플레이스테이션3 게임 콘솔에 깔았다. 그러나 소비자는 기다렸다(어떤 포맷이 최고로 등극하는지 보려고).[61)]소비자들은 VHS와 베타맥스의 경쟁을 잊지 않았다(특히 베타맥스에 생긴 일을).[62]

경쟁의 결과는 블루레이의 승리였다. 도시바는 HD-DVD 생산품을 2008년 2월 시장에서 철수했다. 결정은 기술 자체와는 관련이 없었다. 대신 시장 운영이 문제였다. 블루레이 플레이어를 플레이스테이션3 콘솔에 장착함으로써 소니는 블루레이 플레이어를 팔 필요 없이 블루레이 플레이어가 장착된 대량의 베이스를 얻었다. 사람들은 블루레이 디스크를 샀다(그들이 그 게임기를 가지고 있었기 때문에). 따라서 추가적인 하드웨어가 필요

---

61) 아마존닷컴에서 2008년 1월 HD-DVD480과 Blue-ray 600을 출시.

62) http://us.lge.com/superblu/?CMP=KNC- BluRay_G

없었다.[63] 주요 모션 픽쳐 스튜디오의 대부분이 HD와 블루레이 포맷 양쪽에서 필름을 방출한다. 그러나 2008년 1월 워너브라더스 영화사는 블루레이 디스크만을 이용해 영화를 만들기로 결정했다. 소니픽처스, 월트디즈니, 20세기폭스 등이 이미 블루레이를 이용하여 영화를 만들었다는 것을 생각해보라. 워너사의 행동은 도시바가 HD포맷이 경제적으로 성장할 수 없다고 결정을 내리는데 충분히 기여했다.

HD의 최후를 이끈 것은 넷플릭스(Netflix)의 결정이었다. 인터넷 영화 렌탈 회사인 넷플릭스는 오직 블루레이 렌탈을 제공하기로 했다. 그리고 월마트(미국에서 CD와 DVD를 가장 많이 파는)도 블루레이 디스크만 팔기로 결정했다.[64] 홈미디어 시장의 역사는 엔터테인먼트 미디어 분야에서 한 가지 상품 이상을 지지할 수 없다는 것을 보여준다. CD 및 표준 DVD와 경쟁하는 경쟁적 포맷이 존재했었다. 그러나 세계적 공동체는 판매를 위해 기준을 결정한다. 그러나 비디오카세트와 고해상도 DVD포맷은 판매측면뿐 아니라 대외적인 시장요소들에 의해서도 결정되었다.

63) 도시바가 HD 생산을 중단하자 블루레이는 원가 150달러짜리를 400달러에 팔았다.

64) http://www.msn.com/id/23204819

제6장에서 무엇을 배웠나

초기 북미의 경제는 농업경제였으나 산업혁명의 결과로 제조업 중심의 경제가 되었다. 오늘날 우리는 서비스 경제가 중요시되고 있다. 서비스경제로의 변화는 제조업 분야에서의 막대한 손실이라는 결과를 낳았다. 그러나 또한 새 기술이 새로운 직업을 창출했다. 인터넷 부흥은 많은 산업을 창출했으나 좋은 것을 따르지 않았던 기업과 실험적으로 설립된 회사는 실패하는 경향이 있다. 21세기 초기 우수한 닷컴기업들은 훌륭한 경영과 인내심 있는 자본가들의 지원으로 성공했다. 또한 많은 전통적인 소매 사업들은 온라인상에 등장하고 있다.

어떤 사업들은(은행, 출판, 농장 등) 신기술을 받아들이고 기술 변화에 맞춰 변화한다. 경제 또한 혁신에 영향을 미친다. 우선 기술혁신은 몇 가지 방법에 의해 자금 지원을 받아야만 한다. 둘째, 조직은 이익의 손실을 초래할 경우 기술혁신을 억제하려고 시도할지도 모른다. 게다가 두 개의 기술이 시장에서 동등하게 경쟁할 경우 승리는 기술적으로 우위에 있어서라기보다 시장의 요소에 의해 결정되는 경우도 있다.

생각해보기

1. 이용하는 은행의 홈페이지를 탐색해보라. 은행이 기술을 사용하는 방법에 대해 조사해보라.
2. 미국은 산업기반 경제에서 서비스기반 경제로 이동하고 있다. 서비스 경제우위에서 한 나라가 겪는 위험은 무엇일까? 그 같은 나라는 어떻게 위험으로부터 보호하는가?
3. 이 장에서 설명한 3개의 예에 더하여 기술의 변화 때문에 지난 15년간 중요한 변화를 겪었던 다른 두 개의 산업을 확인해보라. 각각 변화해온 방식을 기술하라.
4. 두 개의 회사가 당신에게 직업을 제안한다고 가정하라. 일은 똑같은 지위에서 같은 일이다. 그러나 하나는 직장으로 출근하고 다른 하나는 재택근무 업무이다. 모든 조건이 같다면 무엇을 선택할 것인가? 그 이유는?
5. 생체공학을 통해 개량된 종자에서 산출된 음식이나 그러한 사료를 먹인 가축을 먹을 것인가? 왜 그런가? 혹 왜 그렇지 않은가?
6. 생산자들이 CD와 DVD포맷의 규격을 통일하기 전 일어난 협상에 대해 조사하라. 그 과정을 베타비디오카세트 대신 VHS를 선택하고 HD-DVD 대신 Blue-ray를 선택했던 시장중심 선택과정과 비교 대조하라. 어느 것이 더욱 효과적인가? 경쟁 개발자들이 기준을 협상해야 했을까? 아니면 어떤 포맷이 보급되어야 할지 시장이 결정해야 했을까? 왜 그런가?

7. 자동차의 대체연료기술의 경제성을 조사하라. 어느 것이 가장 효과적인 비용이며 가장 기술적으로 가능한가? 어떤 것이 폭넓게 사용될 것으로 보이는가? 왜 그런가?
8. 종이 없는 사무실에 대한 방해물 중 하나는 종이로 만든 서류에 대한 애착이다. 종이기반 의사소통에서 전자 의사소통으로 전환하기 위한 전략에 대해 서술하라.

참고문헌

Telecommuting

American Telecomuting Association. http://www.yourata.com/index.html

Cooney,Michael. "Telecommute. Kill a career?" *http://www.networkworld.com/news/2007/011707-telecommute-career.html*

Gomolski,Barbara. "Confessions of a full-time telecommuter." *http://www.computerworld.com/action/article.do?command=viewArticleBasic&articleId=108966*

Internet Businesses and E-Commerce

Andam,Zorayda Ruth. e-Commerce and e-Business. 2003. Full text available for free online at *http;//www.apdip.net/publications/iespprimers-ecom.pdf*

Battelle, John. *The Search: How Google and its Rivals Rewrote the Rules of Business and Transformed Our Culture.* New York: Portfolio Hardcover, 2005.

Chadbury, Abijit, and Jean-Pierre Kuiboer. *e-Business and e-Commerce Infrastructure.* New York: McGraw-Hill, 2002.

Cohen, Adam. *The Perfect Store: Inside eBay.* Boston:Little, Brown & Company, 2001.

Nissanoff, Daniel. *FutureShop:How the New Auction Culture Will Revolutionize the Way We Buy, Sell and Get the Things We Really Want.* New York: Penguin, 2006.

Seybold, Pat. *Customers.com.* New York:Crown Business Books, 2001.

Spector, Robert. *amazon.com—Get Big Fast: Inside the Revolutionary Business Model That Changed the World.* New Your: HarperColins, 2001.

Vise, David, and Mark Malseed. *The Google Story: Revised Edition.* New York: Delacorte Press, 2008.

Changes in Industry

Barkley, Paul W. "Some Nonfarm Effects of Changes in Agricultural Technology." *http://links.jstor.org/sici?sici=0002-9092(197805)60%3A2%3C309%3ASNEOCI%3E2.0.CO%3B2-J*

Brooke, James. "That Secure Feeling of a Printed Document: The Paperless Office? Not by a Long Shot." *The New York Times*, April 21,2001.

"ebooks Get Serious." *http://www.idpf.org/pressroom/pressreleases/stats.htm*

Lawton, Krut. "In theYear 2013." *http://farmindustrynews.com/mag/farming_year_3/*

Lyster, Les, and Len Bauer. "The Impact of Technology on Agricultural Extension in the Information Age." *http://www.comms.dcu.ie/molonym/maj/*

Muzzi, Doreen. "Agricultural changes only beginning."
http://southeastfarmpress.com/mag/farming_agricultural_changes_beginning/

Satelite Imaging Corporation. "Agriculture."
http://www.satimagingcorp.com/svc/agriculture.html

Sucov, Jennifer. "Prepress progression-desktop-publishing trends."
http://findarticles.com/p/articles/mi_m3065/is_n17_v24/ai_17540551

Williams, Gary W. "Technical Change and Agriculture: Experience of the United States and Implications for Mexico" *http://agrinet.tamu.edu/tamrc/pubs/Im195.htm*

Economics and Innovation

Anthony, Scott O, and Mark Johnson. *Innovator's Guide to Creating New Growth Markets: How to Put Disruptive Innovation to Work*. Boston: Harvard Business School Press, 2008.

"beta vs vhs." *http://tafkac.org/products/beta_vs_vhs.html*

Brown, Warren. "Ponying Up for Alternative Fuel Research."
http://www.washingtonpost.com/제-dyn/content/article/2006/02/24/AR2006022400778.html

Clark, Gregory. *A Farewell to Alms: A Brief Economic History of the World*. Princeton, New Jersey: Princeton University Press, 2007.

Dodgson, Mark, David M. Gann, and Ammon Slater. *The Management of Technological Innovation: Strategy and practice*. Oxford, Oxfordshire, England: Oxford University Press, 2008.

Dubois, David. "The Significance of Innovation." *http://www.competeprosper.ca/images/uploads/Feldman_WIM_Summary_2005.pdf*

Grebb, Michael. "The Showdown: Blu-Ray vs. HD-DVD."
http://forum.ecoustics.com/bbs/messages/34579/129058.html

Kurzwell, Raymand. "The Economics of Innovation."
http://www.kurzweilai.net/meme/frame.html?main=/articles/art0247.html?

Laperche, Blandine, and Dimitri Uzunidis, eds. Powerful Finance and Innovation Trends in a High-Risk Economy. Basingstoke, Hampshire, England: Palgrave Macmillan, 2008.

Shane, Scott, ed. *The Blackwell Handbook of Technology and Innovation Management* Ames, Iowa: Blackwell Publishers, 2008.

Sperling, Daniel, and Joan Ogden. "The Hope for Hydrogen."
http://www.issues.org/issues/20.3/sperling.html

Tomlinson, Chris. "Blue Ray Vs HD-DVD - Is It Time to Take Sides?"
http://www.waa.co.uk/blog/posts/blue-ray-vs-hddvd-is-it-time-to-take-sides

Varian, Hal. "The Econimics of Innovation." *http://www.infoworld.com/articles/op/xml/02/12/09/0212090pvarian.html?Template=/storypages/ctozone_story.html*

Chapter 07

의사소통과 상호작용

Human behavior: Communicating and Interacting

제7장에서 무엇을 배울까?

- 기술이 의견 교환하는 방식(텍스트, 오디오, 비디오 통신을 포함하여)을 변화시켜온 과정을 검토해보자.
- 기술로 인해 가능해진 가상사회와 사회적 네트워킹과 같은 사회적 상호작용의 새로운 형태를 고려해보자.
- 인터넷 중독, 신분위장 절도, 인터넷 약탈 등 사회적 상호작용의 새로운 형태가 발생시키는 문제점에 대해 토론해보자.
- 전자 의사소통을 위한 자료와 관련된 범죄 처벌을 살펴보고 온라인 자료의 개인 영역 보호에 대해 정의를 내리고 그것을 전세계에 통용시키기 위한 법적 방법을 살펴보자.

개요

1950년대에 가정에서 장거리전화를 사용하는 것은 큰 관심거리였다. 무엇을 하든 상관없이 하던 일을 멈추고 즉시 걸려온 전화를 받기 위해 달려가야 했다. 장거리전화는 매우 비쌌다. 그래서 대부분의 사람들은 그것을 생활필수품으로 여기지 않았다. 오늘날 우리는 장거리전화 사용에 균일요금을 적용한다. 우리는 전화하는데 소비되는 시간이나 거리에 대한 걱정 없이 어느 지역이든 통화한다.

그것은 대부분 서구문화권 사람들의 사회적 상호작용 방식이 의사소통 기술의 변화에 따라 변화했다는 증거이다. 우리는 아날로그 방식 전화망과 함께 인터넷을 통한 전자통신망을 사용한다. 웹은 또한 사회적 상호작용의 기회를 준다. 이 장에서 우리는 인간사회에서 일어나는 기술의 다양하고 폭넓은 (대인관계에서 가장 효과적인 의사소통에서부터 중독에 이르기까지) 변화를 살펴볼 것이다.

의사소통의 변화

만약 1950년대에 성장한 아이였다면, 할머니가 생일선물을 보냈을 때 종이에 고맙다는 편지를 썼을 것이다. 그것을 접어 봉투에 넣고 그 위에 우표를 붙이고 우편함에 넣을 것이다. 오늘날도 고맙다는 글을 보내는 것은 여전히 공손하고 책임감 있는 행동이다. 그러나 오늘날에 편지는 종이 위에 쓰이지 않고 우편함으로 가지도 않다. 몇 년 전만 해도 세일즈맨은 전세계에 흩어져 있는 소비자들을 직접 만나기 위해 수천 마일을 여행할 수밖에 없었다. 그러나 오늘날에는 화상통신이 있다.

당신은 휴대폰이 있는가? 만약 서구사회에 사는 대부분의 사람들과 비슷하다면 가지고 있을 것이다. 만약 그것을 기숙사 방이나 집에 놓고 왔다면 기분이 어떠한가? 세상에서 외톨이가 된 기분이 드는가? 아니면 연결할 수 없다는 사실에 안도감을 느끼는가? 모든 이러한 기술들은 (이메일, 화상회의, 휴대폰 등) 다른 사람들과 소통하는 방식을 획기적으로 변화시켰다. 1940년 이후 많은 신기술이 등장했다. 이들 중 몇몇은 낡은 의사소통 방식을 대체했다(혹은 적어도 더 중요한 방식이었다). **[표 7-1]**은 1940년대 초기에 의사소통하는 방식을 요약하여 보여준다. 이 표는 우리가 살아온 방식 가운데 가장 중요한 '직접 만나서 이야기 하는' 방식을 배제했다. 오히려 함께 거주하지 않는 사람들의 의사소통과 직장 내에서 사용하는 의사소통 방식에 기초를 두고 있다.

초기 의사소통 기술

통신기술의 개발 이전, 사람들은 직접 만나거나 편지로 의사소통을 했다. 1760년대에서 1850년대 사이에 영국, 프랑스 그리고 독일에서 사용되었던 수기신호 시스템과 같은 원시적인 신호 시스템이 있었다. 이것은 신호탑의 꼭대기에서 전파기의 위치를 통해 정보를 전달했다. 수기신호통신(Semaphore communication)은 우선적으로 군사 작전에 사용되었고, 다른 공무상의 정보교환에 사용되었다.

첫 번째 전자통신 기술은 전신이었다. 1837년, 미국에서 사무엘 모스(Samuel Morse)에 의해 개발된 전신의 사용은 1844년에 대중화되었다. 전신은 너무나 성공적이어서 대서양을 횡단하는 케이블이 1858년까지 설치되었다. 태평양 횡단 케이블은 1902년 설치되었다. 전신의 소개는, 철도선과 함께 미국을 하나로 밀착시켰고 궁극적으로는 세계를 가깝게 만들었다. 비록 전신 메시지 비용이 비쌌지만 실시간 통신에 가까워진 첫 기술이었다. 전신이 있기 전, 대통령 선거 결과가 미국 내에 모두 알려지려면 몇 주가 걸릴 수도 있었다. 전신은 몇 분 안에 전국에 그 결과를 유포했다.[1)]

표 7-1 의사소통 방식

시기	개인 간 의사소통 방식
1940~1960	직접 모임 편지 시내 통화 장거리전화(비싼 비용 때문에 일반 가정에서 흔하지 않음) 전보
1960~1980	직접 만남 시내통화 및 장거리통화(장거리전화요금 하락하기 시작함) 편지 이메일 전보
1980~2000	시내 통화 및 장거리전화 휴대폰 이메일 직접 만남 화상회의 편지 인터넷 전화 전보*
2000년 이후	시내통화 및 장거리전화 이메일 휴대폰 통화 문자메시지 직접 만남 인터넷 전화 화상 회의 편지

*웨스턴연합은 1972년 직접 배달이 멈췄지만 2001년에 전보를 중단했다. 전보의 역사를 알아보려면 http://www.retro-gram.com/telegramhistory.html을 참조할 것.

전신부호 사용에 의한 모스부호는 사용이 편리하지 않았다. **[표 7-2]**에서 알 수 있듯이 모스부호는 2진 부호이다(두 개의 언어로 구성되는). 그러나 부호들은 다른 길이를 갖고 있다. 따라서 전신은 수신자와 송신자 모두를 요구했다. 송신자는 키를 이용하여 각각

1) 미국은 전신이 사용되기 전에 빠른 통신을 위한 다른 방법을 시도했다. 포니익스프레스(The Pony Express)는 빠른 말을 타고 우편을 배달하자는 생각이었다. 오직 소량의 우편만이 이 방식으로 운송할 수 있었다. 말 한 마리의 안장에 적합해야 했고 말을 느리게 만드는 무거운 것은 운송할 수 없었다. 포니익스프레스 사업은 전신 등장에 따라 사라졌다.

의 문자, 단어, 문장들을 보낼 때 시간 간격을 두고 모스부호[2]를 두드린다([**그림 7-1**] 참조). 수신자는 이러한 키에서 상징되는 길고 짧은 클릭을 글자, 단어, 문장 간에 간격을 구분하며 해석해야만 한다.

표 7-2 전보 송신용 모스부호

상징	코드 모양	상징	코드 모양
A	•_	S	•••
B	_•••	T	_
C	_•_•	U	••_
D	_••	V	•••_
E	•	W	•__
F	••_•	X	_••_
G	__•	Y	_•__
H	••••	Z	__••
I	••	1	•____
J	•___	2	••___
K	_•_	3	•••__
L	__••	4	••••_
M	__	5	•••••
N	_•	6	_••••
O	___	7	__•••
P	•__•	8	___••
Q	__•_	9	____•
R	•_•	0	_____

대부분 전보가 짧은 이유는 모스부호 사용이 일상적인 거래에서 사용되지 않고 특별한 일에 사용되었기 때문이다. 전신 메시지는 (특별한) 주요 사건을 공표하기 위해 사용되었다. 보통, 전신으로 보낼 수 있는 모든 것들은 신문의 큰 제목과 같았다. 세부 사항은 1주일 뒤에 신문이나 편지에 발표되었다. 가족들은 생일과 장례를 통고받을 수 있었으며 외곽의 마을로 정치적 사건이나 전쟁의 진행, 자연재해 등이 전해졌으며 멀리 떨어져 사는 사람들은 더 가깝게 느꼈다. 사실 빠른 통신을 가능하게 한 전신은 남북전쟁 이후 미국을

2) 모스의 문자 형식은 임의적인 것이 아니었다. [표 7-2]와 같이 이것은 대부분 문자로 사용되었고, 가끔 코드로 사용되었다.

그림 7-1 전통적 전신키

하나로 만든 도구라고 할 수 있다.

음성 의사소통

기술적 의사소통은 전화가 소개되기 전까지 매일매일 사용하는 일상적인 것은 아니었다. 1980년 이전, 미국에서 대부분의 사람들은 한 회사(AT&T: 지금도 있는 소규모의 독립적인 서비스 제공회사)에서 제공하는 전화 서비스를 이용했다(예를 들어 멀티노마 지역에 여전히 서비스를 제공하는 웨스턴전기, 포트랜드의 항구 외곽에 위치한 오레곤 등이 있다).

시내 통화비용은 장거리 통화비용보다 낮은 가격을 유지했다. 이 장 앞부분에서 언급했듯이 장거리 요금이 너무나 비쌌기 때문에 많이 사용하지 않았다. 따라서 친구나 멀리 있는 친척과 얘기하기 위해 장거리전화를 사용하는 것은 특별한 경우였다. 시내 전화요금은 상대적으로 쌌다(적어도 한 지역이라고 부르는 내에서). 미국에서 초기 가정용 전화는 여러 개의 전화가 한 개의 라인을 공유하는 '파티 라인(공동 가입선)'으로 연결되었다. 각 전화는 분리되었지만 누군가 전화기를 들면 그때 통화중인 내용을 다 들을 수 있었다. 남의 통화를 듣는 것은 '러버링(rubbering: 엿듣는 전화)'으로 알려져 있다. 러버링은 가십거리를 좋아하는 사람들의 취미가 되었고, 이러한 행위를 확실히 근절할 수는 없었다. 오늘날에는 확장 전화를 사용하는 경우가 아니면 파티라인은 미국에 더 이상 존재하지 않는다. 따라서 러버링도 사라졌다.

유럽인들의 통화 시스템은 우선적으로 정부의[3] 소유가 된다. 보통 시내통화료는 장거리 비용과 비교하여 낮지 않다. 따라서 미국보다 다소 비싼 편이다. 모든 시내 전화는 '메시지 유닛'을 사용하는 요금을 낸다. 요금은 통화 거리에 기초하여 측정된다. 미국 사용

3) 사람들은 영국인들이 어떻게 그토록 좋은 우편시스템을 가질 수 있는가 궁금해 한다(하루 동안 나라의 끝에서 끝까지 배달할 수 있고 매일 두 번의 배달이 이루어진다). 그러나 아주 불편한 통신 시스템을 가지고 있다.

자들은 메시지 유닛 서비스를 사용하거나 평균 요금인 로컬 서비스를 선택할 수 있었지만 유럽인들은 선택의 여지가 없었다.[4] 전화 서비스 비용은 1970년대까지도 많은 가정이 전화를 소유하지 못하는 원인이 되었다. 장거리전화 사용은 1980년 AT&T가 파산할 때까지 미국에서 개인에게 흔한 일은 아니었다. 그 이후로, 몇몇의 독립적인 장거리전화 서비스 제공회사가 장거리전화 비용을 큰 폭으로 낮추며 사업을 시작했다(특히 MCI와 스프린트(Sprint)가 그랬다.

AT&T의 파산은 시내 통화산업과 장거리 통화산업의 분리를 촉진시켰다. 장거리통화 서비스는 지역회사(Baby Bells)에 의해 제공되었고, 그중 몇몇은 오늘날 다시 재통합했다. 따라서 소비자가 자신의 기호에 맞는 장거리전화 제공회사를 선택할 수 있게 되었다. 또한 다이얼 어라운드 코드 없이 제공라인에 접근할 수 있게 된 것도 바로 이때부터다. AT&T의 독점을 파산시킨 목적은 경쟁을 자극하기 위한 것이었고 궁극적으로 전화요금이 인하되는 효과를 가져왔다. 그러나 시내요금은 장거리 요금 수익과 비교하여 더 이상 개선되지 않자 가격을 올렸다. 초기 사용자들의 대부분은 이렇게 전화요금이 많이 변화하리라고 예상하지 않았다.

지상통신선 전화요금은 휴대폰으로 인해 압박을 느끼기 전까지 눈에 띄게 하락하지 않았다. 사람들은 지상통신선을 사용하지 않고 휴대폰을 사용하는 것이 점점 더 흔한 일이 되었다. 여기에는 몇 가지 관련된 재미있는 일들이 있다. 우선, 사람들은 이론적으로 평생 동안[5] 자신의 전화번호를 가질 수 있게 되었다. 둘째, 휴대폰을 사용할 때 전화하는 곳을 모른다. 우리는 전화번호의 지역코드를 보고 통화하는 곳을 안다. 그리고 시간대를 참작한다. 그러나 휴대폰의 이동성 때문에 전화할 때 깊이 잠든 누군가를 깨우는 것인지 아닌지 알 수가 없다.

휴대폰 사용은 사람들 사이에 새로운 규칙을 가져왔다. 대부분의 서구문화에서는 레스토랑에서 통화하는 것은 무례로 간주된다. 만약 공연장을 갔거나 영화를 본다면 휴대폰은 끄는 것이 예의이다(혹은 진동으로 전환을 하던가). 많은 사람들은 휴대폰이 항상 통화가 가능하기 때문에 좋아한다. 그러나 어떤 사람들은 다른 사람에게 시간을 뺏기는 것이 싫어 휴대폰을 꺼두기도 한다. 휴대폰은 양자택일이 가능하다. 음성통화(Voice communication)는 인터넷 사용 중에도 가능하다. VoIP(Voice Over IP)는 음성수송을 위해 표준 전화전선을 우회하여 다중 인터넷(broadband Internet)통신 연결망을 사용한다. 이러한 점 때문에 VoIP는 전화서비스를 받는 것보다 저렴하다. 그러나 광범위하게 적

---

4) 영국에서는 남의 집에서 전화를 걸고 나서 전화기 옆에 요금을 남기는 것은 일상적인 예의였다.

5) 휴대폰 서비스 제공회사를 바꿀 때 전화번호를 가질 수 있는 것은 최근의 일이다.

용하는 것을 막는 두 가지 문제점이 있다.

첫째는 광역접근 방식은 대부분의 나라에서 제한되어 있다. 둘째, 어떤 이유로 해서 인터넷에 접근할 수 없으면 VoIP는 작동하지 않는다. 만약 전화서비스가 안 되는 것이 불편하다면 아마도 비용을 무시한 채 보조휴대폰을 필요로 할 것이다. 전화기는(지상통신, 휴대폰, VoIP 모두) 사람들 사이의 직접적인 상호작용을 감소시켰다. 누군가와 이야기하기 위해 마을을 가로질러 가기보다 전화기를 집어들 것이다. 상품을 보기 위해 가게로 가기보다는 전화를 할 것이다. 전화의 등장은 문서를 통한 의사소통을 감소시켰다. 의견을 나누기 위해 누군가에게 편지를 보내는 대신 전화를 한다. 카탈로그회사에 주문서를 보내는 대신 전화를 할 수 있다.

전화는 또한 사회적으로 분열시킬 수도 있다. 어떻게 전화가 울리는 것을 쉽게 무시할 수 있겠는가? 우리들 대부분은 쉽지 않다. 우리는 전화를 받기 위해 하던 일이 무엇이든 멈출 것이다. 무엇을 하고 있는 중이었는지 전혀 문제되지 않는다. 우리는 전화에 응답해야만 한다. 소매업자들은 전화가 미국 전역에 분포된 후 곧 잠재고객에게 상품을 팔기 위해 전화할 수 있다는 사실을 알게 되었다. 텔레마케팅은 가장 유익했으나 대부분의 사람들은 그 전화를 강제적이라고 느꼈다. 왜냐하면 특히 마케터들이 저녁 식사시간에 전화하는 습관이 있었기 때문이다. 마케팅 전화 중 어떤 것은 가치 있다고 생각하는 것에 기부금 내기를 좋아하고, 필요하지도 않은 것을 사려는[6] 특정인(예를 들어 노인들) 들로부터 사취하려는 의도도 있었고, 돈을 울겨 먹으려는 상술도 있었다.

전화에 대한 수용력과 인식력은 시간에 따라 변화했다. 초기에 사람들은 전화가 가족을 분열시킨다는 것을 알았다. 그리고 많은 사람들은 집에 전화를 놓기를 원하지 않았다. 전화가 우리 삶의 일부로 받아들여지기 전까지 한 세대가 걸렸다. 비슷한 반응이 전화응답기에 대해서도 나타났다. 처음에 사람들은 "나는 기계가 말하는 것을 원하지 않는다"라고 불평했을 것이다. 하지만 지금 전화는 일반화되어 있다. 만약 누군가 자동응답기를 가지고 있지 않다면 우리는 성가실 것이다. 우리는 전화했을 때 메시지를 남길 수 있다. 그리고 때때로, 특히 대화내용이 당혹스럽거나 감정적으로 불편할 때, 이야기하는 것보다 메시지 남기는 것이 더 쉽다. 회의적으로 느껴지던 다른 전화 기술은 방문자 신원확인, 즉 발신자 정보표시(Caller ID)이다. 몇몇 사람들은 그것이 사생활 침해라고 믿었다. 전화회사는 방문자의 신원 스크린[7] 상에 나타나던 전화번호를 차단하는 기술을 이행함으로써 이러

6) 미국에서 '수신거부' 등록은 원하지 않는 고객 끌기를 멈추도록 돕는다. 그러나 정치적 조직이나 자선사업은 제외되었다.

7) 전화번호를 차단하는 것은 항상 잘 작용한 것은 아니다. 예를 들어 전화회사에 전화하면, 그들은 전화하는 것을 안다. 비록 모든 전화번호를 차단한다 할지라도. 다른 사업들, 신용카드업무 관련 사업은 방문자 신원확인 차단을 우회한다.

한 염려에 대한 대응책을 세웠다.

오늘날 선진국에 사는 사람들은 전화와 아주 밀접하다. 만약 당신 손에 휴대폰이 없다면 당신 옆에 있는 사람이 가지고 있을 것이다. 그리고 우리는 휴대폰을 자주 사용한다. 내 학생들의 연구에 따르면 강의 사이 쉬는 동안, 학생의 30% 정도가 휴대폰을 사용하며 캠퍼스를 걷는다(보고, 전화하고, 응답하고, 말하는 동안).

비디오 커뮤니케이션(영상 통화)

1950년대부터 미래에 대해 예견되었던 것들 중 또 다른 한 가지는 화상전화이다. 두 개의 회로를 가진 화상전화가 실시간으로 한 전화에서 다른 전화로 전화선을 통해 화면을 전송한다. 화상전화를 실용화하려는 몇 가지 시도가 있었다. 그러나 유선 전화시스템은 스트림 비디오를 위한 주파수 대역폭을 가지지 못했다. 게다가 어떤 사람들은 화상전화기에 대해 조심스러운 태도를 취했다. 그들은 준비되지 않은 상황에서(머리모양이 엉망이라든가, 나이트가운을 입은 채라던가, 찢어진 티셔츠를 입은 모습) 남에게 보이길 원치 않는다.

보통 위성을 사용하는 초기 화상회의는, TV신호 방송을 포함했다. 오디오는 필수적인 것은 아니었으나 전화로 제공될 예정이었다. 화상회의에 참여하기 위해 TV카메라와 위성 업링크/다운링크 시설이 갖추어진 특별한 장소로 이동해야 했다. 일상적인 영상 의사소통의 대응물은 인터넷이 비디오 기기를 다룰 수 있는 시기까지 기다려야 했다. 각 대화자가 카메라를 활용하는 화상대화(Video chat)는 화상전화의 위치를 처음부터 차지하고 있었다.

대부분의 영역에서 화상회의는 유용하다. 그러나 다른 기술과 마찬가지로 극단적으로 쓸 경우, 원하지 않는 결과를 얻을 수 있다. 공상과학 소설가 아이작 아시모프(Isaac Asimov)는 그의 소설 <벌거벗은 태양*The Naked Sun*>에서 그와 같은 사회에 대해 썼다. 그의 로봇 장면 부분은 다른 인간으로 존재함을 견딜 수 없어 결국 고립되고 마는 인간의 이야기를 그렸다. 그들은 이웃과 상호교환하기 위해 영상 커뮤니케이션을 사용한다. 일상의 필수적인 업무는 로봇에 의해 행해진다.[8)]

텍스트 커뮤니케이션

텍스트 커뮤니케이션(Text Communications)은 오늘날 두 가지 주요 형태를 이루고 있다. 이메일과 문자메시지가 그것이다. 블로그(Blogs 웹로그), 즉석 메시지, 채팅은 텍스트

---

8) 아시모프(Asimov)는 이 사람들이 아이를 얻는 방법에 대한 질문이나 아이의 성장에 대해서는 언급하지 않았다. 그러나 그의 시나리오는 매우 경이롭다.

커뮤니케이션으로 간주될 수 있다. 왜냐하면 모든 종류의 텍스트 커뮤니케이션은 대화 저 너머에 있는 사람을 볼 수 없다는 특징을 지니기 때문이다. 인터넷은 때때로 '평등'하다고 알려져 있다. 그것은 우정(혹은 다른 관계)을 형성하는 것을 방해하는 실제적 요소들, 나이, 인종, 크기 등 다른 점을 숨길 수 있다. 이것이 꼭 나쁜 것은 아니다. 우리가 실제 모습이나 대화 중 상대방의 목소리에 반응할 수 없을 때 우리는 그 사람이 말하고 있는 것과 말하는 방식에 집중해야만 한다. 언어와 사고는 실제적 모습보다 더 중요해진다.

이메일 옛날부터 사람들은 편지를 썼다. '펜팔'은 누군가 손으로 쓴 편지를 교환하는 것이다. 그러나 당신은 작년에 얼마나 많은 편지를 썼는가? 아마도 친척에게 선물을 보내준 것에 대한 감사편지를 쓰고 결혼식 초대에 대한 회답을 썼을 것이다. 응답용 카드에는 주소가 미리 쓰여 있고 우표가 붙은 봉투가 있다. 그러나 우리는 이러한 문서 의사소통에서 전자 의사소통 시대로 향하고 있다.

실제로 직장이나 집에서 인터넷에 접근하는 모든 사람들은 이메일을 사용한다. 그것은 (개인전화든, 화상전화든) 전화와 직간접적인 만남, 종이 메모를 대신한다. 캘린더 애플리케이션을 통해 미팅을 알리도록 보내진 이메일은 자동적으로 수취인 메일에 미팅 날짜를 표시한다. 이메일은 애플리케이션이 허용하는 상태에 따라 그림, 영상, 소리 등을 전달할 수 있다. 왜 사람들은 그토록 이메일을 좋아할까? 그것은 빠르고 쉽고, 유용하다. 만약 누군가에게 전화했을 때 그가 받지 않으면 최선을 다해 할 수 있는 것은 응답기에 메시지를 남기는 것이다. 그러나 우리는 보통 자동 응답기는 공공적이라고 생각하고 누가 들을까 봐 개인적 메시지를 남기기를 꺼린다. 반면에 이메일은 상대가 컴퓨터에 앉아 비교적 개인적으로 읽을 수 있다.

이메일 메시지는 편지보다 보통 짧고 단절적이다. 예를 들어 개인적인 편지를 쓸 때 "친애하는 등등"으로 시작하여 "당신의 진실한"이나 "사랑하는" 뒤에 당신의 이름을 쓰고 끝맺는다. 그러나 이메일은 심지어 전혀 이름을 안 쓰거나 보통 수신자의 이름만으로 시작한다. 대부분의 사람들은 그러한 것에 불쾌감을 느끼지 않는다. 어떤 사람들은 이메일의 단절적 형식을 편지의 문명화된 형식이 격하된 것으로 본다.

문자메시지 문자메시지는 휴대폰을 통해 문자만 보내는 것이다. 어릴수록 문자를 많이 사용한다. 왜냐하면 휴대폰의 키보드는 작고 서너 개의 글자가 각 버튼 위에 찍혀 있다. 휴대폰에 문자를 타이핑하는 것은 어색하고 어렵다. 따라서 사용자들은 전자 커뮤니케이션에 속기를 개발했다. 대부분의 경우 그것은 생략형이다. r u coming? u r? thx는 Are you coming? You are? Thanks의 줄임말이다. 부모와 교육자들 사이에서 주로 염려하는 것은 메시지를 줄이는 현상이 보다 공식적 의사소통, 예를 들어 학교 과제물 등에 사용된다는 것이다. 그러나 이러한 경우는 나타나지 않았다. 어린 영어 사용자들은 언어를 사용하는 4개 정도의 버전을 가지고 있는 듯하다. 그중 하나는 문자할 때 쓰는 것(즉석 메시지와 채팅), 친구와 말할 때 쓰는 언어, 어른과 말할 때 쓰는 언어, 공식적 문어체 언어이다. 그들은 상황에 따라 별다른 노력 없이 다른 버전을 사용한다.[9]

인스턴트 메시지와 채팅 인스턴트 메시지(IM)는 1970년대 이전에 처음 나타났다. 그러나 그것은 AOL(America Online)에 의해 상용화되기까지 널리 사용되지 않았다. 초기에 AOL 인스턴트 메시지(AIM)는 AOL 고객만 접근할 수 있었다. 마이크로소프트사와 같은 다른 회사들은 IM 소프트웨어를 제안했다. 대부분의 인스턴트 메시지는 무료였다. 인스턴트 메시지는 종종 전화를 대신했다. 왜냐하면 그들은 인터넷을 사용했고 전화요금보다 훨씬 싼(특히 해외 의사소통의 경우) 비용을 지불했다. 또한 인스턴트 메시지는 전화를 사용해서는 할 수 없는 동시다발적 송신이 가능했다. 또한 인스턴트 메시지는 직접 만나는 것을 대신했다. 만약 기숙사에 사는 대학생이라고 가정해보자. 인스턴트 메시지가 출현하기 이전에는 누군가와 얘기하고 싶으면 학교 복도 안으로 걸어 들어가야 했다. 그러나 오늘날 누군가와 얘기를 하고 싶을 때 인스턴트 메시지를 보내기만 하면 된다. 그 사람이 아주 가까이 있는 경우에라도 말이다.

블로그 블로그(Blogs)는 지난 몇 년 사이 인기가 증가하고 중요해졌다. 원래는 공적인 의도로 만들어진 온라인 다이어리로 정보를 나누고 의견을 수집하기 위한 중요한 장소가 되었다. 블로그는 저작권법이나 법의 공평한 적용[10]과 같은 법적 이슈와 철학적 문제를 다룰 수 있었다. 블로그는 또한 친구와 친척들 간에 정보를 공유하기 위해 가족들이 사용하기도 했다. 이전 인터넷 영역에서는 블로그와 같은 것은 없었다. 즉각적으로 정보를 그토록 광범위하게 보여주고 교환을 제공하는 방식은 없었다. 몇몇 학자들은 편지 교환 기술인 '라운드 로빈'을 사용했다. 서클 안에서 한 사람에게서 다른 사람에게 움직이도록 하는 방식이었는데 그러한 교환은 느렸고 동시에 전체 집단에게 다 보여줄 수가 없었다.

신문은 정보를 비교적 빠르게 퍼뜨리지만 논설에 대한 반응(편집자에게 보낸 편지 등)은 최소한 일주일이나 걸린다. 게다가 편집자에게 보낸 모든 편지가 전달되는 것은 아니다. 사실, 편집국 직원이 편지를 선택한다. 그러나 블로그 게시판은 더 개방적이다. 비록 블로그 사용자가 보통 원하지 않는 방문을 거부할 수는 있지만 누구나 블로그에 게시할 수

---

9) 언어의 파괴적 사용은 무서운 결과를 낳을 수 있다. 만약 십대가 부모에게 '십대의 언어'를 사용한다면 부모는 굉장히 경멸을 받는 듯한 느낌을 가질 수 있다. 만약 리포트를 쓰는데 문자메시지처럼 쓴다면 성적은 나쁠 것이다.

10) http://thefairuseblog.typepad.com/

있으며 누구든 블로그를 시작할 수 있다. 많은 ISD는 이메일 계정에 따라 블로깅[11]의 능력을 제공한다. 그러나 인터넷 상의 수많은 블로그들 가운데 주어진 개인정보의 가치를 결정할 수 있는 사람은 없다. 하지만 가장 큰 문제는 블로그에 게시된 정보가 확실하고 권위가 있는가라는 것이다. 왜냐하면 아무도 인터넷에 게시되는 것을 통제하지 않기 때문에 그것을 사용하는 개인의 의지에 달려 있다. [12,13]

위키스 위키'wiki'는 온라인 글쓰기의 합작품이다. 첫 번째 위키스(Wikis)는 1990년 중반에 설립되었다. 가장 잘 알려진 것은 위키피디아(Wikipedia)이다. 2001년 운영을 시작한 웹 베이스 백과사전이다.[14] 개념상으로 누구든 위키피디아에 논설을 쓸 수 있다. 누구든 그 논설에 편집을 가할 수 있으며 이는 '평균으로의 회기(regression toward the mean)'와 유사한 개념이다. 평균으로의 회기란 가치의 궁극성이 시간을 두고 수정되는 것을 통해 개념이 통계적으로 올바른 의미를 갖는다는 의미이다.

이 책이 쓰였을 당시, 위키피디아는 영어로 된 230만 개 이상의 논설을 보유하고 있고, 네덜란드어, 스페인어, 프랑스어, 이탈리아어, 독일어, 포르투갈어, 노르웨이어, 루마니아어, 핀란드어, 터키어, 아랍어, 그리스어, 덴마크어, 스웨덴어[15]와 같은 언어로 된 몇십만 개의 논설을 가지고 있다. 모든 언어로 된 전체 논설의 수는 2008년 3월 세계에서 가장 큰 백과사전이 만들어지면서 천만 개에 도달했다. 필요한 소프트웨어와 웹 서버가 있는 사람은 위키를 사용할 수 있다. 예를 들어 사업가는 고용인들이 기업에 공헌하도록 하는 위키를 사용할 수 있다. 연구자들은 또한 같은 분야에서 일하는 다른 사람들과 의견을 나누기 위해 위키를 사용한다. 위키 논설이 비록 시간을 통해 수정되지만 이러한 논설은 질적면에서도 여러가지 수준이 있음을 의미한다.[16]

많은 사람들에게 있어서 위키스는 인터넷의 본질을 나타낸다. 위키스는 모두가 참가할 수 있는 협조적이고 자유로운 매체이다. 공개 소스 소프트웨어 운동과 같이 그것은 수집된 전문성이라는 꼬리표를 달 수 있다. 그러나 바로 그 개방성이 위키스를 부정확하

---

11) 블로깅과 구글링 그리고 스크랩부킹(scrapbooking)이라는 단어들은 명사에서 사용 과정이나 뭔가를 만들어낸다는 묘사로 바뀐 신조어들이다.

12) 이 책 앞에서 언급했듯이 어떤 국가는 인터넷에 접속할 때 필터링을 한다. 또한 반정부적인 개인 의견을 게시하는 것을 금한다. 그러나 전체적으로 인터넷은 누가 무엇을 게시하든 개방적이다. 절대 금기시 되는 것은 어린이 포르노그래피이다. 하지만 이것도 완전히 사라진 것은 아니다.

13) 블로그는 가십거리, 소문, 풍자 등을 유포할 수 있다. 이 장 후반부에 가십, 평판, 인터넷 상의 세이밍을 보라.

14) http://www.wikipedia.org

15) 위키피디아 논설은 250개 언어로 쓰였다.

16) 백과사전이기 때문에 많은 교사들이 학교 숙제할 때 위키피디아 논설을 사용하는 것을 허락하지 않는다. 그러나 많은 위키피디아 논설은 광범위한 웹사이트와 인용문헌과 연결되고 첨부된다. 따라서 참고목록은 연구의 출발점으로서 역할한다.

고 글의 질이 떨어진다는 평판을 듣게 만든다. 또한 저작권 침해 문제와 강한 편견을 가진 논객으로부터 공격을 받기 쉽다. 예를 들어 대부분 위키피디아 논설은 익명의 편집에 개방되어 있다. 그러나 어떤 논문들은 논쟁적인 것들이며, 위키피디아에서 '편집 전쟁'의 의미는, 두 명 혹은 그 이상의 저자들이 지속적으로 다른 사람의 작업을 삭제하고 그들의 것으로 대체하는 행위를 말한다. 일부 사용자는 논설을 손상하는 것으로 알려져 있다. 위키피디아는 따라서 사용자들이 확실한 판단을 가질 것을 요구함으로써 페이지 편집을 제한해왔다.[17)]

정크 메일과 스팸

해마다 9월 초가 되면 많은 북미 우편함은 수신인들이 결코 환영하지 않는 많은 회사들이 보내는 휴가 카탈로그로 넘쳐난다. 이러한 광고는 크리스마스 구매 시즌 이전에 부수가 증가하고 쓸데없는 수많은 우편물들이 우편함에 넣어진다. 우리는 이것을 정크 메일이라고 부른다. 그리고 우리는 그것을 쓰레기통에 던져 넣는다.[18)] 정크 메일(Junk Mail)이 우리를 성가시게 하는 것은 쓸데없는 메일을 받는데 있는 것이 아니다. 왜냐하면 그것을 계속 받아왔고 대부분 별문제 없이 무시하기 때문이다. 오히려 오늘날 사람들은 종이 낭비와 광고가 출력되고 묶이고 발송되는데 드는 에너지 낭비에 대해 염려한다. 이메일의 상황은 우리가 쓸데없는 메일을 받는다는 점에서 유사하다. 그러나 '스팸(Spam)'메일로 알려진, 이메일 쓰레기는 우편으로 원하지 않는 광고가 오는 것보다 잠재적으로 더욱 해롭다.[19)]

왜냐하면 적어도 정크 메일을 분류해내는 데 시간이 많이 걸리기 때문이다. 이메일은 또한 더욱 심각한 신용사기와 악성코드(malware: 바이러스와 원하지 않는 소프트웨어)를 침투시키는데 사용되기도 한다. 신용사기는 사기적인 투자계획에서부터 피싱(phishing) 범위에까지 이른다. 피싱은 개인금융정보(아이디 오용이 가능한)를 입력시키는 곳인 홈페이지에 들어가서 속이는 행위이다. 피싱 행위를 인식하는 것은 매우 어렵다. 이 메일은 이베이나 페이팔과 같은 유명 사이트에서 왔다고 알려져 있다. 그리고 그래픽 사용은 합법적인 홈페이지에서 온다.[20)] 그들은 계좌정보를 증명하거나 업데이트하지 않으면 수취인의 계좌를 폐쇄시키겠다고 위협함으로써 인간의 불안감을 활용한다. 사기 홈

17) http://en.wikipedia.org/wiki/Wikipedia: 위키피디아 보호 정책에 관한 정보 보호-페이지

18) 메일에 의한 광고 대부분은 직접 선택 목록을 첨부함으로써 멈출 수 있다. Direct Marketing Association's Mail Preference service (www. privacyrights.org) 당신의 주소를 리스트에 올리는데 1달러의 요금이 든다.

19) 원하지 않는 이메일을 막는 유일한 방법은 어떤 웹사이트에도 이메일 주소를 쓰지 않는 것이다. 무엇도 등록하지 마라. 아무것도 구입하지 마라. 따라서 두 개의 메일 지정을 원할지도 모른다. 하나는 웹사이트에 등록하고 물건을 구매하기 위한 것, 둘째는 규칙적 편지함으로 쓰는 것이다. 그러나 만약 친한 친구와 이메일 주소를 공유한다면 이것은 의미가 없다.

20) http://www.about-the-web.com/shtml/scams.shtml 참조.

페이지는 모든 금융 정보와 신원증명 정보를 요구한다.[21]

바이러스는 최소한 1980년 이후 인터넷을 통해 살포되었다. 초기에는 스크린에 재미있는 메시지를 띄우는 등 단순히 성가신 장난 소프트웨어였다. 그러나 장난은 심각해졌고 바이러스를 사용해서 하드디스크 내용을 파괴하고 연합 네트워크를 묶어버려 너무 많은 트래픽 때문에 합법적 사용자들이 메시지를 보낼 수 없었다. 오늘날의 악성코드는 바이러스에 더하여 웜, 스파이웨어(spyware), 보트(bots: 웜의 종류로 컴퓨터 기능을 마비시킴)를 포함한 위협적인 것으로 구성되어 있다. 보트는 사용자가 모르는 상황에서 컴퓨터에 설치되고, 보트 통제자가 자신이 설계한 프로그램을 사용자 컴퓨터에 실행시키고자 할 때 좀비 상태가 된다. 비록 좀비가 전세계에 흩어져 있지만 그것이 한꺼번에 작동하면 일반 컴퓨터를 사용하는 사람들을 위협할 수 있다.[22]

사회적 네트워킹

대부분의 커뮤니케이션 형식은 인터넷과 함께 일어난 것이 아니다. 그들은 그것보다 훨씬 전부터 사용되어 왔다. 그러나 WWW은 우리에게 사회적 '네트워크'라고 불려지게 된 의사소통의 새로운 형태를 제공한다. 우리가 잘 알고 있는 두 개의 사이트로는 마이스페이스[23]와 페이스북[24]이 있다. 이 사이트의 일반 목표는 사람들이 가상 세계에서 자신을 소개하는 장소를 제공하는 것이다. 그리고 개인 간에 관계를 형성하기 위한 것이다. 이 두 사이트는 이용 목적이 다르다. 마이스페이스는 일반 공적 생활에 항상 유용하다. 마이스페이스의 기본은 개인 사진과 프로필이다. 블로그를 유지하는 것과 함께 이메일과 인스턴트 메시지를 통해 사용자들과 연결할 수 있다. 마이스페이스가 생각하는 것은 쉽게 친구관계를 확장할 수 있다는 것이다.

가입자는 자신이 사용할 마이스페이스 친구 목록을 만든다. 그렇게 함으로써 자동적으로 모든 친구들과 서로 연결된다. 이것은 정보를 공유할 수 있는 것으로 거대한 연결망을 손쉽게 모을 수 있도록 한다. 마이스페이스는 사람들이 공공화하기를 원하는 자신의 개인적

---

21) 신분위장 절도를 목적으로 한 정보수집을 하기 위한 피싱은 이메일에 한정되지 않는다. 미국에서 신용사기는 전화도 포함된다. 전화자가 자신들이 IRS라고 말하는 동안, 전화한 사람은 사회안정번호를 최근 세금 양식서에 넣는 것을 잊는다. 전화 받는 사람은 전화자에게 세금 형식에 대해 명료하게 알 수 있도록 묻는가? 미국 시민들은 세금회계감사를 두려워하고 대부분 IRS(Internal Revenue Service 국세청)에 모든 것을 명백하게 하기 위해 정보를 제공한다. 일반적으로 'social engineering' 으로 알려진 이 카드 사기 유형은 두려움과 불안감을 이용하는 것이다.

22) 이 책 앞에서 묘사했던 에스토니아에 대한 공격을 저질렀던 보트 네트워크와 같다.

23) www.myspace.com

24) www.facebook.com

정보를 다른 개인들이 공유할 수 있도록 한다. 가장 간단한 방법은 마이스페이스의 프로필 페이지를 사용하는 것이다. 언뜻 보면 페이스북은 마이페이스와 똑같아 보인다. 그러나 페이스북은 사람들과 연계할 때 다른 방식으로 하며 다른 역사를 가지고 있다.

페이스북은 고등학교와 대학 학생들을 위한 사이트로 시작했다. 그것은 최근에 와서야 일반인에게 개방됐다. 페이스북 친구 목록은 마이페이스처럼 단계적으로 연결되어 노출시키지 않는다. 목록에 친구의 이름을 추가할 때 그 한 사람만 추가할 수 있다. 2007년 페이스북과 마이스페이스는 서로 다른 목적을 위해 구성원들에 의해 제출된 자료를 사용하기 시작했다. 마이스페이스는 '하이퍼타깃팅(hypertargeting)'으로 소매상인들이 마케팅에서 더 쉽게 목록[25]을 얻을 수 있도록 사용자 프로필로부터 얻은 정보 확인 사이드를 만들었다. 페이스북의 비콘(Beacon)은 페이스북 친구들이 온라인 상인과 함께 사용자의 행동(구매, 등록, 원하는 품목 추가)을 공유하는 것이다.

이러한 행동과 관련해서 몇 가지 주요한 사회적 이슈가 있다. 아마도 가장 긍정적인 결과는 페이스북 목록[26]에서 누군가를 위한 선물을 구매하는 것이다. 사람들은 무엇을 샀는지 알게 될 것이다. 더욱 중요한 것은 하이퍼타깃팅과 비콘 모두 친절한 사용자가 없어도 상인에게 이익을 제공하는 것이다. 마케터들은 사용자의 사생활을 침해한다는 비난을 얻는다. 사용자들은 그들이 사회적 네트워크 사이트에 접속하면 광고를 수신할 것을 알고 있고, 마이스페이스와 페이스북은 어떤 불법적인 행동을 하지 않는다. 그러나 이러한 행동은 많은 사람들에게 부당한 사생활 침해로 여겨진다.

가상공동체

가상공동체(Virtual Communities)는 일련의 집단 사람들이 마치 얼굴을 마주하는 직접적인 상황에 놓인 것처럼 서로 상호작용하는 것이다. 가장 크고 잘 알려진 것 중 하나는 세컨드 라이프(Second Life)이다.[27] 회원들은 온라인상의 인간인 아바타를 가진다. 아바타(avatar)는 처음에 일반적인 평범한 얼굴과 몸매로 시작했다. 그러나 사용자들이 아바타의 외형을 여러 방식으로 바꾸기를 원했다. 세컨드 라이프는 3차원의 시각적 풍경 혹은 표준 컴퓨터 모니터가 나타낼 수 있는 만큼의 3차원을 제공한다. 아바타가 움직임에 따라 거대하고 자기 충족적인 세계로 접근하면서 풍경은 변화한다.

25) http://biz.yahoo.com/bw/071105/20071105005655.html?.v=1 참조.

26) http://www.facebook.com/business/?beacon 참조.

27) www.secondlife.com

비록 세컨드 라이프와 같은 가상세계가 사회적 기업으로 시작했지만 아바타는 문자나 오디오 채팅을 사용해 상호 교환할 수 있으며, 많은 가상세계는 사용자가 정보를 얻을 수 있는 지역을 포함하고 있고 사용자는 그 가상부동산을 구매한다(가구를 놓을 수 있는 거주지도 세운다). 그리고 다른 상업적 홈페이지와 마찬가지로 품목을 구매한다. 가상공동체 이용과 초기 등록은 비록 전통적으로 무료이지만 그러한 웹 베이스 애플리케이션은 상술이다. 아바타를 장식하는 많은 아이템은 실제로 몇 달러의 비용을 써야 한다. 실제 세계의 돈으로 사야 하는 것이다. 게다가 가상공동체의 무료사용은 엄청난 광고에 의해 지지된다. 예를 들어 세컨드 라이프에서 움직일 때 실제 세계의 상품을 광고하는 무수한 광고판들을 만난다.

관계맺기

종종 사람들과 온라인상으로 우정을 유지하는 것은 특별한 일은 아니다. 때때로 이러한 우정은 로맨틱한 관계로 발전되었다. 인터넷은 멀리 떨어진, 결코 만날 기회를 가질 수 없었던 사람들과 만나는 것을 가능하도록 해준다. 지리적으로 흩어졌으나 유사한 관심사와 고민을 가진 사람들은 서로 만날 기회를 얻는다. 때때로 온라인 친구가 실제에서 만나길 원한다. 만약 온라인상에서 만남이 정직한 상태였다면 직접 만나는 것은 아마 더 좋은 방향으로(인터넷이 만들어주지 않았다면 결코 일어날 수 없었던) 깊고 새로운 우정으로 발전될 것이다. 그러나 만약 만남에 거짓이 포함되었다면 상황은 매우 위험하다.

데이팅(Dating)을 주선하거나 중매를 대행하는 사이트는 여러 해 동안 성장해왔다. 멀리 떨어진 사람을 연결시켜주는 인터넷의 능력은 자료 서비스를 운영하는 이상적인 운송수단이다. 데이팅 사이트는 보통 개인정보와 원하는 상대에 대한 프로필에 답할 것을 요구한다. 그러고 나면 그들은 당신의 정보를 다른 사람의 데이터베이스와 대조하여 조화시켜본다. 그 비용은 원하는 만큼의 연결 횟수에 달려 있다. 예를 들어 첫 비용에 5번의 연결 횟수라고 정해졌다면 추가 연결에 대해 비용을 더 내야 하는 것이다. 얼마나 좋은 연결이 이루어지는가는 데이터 서비스의 자료에 의존한다.

인터넷을 통하여 원정결혼을 주선하는 기업들을 위한 홈페이지도 만들어졌다. 전적으로 이 사이트가 하는 것은 (그들이 합법적이든 아니든) 엄청난 거래를 연결시키는 것이다. 저렴한 비용의 사이트는 당신의 프로필을 가지고 이미 인터넷에 있는 무수한 데이팅 사이트에 대조해본다. 그러한 모든 것은 이미 인터넷에 있는 기존의 자료를 찾는 시간을 아껴준다. 어떤 사이트는(우크라이나와 러시아에서 온 많은) 미국 남자들에게 우크라이나 또는 러시아 여성과의 만남을 주선하고 남자와 만나게 하기 위해 여성을 미국에 보내는 비용을 요구한다. 이러한 경우, 여자가 진짜 있는 것이 아니다. 또는 돈을 요구하는 것은 사기이다. 왜냐하면 미국 입국 비자는 구매할 수 없기 때문이다. 비록 합법적으로 미국 남자와 우크라이나 또는 러시아 여자를 연결해주는 인터넷 베이스 결혼 브로커도 있지만 남자들은 보통 여자를 만나기 위해 우크라이나와 러시아로 여행해야만 한다.

가족관계

기술은 또한 가족관계도 변화시켰다. 특히, 대가족 집단은 오늘날 진귀하다. 그렇게 된 몇 가지 이유가 있다.

- 농업경제의 소멸로 대가족이 함께 살 필요가 없어졌다.
- 운송기술로 인해—자동차, 기차, 비행기 등—서로 여행하는 것이 쉽기 때문에 가족이 떨어져 사는 것이 가능해졌다.
- 의사소통 기술의 발달은 가족 구성원이 수천마일 떨어져 살더라도 서로 연락이 쉽도록 만들었다.

가족이 멀리 떨어져 살 수 있도록 하는 동시에 기술은 몇몇 사람들이 이전에 사용할 수 없었던 재생산 기술의 도움을 받아 가족이 되는 것을 가능하게 했다. 비록 우리는 생식 기술에 대해 10장에서 더 얘기할 것이지만, 유리관 수정 개발이 이루어지기 전 명심해야 할 것이 있다. 아이를 원하지만 아이 없는 부부는 아이가 없는 채로 살거나 입양할 수밖에 없다. 기술은 그들이 진짜 생물학적인 아이의 부모가 될 수 있도록 만들어주었다.[28] 반대로 의학 기술은 여성에게 피임약이나 불임 장치를 통해 수정에 대한 통제권을 주었다. 역사의 어떤 시기도 아이를 원하지 않는 여성에게 쉽게 아이로부터 자유롭도록 해준 때는 없었다. 반면, 생식을 돕는 것은 쉽지 않다(성공률은 높지 않고 비용이 많이 들었다). 그러나 기술은 많은 사람들에게 적용된다. 기술은 아이를 가질 때와 얼마나 많은 아이를 가질지에 대해 선택권을 준다.

괴짜와 바보의 출현

기술에 초점을 맞춘 우리 사회는 두 부류의 집단을 양산했다. 바로 긱(geek: 괴짜)과 너드(nerd: 바보)이다. 두 집단 모두 대부분 지적이고 사회적 생활을 기술에 소비한다. 그리고

28) 우리는 생물학적으로 아이를 가지는 것을 조종하는 것이 중요한지에 대해 논할 수 있다. 우리는 어떤 사람들에게 그것이 중요하다는 것을 이해할 수는 있다. 이것을 선택하는 사람은 아이가 없는 상태를 유지하려는 사람일 수도 있고 생식 기술을 시도하려는 사람일 수도 있다.

모두 일반적으로 서구사회 규범의 비주류로서 자신의 개인성을 유지하는 사람들로 간주된다. 비록 긱과 너드라는 용어가 때때로 교환되어 사용되지만 그들은 미묘하게 차이가 난다. 너드는 보통 학문적, 사회적 관심을 배제한 채 기술에만 초점을 맞춘 사람들이다. 너드에 대한 전통적 모습은 자신을 꾸미거나 단정한 옷차림을 할 줄 모르는 사람의 모습이다(바지를 가슴까지 치켜 입고, 안경을 테이프로 붙여 쓰는 등). 그리고 사회적 우아함이 거의 없는 사람들이다. 너드는 종종 회사에 적합하지 않고 사회적으로 짜증나는 사람들로 여겨진다. 너드는 자신의 사회적 부적당한 특징을 모르는 채 살아간다. 사회적 문제에도 불구하고 너드는 보통 친절하고 비폭력적이다. 일반적으로 누군가를 너드라고 부르는 것은 모욕이다.

긱은 종종 (특히 스스로를 그 용어에 적용시킬 때) 자만심으로 괴짜라는 딱지를 붙이는 컴퓨터 전문가들이다. 그들은 너드처럼 사회적으로 용납하기가 어려운 것은 아니다. 사실 미국 내 몇몇 컴퓨터회사는 그들 스스로를 긱 군단(The Geek Squad)[29]이라고 부르면서 그 용어를 사용해왔다. 그럼에도 불구하고 긱은 서구사회에서 전통적인 가치인 사람에게보다는 기술에 더 초점을 둔 사람들로 간주된다. 너드와 긱은 컴퓨터 기술에서 튀어나온 것은 아니다. 그들은 더욱 주목을 끈다. 너드는 항상 주변에 있다. 예를 들어 1950년대에 너드는 허리띠에 주판을 끼워 넣은 모습이었다. 그리고 오늘날의 너드와 마찬가지로 전형적인 옷을 입었다.[30] 1960년대에 주판은 계산기로 대체되었다. 너드는 또한 셔츠 주머니 안에 노트가 있는 것으로 구분되기도 했다. 컴퓨터화가 일어나기 전 대부분의 너드는 엔지니어였다.

어떤 너드는 자폐상태에서[31] 나타나는 무질서인 아스퍼거 증후군(Asperger Syndrome: 자폐 스펙트럼 장애의 하나로, 사회적 상호작용에 어려움을 겪고 관심사와 활동에 같은 증상이 나타나는 것이 특징이다. 다른 장애와는 달리 일반적으로 언어지체나 인지발달의 지연은 발생하지 않으며, 서투른 동작과 특이한 언어사용이 자주 보고되었다) 때문에 고통 받는다. 아스퍼거 증후군에 의해 시달리는 사람은 종종 지식은 뛰어나지만 심각한 의사소통의 문제와 사회적 문제를 가진다. 전문가의 개별 영역은(컴퓨터이든 수학이든, 어떤 분야이든) 무질서한 특징이 있다. 아스퍼거 증후군으로 고통 받는 사람들은 컴퓨터와 상호작용하는 것이 사람들과 관계를 맺는 것보다 더 쉽게 느껴진다. 그들은 사회적 접촉을

29) 긱 군단(The Geek Squad)은 베스트 베이(Best Bay)의 컴퓨터 서비스 군단이다. 그들의 업무 사이트는 http://.geeksquad.com/?PRSCHA. 이다. 그 서비스 전문가들은 차 측면에 회사 로고를 그려 넣은 흑백의 폭스바겐 비틀즈를 운전한다. 길거리에서 그들은 매우 쉽게 구별된다.

30) 전형적인 너드 유니폼은 짧은 소매의 하얀 드레스 셔츠이다.

31) 아스퍼거 증후군에 대하여 더 많은 정보를 얻으려면 http://aspergers.com/ 참조.

요구하는 직업보다 경영이 더 쉽고 전반적으로 고립된 행동인, 프로그래밍과 같은 직업을 찾는다.

그러나 아스퍼거 증후군은 새로운 무질서는 아니다. 그것은 인간의 상태의 일부로서 오래전부터 있어왔다(기술 개발의 결과로 나온 것은 아니다). 그러나 우리가 그것을 의학적으로 인식한 것은 최근의 일이고 여전히 그 증후군으로 고통 받는 사람들을 다루는 좋은 방법이 연구 중에 있다.[32] 그럼에도 불구하고 아스퍼거 증후군 환자가 치료가 필요한지 여부와 사회 전체가 이런 식으로 다른 개인을 수용해야 하는가에 대한 질문이 여전히 남아 있다. 컴퓨터의 등장과 함께 일반적으로 인식된 긱은 너드보다 좀더 새로운 현상처럼 보인다. 그러나 긱이라는 용어는 컴퓨터의 등장보다 훨씬 오래선부터 사용되었다. 그 원래 의미는 촌극의 배우처럼 괴짜인 사람이라는 뜻이다. 이것의 아이러니는 오늘날 너드가 보통 긱보다 더 괴짜인 것으로 간주된다는 것이다.

사생활 침해

우리는 정보저장의 안전성에 대해 자주 들어왔다(혹은 그 부족함에 대하여). 그리고 사생활(Privacy)에 대해서는 더욱 그렇다. 그 두 가지는 같은 것이 아니다. 사생활은 권한 밖의 사람들에게 특별한 정보가 폭로되는 것을 막을 필요가 있는 부분을 의미한다. 안전보호는 사생활 부분을 지키고 보호하기 위해 우리가 하는 행위이다. 전자자료 저장은 사생활에 심각한 영향을 끼친다. 이전에도 수백만 개의 컴퓨터에 개인정보 자료를 저장해 두었다. 그러나 우리가 종종 사생활이라고 여기는 정보에는 공적인 출처가 있다. 예를 들어 전통적으로 운전면허 자료를 회사에 (운전자들에게 광고를 보내고자 하는) 팔아왔다. 재산소유권 자료는 식민지 시절 이후 시청에서 유용하게 사용된다. 누구든 동사무소에 들어가서 이름과 전화번호, 재산 소유자의 정보를 열람할 수 있다.

사실 공적인 정보에는 다음과 같은 것이 포함되어 있다.

- 세금 정보와 과세 정보를 포함하여 세금 저당권, 세금 미납에 관련된 재산소유자에 대한 판결
- 자동차 기록, 차 등록과 운전면허 등
- 투표자 등록[33]
- 사업자 등록, 전문가 등록

32) 너드에 관한 심리학적 토론을 위해서는 http://www.mentalhelp.net/poc/view_doc.php?type=advice&id=2579&at= 2&cn=91&ad_2_1&submit=I=Agree참조.

33) 어떤 사람들은 투표자 등록 정보에 대한 접근을 엄격히 하라고 주장한다.

- 파산 서류
- 범죄 영장, 체포, 유죄 판결
- 민사소송 결과

컴퓨터 베이스 자료의 출현은 그 정보가 보다 쉽게 (더 싼 가격에) 유포될 수 있다는 것을 의미한다. 또는 더 많은 정보가 저장된다는 의미가 될 수도 있다. 오늘날 개인정보의 사생활에 대해 많은 의견이 있다. 그러나 개인정보는 항상 유용하다. 그것은 이전에는 자료가 전자 상태로 입력되어 있을 때만큼 얻기가 쉽지 않았었다. 사생활의 결여로 인해 오늘날 직면한 가장 폭넓게 알려진 문제는 신분 위장절도이다. 만약 도둑이 사회보장번호, 신용카드 번호, 은행계좌 정보를 얻을 수 있으면 그는 다른 이름으로 외상을 얻을 수 있고 사회보장카드를 요청할 수 있다. 사회보장카드를 가지고 도둑은 운전면허도 딸 수 있고, 출생 증명과 여권을 얻을 수도 있다. 비록 신용카드로 행해진 사기 행위에 대해 책임을 져야 하는 것은 아니지만 다른 손해를 만회하는 것은 헛수고가 될 수 있고, 어렵고 심지어 불가능할 수도 있다.

신분위장 절도는 개인뿐 아니라 사업에도 영향을 미친다. 뉴멕시코에 있는 회사인 서밋 일렉트릭 서플라이(Summit Electric Supply)는 신분위장 절도의 피해자이다.[34] 도둑은 자신을 회사 대리인으로 소개하고 하드디스크와 다른 전기부품을 주문했다. 대부분 도매업은 바로 지불을 요구하지 않고 물건을 수송한다. 도둑은 배달된 제품을 가져가고 돈이 도착해야 할 때 멀리 사라져버렸다. 아마도 그는 어디론가 가서 불법으로 부품을 팔 것이다. 신분위장 절도는 어렵다. 그것은 소매업자든 도매업자든 수표 및 카드를 써서 구매하려는 사람을 증명할 필요가 있다. 기업의 세계에서 증명은, 회사 전화를 확인하거나 주문이 정말 회사에서 온 건지 검증하기 위해 전화를 한다거나 하는 행위로 회사 이름을 물어보는 것처럼 간단히 이루어질 수 있다. 사람과 신용카드의 증명은 더 어렵다. 신분위장 절도는 훔친 카드를 통해 행해지지 않는다. 훔친 사회보장번호를 이용하여 합법적인 신용카드를 사용한다. 카드 뒤에 3개의 디지털 번호를 사용하는 신용카드 증명은 카드가 주문자 손에 있을 때에만 신원을 보증한다.

긍정적으로 사람을 신원 파악하는데 세 가지 요소를 필요로 한다. 그 사람이 가지고 있는 것, 그 사람이 알고 있는 것, 그 사람이 누구라는 것이다. 사람이 가지고 있는 것이 신용카드이거나 계좌명일 수도 있다. 사람이 알고 있는 것은 패스워드이다. 그 사람이 누구인가는 생물학적인 식별법을—지문이나 얼굴 스캔과 같은—통해 알 수 있다. 우리는 앞의

---

34) Summit Electrics에서 무슨 일이 일어났는지에 관한 전체 논설은 http://.crn.com/it-channel/202404442 참조.

신분확인에 필요한 두 가지 요소를 잘 활용하고 있다. 그러나 생물학적 기술은 여전히 유아기에 머물러 있다. 오늘날 가장 전통적인 생물학적 측정기계는 지문스캐너이다. 그들 중 어떤 것은 노트북 안에 설치되어 있다. 다른 것들은 간단한 컴퓨터 접속장치 USB(Universal Serial Bus)에 들어 있다.

인터넷상의 악플과 소문

인터넷의 통제되지 않는 특징은 사람들에 대한 터무니없는 사실과 가십거리가 퍼지는 이상적인 장소가 되도록 만든다. 그것은 또한 비도덕적인 행동을 노출시키는데 이용되고, 죄인에게 망신을 줌으로써 처벌한다. 인터넷이 있기 전에는 사람들의 평판에 영향을 미칠 수 있는 정보를 나누는 것은 비교적 소규모의 사람들로 제한되었다. 게다가 어떤 사람에 대한 비난은 실제적 범죄에 망신을 주는 것이든 부정확한 가십이든 간에 시간이 지나면 스스로 회복되는 경우가 대부분이었다. 오늘날은 일단 어떤 이슈가 블로그와 같은 홈페이지에 게시되면, 그 사이트로부터 다른 사람이 정보를 가져가는 행위와 다른 사이트에 그 자료를 게시하는 행동을 막는 실제적인 방법이 없다(거기에 있는 그림, 사진 등을 포함하여). 부적절한 행동의 소문이나 세평은 산불처럼 확산된다. 심지어 원래 게시물이 제거되어도 그 정보가 확산되는 것을 멈추게 할 수는 없다.

어떻게 그렇게 최악의 상황이 오는가? 2005년에 한 한국 여성이 작은 개를 데리고 지하철을 탔다. 개가 전철 바닥에 배설했고, 주변에 있던 사람들이 치우라고 말했는데도 그 여자는 치우는 것을 거절했다. 카메라가 달린 휴대폰을 가진 한 승객이 사진을 찍었고 인터넷에 올렸다. 그 여성의 신원이 사진과 함께 홈페이지에 확산되는 시간은 며칠밖에 걸리지 않았다. 한국인들은 그녀의 행동이 비난받아 마땅하다고 여겼으며 강하게 의견을 표현하기 위해 블로그를 사용했다. 결과적으로 그녀는 삶에서 모든 사적 자유를 잃었다(블로거들에 의해 붙여진 그녀의 별명은 '개똥녀'이다). 그녀는 길에서도 사람들이 알아보게 되었고, 결국 직장을 그만두었다.[35] 물론 그 여성이 개의 뒤처리 하는 것을 거절했을 때 그녀는 올바른 행위를 위반한 것이다. 사건이 일어나는 동안 현장에 있지 않았던 사람들조차 인터넷을 통해 무슨 일이 일어났는지 읽고 나서 강하게 그녀를 비난했다.

그러나 이러한 경우, 처벌은 범죄에 적합하지 않았다. 비록 젊은 여성의 행동이 천박하기는 했으나 대부분의 사람들은 그녀가 모든 사생활을 침해당해도 마땅하다고 동의하지

35) 사건에 대한 더 많은 정보와 의견은 http://www.docuverse.com:80/blog/0/alias/donpa rk/e5e366f9-050f-4901-98d2-b4d26bedc3e1 and http://www.washingtonpost.com/wp-dyn/content/article/2005/07/06/AR200507061953.html 참조.

는 않을 것이다. 그러나 인터넷은 그러한 정보의 확산을 막을 방법이 없다. 인터넷의 모든 개인적인 범죄 기록을 부정한다는 말이 아니다. 부적절한 행동이 다른 사람에게 드러나면 범죄자는 부끄러움을 느낀다. 망신주기는 사회규범을 위반한 사람들에게 가하는 처벌로 오랫동안 사용되어 왔다. 예를 들어 청교도들은 범죄자를 스톡(족쇄 구멍이 있는 처벌기구, 조선시대 형벌기구인 '칼'과 비슷하나 양 발목에 채움)에 묶어두었다. 그것은 공동체의 사람들에게 경고를 주는 동시에 범죄행위자의 행동을 변화시키는 방법이었다.

인터넷 망신주기는 때때로 효과적이다. 특히 사회적으로 용인될 수 없거나 불법적이면서도 기소하기 어려운 일이 발생했을 때 더욱 효과가 있다. 예를 들어 몇몇 나라는 세금을 내지 않는[36] 사람들의 이름을 온라인에 게시한다. 위스콘신주는 자녀부양비를 제때 내지 않는 여성과 남성의 이름을 게시하도록 허락하는 입법안을 고려하고 있다.[37] 인터넷 망신주기는 또한 복수의 결과를 낳는다.[38]

인터넷 망신주기의 긍정적 효과가 나타나는 경우에도 불구하고 정도를 넘는 망신주기, 소문, 험담을 통한 개인 권한 남용이라는 위협이 있다. 우리에겐 언어와 위조 문서로부터 사람들을 보호하기 위한 중상모략방지법이 있다. 그러나 사이버 공간에서는 좀 다르다. 우리가 직면한 도전은 인터넷에서 일어난 일을 통제하는 단일한 실체가 없다는 것이다. 그리고 대부분의 사용자들은 자유와 개방성을 선호한다. 이 문제는 여전히 논란이 되고 있다. 그리고 아직 정확한 답이 없다.

인터넷 병리학

인터넷이 제공하는 의사소통 기술에서 훌륭한 것들이 많이 나타났다. 그러나 인터넷은 또한 범죄와 심리적 불안을 야기하는 새로운 문제 역시 제공한다.

진정 그대인가

전자 의사소통은 상호교환하는 사람들 사이에서 각 사용자를 고립시킨다. 비록 우리가 비디오 채팅을 사용할 수 있으나 가상세계와 사회적 네트워킹 사이트에서 의사소통은 일반적으로 비디오를 포함하지 않는다. 만약 다른 사람에게 영상을 보여주길 원한다면 스틸 사진을 전송한다. 문제는 이것이 거짓이 되기 쉽다는 것이다. 말하는 사람이 자신이라는 것

36) http://www.usatoday.com/tech/news/2005-12-22tax-shaming-websites_x.htm
37) http://www.thenorthwestern.com/apps/pbcs.dll/article?AID=/20071230/OSH/312300031/1987
38) http://consumerist.com/consumer/sidekick/sidekick-return-from-thief-after-mass-internet-shaming-182383.php

을 증명하기란 간단하지 않다. 예를 들어 80대 할머니가 해변에서 비키니 수영복을 입고 발리볼을 하는 20대 무렵의 모습을 전송해놓고 그것이 자신이라고 주장하는 것을 막을 수 없다는 것이다.

만약 한 개인이 온라인 커뮤니케이션에서 다루기 편한 이슈들에 관해서만 이야기한다면 위장신분은 그다지 해로울 것이 없다. 그러나 돈을 얻거나 누군가 괴롭히기 위해 위장신분이 사용되거나 그 관계가 실제 세계에 유입되면 위장신분은 아주 위험해질 수 있다.[39] 사회적 네트워킹 서비스에서 위장신분 사용으로 인해 일어난 가장 슬픈 이야기 중 하나는 2006년에 한 아이가 괴롭힘에 시달린 사건이다. 메건 메이어(Megan Meier)는 뚱뚱하고 의기소침한 13살의 소녀였다. 그녀는 자존감도 매우 낮았다. 메건은 마이스페이스에 가입하였다. 그녀의 심리적 상태는 잘 알려져 있지 않은 상태였고, 메건은 아랫마을에 사는 친구였던 소녀와 절교했다. 그 뒤 얼마 지나지 않아 그녀는 마이스페이스에서 조쉬라는 이름의 소년을 만났다. 한동안 그는 그녀가 예쁘다고 말하면서 칭찬해주었다. 외롭고 어린 10대 소녀에게 그것은 멋진 일이었다.

그러나 갑자기 조쉬의 태도는 험하게 돌변했다. 그는 그녀와 나눈 메시지를 다른 이에게 보여줬다고 말하면서 그녀보고 나쁘고 뚱뚱하고 지저분하다고 말했다. 괴롭힘은 메건이 자살할 때까지 계속되었다. 그러나 조쉬는 현실의 인물이 아니었다. 그는 메건의 친구의 엄마와 그 친구에 의해 만들어진 가짜였다. 물론 조쉬의 마이스페이스 계정에 써있는 메시지가 메건을 자살하도록 만든 유일한 이유는 아니다. 그러나 이 상황은 "지푸라기가 낙타 등을 부러뜨린다"라는 속담과 같다. 위장신분으로 메건에게 나쁜 메시지를 보낸 것은 불법이 아니다. 그리고 어느 누구도 이러한 경우 기소된 적이 없다. 그러나 부정적 메시지로 인해 궁지에 몰리지 않았더라면 메건은 자살하지 않았을 것이다.[40]

위장 신분은 아동 성희롱자의 사례에서도 나타난다. 아동 성희롱자는 직접 만나기 위한 희생자를 유혹하기 위해 인터넷에 어린 사람처럼 꾸며 유혹한다. 그는 잠재적 희생자에게 아첨을 한다. 아이에게 계속 접속하라고 꼬드기며 진짜 세계에서 비밀로 만나자고 유혹한다. 그는 자신을 비슷한 관심을 가진 또래로 소개할 지도 모른다. 아니면 아이에게 이미 충분히 자랐으니 나이 많은 사람과 관계를 가질 준비가 되었다고 말할지도 모른다. 아동 성희롱자는 인터넷 전에도 있었다. 사탕을 준다고 유혹하거나 잃어버린 강아지를 찾

39) 여기서 우리는 자신을 커뮤니케이션 텍스트에서 표현하는 것에 대해 말하고 있다. 이메일을 만들거나, 다른 온라인 계정을 만들 때 틀린 정보를 제공하는 것은 전적으로 다른 문제이다. 그리고 결과적으로 감옥에 가게 될지도 모른다. http://economictimes.indiatimes.com/Infotech/Internet _/False_web_identity_may_land_you_in_prison/rssarticleshow/2427409/cms for one example. 참조.

40) 이 이야기의 세부사항을 보려면 http://stcharesjournal.stltoday.com/articles/2007/11/10/news/sj2tn20071110-1111stc_pokin_1.ii1txt 참조.

는 것을 도와달라고 하며 아이들을 유혹한다. 그러나 인터넷의 익명성은 그 과정을 더욱 용이하게 만든다.[41]

아이들과 어린 사람들은 약탈자의 목표가 되기 쉽다. 사회적 네트워킹 사이트에 개인정보를 게시하는 것은, 단순히 좋고 싫어하는 것 같은 순수한 것조차도 약탈자가 희생자를 개발할 수 있도록 문을 열어두는 것과 같다. 예를 들어 만약 한 아이가 온라인에 포켓몬을 좋아한다고 게시하면 약탈자는 그 게임을 좋아하는 다른 아이처럼 위장할 것이다. 그러면 약탈자는 카드게임이나 하러 오라고 말하면서 아이를 유혹하기가 쉬워진다. 어른 역시 인터넷에서 만난 사람으로 인해 위험에 처해질 수 있다. 예를 들면 2007년 한 여성이 아기 돌봄 사람을 구한다는 거짓 광고에 응했다가 살해당했다. 그 구인광고는 물건 판매, 아파트 임대, 구직 구인 게시로 유명한 인기 사이트인 크레익스리스트(Craigslist)에 게시되었다. 그녀는 광고를 낸 사람의 집에 혼자 갔고 그 집에서 살해되었다.[42]

이것은 절대로 인터넷 친구와 직접 만나서는 안 된다는 의미는 아니다. 그러한 만남은 종종 좋은 일이 될 수 있다. 그러나 만난 사람이 온라인에서 주장하던 사람이 아니라면 조심해야 한다는 의미이다.

- 레스토랑이나 박물관, 사람이 많은 공원 등 공공장소에서 만나라.
- 낮에 만나라.
- 혼자 가지 마라. 친구나 가족 중 한 명과 함께 가라.
- 필요하면 바로 전화할 수 있도록 손에 휴대폰을 쥐고 있어라.

인터넷 중독

우리는 중독이란, 어떤 사람에게 그것 없이는 살 수 없는 어떤 것이라고 정의 내린다. 그것이 심리적인 것이든 육체적인 것이든 어떤 사람이 해야 한다고 강박충동을 느끼는 것이며 멈추기가 아주 어려운 (불가능하지 않더라도) 것이다. 중독은 또한 평범한 일상적인 기능을 수행하는 것을 방해한다. 물론, 인터넷은 담배와 약물처럼 육체적 중독 증세를 나타내지는 않는다. 그렇다면 인터넷을 너무 많이 사용해서 심리적으로 중독에 이를 수 있을까? 정답은 어떤 연구를 읽고 있는가에 따라 다르다.[43]

---

41) 어떻게 인터넷이 아이를 유혹하는데 남용되는가의 상황을 보려면 http://www.thedenverchannel.com/news/9532693/detail.html, http://news.yahoo.com/s/nm/20071026/tc-nm/britain_chat_dc, and http://toronto.ctv.ca/servlet/an/local/CTVNews?20061124/internet_child_luring 061124/20061124?hub=TorontoHome

42) 자세한 사항은 http://www.foxnews.com/story/0,2933,306317,00.html

인터넷 중독에 대한 관념은 장난, 날조(hoax)로 시작한다.[44] 정신과 의사인 이반 골드버그(Ivan Goldberg)는 1995년 즐거움으로서의 무질서를 제안했다. 그러나 그 이후로 몇몇 심각한 연구는 사람들이 인터넷 사용(쇼핑, 게임, 채팅 등등)으로 중독될 수 있다는 가능성을 다루었다. 인터넷의 '과잉 사용'은 다른 심리적 중독으로 인한 많은 특징을 보여준다(예를 들어 충동적인 도박이나 쇼핑). 직업을 계속 가지거나 평범한 사람들과의 관계를 저해할 정도의 바람직하지 않은 행동이다. 그럼에도 불구하고 미국의료협회(American Medical Association)와 같은 전문협회는 중독의 원인으로 기술남용을 분류하지 않고 있다.[45] 인터넷 중독에 대한 공식적 인식의 결여에도 불구하고 몇몇 전문가들은 컴퓨터로부터 자신을 떼어놓으려는 심각한 문제를 가진 사람들을 만난다. 예를 들어 일부 중국인들은 중국 10대의 15%나 되는 다수가 기능장애로 고통 받고 있다고 믿는다.[46] 그들은 학교를 결석하고 인터넷 사용을 포기할 것을 강요받으면 폭력적이 된다.

적어도, 그들은 학교와 직장 업무 수행시 우울한 상태를 나타낸다. 가족과 친구들과의 관계는 심각하게 고통 받는다. 우리가 대답해야 하는 한 가지 문제는 인터넷 중독이 우리 세계에 심각한 위험인가에 대한 것이다. 어떤 사람이 '중독적 성격(중독성 기능장애)'을 가지고 있다고 가정해보자. 이들은 일상생활의 문제로부터 자신을 분리시키는 뭔가에 중독이 된 사람들이다. 아마도 그들은 술을 너무 마시거나 도박을 지나치게 하거나 중독성 약을 먹을 것이다. 인터넷 중독자는 대신에 인터넷을 사용하려는 충동에 굴복한다. 오늘날 인터넷이 중독된 개인의 수를 증가시킨다는 증거는 없다. 대신에 사람들이 다른 것에 중독되는 대신 인터넷에 중독된다.

반면에 인터넷 사용은 다른 중독보다 값이 싸다(컴퓨터와 네트워크 연결만 요구한다). 따라서 충동적 도박과 약물남용보다 더 많은 사람들이 젖어들 수 있다. 그것은 또한 비용이 많이 드는 중독 행동과 같은 유형으로 분류되지 않는다. 왜냐하면 보통 개인이나 가족의 금융 상태에 심각한 피해로 나타나지 않기 때문이다. 인터넷 남용자는 습관을 지속하기 위해 도둑질을 할 필요가 없다. 지나친 컴퓨터 사용자는 나이가 어린 경향이 있는데 왜냐하면 상당수는 고소득이 아니거나 많은 돈을 얻는 수단이 없기 때문이다.

---

43) 인터넷 중독인지 알 수 있는 재미있는 테스트를 해보고 싶으면 http://www.netaddiction.com/resources/internet_addiction_test.htm 참조.

44) http://www.nurseweek.com/features/97-8/iadct.html

45) http://psychental.com/news/2007/06/26/video-games-no-addiction-for-now/

46) http://www.mywire.com/Auth.do?exId=10022&uri=/archive/forbes/2005/0509/054.html, http://observer.guardian.co.uk/international/story/0,6903,1646663,00.html

어린이에게 미치는 위험

앞 부분에서 우리는 아동을 유혹하여 만나는 성적 약탈자에 의한 인터넷 사용에 대해 언급한 바 있다. 비록 이것이 인터넷을 하는 아이들이 직면한 가장 큰 위험일지라도 또 다른 위험이 있다. 특히, 아이들이 실제로 부적절한 내용이 담긴 홈페이지에 노출되어 있는지도 모른다. 그들은 아마도 나이 어린 사용자들에 대해 개인정보를 수집하려고 하는 홈페이지에 의해 사생활 침해의 대상이 될지도 모른다. 인터넷에 대해 우리가 좋아하는 것 중의 하나는, 그것이 검열당하지 않고 누가 무엇을 게시하든 그냥 개방되어 있다는 것이다(전체적으로 인터넷에 금지된 유일한 것은 아동 포르노그래피이다). 불행하게도 그것은 또한 사이트 중 대부분이 아이들에게 적절하지 않다고 간주되는 내용이 포함되어 있다는 의미이다.

이것은 백인 우월 사이트, 성인 포르노그래피, 폭탄제조 설치, 살인하는 방법 등을 포함한다. 따라서 인터넷의 자유는 스스로 어떤 내용이 적절한지 결정을 내릴 수 있을 때까지 아이들이 보호되어야 할 것을 요구한다.[47] 아이들은 때때로 정보의 합법적인 출처와 선전의 차이를 식별하지 못한다. 많은 어린 아이들이 학습을 위해 전통적인 출판물을 사용하기보다 온라인 자료를 조사한다고 가정하면 그들은 그 적합성을 평가해주는 도움과 그들이 읽은 것에 대한 조언이 필요하다. 부모들은 항상 아이들이 무엇을 보고, 듣고, 읽는지 검사해야 할 책임이 있다. 인터넷은 존경할 만한 새로운 무언가를 추가해온 적은 없다.

부모들은 아이들이 온라인으로 무엇을 하는지 알기 위해 컴퓨터를 어느 정도 이해해야 할 필요가 있다. 요즘에는 자녀를 둔 부모 중에 기술에 반대하는 부모들이 있고, 아이들이 온라인을 할 때 위험에 처해 있는 것처럼 여기는 부모들이 있다. 그러나 이 책에서 논의하듯이, 현재 아이들의 유행과 10대가 어른으로 성숙해가는 과정에, 컴퓨터 없이 자란 아이들은 없을 것이다. 이것은 다소 문제를 완화시킨다. 가장 조심성 있는 부모도 결코 제거할 수 없는 것은 인터넷 사이트의 부적합하고 부정확한 내용이다. 따라서 부모는 반드시 부적절한 내용에 아이들이 접속하지 못하게 하고 정보를 평가하는 것을 가르쳐야 한다.

컴퓨터 범죄

자료의 오용으로 인해 야기되는 사회문제를 상세히 설명하기 위해 우리는 컴퓨터 범죄를 살펴보아야 한다. 비록 우리가 조심스럽게 살펴보면 정말 새로운 범죄는 없지만 인터넷은 더 쉽게 수많은 범죄가 행해지도록 도왔다. 인터넷은 산업 스파이든 그냥 스파이든 도둑이 정보를 얻는 일을 쉽도록 돕는다. 정보 도둑은 더 이상 그가 훔치기를 원하는 정보가 저장

47) 아이들이 인터넷을 사용할 때 어떻게 보호할 것인가에 대한 연구를 보려면 http://www.cbsnews.com/stories/2003/05/07/earlyshow/living/parenting/main552841.shtml

된 사무실을 방문하지 않는다. 도둑은 컴퓨터 네트워크를 통해 멀리서 일을 할 수 있다. 여러 가지 면에서, 이것은 도둑이나 스파이의 위험을 줄여준다(경보 시스템이나 경비원을 걱정할 필요는 없다). 그러나 또한 도둑도 새로운 전문기술이 요구된다. 어떻게 조용히 창문을 통과하여 도착하는지 아는 것만으로는 충분하지 않다. 전자정보 도둑은 지식이 많아야 하고, 목표 컴퓨터의 계정 이름과 패스워드를 가지고 있어야 한다. 아니면 잘 아는 사람이 동료로 있어야 한다.

'능숙한' 컴퓨터 도둑은 뒤에 흔적을 남기지 않고 목표 시스템에서 들어가고 나갈 수 있어야 한다. 어떤 컴퓨터 범죄는 탐지되고 공공연히 보고된다. 예를 들어 2001년에 와코(Waco)에 있는 은행 김퓨터 시스템이 러시안 해커에 의해 침입 당했다.[48,49] 또한 중국인 해커는 철도 컴퓨터 시스템을 방해했다.[50] 개인정보가 초이스 포인트(Choice point)의 해커들에 의해 수집되었다. 초이스 포인트는 많은 미국 시민들에 대하여 이면 정보를 수집하는 기업이다.[51] 그러나 정말 중요한 침입은 우리가 들어본 적이 없는 것, 매우 재능 있는 도둑들에 의해 수행되고 아무도 범죄가 일어나리라고 예상하지 못한 것이다.

인터넷은 또한 반달리즘(야만적 행동)을 저지르기 쉽도록 한다. 보통 한 명의 해커가 정치적 윤리적 입장을 지지하면서 홈페이지에 접근한다. 그런 후 홈페이지에 자신의 입장을 반영하거나 홈페이지 운영자의 위치를 조종하기 위해서 수정한다. 폭 넓은 의미에서 홈페이지를 전자식으로 손상시키는 것은 포스터를 손상하거나 벽에 스프레이 페인팅하는 것과 다르지 않다. 예를 들어 2004년에 한 해커 집단이 알카에다(Al-Quaeda) 홈페이지[52]에 접속해 내용을 수정했다. 그들은 법적 홈페이지의 방향을 바꾸었으며 안티테러리스트를 위협하는 내용을 게시했다.

법의 역할

오랫동안, 입법자들에게는 컴퓨터와 관련된 범죄를 어떻게 다루어야 하는가가 분명치 않았다. 많은 입법자들은 기존의 법이 기술적 범죄에도 적용될 수 있을 것이라고 생각했다.

48) http://www.landfield.com/isn/mail-archive/2001/Jun/0010.html

49) 해커(hacker)라는 용어는 재미있는 것이다. 엄격히 표현하자면 해커(hacker)는 전자기기에 좀 영리한 사람들이다. 어떤 경우, 누군가를 좋은 해커라고 부르는 것은 칭찬이다. 그리고 소프트웨어 부품이나 하드웨어 부품이 '좋은 해크' 라고 말하는 것은 잘 만들어진 아이템을 말한다. 그러나 이 용어는 컴퓨터 시스템에 불법 접근하는 것과 관련되어 경멸적인 의미를 지니게 된다. 진짜 해커(hacker)는 불법적으로 시스템을 방해하는 사람인 '크래커(crakers)' 라고 불리는 것을 선호한다.

50) http://lists.jammed.com/ISN/1999/01/0111.html

51) http://www.fimdbase.com/headlines/comp-cp-break-in-imperils-ca-sfgate-2.16.-05.htm

52) http://www.techweb.com/wire/security/48800108

예를 들어 만약 누군가가 컴퓨터를 방해하면 그는 주정부의 '침입과 파괴(breaking and entering)' 기준에 의해 처벌받는다. 전자커뮤니케이션의 사용과 전자자료 저장이 많아지자 미국에서는 전자범죄를 다루고 전자정보의 사생활에 대한 새 법이 필요하다는 것이 명백해졌다.

전자정보에 대한 범죄

전자정보에 대한 범죄는 V.S. 법령 1권 18(18/Part I of V.S. legal Code)[53]에 자세히 나와 있다. 법 119장은 전자통신을 다룬다. 119장의 목적은 이메일과 다른 유형의 통신을 보호하는 것이다. 그것은 "유선 광고, 구술 광고나 전자통신 방해 장치의 제조, 배포, 소유"를 금지한다. 법령은 또한 불법적 방해에 대해 처벌조항을 나열해 놓았다. 이 법률 조항은 실시하기 위해 강화될 수 있다. 예를 들어 많은 네트워크의 관리자는 '패킷 스니퍼(packet sniffer)'를 사용한다. 패킷 스니퍼는 네트워크를 통해 여행할 때 패킷을 잡아내는 것이다. 이것은 네트워크의 건강 검사를 통한 합법적인 행동이 될 수 있다.

그러나 패킷 스니퍼는 네트워크를 방해하기 위해 사용될 수 있다. 운영자는 스니퍼를 허가받은 자가 아닐 수 있고 지적인 사용자 수중에 맡겨져서 메시지 내용을 노출시킨다. 따라서 패킷 스니퍼는 금지된 장치인가? 그렇지 않다. 미국 법은 다소 금지된 행동이 가능할 수 있도록 전자통신 서비스의 제공자를 위한 장치에 대하여 특별한 조항을 만들었다. 그러나 다른 많은 네트워크 유지 장치와 마찬가지로 (하드웨어, 소프트웨어) 패킷 스니퍼는 합법적으로도, 불법적으로도 사용된다.[54] 119장이 통신 중인 자료에 관한 것이라면 121장은 저장된 자료에 대한 것이다. 그것은 저장된 통신을 다룰 때 행동이 불법적인 경우와 그러한 행동에 대한 처벌에 관한 조항을 규정했다. 게다가 121장은 전화 기록과 비디오테이프 대여와 판매 기록을 다룬다.

이 조항은 데이터베이스에 저장된 주문이나 전화로 인수 받은 주문과 같은 다른 방식으로 산출된 자료를 다루지 않는다. 우리가 전통적으로 해킹(컴퓨터 자원에 대한 권한외 접근)에 대해 생각하는 것은 '컴퓨터 범죄와 남용에 관한 법(Computer Fraud and Abuse Act)'[55]에 의해 미국에서 적용되는 것이다. 그 내용은 1984년에 법률로 만들어져

---

53) http://www.4.1aw.cornell.edu/uscode/html/uscode18/usc_sup_01_18_10_I.html 법률 조항은 18은 항공 전쟁범죄(Aircraft through War Crime)에서 모든 종류의 연계된 죄를 통제한다.

54) 패킷 스니핑에 대해 명심해야 할 것은 패킷을 잡았다하더라도 대부분 메시지는 다양한 패킷에 의해 찢어진다. 메시지들은 출발지에서 목적지로 가는 똑같은 길을 여행하지 않는다. 게다가 인터넷 상에는 많은 트래픽이 있고, 개인 메시지에 대해 패킷을 잡아내는 것은 매우 어렵다. 이 요소들은 인터넷을 통해 전송되어 메시지가 된다. 자료는 네트워크에 접속하는 컴퓨터의 하드디스크에 저장되었을 때 가장 가치가 있다.

55) 법전을 보려거든 http://4.1aw.cornell.edu/uscode/html/uscode18/usc_sec_18_00001030-000-.html

1996년 말까지 수정되었다. A.S. 법령 1권 18(18/Part I) 47장을 찾아보면(모든 유형의 범죄에 관한 법), 1030 섹션은 다음과 같은 내용을 다루고 있다.

- 접근이 허락되지 않은 컴퓨터에 의해 의도적으로 접근하는 행위
- 접근이 허가된 컴퓨터 시스템에 대한 월권행위
- 사기와 어떤 종류든 갈취를 행하기 위해 불법으로 분류된 정보를 사용하는 행위(이 조항은 피싱(phishing)과 비슷한 행동을 다룬다)
- 권한 밖의 접근을 통해 어떤 종류든 손실(육체적인 것과 금융적인 것을 포함한)을 야기하는 행위(어떤 종류의 손실이든 원인이 되는 악성코드는 이 조항에 따라 기소될 수 있다)

우리가 비록 재무부 비밀검찰국(U.S. Secret Service)을 미국 연방사무국을 보호하는 대행기관이라고 생각할지 몰라도 그것은 또한 컴퓨터 범죄의 경우 조사할 권한이 주어진 연방정부의 소속기관이다. FBI는 컴퓨터 범죄가 스파이 활동, 외국 정보, 국가 기관을 포함할 경우 사건에 개입한다. 연방법령에 더하여 미국의 각 주는 컴퓨터 해킹을 처벌하는 법을 가지고 있다.[56] 예를 들어 네바다주는 컴퓨터 해킹에 대해 사기죄를 적용하는 법률을 제정했다. 같은 법령이 신분위장 절도에도 해당된다.[57]

미국은 컴퓨터 범죄를 다루는 법을 제정한 유일한 국가는 아니다. 예를 들어 영국은 컴퓨터남용법안(the Computer Misuse Act 1990)을 통과시켰다. 그것은 실제적으로 미국의 법과 유사하다.[58] 최근에 유럽연합은 '정보시스템 공격에 대한 협약(Frame work Decision of Attacks Aganist Information system)'을 채택했다.

그 협약은 세 개의 범죄 행위를 규정한다.

- 정보시스템의 불법적 접근
- 불법적인 시스템 방해(의도적인 심각한 방해, 정보 투입에 의한 시스템 기능 방해, 손해, 삭제, 악화, 개조, 억압, 접근금지, 자료 투시 등)
- 불법적인 자료 방해

이 협약은 2005년 채택되었다. 유럽연합은 이 조항을 수행하기 위해 2007년 3월 중순까지 받아들였다.[59] 왜냐하면 EU협약은 법의 강제성이 없기 때문에 각 국가는 죄를

56) http://www.ncsl.org/programs/lis/CIP/hacklaw.htm
57) http://www.leg.state.nv.us/NRS/NRS-205.html#NRS205Sec473
58) 프레임워크 전문을 보려면 http://europa.eu/scadplus/leg/en/lvb/133193.htm
59) 완벽한 조항을 보고 싶다면 http://europa.eu/scadplus/leg/en/lvb/133193.htm

처벌할 수 있는 법을 제정해야만 협약체제 아래 효력을 발휘한다.

결국은 기술이 범죄의 통로를 열어놓았다. 정부는 그 같은 범죄를 다룰 필요가 있다고 판단하여 법을 제정함으로써 대응해왔다. 비록 범죄의 도구가 새로운 것일지라도 (전자장치 소프트웨어) 범죄의 의도는 새롭지 않다. 사람들은 여전히 개발정보와 연구에 접근함으로써 비밀을 훔치려고 한다. 또한 홈페이지의 외관을 손상시키는 야만적 행동을 일으킨다. 방법은 다르지만 의도와 결과는 동일하다.

사생활보호법

미국의 사생활보호법은 연방정부에 의해 저장된 정보를 공개하는데 엄격할 뿐 아니라 개인이 접근할 수 있는 정보를 제한한다. 다른 법들은 교육적 기록의 접근 가능성뿐 아니라 구매했을 때 상인에게 노출시키는 자료의 공개 여부를 다룬다. 미국 정부는 개인 교육기관에 대해 직접적인 권한이 없다. 그러나 정부가 학교에 배분된 정부의 자금에 대해 휘두르는 힘은 대단하다. 따라서 법률에 저촉하는 학교에 대하여 정부기금을 인정하지 않는다. 학교 기록의 사생활권에 대한 최고 법은 '가족 교육 권리와 사생활에 관한 법률(Family Educational Rights and Privacy Act: FERPA)'[60]이다.

1974년에 제정된 FERPA는 9번 수정되었다. 그것은 부모가 18세 이하의 자녀 기록을 열람할 권리를 가지며, 18세 이상의 학생들의 기록은 학생이 서면으로 허락한 경우가 아니면 누구도 볼 수 없다. 따라서 학교는 학생의 권리가 권한 밖의 사람들에게 노출되지 않도록 주의할 필요가 있다. 따라서 학생정보를 안전하게 저장하는 안전정보시스템이 필요하다.

미국연방법은 또한 건강보험 간편성과 기록보존 법령(Health Insurance Portability and Accountability Act : HIPA)[61]을 포함하고 있다. FERPA와 마찬가지로 HIPA의 목적은 의료기록의 사생활권을 보호하기 위한 것이다. HIPA는 환자의 의료기록을 공개하는 것을 엄격히 제한하고 있다(18세 미만인 경우 부모나 보호자에게). 또한 보험회사 간에 쉽게 자료가 옮겨질 수 있기 위해 환자 고유의 식별명을 사용하는 것과 환자 기록의 형식화를 요구한다. 끝으로 법은 의료기록의 사생활을 보호할 것을 요구한다.[62]

---

60) http://www.ed.gov/policy/gen/guid/fpco/ferpa/leg-history.html

61) http://www.hipaadvisory.com/REGS/HIPAAAprimer.htm

62) 의료전문가에게 HIPPA는 중요한 사안이다. 다음과 같은 상황을 가정해보자. 의사가 환자를 치료할 때, 그 환자가 정신적으로 완전한 결정을 내릴 수 있는 상태가 아니다. 의사는 법정에서 의료 후견인을 얻고 싶어 한다. 이런 경우, 법정은 환자의 의료기록을 보아야 하지만 HIPPA는 환자의 동의 없이 기록공개를 허락하지 않는다. 그러나 환자는 의사표현을 할 수 없다. 이런 경우 부조리한 상황이 생긴다. 의사가 법률을 어기고 환자의 서면 동의 없이 기록을 공개하던가 아니면 의사는 환자에게 필요한 치료를 포기하던가 해야 한다.

특별히 주의를 기울이는 영역은 아이들의 사생활권이다. 1998년 만들어진 아동의 온라인 사생활보호법은 13세 이하 어린이들로부터 요구하는 자료를 제한한다. 그리고 그 자료들이 사이트 운영자에[63] 의해 저장될 수 있다. 그것은 펜팔 서비스, 이메일, 메시지 보드, 그리고 채팅 사이트와 같은 홈페이지에 적용된다. 일반적으로 법은 부모와 보호자의 승인 없이 신원확인에 사용되기 위한 정보의 요구에 엄격할 것을 요구한다(홈페이지 상호간의 요구되는 정보뿐 아니라). 법률이 적용되는 정보는 성과 이름, 주소의 일부, 이메일 주소, 전화번호, 사회보장번호 등을 포함한다. 만약 적용되는 정보가 웹사이트 상호교환에 필요하다면(예를 들어 사용자의 등록) 웹사이트는 반드시 요구되는 정보의 최소량만 수집해야 한다. 또한 정보의 안전을 보장하고 법에 의해 요구되지 않는 한 폭로해서는 안 된다.

법의 동의하에 개인정보를 수집하는 많은 웹사이트는 자신들이 적어도 13세라고 주장하는 사용자들을 대상으로 한다. 이에 대한 문제는 어린아이들이 스스로가 13살이라고 말하는 것을 막을 수 없다는 것이다. 반대로, 아이들과 영합하는 웹사이트는 아이들이 사이트에 등록하는 것을 요구하지도 않고 이름과 생일과 같은 최소한의 정보를 수집한다. 아이들은 그러면 임의의 사용자 이름과 패스워드를 할당받는다.[64]

빅 브라더가 보고 있다

1932년, 헉슬리(Aldos Huxley)는 <멋진 신세계 *Brave New World*>를 썼다. 그 작품은 어떤 사적 사유도 없는 전체국가의 공포를 상징하게 되었다. 시민을 감시하는 것은 '빅 브라더(Big Brother)'라고 알려진 기술적인 지적 존재에 의해 행해진다. 그 용어는 이제 인류의 행동과 움직임을 추적하는 무엇을 나타낸다.

대부분의 경우, 매우 부정적인 의미이다.

- 자동현금인출기(ATM automated teller machine)에서 무언가를 할 때마다 위치와 시간대를 노출한다.
- 신용카드를 쓸 때 위치와 시간대를 노출한다.
- 만약 이지(E-Z)패스(미국 북동부에서 널리 사용되는 자동 요금정산 기술)를 사용한다면 고속도로요금 게이트를 통과할 때마다 위치와 시간대를 노출한다.[65]
- 휴대폰 사용은 당신을 노출시킨다(셀 타워 사이에 놓인 정확한 위치가 삼각측정

63) 법 전문을 보려면 http://www.ftc.gov/ogc/coppa 1.htm 참조.

64) www.cheetos.com or http://www.cartoonnetwork.com/tv_shows/forsters/index.html

65) http;//www.ezpass.com/

기법에 의해 추적된다).

오늘날 디지털 흔적을 남기지 않는 것은 거의 불가능하다. 최근까지 우리가 뒤에 남겨온 흔적 대부분은 금융거래에 관한 것이다. 그러나 신기술이 무대에 들어섰다. 무선주파수 확인태그(radiofrequency identification: RFID)는 신원확인 가능한 (가까이 있는 수신자가 수신 가능한) 코드를 송신하는 작은 칩이다. 처음에는 이 칩 사용에 대해 두 가지 계획이 있었다. 동물의 신원 확인과 재고 관리이다. RFID 태그가 달린 상품은 저장지역에서 육체적 수고로 물품을 나르는 일 없이도 재고 정리가 될 수 있다.[66] 사실, RFID태그는 식료품점에서의 체크아웃도 가능하다. 카트에 태그가 붙은 상품을 넣어라. 그 다음 RFID 스캐너에 카트를 넣어라. 그리고 구매를 조회하기 위한 스캐너를 기다리면 된다.

우리는 애완동물을 잃었을 때 돌아올 수 있도록 하기 위해 애완동물에게 칩을 이식한다. 예를 들어 RFID태그는 광우병에 감염된 소의 이동을 쉽게 추적할 수 있다. 미국의 농업국는 2009년[67] 모든 가축에 RFID 사용을 지시했다. 대부분의 경우, 사람들은 이러한 기술의 사용에 반대하지 않는다.

이러한 칩을 사람에게 이식하는 가능성에 대해서는 반대 의견이 많았다. 병원용(Medic Alert) 팔찌를 끼우고 다니는 환자들에게 RFID는 의약기록에 접근하지 않고도 더 전문적인 치료를 제공하는 도구가 될 수 있다.[68] 의료 관계자들은 거리를 배회하는 정신적 능력이 감소된 환자들에게 이 칩을 사용하는 것에 대해 심사숙고해왔다. 이 개념은 항상 고용인들의 위치를 파악해야 하는 회사에게까지 확장되었다. RFID 칩을 신체에 이식하는 아이디어는 많은 사람들에게 빅 브라더의 감시를 연상시킨다.

그러나 태그의 옹호자는 다음과 같은 긍정적 사용에 대해 언급한다.

- 의료기록은 사람이 무의식적 상황에 빠졌을 때 유용하다.
- 신용카드를 가지고 다니지 않아도 금융 업무가 이루어질 수 있다. 칩의 ID 넘버는 은행계좌와 연계되어 돈이 인출된다. 오늘날 가장 널리 알려진 돈과 관련된 사용은 스페인에 있는 한 리조트의 경우이다. 태그를 부착한 손님은 ID카드를 가지고 다닐 필요도 없고 허리 부분을 스캐너에 통과하여 식사비와 다른 비용을 지불한다.[69]
- 감옥에서 나온 성범죄자의 이동이 추적 가능하다. 소아 성애자가 학교 근처에 있을 경우 위치를 바로 알 수 있다.

---

66) 관련 서비스는 http://www.activewaveinc.com/application_inventory_control.php

67) http://technocrat.net/d/2006/4/7/2165

68) 칩을 부착한 사람의 이야기를 읽고 싶다면 http://www.networkworld.com/news/2005/040405widenetchip.html

69) http://www.bajabeach.es

- 사람들은 구성원의 움직임을 추적하도록 허가받은 집단에 자의적으로 참가할 수 있다. 그렇게 하여 집단의 모든 구성원들이 함께 모일 수 있다.[70)]
- 모든 아이들에게 칩이 부착되면 아무리 먼 곳에서 잃었다 해도 신원을 확인할 수 있다.[71)]

그러나 칩 사용에 반대하는 사람들도 많다.

- 사람은 사생활권을 가진다. RFID는 사적 행동에 대한 개인의 권리를 침해하여 오용될 수 있다.
- 칩 부착의 일화가 보여주는 증거는 대부분의 사람들은 사람들에게 칩을 부착하는 것에 반대하는 논쟁에서 사생활권 문제를 고려하고 있는 것이다.[72)]
- 칩은 인식기에 접근할 수 있는 모두에게 읽힐 수 있다. 해커들이 칩에 있는 ID코드를 읽는 것과 누군가의 저장된 데이터를 검색하기 위해 관련 자료를 해킹하는 것을 막을 방법이 없다.[73)]
- 인간의 몸에 이식된 칩이 안전한지 확실하지 않다. 칩에서 방출되는 라디오 파장을 비롯해 칩이 만들어내는 물질이 장기간 안전한가에 대한 의문이 남는다.

단기간 동안은 RFID 이식화가 인간에게 유용하다해도 기술의 사용이 널리 확산될지 여부는 확실하지 않다. 논쟁은 몇 년 동안 계속될 것이다.

---

70) http://www.networkworld.com/news/2005/040405widernetchip.html

71) RFID 기술의 긍정적 사용 http://www.komotv.com/news/4594356.html

72) http://www.news.com/2010-1039-5332478.html

73) RFID와 관련된 사생활 침해에 대한 토론은 http://www.fcw.com/print/12_18/news/94595-1.html

제7장에서 무엇을 배웠나

이 장에서 인간의 상호작용과 행동에 대해 기술이 미치는 영향을 살펴보았다. 전자의사소통은, 사람들을 더욱 가까이 교제하도록 만들었다. 전자의사소통은 보다 젊은 세대에 의해 받아들여지고 편지와 같은 오래된 통신수단 형태를 대체했다. 비록 많은 연장자들이 이메일이나 문자메시지, 블로그와 같은 통신수단을 불편하게 여기지만 그같은 활동은 사람들이 서로 친밀하도록 돕는다. 왜냐하면 이메일을 쓰는 것은 편지 쓰는 것보다 더 쉽다. 이메일은 대인 관계를 방해하기보다 증진하는 경향이 있다. 인터넷은 가상 공동체와 사회적 네트워킹을 포함하여 인간 상호작용의 새로운 형태를 가능하게 만든다. 이러한 웹 기초 응용프로그램은 사람들이 전세계적으로 관계를 맺을 수 있도록 돕는다.

기술은 또한 사람들이 금융자료와 신원확인 가능한 자료와 같이 사적 영역으로 지키고 싶어 하는 정보에 접근하는 것을 쉽도록 한다. 사생활권 상실의 극단적인 침해는 신분위장절도이다. 누군가 돈을 얻고 신용을 얻기 위해 접근하여 신용증명서를 불법적으로 사용하는 것이다. 전자정보와 자료저장은 그 자체적으로 비정상적 성향을 만들어낸다. 불법으로 컴퓨터 시스템에 권한외 접근하는 새로운 유형의 범죄들이 있다.

세계의 각 나라는 전자소통과 저장 자료에 대한 범죄를 규정하고 처벌하는 법을 제정해왔다. 인터넷의 익명성은 사람들이 온라인에서 신분을 위장할 수 있도록 만든다. 성적약탈자로부터 직접 만날 것을 유혹받을 수 있는 아이들에게 가장 큰 위험을 가져다준다. 아이들을 보호하기 위하여 미국은 아이들을 신원확인하고 그 아이들의 위치에 대한 정보의 저장과 요청을 막는 법률을 제정했다.

어떤 사람들은 인터넷과 같은 컴퓨터 자료들을 남용한다. 그들의 행동은 컴퓨터 사용 중독이라고 여겨진다.

생각해보기

1. 이메일은 고품격을 갖춘 편지와 다르다. 특히 형식면에서 부족한 부분이 많다. 이러한 변화가 우리에게 문화적인 무언가가 상실된다고 생각하는가? 왜 그런가? 혹은 왜 그렇지 않은가?
2. 인터넷 서비스 제공(ISP: Internet Service Provider) 요금을 한 번 냈다면 무료로 인터넷을 사용한다. 즉석메시지도 무료이다. 구글 검색도 무료이다. 이것은 광고에 의해 지원된다. 많은 TV와 라디오가 그렇듯이 온라인의 자금 조달이 좋은 방법인가? 왜 그런가? 왜 그렇지 않은가? 만약 광고를 싫어한다면 그 대응책은 무엇인가?
3. 신분위장 절도 문제에 대해 생각해보자. 각 개인이 희생자가 되는 것을 막기 위해 할 수 있는 일은 무엇인가?

4. 인터넷을 통해 알게 된 누군가가 당신을 속인다고 생각될 때, 그 사람에 대해 더 알고 싶다고 가정해보자. 이 사람을 만나려고 하기 전 그 사람의 주장을 검증하기 위해 무엇을 할 수 있는가?
5. 인터넷 중독 문제를 연구해보자. 그것이 실제로 무질서라면 증상은 어떠한가? 어떻게 치료되어야 하는가? 다른 중독과 어떤 점에서 유사한가?
6. 많은 정부기관이 컴퓨터 범죄를 다루기 위한 법을 제정하고 있다. 컴퓨터 범죄 법안 내용을 자세히 살펴보고 실제 재산을 빼앗거나 권한외의 컴퓨터 공간을 침입하는 행위에 대한 법률을 살펴보자. 컴퓨터법과 실제법은 어떻게 유사한가? 어떻게 다른가?
7. 인터넷은 테러리즘 집단도 수용한다. 예를 들어 알카에다와 같이 전세계에서 누구라도 동등한 목소리를 낼 수 있다. 이러한 집단이 인터넷에 존재하도록 사이트를 허용해야 하는가? 왜 그런가? 만약 그렇다면 그 사이트를 해킹해서 윤리적으로 바로 잡고 증오의 메시지를 희석하기 위해 수정을 가하는 것은 옳은 일인가? 왜 그런가?
8. 오늘날 사회에서 '틀을 벗어나' 사는 것은 무엇을 가져다주는가? 무엇을 하고 어디에 있는가에 대해 노출시키는 것을 막기 위해 어떤 종류의 삶이 필요한가?
9. 인터넷 공동체에서 소문의 부적절한 확장에 의해 고통 받는 사람들이 생기는 것을 막기 위해 무엇을 해야 하고, 무엇을 할 수 있는가? 정부가 개입되어야 하는가? 만약 그렇다면 어떻게 해야 하는가? 그렇지 않다면 왜 아닌가?

참고문헌

Communications

Green, Lelia R. *Communication, Technology and Society*. Thousand O만, CA: Sage Publication,2002.

"The Impact on Society."*http://www.connected-earth.com/Galleries/Transformingsociety/Theimpactonsociety/index.htm*

Kauppla, Amanda. "Advances in Technology Affect Interpersonal Communicaton." *http;//media.www.theguardianonline.com/media/storage/paper373/news/2007/02/07/News/Advance.InTechnololy Affect. Interpersonal. communication-2704052.shtml*

Thomas, Matthew. "The Impacts of Technology on Communication-Mapping the Limits of Online Discussion Forums." *http://online.adelaide.edu.au/LearnIT.nsf/URLs/technology_and_communication*

Social Networking and Virtual Communities

Davis, Donald Carrington. "mySpace Isn't Your Space: Expanding the Fair Credit Reporting Act to Ensure Accountability and Fairness in Employer Searches of Online Social Networking Services." 16 *Kansas Journal of Law and Public Policy* 237,2007.

"Diplomacy Island in Second Life." *http://www.diplomacy.edu/projects/vd/sl.asp*

Dodero, Camille. "Lost in My Space: Log on, tune in, and hook up with 22 million people online." *The Boston Phoenix*, July 22-28,2005

"Facebook Opens Profiles to Public." *http://news.bbc.co.uk/2/hi/technology/6980454.stm*

Jones, Harvey, and Jose Hiram Soltren. "Facebbok: Threats to Privacy." *http://www.swiss.ai.mit.edu/6095/student-paper/fa1005-papers/facebook.pdf*

Kirkpatrick, David. "Facebook's Plan to Hook up the World." *http://money.cnn.com/2007/05/24/technology/facebook.fortune/*

Lash, Devon. "Site Used to Aid Investigations." *http://.collegian.psu.edu/archine/2005/11/11-10-05tdc/11-10-05dnews-09.asp*

Mitchell, Dan. "What's Online: The Story Behind MySpace." NewYork Times Online. *http://query.nytimes.com/gst/fullpage.html?res=9E01E3DE1331F935A2575AC0A9609C8B63*

"A Second Look at School Life." *http://education.gaurdian.co.uk/elearning/story/0,,2051195,00.html*

"Top 3 Act-and-Look-Alikes: Second-Life Avatars and Real Life Users." *http;//weburbanist.com/2007/06/17/top-3-look-alike-avatars-and-people-from-second-life-to-real-life/*

Vance, Ashlee. "Google Pays $900m to Monetize Children via MySpace." *http://www.theregister.co.uk/2006/08/07/google_wins_myspace/*

Interpersonal and Family Relationships

Barnes, Susan B. *Online Connection: Internet Interpersonal Relationships*. Creeskill, New Jersey: Hampton Press,2001.

DeVito, Joseph. *The Interpersonal Communication Book(11th ed..)*. Upper Saddle River, New Jersey: Allyn &Bacon,2006.

"Family Relationship Article." *http://tntn.essortment.com/familyrelations_rcgb.htm*

Holder,Daniel S. "Ethnographic Study of the Effects of Facebook.com on Interpersonal Relationships." *http://laurenashleigh.blogspot.com/2005/07/how-modern-day-technology-is-running_08.html*

Hutchby, Ian. *Children Technology and Culture: The Impacts of Technologies in Children's Everyday Lives*. New York: Routledge Falmer,2001.

McQuillen, Jeffrey S. "The Influence of Technology on the Intiation of International Relationships." *http://Findarticles.com/p/articles/mi_qa3673/is_200304/ai_n9232834*

Sullivan, Bob. "Deaf turn to Dating Online." *http://www.msnbc.msn.com/id/3078714/*

Internet Pathology

Briggs, Rudolph G. "Psychosocial Parameters of nternet Addiction." *http;//library.albany.edu/briggs/addiction.html*

Grohol, John M. "Internet Addiction Guide." *http://psychcentral.com/netaddiction/*

Illinois Institute for Addiction Recovery. "Internet Addiction." *http://www.addictionrecov.org/internet.htm*

Stadler, Jen. "Internet Safety News: Online Child Molesters." *http://www.netmarts.org/news/onlinemolestres.htm*

"Tel Aviv University Redefines 'Internet Addiction' and Sets New Standards for Its Treament." *http;//www.tauac.org/site/News2?page=NewsArticle&id=5739*

Law, Pravacy, Security, and Computer Crime

Britz, Marjie T. *Computer Forensics and Cyber Crime: An Introduction (2nd ed.)*. New York: Prentice Hall,2008

Computer Crime and Intellectual Property Section, U.S. Department of Justice. *http://www.cybercrime.gov/*

Cyber Investigations, Federal Bureau of Investigation. *http://www.fbi.gov/cybercrimelaw.org/index.cfm*

Cybercrime Law. *http://www.cybercrimelaw.org/index.cfm*

"Cyberspace Law." *http://www.findlaw.com/01topics/10cyberspace/computercrimes/index.html*

"Fighting Back Against Identity Theft." *http://www.ftc.gov/bcp/edu/microsites/idtheft/*

Hallam-Baker,Phillip. The dotCrime Manifesto: *How to Stop Internet Crime*. Indianapolis, Indiana: Addison-Wesley Professional ,2007.

Solove, Daniel J. *The Feature of Reputation: Gossip, Rumor, and Privacy on the Internet*. Princeton, New Jersey: Yale University Press, 2007.

Standler, Ronald B. "Computer Crime." *http://www.rbs2.com/ccrime.htm#anchor666666*

Wall, David S. *Cybercrime*. Cambridge, England: Polity,2007

Chapter 08

정부와 정치 그리고 전쟁

제8장에서 무엇을 배울까?

- 정보기술의 도입 이전에 정부가 정보와 문서를 어떻게 처리했는지 알아본다.
- 정부의 일상적 업무에서 이용되는 주요 기술에 대해 살펴보자.
- 정부의 이메일 감시 문제에 대해 생각해보자.
- 텔레비전이 정치에 미친 영향력에 대해 토의해본다.
- 선거 결과 예측을 위한 소프트웨어 프로그램과 출구조사법 이용을 둘러싼 문제점들을 파악한다.
- 기술이 정치 활동을 어떻게 변화시켰는지 토의해본다.
- 20세기와 21세기에 발생한 주요 전쟁에서 사용된 기술에 대해 검토해보자.
- 민간에 혜택을 가져온 군사 기술에 대해 학습한다.

개요

문명사회가 도래하면서부터 그것이 좋든 나쁘든, 인류는 정부와 정치 그리고 전쟁과 함께 해왔다. 성공의 정도에는 차이가 있었으나, 굳이 기술의 존재 없이도 그럭저럭 이런 것들을 운영하고 해결할 수 있었다. 그러나 분명한 것은 인류에게 있어 스스로 판단하고, 지도자를 선택하고 전쟁을 일으키는 방식들에 있어 기술이 변화를 가져왔다는 사실이다.

정부와 기술

세계의 각국 정부들이 어마어마한 양의 정보를 처리한다는 사실을 고려해보면, 정부와 정보기술은 떼려야 뗄 수 없는 불가분의 관계인 듯 보인다. 그러나 정부 부처에서 기술을 채택하는 데 있어 장벽에 직면하는 국가들이 있는가 하면, 별 무리 없이 많은 양의 기술을 채택해온 나라들도 있다.

정보기술 시대 이전 정부의 업무 수행

1960년대 이전, 컴퓨터로 데이터를 분석하는 일이 가능하게 되자 정부는 많은 양의 서류작업에 돌입했다. 미국의 최초 헌법전서는 제이콥 쉘러스(Jacob Shallus)[1]라는 서기에 의해 직접 수기로 작성되었다. 그리고 4페이지 분량의 이 헌법전서는 곧이어 약 20부(**[그림 8-1]** 참조) 정도 복제된다. 그 이후 미국 정부의 공식적 업무를 수행하기 위해 작성되는 문서의 양은 기하급수적으로 증가되었다. 현재 예산관련 문건은 정기적으로 수천 페이지[2]에 달하는 여러 권 분량의 서류로 작성되고 있다. 이러한 문서는 온라인에서 PDF파일로 열람할 수도 있지만 미국 국회의원들은 여전히 복사본 자료[3]를 요청하고 있다.

We the People
Article 1

그림 8-1 미국 헌법 원본의 첫 번째 페이지

---

1) 1937년까지 미국 최초 헌법전서를 처음으로 옮겨 적은 사람의 신원은 미상이었다. http://www.archives.gov/national-archives-experience/characters/constitution_q_and_a.html에서 헌법 관련 상세 설명을 참조할 수 있다.

2) 미국은 문서감축법안(Paperwork Reduction Act)을 제정했다. 그러나 실제로 이 법을 글자 그대로 해석해서는 안 된다. 즉, 정부가 사용하는 종이문서의 양을 줄이는 것과는 아무런 상관이 없는 법이다. 사실상, 시민과 단체들이 정부에 제출해야 하는 각종 신고서의 양을 줄이는 데 그 목적이 있다. http://www.archives.gov/federal- register/laws/ paperwork-reduction /3501.html에서 더 많은 정보를 참조할 수 있다.

3) 현 미국 예산의 PDF 사본은 http://www.whitehouse.gov/omb/에서 찾을 수 있다.

상정되는 법안에서도 마찬가지의 현상을 볼 수 있다. 즉 전자문서 열람이 가능함에도 불구하고 대부분의 정부기관은 일상적 업무 처리에서 주로 종이문서에 의존한다. 초기 정부는 문서를 직접 손으로 작성해야 했으나 1950년대 후반 복사기술의 발전(**[그림 8-2]** 참조)은 이 모든 것에 변화를 가져왔다. 갑자기 문서의 다량 복사가 수월하고 신속해졌으며, 이에 따라 정부가 사용하는 문서의 양도 폭발적으로 증가하게 된 것이다.

정부에서 이용되는 기술

정부는 컴퓨터 기술의 초기 이용자에 속했다. 그 예로, 미국 정부는 처음으로 상품화된 컴퓨터였던 유니백(UNIVAC)을 사용하여 1960년 인구센서스 데이터를 처리하였다. 그러나 적어도 미국의 경우, 각 정부 부처에서 기술을 도입하는 일은 비교적 서서히 이루어졌다. 각 정부 부처는 자체적 기술을 발전시켰는데, 국세청(IRS)의 경우, 연방 납세 신고서 데이터를 전자 보관하고 복사하는 등 기술을 발전시켰다. 하지만 오늘날은 가상 사설 네트워크(virtual private network) 혹은 VPN[4]을 통해 가정의 컴퓨터 시스템과 연결하는 것까지 가능해졌다. 그리고 국세청 기술은 자금 흐름[5] 조사를 통해 테러리스트의 자금 흐름을 분석, 파악하는 것을 도왔다. 이와 유사한 시스템들을 통해 수입[6] 대비 세금 공제액을 비교하여 회계감사 대상이 되는 납세자들을 찾아낼 수 있다. 국세청에서는 시민들에게

그림 8-2 제록스 914(Xerox 914), 1959년 도입된 최초의 자동문서복사기

4) VPN은 인터넷에서 개인정보전달 시 안전을 보장한다. 국세청에서 이 기술 사용과 관련하여 http://www.findarticles.com/p/articles/mi_m0EIN/ is_2001_Jan_22/ai_69373476를 참조하면 더 자세한 정보를 얻을 수 있다.

5) 자세한 사항은 http://www.gcn.com/print/25_6/40153-1.html을 참조.

6) 예를 들어 30,000달러 남짓되는 총수입에 대출 이자 15,000달러 공제를 신고하는 사람이 있다면 탈세를 의심해 볼 만하다.

전자신고[7]를 권장함으로써 납세 신고서의 종이문서 보관을 축소하는 노력을 하고 있다.

7장에서 설명했듯이 에스토니아와 같은 몇몇 정부에서는 정책으로서 기술을 포용하기도 했다. 호주의 경우, 2002년 이래 전자정부(e-Government)를 지향하고 있다. 그 취지는 정부가 국민의 요구에 더욱 효과적으로 대응한다는 데 있다.[8] 호주는 이와 더불어 정부의 정보를 저장하는 다양한 데이터베이스를 통합하는 방향으로 나아가고 있다. 캐나다와 같은 국가에서는 정부가 사용하는 기술의 양을 확대하겠다는 공약을 내걸고 점차 전자정부[9] 출범을 준비하고 있다. 그러나 미국에서는 최신 기술의 도입에 장벽을 갖고 있다. 그 장벽은 바로 입법 과정이다. 좋은 예로, 국세청이 1990년대에 새로운 전산시스템을 요청했을 때의 경우를 들 수 있다. 우선 필요한 시스템의 사양을 작성하여 판매자로부터 입찰을 받고 나서, 그 정보는 국회로 전달되어 국회에서 지출법안의 하나로서 검토되고 마침내 승인까지 받아내야 했다. 이 과정에서 국세청이 입찰을 한 시점으로부터 비용이 실제로 마련되기까지 대략 3년의 시간이 소요됐다. 결국 그때는 그 기술이 시스템상 구식이 되어버린 이후였다.[10]

정부의 기록 유지 정부는 언제나 국민에 대한 기록을 유지해왔다. 여기에는 납세자 명부처럼 단순한 기록이 있는가 하면 비밀감독을 통해 수집한 데이터와 같이 복잡한 기록도 있다. 정부 공무원들이 원하는 데이터를 검색하는 일을 '도서관 사서들'이 돕도록 하고, 이러한 데이터 중 대부분은 서류철해서 보관했다. 2차대전 전 나치의 경우, 신발 상자에 보관되어 있던 기존 서류기록을 이용해 유태인을 구분하기도 했다.

전자 데이터베이스를 통합하는 데에는 긍정적인 면과 부정적인 면이 있다.

- 정부는 납세자들에게 탈세의 빌미를 주는 허점을 찾아내 오히려 국민연금과 같은 사회보장제도에 기여할 수 있다.
- 국세청은 세금 납부서와 수입원을 대조해 맞춰봄으로써 수입을 보고하지 않은 자들을 찾아낼 수 있다. 이것이 좋은 방법인지 나쁜 방법인지 여부는 견해에 따라 다르다. 모든 이에게 세금 부담을 줄여주며 국가 재정 안정성을 굳건히 하여, 모든

7) 국세청 역시 직원들의 무허가 무선 인터넷 설치와 관련한 보안 문제를 안고 있는 듯하다. 보다 자세한 사항은 http://www.findarticles.com/p/articles/mi_kmusa/is_200704/ ai_n19003640에서 참조.

8) http://www.apsc.gov.au/mac/technology.htm

9) 국가 정부에서 기술을 응용하는 면에서, 캐나다가 정보 시스템을 어떻게 활용했는지 알아보자. http://www.tbs.sct.gc.ca/fap-paf/documents/iteration/iteration04_e.asp

10) 국세청의 프로젝트는 앞서 나갔지만 성공적이지는 않았다. 그러나 법적 처리 시간의 지연이 문제의 주범이 아니었다. 사실상, 완전한 시스템을 제공하는데 심각한 지연을 초래한 것은 관리상 오점 때문이었다. http://findarticles.com/p/articles/mi_m5072/is_9_25/ai_98945785

사람이 납부해야 할 돈을 납부하도록 하는 점은 장점이다. 그러나 다른 한편, 수입을 숨겨 세금을 덜 내고 싶은 사람이 있다면, 수입을 세금 납부신고서에 맞춰 조작하는 경우 큰 문제가 될 수 있다.

- 정부는 테러리스트와 기타 반국가 행위자들을 더 잘 추적해내기 위해 정보국 데이터를 통합할 수 있다. 각각의 법 집행기관들은 범죄 해결을 돕고 지명 수배자들을 찾아내는 데 필요한 데이터를 서로 공유할 수 있는 것이다.
- 정부는 개인의 자유를 제한하는 데 이용할 수 있는 데이터를 수집하고 보관할 수 있다. 반정부 문서 기록, 정치 회합 참가자, 개인들이 만나는 사람들, 도서관 이용 기록, 전화 대화 기록, 이메일 메시지 등이 이러한 데이터에 속한다.

기술은 그러한 데이터베이스에 저장되는 데이터를 축적하는 데 있어 중추적 역할을 한다. 1980년대 내내 미국 정부 데이터베이스의 대부분은 오픈릴식 테이프 녹음기(reel-to-reel tape)에 저장되었다. 그런데 이들 정보를 통합하거나 대조 및 참조하는 일은 쉽지 않아 결국 데이터베이스 관리시스템(DBMs)을 개발하게 되었다. 이 시스템 개발을 통해서 절약된 디스크 보관비용을 통해 온라인 검색이 쉬운 여러 데이터베이스를 구축할 수 있었다.

메일 감시 및 검열 사람들은 자신이 보내는 이메일의 수신 대상자 이외 누군가가 그 메시지를 읽지 않으리라 생각하고 많은 정보를 이메일에 담곤 한다. 우리가 메일을 전송하는 동안 해커가 중간에 그 메일을 가로채 읽을 확률은 적지만, 정부 당국에서 검열할 가능성에 대해서는 고민해 봐야 한다. 예를 들면 미국 정부 소프트웨어(원래는 Carnivor로 명명되었고 이제는 DSC-1000으로 불린다)는 국제적으로 오가는 이메일을 정기적으로 검열한다. 하지만 소프트웨어가 모든 메시지를 검사하기에는 이메일의 양이 너무 많기 때문에 테러 혹은 폭발과 같은 키워드에 대해서만 추적하여 메시지들을 점검한다. 미국 정보기관이 국제 이메일을 검열하는 문제에 대한 사회적 저항은 아주 미미한 정도이다. 하지만 국내 이메일 검열 문제에 관해서 만큼은 호락호락하지 않다. 법정은 국내 이메일 검열을 전화 도청과 같은 문제로 간주했다. 즉, 도청과 같은 행위를 하려면 사전영장을 발부받아야만 한다. 그런데 이와 대조적으로, 일부 법정에서는 재판을 위한 증거자료로서 이메일 복사본을 제출하라고 요청하기도 했다.

예를 들면 마이크로소프트사가 재판을 받았을 때, 재판부는 재판 관련 문제들을 논의한 내용이 담긴 것으로 추정되는 이메일을 제출하라고 요청했다. 그러나 마이크로소프트사는 그렇게 할 수도 없고 그렇게 할 의지도 없는 데다, 그러한 이메일들이 이미 삭제되었거나 이메일의 양 자체가 너무나 막대해 특정 메시지를 검색하는 것이 불가하다고 주장했다.[11] 어쨌든, 재판에서 이메일 메시지가 자료로서 필요한가에 대한 논쟁은 결국 각 단체나 회사가 재판 시를 대비하여 모든 이메일들을 삭제하지 않고 부지런히 보관해야 함을 의미했다. 이메일 메시지가 재판에서 증거자료로 요청될 가능성이 늘 있기 때문이다. 이는 또한 직원들이 회사 이메일 시스템을 사용해 이메일 작성시 주의를 기울여야 함을 의미한다. 전자 형태로 작성되는 모든 문서도 이제는 종이에 작성된 문서와 마찬가지로 증거 자료로 유효하게 된 것이다.

정부가 제공하는 기술

단순히 기술을 이용하는 것에만 그치지 않고, 국민들에게 인터넷을 제공하는 사업까지 운영하는 주정부들이 있다. 무선 광대역 인터넷서비스를 제공하는 정부가 있는가 하면 광섬유 케이블 네트워크를 제공하는 곳도 있다. [**표 8-1**]은 2008년 1월 현재 미국 50개 주에서의 광대역 인터넷서비스 현황을 담고 있다. 주로 대도시에서는 여러 시스템을 계획하거나 고려중인 반면 그보다 작은 단위의 지역에서 대부분의 기존 시스템을 유지하고 있다. 지역 내 인터넷 광대역 서비스가 규모, 인구, 빈부, 공동체 숫자와 상관관계를 갖고 있는 것 같지는 않다. 이 표에서, 기존 시스템은 기본 글자체로, 그리고 앞으로 계획 중인 시스템 혹은 현재 고려중인 시스템은 이탤릭체로 적혀 있다. 현재 시스템이 없거나 계획이 없을 경우, 빈 칸으로 남겨져 있다.

표 8-1 미국 각 주별 인터넷 광대역 서비스 현황

주	무선 인터넷서비스 지역	광섬유 케이블 인터넷서비스 지역
Alabama	*Childerburg, Cullman, Huntsville, Madison*	Sylacauga
Alaska*	*Juneau, Kodiak*	
Arizona	Rio Rico, Scottsdale, Tempe, Tucson; *Flagstaff, Phoenix, Kingman, Mesa, Sahuarita, Yuma*	
Arkansas		
California	Burbank, Cerritos, Culver City, Cupertino, Encinitas, Fullerton, Hermosa Beach, Livermore, Long Beach, Lampoc, Los Angeles, Milpitas, Mountain View, Pleasanton, Riverside, San Diego	Loma Linda; *Fontana, Lompoc, PaloAlto, Truckee-Donner*

11) http://www.technologyevangelist.com/2007/02/microsoft_dirty_tric_1.html

	County, San Mateo, Temecula; *Alameda, Anaheim, Azusa, Belmont, Burlingame, Covina, East Palo Alto, Folsom, Foster*	
California	*City, Fresno, Gustine, Hillsborough, Irvine, Los Banos, Los Gatos, Modesto, Oakland, Pacifica, Pasadena, Pleasant Hill, Ripon, Sacramento, San Diego Indian tribal village, San Francisco, San Jose, Santa Clara, Simi Valley, Sunnyvale, West Hollywood*	
Colorado	Glenwood Springs; Arvada, *Aurora, Colorado Springs, Denver, Fort Collins, Golden, Longmont, Thornton*	
Connecticut	*Hartford, New Haven*	
Delaware		
Florida	Cocoa Beach, Daytona, Jacksonville, Ft. Lauderdale, Gulf Breeze, Manalapan, Monticello, North Miami Beach, Panama City, St. Cloud; *Adventura, Boynton Beach, Deltona, Dunedin, Homestead, Key West, Lakeland, Mariana Key, Miami Beach, Miami Dade County, Palm Bay, Tallahassee, Tampa, St. Petersburg, Winter Park, Winter Springs*	Quincy, New Smyrna Beach; *Jacksonville*
Georgia	Adel, Athens, Quitman; *Alpharetta, Atlanta, Houston County, Rome*	Dalton, North Oaks, South Dungapps; *Sylvester*
Hawaii	*Maui, Waikiki*	
Idaho		
Illinois	DuPage; *Aurora, Bradley, Chicago, Cook County, Elgin, Rockford, Springfield*	*Naperville, Peru, Princeton, Rochelle, Rock Falls, Rockford*
Indiana	Marion, Linton, Scottsburg; *Beach Grove, Indianapolis, South Bend*	Crawfordsville
Iowa	Cedar Rapids, Des Moines, Marshalltown; *Dubuque*	Cedar Falls; *Opportunity Iowa-state* network
Kansas	Lenexa, Western Kansas; *Johnson City, Kansas City, Leawood, Wichita*	North Kansas City
Kentucky	Lexington, Owensboro; *Louisville*	Murray

Louisiana	Baton Rouge, New Orleans," Vivian, Washington; *Gramblin, Ruston*	*Lafayette*
Maine	Farmington, Franklin County	
Maryland	Allegany County, Ocean City; *Annapolis, Baltimore, Cabin John, Montgomery County, Rockville*	
Massachu-setts	Cape Cod, Malden, Nantucket; *Boston, Brockton, Brookline, Cambridge, Newton, Worcester*	*Concord, Taunton*
Michigan	Ferrysburg, Gladstone, Grand Haven, Marquette, Muskegon, Spring Lake; *Ann Arbor, Lansing, Grand Rapids, Oakland County, Ottowa County, St. Ignace, Wasthenaw County*	Cobblestone- Holland
Minnesota	Chaska, Buffalo, Moorhead, Grand Marais; *Minneapolis, St. LouisPark, St. Paul*	Windom; *FiberFirst*
Mississippi	*Biloxi*	
Missouri	Lewis and Clark County, Nevada, Springfield; *St. Louis*	*North Kansas City*
Montana		
Nebraska	Lincoln	
Nevada	Boulder City; *Las Vegas*	
New Hampshire	Portsmouth	*Hanover*
New Jersey	Hoboken; *Trenton*	
New Mexico	Las Lunas, Rio Rancho; *Albuquerque, Mariposa*	
New York	Croton-on-Hudson, Fire Island, Glen Cove, Jamestown; *Buffalo, Glen Falls, New York City, Rochester, Suffolk County*	Ontario County; *Monroe County*
North Carolina	Asheville, Duck, Winston-Salem; *Charlotte, Clayton, Laurinberg*	
North Dakota		
Ohio	Akron, Cuyahoga Falls, Dayton, Dublin; *Cleveland, Dublin, Marietta, Shaker Heights, Van Wert*	*Dover, Butler County, Dublin*

Oklahoma	Oklahoma City; *Norman, Tulsa*	Sallishaw
Oregon	Ashland, Hermiston, Lebanon, Medford, Sandy, Umatilla *County; Corvallis, Easton Oregon Wireless Consortium, Portland*	Douglas County, Independence; The Dalles, Minet-two city project(Monmouth and Independence)
Pennsylvania	Dublin, York County; *Bethlehem, Kutztown, Lansdale, Philadelphia, Pittsburgh, Wilkes-Barre*	Kutztown
Rhode Island	*Providence, statewide service*	
South Carolina	Charleston; *Camden, Columbia*	
South Dakota		
Tennessee	Franklin, Jackson	Bristol, Jackson, Morristown
Texas	Addison, Austin Energy, Corpus Christi, Garland, Granbury, Linden, Southlake; *Abilene, Arlington, Burleson, Dallas, Farmers Branch, Georgetown, Grand Prairie, Houston, Mesquite, San Antonio, Southlake, Tyler*	
Utah	Lindon, Midvale, Murray, Oren, West Valley City; *Utopia: Brigham City, Cedar City, Cedar Hills, Centerville, Layton, Payson, Perry, Riverton, Tremementon*	Provo; *Utopia: Brigham City, Cedar City, Cedar Hills, Centerville, Layton, Payson, Perry, Riverton, Tremementon*
Vermont	Island Pong, Montpelier, Westmore; *Brandon, Brattlesboro, Burlington, Calais, East Montpelier, Grand Isle/ South Hero, Greensboro, Lowell, Marshfield-Plainfield, Ripton, Stamford, West Windsor, Worcester-Middlesex*	Burlington
Washington	Benton County, Boardman, Feder Way, Kennewick, Pasco, Renton, Spokane, Stevenson, Umatilla and Morrow Counties; *Bellevue, Kirkland*	Chelan County, Clallam County, Douglas County, Grant County, Kitsap County, Marson County, Pend Oreille County; *Seattle*
West Virginia		
Wisconsin	Sun Prairie, Waupaca, Jackson, Shawano; *Madison, Milwaukee, Racine County, Waukesha*	Berseth-Baldwin, Prairie View-Baldwin, Reedsburg

Wyoming	*Cheyenne*	*Rock Springs-Green River*
Virginia	Alexandria, Arlington, Culpepper, Dickenson County; *Fairfax, Manassas*	Bristol; *Danville Lenowisco development district*

http://www.news.com/Municipal-broadband-and-wireless-projects-map/ 2009-1034_3-5690287.html에서 발췌한 자료.

* 알래스카는 다소 특별한 상황에 처해 있다. 그 주 대부분의 지역에 전신주가 설치되어 있지 않기 때문이다. 이 지역 가정과 기업체들은 전화선 혹은 광섬유 케이블을 통해 인터넷을 연결할 수 있긴 하지만 위성을 통해 인터넷이 제공될 수밖에 없다.

† 뉴올리언스 지역 무선 네트워크의 경우, 허리케인 카트리나(hurricane Katrina) 참사 후 도시 재정비 기간 중 구축되었다.

지역정부에서 자체적으로 광대역 인터넷서비스를 제공하지만 인터넷이 무료로 공급되는 것은 아니다. 지역정부는 일반적으로 수도, 전기 등과 같은 다른 기본 서비스와 함께 인터넷 광대역 서비스를 제공한다. 인터넷서비스는 과거에 사치품이었으나 이제는 모든 사람들이 합리적인 비용으로 이용할 수 있어야 하는 필수 품목으로 바뀌었다. 더불어 지역정부에서는, 인터넷서비스가 비즈니스에 중요한 요소가 되는 만큼 지역 경제에 영향을 주는 한 가지 방안으로 본다. 지역정부가 인터넷서비스를 관리, 제공하는 데에는 두 가지 방식이 있다. 첫 번째 방식은, 지역정부가 인터넷서비스 제공자로서 서비스를 직접적으로 기업체와 개인 이용자들에 제공하는 것이다. 민간 광대역 서비스 제공자들과의 경쟁이 없는 경우라면 이는 순조롭게 운영된다. 두 번째 방식은, 지자체가 네트워크를 구축하지만 시설을 민간 회사에 대여하여 서비스 운영을 맡기는 것이다. 이 두 번째 모델은 광대역 인터넷 고객을 위한 서비스 경쟁사들이 있는 경우에는 최선의 방책이 된다.

기술이 정치에 끼친 영향

정치에는 이렇다저렇다 논하기에 불확실한 요소가 많다. 그러나 선거후보나 정치 지도자들에게 "한층 더 가깝고 개인적"인 차원으로 접근하는 것을 가능케 하는 현대 기술을 통해, 우리는 역사상 그 어느 때보다 더 확고한 정치 의견들을 수립할 수 있게 되었다. 이러한 기술 덕분에 상당한 양의 정치적 정보를 얻을 수 있게 됐지만 사람들은 이것이 좋은 일인지에 대한 논쟁을 계속하고 있다.

텔레비전과 정치

텔레비전은 정치의 면모를 바꾸는데 큰 역할을 했다. 뉴스와 방송 토론 시대가 도래함에 따라 유권자들은 선거 후보들의 얼굴을 보고 연설을 들을 수 있었다. 텔레비전이 정치선거 운동에서 처음으로 이용된 것은 아이젠하워(Dwight Eisenhower)의 1952년 대통령 선거[12] 당시 연재되던 캐리커처 만화 '나는 아이젠하워가 좋아(I like Ike)' 를 통해서였다. 그 첫 선거운동 광고는 미국 국민들이 후보를 결정하는 기준과 방식 면에서 주요한 변화가 발생했음을 의미했다. 가장 큰 변화는 후보자의 외모가 중요해졌다는 점이다. 어떤 학자들은, 예를 들어 1800년대 중반 텔레비전이 존재했다면 링컨은 결코 대통령으로 선출되지 못했으리라고 추정했다. 링컨은 꺽다리처럼 키가 크고 후리후리한 외모로 잘생긴 축에 들지 못했기 때문이다. 그렇지만 그 당시 대부분의 유권자들은 그의 모습을 볼 기회가 없었다. 그저 신문에서 연설을 읽을 수 있었는데 그나마 이것도 때로는 연설이 있은 지 몇 주나 지난 후에야 가능했다. 그리고 기껏해야 캐리커처로 그려진 모습을 볼 수 있었다. 결국 마차 혹은 기차가 순회 선거운동을 위한 교통수단이 되던 옛 시절에 외모는 선거 후보의 당락을 결정할 만큼 중대한 요소가 아니었던 것이다.

텔레비전의 중요성이 매우 극명해진 것은 1960년 미국 대통령 후보 간 텔레비전 방송 토론 이후였다. 편안한 인상에 미남형이었던 케네디가 경직되고 촌스런 옷차림에 그다지 잘 생기지 못했던 리처드 닉슨과 논쟁했다. 케네디는 점잖게 손을 모으고 평정을 유지한 태도로 서있었던 반면, 닉슨의 손은 긴장감을 그대로 드러냈다. 게다가 닉슨의 옷은 그에게 잘 맞지 않았던 데 비해 케네디는 안성맞춤인 차림새를 하고 있었다. 결국 케네디는 국민들이 더 신뢰할 만한 유능한 인상을 심는 데 성공했다. 그의 텔레비전 토론에서의 성과가 닉슨을 이기는 데 결정적 역할을 했다 해도 과언이 아니다.

앞서 말한 첫 번째 텔레비전 토론으로부터 약 25년이 지난 시점에서도, 텔레비전과 정치는 냉정한 공생 관계를 유지했다. 모든 대통령 선거에 앞서 텔레비전 토론을 했고 방송 뉴스에서는 언제나 정치 사건들을 다루었다. 하지만 이러한 내용은 흥미진진한 것은 아니었으므로 사람들은 더 이상 뉴스방송을 듣지 않았다. 그러나 1990년대, 정치인들은 방송 연예 프로그램에 출현하면 득표율을 올릴 수 있다는 사실을 깨달았다.

가장 유명한 예로는 빌 클린턴이 1992년 '아르세니오 홀 쇼(Arsenio Hall Show)' 에 출연한 일이었다. 미국의 42대 대통령 후보자인 클린턴이 검은 선글라스를 낀 채 색소폰을 들고 나타나 '하트브레이크 호텔(Heartbreak Hotel)' 을 연주했다는 사실은 대중에게 놀라움 그 자체였다. 선거 여론조사를 보면, 텔레비전 출연 이전에는 분명히 그가 선거에서 패배할 확률이 높았으나, 그 이후 지지를 얻었고 결국 승리할 수 있었다. 그렇다면,

12) http://www.youtube.com/watch?v=rh6aIkvgyVk

색소폰 연주가 대선 승리의 결정적 원인이었을까? 아마 그 자체만은 아니었을 것이다. 그러나 전형적 정치 프로그램에서 벗어난 텔레비전 방송 출연이 국민에게 그를 인간적으로 보이게 하여 대선 득표에 큰 도움이 된 것만은 사실이었다.

선거 결과 예측

미국에서 선거 결과가 생방송되던 시절, 선거 결과 예측은 주요 방송사가 가장 즐겨하는 방송이 되었다. 방송국 콘소시엄(ABC, CBS, CNN, Fox뉴스, NBC, AP통신으로 구성되는 유권자뉴스방송(Voter News Service))은 선거결과 예측을 위해 출구조사와 컴퓨터 선거 예측 프로그램을 이용했다. 그리고 방송국 뉴스 캐스터들은 시청자들에게 이러한 선거결과 예측을 중계했다. 그러나 미국 전역에 걸쳐 존재하는 시차 때문에 선거 결과 예측은 언제나 문제점을 안고 있었다. 2004년 대통령 선거 이전에 이미 선거결과 예측을 방송하는데 걸리는 시간을 최단 시간으로 줄이는 것이 가능해졌지만 이 때문에 서부에서 선거 결과 예측이 미처 끝나기도 전에 미국 동부의 선거 승리자들이 발표되는 난처한 상황이 벌어졌다.

동부표준시 권역과 중부표준시 권역의 투표 결과만으로도 선거 승리자를 알 수 있는 경우(즉, 다른 지역에서의 결과를 지켜볼 필요도 없이 당선에 충분한 표를 얻은 경우) 산악표준시와 태평양표준시 권역 유권자들은 투표에 참여할 의욕을 상실하게 되는 것이다. 선거 결과가 이미 정해졌고 그들의 투표 여부가 아무런 상관이 없는데 굳이 투표를 할 필요가 무엇이 있겠는가? 이러한 상황은 2000년 대통령 선거[13] 기간 중 논란의 정점에 올랐다. 유권자뉴스방송의 선거 결과 방송이 너무 빨라 해당 주에서 선거 개표를 마감하기도 전에 방송이 이루어지기까지 했다. 따라서 이 방송이 여러 가지 면에서 유권자의 표심 이동 (선거 결과)에 큰 영향을 미치게 되었다. 만일 어느 선거 후보의 지지자들이 자신들이 지지하는 후보가 낙선할 것이 점점 명확해지는 상황을 지켜보게 된다고 가정해보자. 이들은 너무나 실망한 나머지 투표를 포기하거나(예측을 기정사실로 받아들이고), 아니면 오히려 열이 올라 최대한 많은 유권자들로 하여금 본인이 지지하는 후보자에게 투표하도록 선동할 수도 있다. 혹은 그들이 지지하는 후보자가 승리하고 있는 경우, 유권자들은 너무 안심한 나머지 굳이 투표에 참여하지 않게 될 수도 있다. 그러한 경우, 반대편 후보의 득표가 갑자기 크게 오른다면 결과적으로 당선이 예상되던 후보가 오히려 낙선할 수도 있게 된다.

---

13) http://www.baselinemag.com/print_article/0,3668,a=35729,00.asp

선거 결과 예측 방송의 핵심은(선거 결과에 영향을 미치는 것이 아니라) 텔레비전 선거 방송을 지켜보는 시청자들에게 흥미로운 정보를 제공하는 것에 있다. 2000년, 유권자뉴스방송은 조지 부시(George Bush)와 앨 고어(Al Gore) 중 누가 대통령에 당선되었느냐를 두고 계속해서 다른 예측을 내놓았다. 문제의 중심이 된 주는 플로리다였다. 이 주에서는 당선 예측이 한 후보에서 다른 후보로 하루 저녁 몇 시간 내내 옮겨 다녔다. 변화무쌍한 선거 결과 예측은 몇 가지 기술적 문제에서 비롯되었다. 우선, 유권자뉴스방송의 새로운 음성 인식 시스템이 제대로 작동하지 않는 바람에 출구 조사자 중 다수가 조사 결과를 전화로 보고할 수 없었다. 마침내 데이터를 제출했을 때조차 컴퓨터 시스템 문제로 인해 선거 예측 프로그램이 제대로 작동되지 않았다. 그리고 예측 결과가 실제 득표수와는 동떨어진 경우도 많았다. 부정확하고 시기상조적 예측 결과로 인해 방송국들은 유권자뉴스방송 컨소시엄을 해체하기에 이르렀다. 결국, 2004년 대통령 선거에서 방송국들은 해당 주에서 선거 개표가 마감되기 전까지 아무런 선거 결과 예측도 방송하지 않기로 했다.

정치와 인터넷

모든 선거의 후보자들은 각자 자신들의 웹사이트를 운영하고 있다. 이런 홈페이지에는 주로 후보자의 멋진 사진이 들어 있으며 여기서 링크되는 다른 웹페이지들에서는 당원 가입, 주요 정치 현황에서 취하는 입장, 정치 캠페인 비디오, 포드캐스트, 블로그 그리고 물론 정치자금 기부 등에 대한 내용들이 나와 있다. 이러한 웹사이트들의 효과는 정말 대단하다. 인터넷 사용자는 후보자의 웹사이트에 우연히 접속하지 않는다는 점을 명심하자. 인터넷 사용자는 해당 웹사이트를 찾기 위해 노력을 기울여야만 한다. 이미 그 후보자를 지지하고 있었건 혹은 후보자에 대해 더 많은 정보를 알아내는 데 관심이 있었건 간에, 어쨌든 선거 자체에 무관심하거나 그 후보자에게 적대적인 유권자의 경우 이러한 웹사이트를 쉽게 방문할 리가 없다.

그럼에도 불구하고 웹사이트를 통한 정치기금 모금은 대체로 성공적이다. 이러한 성공의 주된 이유는, 후보자의 웹사이트가 이미 해당 후보자를 지지하고 있던 사람들의 관심을 끄는데 효과적이기 때문으로 보인다. 특히 웹사이트는 소액 기부를 수월하게 한다. 게다가 웹사이트에 가입한 사람들의 메일링 리스트를 확보하여 후보자는 자신의 의견을 전달할 수 있게 된다. 이러한 웹사이트들을 통해서 소위 유동층인 유권자들의 리스트를 모을 수 있다고 가정할 때, 선거 자원봉사자들은 그러한 유동층 유권자들의 소재를 파악하여 개별 방문을 계획할 수도 있는 것이다.

정치 활동의 일부로 인터넷을 활용함으로써 시민들 역시 어느 후보자를 지지하거나 혹은 지지하지 않는다는 의견을 게시할 수 있다. 어떤 경우 그러한 게시물 관리를 누가할 것인가를 두고 개인과 후보자 간 갈등이 있기도 하다. 예를 들어 2004년, 조셉 안소니(Joseph Anthony)는 마이스페이스에서 버락 오바마(Barack Obama)가 대통령 후보자로 나서는 것을 지지한다는 메시지를 게시했는데, 오바마가 실제로 대통령 후보자가 되자 오바마의 보좌관들은 인터넷에서 그에 대해 작성되는 내용들을 통제해야 한다고 주장했다. 안소니에게는 불쾌한 일이었지만 결국 게시 내용 관리는 공식 오바마 진영으로 권한이 넘어가고 말았다.[14)]

정치인들은 또한 유튜브(YouTube)의 위력을 발견했다. 2008년 대통령 예비선거를 준비하면서, 공화당 후보자들은 유튜브에 정치 토론 동영상을 올렸다. 우선 유튜브 이용자들이 질문 동영상을 올렸고, 후보자들이 같은 방식으로 그 질문에 답하였다.[15)] 선거 활동에서 이러한 정치 토론이 얼마나 많은 보탬이 되었는지 혹은 손상을 주었는지를 실질적으로 계산할 수는 없다. 그러나 확실한 것은 유튜브가 텔레비전 정치 토론 따위는 보지도 않을 사람들에게까지 다가갈 수 있었다는 점이다. 또한 자신의 질문을 올릴 수 있으므로 유튜브 이용자들이 정치 토론의 참여자가 될 수 있게 되었다. 이러한 것은 전문 뉴스캐스터만이 질문을 할 수 있는 일반적 텔레비전 토론에서는 결코 상상할 수 없는 일이다. 즉, 선거 과정에 일반의 참여를 높인 것은 결국 실제 선거 투표율을 높이는 것으로 이어졌다. 다시 말해, 몇 명의 사람들이 이러한 방식에 영향을 받았는지 결정하는 것은 거의 불가능하지만 미국인들이 흔히 말하듯 "한 표 한 표가 큰 영향력을 발휘할 수 있는 것이다."

그렇다면 아직 해결되지 않은 의문 사항은, 인터넷 활용이 젊은 층의 정치 활동 참여를 높이는가 하는 점이다. 이 책의 앞부분에서 제시했던 연구결과에 따르면, 인터넷 이용자의 대부분은 젊은 층이다. 그리고 출구조사를 살펴보면, 2000년 이후 젊은 층의 참여가 증가되었음이 나타난다. 인터넷이 선거 참여를 높인다고 확언할 길은 없지만, 적어도 어느 정도의 선거 투표율이 높아졌음은 당연하다.

그러나 정치에서 인터넷 활용은 축소될 가능성이 크다. 왜냐하면, 이용자가 웹사이트를 방문하기 위해서는 굳이 시간과 노력을 들여야 하는 반면 상대편 후보자들이 신문이나 라디오, 텔레비전을 통해 정보를 제공하는 경우 그만한 정보 전달력을 따라 잡기가 어렵기 때문이다. 동의할 수 없는 내용의 뉴스를 듣거나 읽게 되면 마음이 언짢아지거나 화가 날지라도 관점을 큰 시야에 두는 것이 중요하다.

14) http://www.boston.com/news/nation/articles/2007/05/10/internet_and_politics_an_ uneasy_ fit/
15) http://www.youtube.com/republicandebate

전쟁은 기술을 발전시켰는가

전쟁이 기술의 발전을 자극한다는 이론이 있다. 확실히 전쟁은 새로운 기술을 시도하는 밑바탕을 제공했으며 특정 기술의 발전을 가속화시켰다. 우리는 지난 역사 속의 몇 가지 무기 기술을 조사함으로써 이 부문을 조명해볼 것이다. 그러고 나서 3개의 전쟁에서 사용되고 개발되었던 기술을 살펴보고, 이라크전쟁에서 나타난 것과 마찬가지로 최근 군사 기술과 그 사용에 따른 문제점에 대해 생각해 본다.

역사적 무기 기술

인류가 전산장치 개발에 있어 유구한 역사를 가졌듯이 무기 개발 역시 그 역사가 길다. 기술을 이용한 무기 사용의 시초가 14세기까지 거슬러 올라간다고 하지만 화학무기로 말하자면 5세기에 이미 스파르타인들은 황산가스를 전쟁에 사용했다. [표 8-2]는 초기 무기 기술에 대해서 요약하고 있다. 대부분의 무기들은 화약이나 여러 형태의 총의 사용과 관련이 있다. 제1차 세계대전에서는 독가스 사용이 만연했지만 그 결과가 너무 참혹하여 전세계적으로 사용을 금지하기로 합의했다. 독가스 금지 정책은 잘 수용되어 제2차대전[16]에서는 가스가 사용되지 않았다.

제2차 세계대전

2차대전은 비행선, 레이더, 로켓, 원자폭탄 등 광범위한 기술을 사용한 역사상 첫 번째 전쟁이었다. 이 전쟁은 그 어떤 다른 전쟁보다 여러 방면에서 기술의 발전에 기여한 바가 컸다. 예를 들면 2차대전에서는 병사들이 부서진 무기를 붙여 쓸 수 있게 한 덕트 테이프(duct tape)의 발명도 있었다. 이 제품은 전쟁 바로 직후, 난방 및 냉방 도관을 맞붙이는데 사용하기 위해 민간 시장에서 상품화되었다.

비행선 비행선은 1차대전 말에 사용되기 시작했지만 그 사용이 전략 면에서 유리한 것으로 나타나진 않았다. 하지만 당시 비행선의 등장이 전쟁을 종결지을 것이라고 믿은 기술자들도 있었다. 왜냐하면 비행선 덕분에 적군의 위치를 공중에서 파악하여 기습 공격요소를 제거할 수 있었기 때문이다. 발전된 비행선은 2차대전이 시작되기 전에 적진에 낙하선 부대와 폭탄을 투하할 수 있는 수단이 되었다.

16) 2차대전에서 가스가 전혀 사용되지 않은 것은 아니다. 독일인들이 강제수용소에서 유독가스를 사용했기 때문이다. 1990년대 이라크에서도 쿠르드족에 대하여 가스가 사용되었다.

표 8-2 초기 무기 기술의 역사

연도	무기
5세기	스파르타인이 전쟁에서 유황가스 사용
14세기	중국에서 화약 개발
1324년	총의 효시
1326년	대포의 효시
1380년대	총의 사용이 유럽 전역으로 퍼짐
15세기 초	화승총(matchlock gun) 개발
1498년	강선(rifling) 개발
1509년	방아쇠 총(wheel lock) 개발
1530년	강선을 사용한 총의 효시
1630년	수발총(flintlock gun) 등장
1726년	압력 폭발식 지뢰에 대한 첫 번째 고안
1820년대	뇌관 총(percussion-cap gun) 등장
1830년	백 액션 총(back action gun) 등장
1835년	콜트(Colt) 사가 처음으로 자동권총 제조
1840년	핀(pin-fire) 작동 카트리지 총 등장
1850년	산탄총 등장
1859년	탄약통 등장
1860년	연발총 특허가 신청되었으나 결국 후장식 총(breech-loading gun)의 시대로 마감됨
1861년	기관총의 전조인 개틀링 기관총(Gatling gun) 등장 미 해군은 접촉시 폭발하는 지뢰를 사용함
1869년	중앙식 뇌관 등장
1871년	카트리지식 자동권총 등장
1873년	윈체스터 소총 등장
1877년	더블 액션 자동권총(double-action revolver) 등장
1879년	첫 번째 기관총 등장. 27분 내 10,000발 발사
1892년	첫 번째 자동식 무기 등장
1909년	독일이 첫 번째 대공포를 개발함. 그러나 비행선의 사용이 실용적 전쟁 수단으로 간주되지 않았으므로, 이 총은 1차 세계대전시에 생산되지 않았음.
1915년~1916년	유독가스를 처음으로 대량 사용했던 1차대전에서 100,000명의 사망자와 900,000명의 부상자를 발생시킴*
1915년	첫 번째 무한궤도 트레드 작동식 탱크 등장(그림 8-3). 영국이 처음으로 비행기를 격추하기 위한 대공포 사용

* 화학무기 사용은 1928년 제네바협정에 따라 금지되었다.

그림 8-3 첫 번째 탱크인 리틀 윌리(Little Willie)

2차대전에서 프로펠러기는 전설적인 무기가 되었다. 영국의 1인용 스피트파이어(Spitfire **[그림 8-4]** 참조)와 같은 비행기들과 미국의 함재기인 코사이어(Corsair)는 훗날 영화와 텔레비전에서도 멋지게 그려졌던 일본 아이치 D3A(Aichi D3A)와의 전투기 공중전에서 사용되었다.

또한 2차대전에서는 B-17 항공 요새(Flying Fortress **[그림 8-5]**)와 같은 폭격기를 사용했다. 오늘날 이러한 프로펠러기는 원시적으로 보일 수도 있지만 이러한 기종은 착륙 기어를 완전히 잃을 만큼 상당한 손상을 견뎌내고도 안전하게 착륙하거나 물속에 빠진 후에도 얼마간 떠 있을 수 있었다. 그리고 사정거리가 길었으며 많은 다른 전투기들보다 더 높이 날 수 있었다. 또한 비행 중 전투기를 보호하는 데 이용되는 여러 가지 총을 탑재하고 있었다.

2차대전에서는 단 한 번도 실제 전투에 투입되지 않은 실험적인 기종도 많긴 하였으나 제트기의 개발에 박차를 가했다. 미국 공군이 사용한 첫 번째 제트기는 P-80 슈팅 스타(P-80 Shooting Star)였다. 1943년에 처음으로 사용된 이 제트기는 2차대전 말까지만

그림 8-4 영국이 사용한 2차대전 전투기인 스피트 파이어(Spitfire)

그림 8-5 미국의 B-17 폭격기

하더라도 오직 제한된 작전에서만 사용되었으나 한국전쟁 중에는 광범위한 활약을 펼쳤다. 민간에서의 제트기 사용이 가속화된 데에는 전투용 제트기 개발을 위한 연구가 밑거름이 되었다는 점에 큰 이견이 없다.

전산화 전산화 개발을 위한 초기 연구는 2차대전시 필요에 의해 이루어졌다. 특히 대포를 특정 목표물에 겨냥하기 위한 정확한 각도를 계산하는데 상당한 연구가 진전됐다. 이와 병행하여 영국 블레츨리 파크(Bletchley Park)에서의 암호 해독 연구는 암호해독기인 에니그마(Enigma Machine)와 콜로서스(Colossus)[17]라는 초기 컴퓨터 개발로 이어졌다. 이는 2000년까지 영국 국가 기밀로 남아 있었는데, 기계식 기계로는 불가능한 암호 해독이 가능했을 뿐 아니라 히틀러 직진의 일부를 예측할 수 있었다. 영국에서는 콜로서스가 전쟁을 2년 단축한 것으로 평가한다.

로켓 2차대전에서는 또한 로켓을 사용가능한 형태로 개발시켰다. 군사 로켓의 개발은 1936년에 시작되었는데, 이 개발과정은 베르너 폰 브라운(Werner Von Braun [**그림 8-6**])이 지휘했다. 그는 전쟁 후 미국으로 이민하여 미국 항공우주 분야[18]에서 크게 기여했다. 1941년까지 독일의 V-2 로켓은 전자 방어, 대공포 혹은 전투기로는 이겨낼 수 없는

그림 8-6 베르너 폰 브라운
(Wernher von Braun)

17) http://news.independent.co.uk/uk/this_britain/article2.59133.ece

18) 미국 항공우주 프로그램에서는 한동안 러시아를 앞서간 이유를 설명하는 우스갯소리가 다음과 같이 떠돌았다. "우리 미국에 있는 독일인들이 러시아측 독일인들보다 더 뛰어나기 때문이다." 문서화된 근거 자료는 없지만 대부분의 독일인 로켓 과학자들이 전쟁 후 미국 혹은 러시아로 망명했던 것으로 보인다. 이들 과학자들의 우수성은 우주항공 기술의 개발에서 지대한 차이를 만들어냈다.

폭탄 탄두를 탑재할 능력까지 갖추게 되었다. 이 로켓을 방어하기 위해 연합국은 로켓 발사대를 파괴하거나 아군의 손상을 최소화할 곳에 겨냥하도록 속임수를 쓸 필요가 있었다.

V-2 로켓은 연합국에 비해 월등한 기술의 무기였음에도 불구하고 다음의 여러 가지 원인에 의해 독일에 승리를 이끌어주지 못했다.

- 연합군 부대는 로켓 발사기가 가까이 진입하지 못하도록 로켓이 연합국 영역 내 목표물에 닿을 수 있는 사정거리 바깥으로 벗어나게 했다.
- V-2는 공중에서는 폭발할 수 없었다. 그 때문에 폭발 전 지하로 대피했으며 이것이 폭발력을 감소시켰다.
- V-2는 원시적 안내 시스템이었기에 정확한 특정 목적지로 향하는 것은 불가능했다.
- V-2는 매우 고가의 로켓이었다. 로켓 한 대의 가격이 사발 폭격기(four-engine bomber)와 맞먹었지만 오히려 폭격기들은 더 멀리, 더 빠르게 날고 많은 폭탄을 탑재하는 장점이 있었다. 또한 폭격기는 목표물 명중률도 높은 편이었다.

그러나 V-2는 심리전에서 효과가 컸는데, 이것은 주로 엔진 소음 없는 공격이 가능했기 때문이었다. 그럼에도 불구하고 V-2가 독일을 승리로 이끌기에는 역부족이었다.

전쟁 소식 2차대전 이전, 고향에 있는 사람들에게 전쟁 소식을 전하는 데 있어서 기술은 큰 도움이 되지 않았다. 전쟁에 직접적으로 참여하지 않고 관련되지 않은 사람들의 대부분은 전쟁터의 특파원들이 전하는 이야기를 실은 신문기사에서나 전쟁 소식을 접할 수 있었다. 따라서 당연히 뉴스는 몇 주 쯤 지난 이야기들이곤 했다. 그러나 2차대전 중의 기자들은 좀더 나은 기술도구들을 가질 수 있었다. 기자들은 대서양 횡단 전신케이블을 이용하여 정보를 전달할 수 있었다. 그리고 이 전신케이블을 통해서 전화로 대서양 너머로 소식을 전할 수도 있었다. 특파원들에게는 이미지 기록 수단으로서 **[그림 8-7]**과 같은 사진, 필름에 담은 동영상이 있었다. 뉴스는 신문에 게재된 것뿐 아니라 라디오로도 방송되었다. 필름 이미지는 취합되어 뉴스영화의 형태로 영화관에서 영화 상영 전에 틀곤 했다. 실제 사건 발생 시점보다 몇 주나 후였긴 하지만 고향 사람들은 뉴스영화를 통해 처음으로 전쟁 상황을 담은 동영상을 볼 수 있었다.

원자력 2차대전은 세계에서 가장 무시무시한 무기 기술을 개발하기도 했다. 그것은 바로 원자폭탄이었다. 일찍이 1939년에, 아인슈타인(Albert Einstein)은 독일이 원자폭탄의 핵심 재료인 우라늄을 가공하고 있다는 사실을 알았다. 그리하여 그는 루스벨트(Franklin Roosvelt) 대통령에게 우려를 전달했고, 그 직후 미국은 독일이 원자폭탄을 개발하기 전에 단기간에 원자력 무기를 개발한다는 목표를 가진 맨해튼프로젝트(Manhattan

그림 8-7 2차대전 기간 중 일본 이오지마에 게양된 첫 번째 성조기

Project)를 수립하였다. 1939년에서 1945년까지, 과학자들은 20억 달러 이상의 돈을 첫 번째 원자폭탄 개발에 쏟아부었다. 그것이 바로 폭격기에서 투하되는 '중력폭탄(gravity bomb)'이라 불리는 것이었다. 1945년 7월 16일, 멕시코 공중에서의 첫 시험 발사에서 원자폭탄의 상징이 된 공포의 버섯구름이 형성된 것을 볼 수 있었다.

원자폭탄은 전쟁 중 미국에 의해 두 번 투하되었다. 첫 번째는 1945년 8월 6일, 일본 히로시마에서 그리고 두 번째는 1945년 8월 11일 나가사키에서였다. 그리고 원자폭탄의 결과는 엄청났다. 120,000명 이상의 사람들이 첫 번째 폭발로 사망했고, 그 이후 수십 년에 걸쳐 방사능으로 인한 질병에 의해 수천 명이 추가적으로 사망했다. 원자폭탄 기술과 그 파괴적인 위력으로 2차대전 이후 시대는 국제관계의 기초를 형성하게 되었다. 핵무기에 대한 공포 때문에 냉전시대는 그야말로 '냉각' 분위기 속에 있었다. 21세기 전반부의 팽팽한 긴장감은 핵무기의 확산과 핵무기를 가진 작은 국가들이 언젠가는 핵무기를 사용할지 모른다는 공포로부터 시작되었다.

베트남전쟁

미국이 베트남전쟁에 참전하기 전에도 폭탄 투하에 사용되는 제트기는 이미 전쟁의 핵심 요소였다. 가장 잘 알려졌듯이 맥도넬 더글라스 F-4 팬텀(McDonnel Douglas F-4 Phantom, **[그림 8-8]**)은 전투기로 사용되었다. 록히드 C-130 헤라클레스 터보 프로펠러기(Lockheed C-130 Hercules turbo prop, **[그림 8-9]**)와 같은 구형 전투기는 화물 수송기로 사용되었다. 헬리콥터는 한국전쟁 중에도 사용되었지만 베트남에서는 더욱 중요한 역할을 수행했다. 예를 들면 CH-47 치눅(CH-47 Chinook, **[그림 8-10]**)의 경우 전체

그림 8-8 베트남전쟁에서 사용된 F-4 팬텀 전투기/폭격기(F-4 Phantom fighter/bomber)

그림 8-9 베트남전쟁에서 화물 수송기로 사용된 록히드 C-130 헤라클레스 터보 프로펠러기(Lockheed C-130 Hercules turbo prop.)

그림 8-10 베트남전쟁에서 광범위하게 사용된 CH-47 치눅 헬리콥터

전투 지역에서 사람과 물자를 실어 나르는데 두루 사용되었다.

베트남전쟁에서는 또한 레이저폭탄(오늘날 '스마트폭탄(smart bomb)'이라 부르는 것)의 개발과 사용이 있었다. 전에 중력폭탄이라 불렸던 폭탄은 단순히 비행기 위에서 투하할 지역에 떨어뜨릴 수 있었다. 이는 정확한 겨냥이 불가했으며 의도하지 않은 장소에 투하될 때가 많아 계획한 목표물을 놓치기도 했다. 레이저 무기에서는 목표물 표시 장치가 목표물을 표시하도록 한다. 레이저는 그 표시를 이용하여 폭탄을 목표물에 투하할 수 있다. 그러나 레이저가 반드시 목표물을 확인해야만 하므로 악천후에서는 레이저폭탄이 사용될 수 없으나 중력폭탄보다 훨씬 더 정확한 것은 사실이다.

또한 아래와 같이 오늘날 당연시 여기는 기술의 개발이 베트남전쟁 중에 이루어졌다.

- 야간투시경
- 위성위치추적 시스템 GPS(Global Positioning System)
- 사람과 동물[19]의 움직임을 추적할 수 있는 진동 센서

베트남전쟁에서는 이로운 기술이 나타나기도 하였으나 끔찍한 기술 또한 나타났다. 그 일례로, 미군은 제초제인 고엽제를 사용하여 월맹군이 숨어 있던 숲을 파괴했다. 그런데 제초제는 시골만 파괴한 것이 아니었다. 고엽제와 기타 유사 약품의 화학 성분은 다이옥신으로 분류되는데, 이는 발암물질이며 유전적 결함을 일으키는 위험이 있다고 알려져 있다. 게다가 파괴된 정글지역이 비에 씻겨 내리면서 발생한 표토층의 손상 등 오늘날까지도 삼림 파괴의 영향은 남아 있다. 미군은 네이팜(Napalm)이라는 화학 약품도 사용했다. 원래는 2차대전 중 개발된 약품으로, 화염방사기의 효과를 높이는데 사용되었던 방화 젤이었다. 네이팜탄이 투하되면 굉장히 빠른 속도로 불이 나고 뜨거워졌기 때문에 주변 공기로부터 산소를 제거하고 이산화탄소만을 남겼다. 이 약품이 설치된 곳을 통과하는 사람이 피부나 옷에 방화 젤이 묻게 되면 심한 화상을 입을 수 있었다. 또한 이산화탄소로 질식할 수도 있었다.

전쟁 소식 여러 종류의 기술이 베트남전쟁에 대한 대중 인식에(그리하여 마침내 전쟁 결과에까지도) 중대한 역할을 수행한 것으로 보인다. 주요 신문사들은 기자들에게 새롭게 개발된 휴대용 비디오카세트 녹음기를 제공하여 군대[20]와 함께 최전선에 내보냈다. 처음으로 각 가정의 시청자들은 실시간으로 전쟁의 긍정적인 면과 부정적인 면을 모두 볼 수 있었다. 이전에는 전쟁이란 가정과는 너무나 동떨어진 일이었으며, 일반 시민이 전쟁의 공포에 휩싸이지 않도록 군대와 신문 방송사가 종종 보도 내용을 '검열과 삭제' 했었다. 실제 전투상황을 보여준 것은 적어도 미국 대중의 여론이 베트남전쟁에 대해 부정적으로 돌아서게 하는 데 일정 부분의 역할을 했다고 할 수 있다.

이라크전쟁

베트남전쟁이 끝난 35년 후 이라크전쟁이 발발한다. 미국은 자신들의 국경에서 훨씬 먼 곳에서 쉽게 끝날 것 같지 않은 전쟁에 끼어들었다. 그러나 기술면에서는 이 두 전쟁의 공

---

19) 코끼리 보호에 도움이 되는 관성 센서기 사용법에 대한 자세한 사항은 http://www.bio-medicine.org/biology-news/Vietnam-war-technology-could-aid-elephant-conservation-1080-1/ 참조.

20) 베트남전쟁 시절 취재기자들이 들고 다니던 카메라는 3/4U-매틱 테이프(U-Matic tape : 첫 번째 비디오카세트의 형태)를 사용하였으며 따라서 다소 부피가 크고 무거웠다.

통점은 거의 없다. 이라크 파견 군대는 역사상 그 어느 때보다 기술로 중무장되었다. 아마도 미국 군사 기술에서의 가장 큰 변화는 통신과 관련된 것일 것이다. 오늘날 군대는 위성으로 연결된 네트워크 시스템을 갖는다. 험비(Humvee)와 같은 군용 차량은 차량의 위치가 추적되는 위성 트랜스폰더(satellite transponder)를 갖추고 있다. 본부에서는 부대와 장비의 이동을 컴퓨터 전자 지도로 계획한다. 병사의 헬멧 내 통신장비는 아군을 구별한다(하지만 적군의 위치는 잡아내지 못한다).[21] 그리고 점차 늘어나는 로봇 비행선과 지상용 차량을 통해 무선으로 본부와 현지 부대에 정보를 제공한다.

이라크전쟁시 미국 보병부대에서 첨단 기술을 자랑한 것은 랜드 워리어(Land Warrior)였다. **[그림 8-11]**에서 랜드 워리어의 장비는 무기, 특수 보호 군복, 방호복, 기술 장비가 포함된 헬멧으로 구성된다. 랜드 워리어의 무기는 발사 능력이 향상된 M16소총에 다양한 조준 범위와 방향 정보를 제공하도록 주간 영상 조준, 열 탐지 조준, 다기능 레이저 조준 등과 같은 기능이 추가되었다. 헬멧에서는 유기 발광 다이오드 스크린(높은 발광 효율을 위해 유기화합물 성분을 사용하는 LED(Light-emitting diode display)를 사용)을 통해 병사에게 디지털 지도와 아군의 위치를 보여준다. 이론상 그러한 정보는 랜드 워리어에 공급되어 병사들이 구석진 곳을 파악하고 사격을 가할 수 있도록 한다. 랜드 워리어에는 또한 GPS와 무전기가 제공된다. 이 모든 기술은 소형 휴대 컴퓨터에 연결되어 있다.[22]

그림 8-11 이라크에서 랜드 워리어 장비를 착용한 군인

21) 네트워킹을 통해 군인들은 고향의 가족과도 연락을 취할 수 있었다. 이전까지의 전쟁에서는 군인과 가족은 편지, 이따금 일방적으로 보도되는 뉴스 영상, 그리고 매우 드물게 전화로 연락을 취했다. 오늘날 전투지역 군인들은 이메일, 채팅, 영상 대화 시스템을 사용하여 가족들과 소통한다. 가족과의 대화가 그 어느 때보다 실시간에 가까워진 것이다.

22) http://blog.wired.com/defense/2007/09/when-the-soldie.html 을 참조하면 랜드 워리어 시스템에 대해 더 잘 알 수 있다.

첩보용 위성은 지상에 위치한 적군의 부대와 배치된 무기에 대한 상세한 이미지를 보낸다. 위성 정보에 따라 발사되는 폭탄은 레이저로 발사되는 무기보다 더욱 정확한 목표물 조준이 가능하다. 전쟁 지역에서 시험된 여러 가지 기술들은 다음과 같다.

- 원격조정 비행선
- 원격조정용 차량[23)]
- 통신과 전산 시스템에 사용된 나노기술
- 피어 투 피어 통신(Peer-To-Peer Communication: 중앙 서버를 통해 송수신되는 통신)

그러나 이라크전쟁의 성격상 기술의 우월성만으로는 전쟁의 승리가 보장되지 않았다. 이라크에서 발생하는 대부분의 상황은 지상 군인과 시민 간의 인간적 상호작용에 좌우되고 있으며 기술의 우월성만으로는 지역 지도자들이 군대에 협력하도록 하는데 필요한 신뢰를 쌓을 수가 없다. 신뢰를 얻기 위해서는 구식으로 인간 대 인간으로서의 접촉[24)]이 꼭 필요한 것이다.

이라크 전쟁 중 기술 진보, 특히 보호 장비 기술의 향상은 전쟁 중 부상당한 병사들의 생존율을 높였다. 이러한 생존율의 증가로 나타난 효과 중 하나는 의족과 같은 보철 장비에 대한 필요가 커졌다는 점이다. 따라서 이라크전쟁을 통해서 나아진 점들을 꼽자면, 보철 기술의 향상을 들 수 있겠다. C형 다리[25)]와 i형 사지[26)] 보철의 개발과 함께 의사와 과학자들은 생체공학적 의족을 개발하기 위하여 매우 가까워졌다.

전쟁 소식 이라크전쟁 초기에 기자들은 군대에 둘러싸여 있었다. 다시 말해, 기자들은 전쟁의 최전선에서 전투부대[27)]와 함께 있었다는 이야기이다. 이 당시 정보의 순간전송 기술이 가능해졌으며 작은 태양 패널로부터 전원을 얻어 위성으로 전송할 수 있었다. 그러나 기자들이 군대에서 생활하면서—세부적인 부대 이동 혹은 무기정보와 같은—대중에 공개되어서는 안 될(혹은 군에서 공개를 원치 않는) 군사기밀 정보가 기자들에게 노출되었다. 따라서 종군기자들은 다음과 같은 제한 규칙을 지켜야만 했다.

- 군사작전은 오직 일반적 용어로만 서술하여 보도한다.

---

23) http://www.news.com/8301-10784_3-9827472-7.html?part=rss&subj=news&tag =2547-1_3-0-5 참조.

24) http://wired.com/politics/security/magazine/15-12/ff_futurewar

25) http://www.engadget.com/2005/06/22/let-your-c-legs-do-the-walking/

26) http://www.usatoday.com/tech/news/techinnovations/2007-07-19-bionic-hand- amputee_N.htm 참조.

27) 기자들을 최전선에 배치했다는 것은, 그 어느 전쟁에서보다 종군기자들이 더 많이 사망했음을 의미한다. 그러나 기자들이 많이 사망한 까닭은 무기 기술이 진보되어서라기보다는 주로 기자들이 전쟁의 최전선에 있었기 때문이다.

- 앞으로 수행할 임무에 대한 정보는 보도해서는 안 된다.
- 군부대 지휘관이 보도금지라고 선언한 경우, 현장에서 어떤 위성정보 통신도 불가하다. 이것은 위성정보 송신을 통해 군부대의 위치가 드러날 가능성이 있는 경우에 해당한다.

이러한 결과로, 35년이라는 세월을 통한 통신기술 진보에도 불구하고 뉴스 기자들의 보도 내용에 대한 제한이 별로 없었던 베트남전쟁 때보다 이라크전쟁 보도가 오히려 자세하지 못하게 되었다.

제8장에서 무엇을 배웠나

정부는 데이터에 의해 운영된다. 컴퓨터 시스템을 도입하기 전, 데이터는 오직 서류상으로 보존될 뿐이었다. 정부는 그러한 파일을 유지하고 검색하는 어려움으로 인해 초기에 기술을 도입하게 되었다. 어떤 정부에서는 국가 정책의 일환으로 전자 데이터베이스와 인터넷 구축을 받아들이는가 하면 점진적으로 조금씩 전자정보를 추가해가는 정부도 있다. 기술 덕분에 정부는 시민에 관한 정보를 저장하는 것이 수월해졌다. 이는 정부가 전자통신 내용을 가로채는 장치를 이용하여 정보를 모으는 것까지도 쉽게 했다. 정부 파일에 접근하는 행위를 막는 것과 정부가 수집한 개인정보를 보호하는 문제는 아직도 논란이 되고 있다.

역사를 통틀어, 전쟁은 점차적으로 진보된 기술을 사용해왔다. 현대 전략은 최고의 무기와 보호장치(인간과 운송수단 모두에 대해)를 개발하도록 노력하고 있다. 그러나 최선의 기술로는 충분하지 않을 수 있다. 왜냐하면 사람들과의 상호작용은 사격 능력만큼 중요할 때가 많기 때문이다. 전쟁 중에 많은 기술이 군사적 필요성에 대응하여 개발되었거나 혹은 개발 지원이 증가되기도 했다. 특히 전산 기술의 발전은 2차대전의 혜택을 많이 입었다. 초기 컴퓨터는 미사일 발사기를 조준하고 적군의 암호를 해독하는 데 이용되었다.

생각해보기

1. 인터넷을 이용하여 정치 정보를 검색해본 적이 있는가? 그렇다면 무슨 이유에서 어떤 종류의 정보를 찾았는가? 검색한 정보에 만족하였는가? 만족한 이유는 무엇이며 만족하지 못한 이유는 무엇인가? 인터넷을 이용하여 정치 정보를 검색한 적이 없었다면, 앞으로 어떠한 경우에 인터넷을 검색하겠는가?
2. 2차대전 중 초기 컴퓨터와 콜로서스 등 다른 전산 기종의 개발은 전쟁이 기술 진보에 박차를 가한다는 이론을 뒷받침한다. 한국전쟁에서 사용된 기술에 대해 조사해보자. 기술이 사용되었다면 어떠한 기술이 이 전쟁에서 처음으로 사용되었는가? 이것이 이론을 뒷받침하는가 아니면 이론에 반하는가?
3. 이라크전쟁을 보도하는 기자들은 그 어느 전쟁에서보다 전투와 군부대에 더 가까이 접근할 수 있었다. 그러나 그들이 보도할 수 있는 정보에는 제한이 있었다. 기자들이 이러한 제한을 수용해야만 한다고 생각하는가? 그렇다면, 혹은 그렇지 않다면 각각 무슨 이유에서인가? 전장에서의 언론의 자유와 군사 안전 간에 어떠한 융화가 가능하겠는가?
4. 일부 지역정부들은 시민들에게 무료 혹은 저가 인터넷 광대역서비스를 제공하고 있다. 정부가 인터넷서비스에 관여해야 한다고 믿는가? 찬성하는 이유와 반대하는 이유는 각각 무엇인가?

5. 정치에서 텔레비전 방송을 이용하게 된 이후 각 정당의 후보자들이 좋은 인상을 갖고 처신을 잘하며 옷도 잘 차려입는 것이 점점 더 중요한 요소가 되었다. 텔레비전은 또한 일반 시민들이 후보자들을 더 자주 보고 그들의 이야기를 더 잘 들을 수 있도록 하게 했다. 정치에서의 텔레비전 활용이 긍정적 효과를 가져왔다고 보는가, 부정적 효과를 가져왔다고 보는가? 이유는 무엇인가?

참고문헌

"Agent Orange: Information for Veterans, Their Families and Others About VA Health Care Programs Related to Agent Orange."U.S. Department of Defense. *http://www1.va.gov/agentorange/*

Hastings, David. "Politics, Elections and the Media." *http://www.transdiffusion.org/emc/insidetv/*

Kennedy, Gregory P. Vengeance Weapon 2: The V-2 Guided Missile, Washoington D.C.: Smithsonian Institution Press, 1983.

"Municipal Broadband Networks."Light Reading, October 04, 2005. *http://www.lightreading.com/document.asp?doc_id=80313*

Museum of Broadcast Communications. "Political Processes and Television." *http://www.museum.tv/archives/etv/P/htmlP/politicalpro/politicalpro.htm*

Nagourney, Adam. "Politics Faces Sweeping Change via the web."The New York Times, April 2, 2006. *http://www.nytimes.com/2006/04/02/washington/02campaign.html?ex=1301630400&en=d566826d88d5fcf&ei=5088*

"Napalm."GlobalSecurity.org *http://www.globalsecurity.org/military/systems/munitions/napalm.htm*

Oates, Sarah, Diana Owen, and Rachel Gibson. The Internet and Politics: Citizens Voters and Activists. New York:Routledge, 2006

Pae, Peter. "The Autonomous Warbid."Los Angeles Times, November 27, 2007. *http://www.latimes.com/entertainments/news/business/newsletter/la-fi-robotplane27nov27,1,2515936.story?ctrack=1&cset=true*

"Pros and Cons of Embedded Journalism." *http://www.wired.com/politics/security/magazine/15-12/ff_futurewar*

Talbot, David. "How Technology Failed in Irag."Technology Review, MIT. *http://www.technologyreview.com/Infotech/13893/?a=f*

von Braun, Wernher, Frederick I. Ordway III, and Fred Durant. Space Travel: A History: An Update of History of Rocketry and Space Travel(4th ed.). New York: HarperCollins, 1985.

Ward. Mark. "Colossus Cracks Codes Once More."BBC News. *http://news.bbc.co.uk/1/hi/technology/7094881.stm*

Weapon: *A Visual History of Arms and Armor*. New York: DK Publishing, 2006

Chapter 09

어린이와 교육 그리고 도서관

Children, Education and Libraries

제9장에서 무엇을 배울까?

- 컴퓨터 사용이 가능한 어린이의 연령에 대해 알아보자.
- 어린이들이 기술을 사용하는 것이 옳은지, 그렇다면 몇 살부터가 좋은지에 대해 살펴보자.
- 어린이 나이별로 적합한 소프트웨어의 유형을 발견해보자.
- 어린이 교육에서의 기술사용에 대해 학습한다.
- 어떻게 도서관에서 기술을 받아들이는지 알아본다.
- 도서관 전자자료의 유용성을 살펴보자.

개요

현대 기술과 관련하여 가장 논란의 여지가 많은 부분은 어린이들의 전자제품 사용 문제이다. 여기에 관련된 문제는, 정보 기술을 소개하기에 가장 적당한 어린이 연령을 포함하여 인터넷의 성도착자들로부터 어린이들을 보호하는 일, 어린이들에게 적정한 텔레비전이나 컴퓨터 이용시간, 수업 시간 중 정보기술 사용의 적절성 여부 등으로 다양하다. 교육자들은 기술이 어린이와 도서관에 미치는 영향을 조사해오긴 했으나 어쨌든 오랫동안 모든 형태의 교육 자료의 저장소였던 도서관은 신기술을 포용하도록 변화해왔다. 이 장에서는 어린이와 기술이 서로 조화될 방법을 토의해보고 오늘날의 도서관에 대해 살펴본다.

기술과 어린이

유치원생의 기술사용에 대한 행동을 설명하는 논문에서, 현은숙과 데이비스(Davis)는 기술과 어린이에 대해 의미 깊은 진술을 한다. "지난 20여년에 걸쳐 어린이와 컴퓨터 기술을 탐구하는 연구자들의 관심은 컴퓨터가 어린이 교육에 도움이 되는가"라는 문제로부터 학습 효과를 최대화하기 위해 교육자들과 부모들이 어떻게 컴퓨터를 활용할 수 있는지 방법을 제시하는 것으로 변하였다.[1] 컴퓨터는 이제 익숙한 가정용품이자 어린이 교육을 위한 필수적 요소이다. 물론 아직도 어린 나이의 아이들이 기술을 사용하는 것에 반대하는 사람들도 있다. 이 장에서는 어린이들의 기술사용 (특히 컴퓨터 기술)을 둘러싼 문제들을 점검한다. 이 문제가 이미 상당히 연구되었음에도 불구하고 아직도 명확한 답변을 찾지 못한 상태이다.

몇 살 때부터?

기술을 사용할 능력이 생기는 어린이의 나이는 과연 몇 살인가? 정신적, 육체적인 면에서 어느 특정 나이에 이르렀다면 어린이가 기술을 사용하는 것이 옳겠는가? 어린이들의 실제 행동을 분석하는 연구에서 그 답이 될 만한 것들을 찾을 수 있다.

카이저 가족재단 프린스턴 조사연구소(Princeton Survey Research for the Kaiser Family Foundation)가 시행한 조사에 의하면, 어린이들은 아주 어린 나이에서부터 기술을 사용하고 있다. **[표 9-1]**에서는 대부분의 어린이들이 세 살이 되기 전에 이미 다양한 전자기술을 사용하기 시작했음을 나타낸다. 신체적으로만 따지자면 두 살이면 마우스를 사용할 수 있지만 실제로 그 나이 대부분의 어린이들의 경우, 마우스와 컴퓨터 화면의 연동 작용을 이해할 능력이 없다. 많은 교육자들, 심리학자들과 부모들이 우려하는 것은 어린 나이에 기술 그 자체를 사용하기 시작한다는 점이라기보다는 어린이들이 기술을 사용하는 데 보내는 시간의 양이다.

예를 들면 카이저 가족재단 조사에 의하면 여섯 살 이하의 아이들은 하루 평균 90분간 텔레비전을 시청한다. 그러나 그 어린이들의 1/3은 텔레비전이 '언제나' 혹은 '대부분의 시간' 켜져 있는 가정에서 자라나고 있었다. 덧붙여 말하자면, 그런 아이들의 1/3 이상이 자신의 방에 텔레비전을 갖고 있었으며, 게다가 텔레비전은 독서의 양에 부정적 영향을 미치고 있었다. 동일한 조사에서 어린이들은 컴퓨터를 사용하는 데 평균 한 시간 정도의 시간을 쓴다고 밝힌다. 재미있는 사실은 컴퓨터 사용이 많은(하루 한 시간 이상) 어린이들

1) 현은숙, 제네비에브 데이비스(Genevieve Davis). "컴퓨터 기술 수업에서 유치원생들의 대화", 커뮤니케이션 교육 54(2005년 4월): 118-135

의 경우 바깥에서 노는 시간도 좀더 길다(하루 2$\frac{1}{2}$시간, 컴퓨터 사용이 적은 어린이의 경우 하루 2시간)는 것이다.[2] 그러나 텔레비전과는 대조적으로 이 어린이들의 10% 이하는 자신의 방에 컴퓨터를 가지고 있고, 오직 3%만이 인터넷 접속이 가능했다.

표 9-1 1세에서 5세 사이 어린이들이 사용하는 기술에 대한 조사

기술 종류	평균 연령
텔레비전 시청	1년 2개월
도움 없이 텔레비전 전원 켜기	2년 1개월
리모콘으로 텔레비전 채널 변경	2년 5개월
어른의 무릎에 앉아 컴퓨터 사용	2년 8개월
어른의 무릎에 앉지 않은 채 컴퓨터 사용	3년 6개월
도움 없이 컴퓨터 전원 켜기	3년 5개월
마우스를 사용하여 가리키고 클릭하기	3년 4개월
컴퓨터에 CD 넣기	3년 8개월
어린이 웹사이트 보기	3년 4개월
특정 웹사이트에 가기	3년 8개월
도움 없이 특정 웹사이트 접속*	4년
도움으로 이메일 보내기	3년 9개월
도움 없이 이메일 보내기	3년 2개월
컴퓨터 게임하기	3년
게임 콘솔 사용하여 비디오 게임하기	3년 7개월
소형 게임기로 비디오 게임하기	3년 8개월

* 이 조사에서는 어린이들이, 어른이 저장해놓은 URL을 치거나 혹은 북마크된 주소로 들어가는지 여부에 대해서는 나타내지 않는다. 리두(Ridout), 빅토리아 제이(Victoria J.), 엘리자베스 벤디워터(Elizabeth A. Vendewater), 엘렌 마텔라(Ellen A. Martella). "0세에서 6세까지, 영유아와 취학 전 시기의 어린이들이 사용하는 전자 미디어", 2003년 카이저 가족재단 조사보고서.

전미 유아교육협의회(NAEYC)는 어린이가 사용할 기술에 대해 추천한다. NAEYC는 3세에서 8세의 어린이에게 기술은 효과적 학습 도구가 될 수 있으며 자격을 갖춘 교사가

2) "상호관계가 바로 원인관계를 의미하는 것은 아니다"라는 통계학 격언이 있다. 다른 말로 하자면, 두 가지가 매우 밀접하게 연결되어 있다고 해서 그중 하나가 다른 하나의 원인이 되는 것은 아니라는 것이다. 주로 제3의 요소가 영향을 미치곤 한다. 현대 기술을 덜 사용하는 어린이들보다 신체적으로도 더 활동적이면서도 현대 기술을 많이 이용하는 어린이들의 경우, 상호간에 원인을 초래하는 관계가 아니라 어떤 세 번째 요인이 작용하고 있는 것이다. 말하자면, 기술을 많이 사용하는 어린이들이 기술을 그만큼 사용하지 않는 어린이들보다 모든 형태의 활동에 더욱 활발하게 참여한다고 볼 수 있다.

적합한[3] 도구를 결정할 수 있다는 입장을 취한다. 그러나 NAEYC는 기술을 오직 이 연령대의 어린이들에게 사용될 수 있는 다양한 교육기법 중 하나로 볼 뿐이다. 반대로, 교육계의 어떤 학자들은 기술이 어린이의 삶에 끼어들어서는 안 된다고 믿는다. 예를 들면 힐리(Healy)[4]는 다음과 같이 주장한다.

"오늘날 나는, 정상 발육 상태의 어린아이들의 경우 적어도 2학년까지는 컴퓨터를 사용하게 해서는 안 된다고 믿는다. 7세 이전 어린이의 두뇌는 더 추상적 방식으로 정보를 처리할수록 신속한 성장과 변화를 경험한다." 2세 이하의 유아가 어떠한 기술(컴퓨터, 텔레비전 등)도 전혀 사용해서는 안 된다고 믿는 사람들은 힐리에게 동조한다. 유아의 기술 사용에 반대하는 논문에서 밀러(Miller)[5]는 다음과 같이 주장한다. "컴퓨터를 가지고 노는 것은 우리가 어린 시절 교육의 기초가 된다고 믿어왔던 상상력을 풍부하게 하는 놀이와는 종류가 다르다." 비디오게임을 하고 버튼을 누르고 마우스를 조작하는 것에 익숙한 많은 아이들이 놀라울 정도로 상상력이 떨어진다는 사실이 보고되고 있다.

미국 소아과의사학회는 전자미디어가 어린이교육에 효과적 도구가 될 수 있을 것으로 인정하면서도, 2세 이하의 유아의 경우 텔레비전을 전혀 시청해서는 안 된다(컴퓨터는 더더구나 안 된다)고 권고한다.[6] 그러나 대중미디어 트렌드는 이러한 권고사항에 역행하고 있는 것이 현실이다. 예를 들어 베이비아인슈타인(Baby Einstein) DVD 시리즈[7]는 절찬리에 판매되고 있으며, 2006년 시작된 베이비퍼스트 TV(BabyFirst TV)는 '부모와 함께 시청할 수 있는 고품격 24/7 DVD 프로그램'[8]을 제공하는 채널이다. 베이비퍼스트 TV 측에서는, 영유아를 위한 텔레비전 프로그램은 "어린이 발달, 교육, 심리학 분야의 유명 전문가들이 제작에 참여하고 있으며 아기나 부모들 모두를 위한 안전하고 재미있는 교육 프로그램이다"라고 주장한다. 이 채널은 "프로그램을 시청하는 것이 책을 읽는 것만큼 교육적이고 어린이의 참여를 크게 유도할 수 있도록" 대부분의 프로그램에서 인쇄물 교육 자료까지 동반한다. 그렇다면 누구의 말을 믿어야 하는가? 현대 기술을 이용하는 것이 어린이에게 도움이 되는 것일까 아니면 해가 되는 것일까? 어린이가 현대 기술에 의존하는 문제는 아직 우리가 확답을 내릴 수 없는 신종 현상이라고 할 수 있다. 어쩌면 기술에 의존하여 자라나는 어린이들이 성인이 되었을 때에서야 마침내 기술이 미친 영향이 드러날 것이므로

---

3) http://www/naeyc.org/about/positions/PSECH98.asp

4) 힐리 제인(Healy, Jane M.) "어린 아이들에게 컴퓨터는 필요 없다", 교육 요람(Education Digest), 2004년 1월.

5) 에드워드 밀러(Edward Miller). "유아를 위한 기술과의 전쟁", 2005년 11월. 교육 요람(Educational Digest).

6) http://aappolicy.aappublications.org/cgi/content/full/pediatrics;104/2/341

7) http://www.babyeinstein.com/

8) http://www.babyfirsttv.com/

그 결과는 한 세대를 지켜본 후에야 알 수 있을지 모르겠다.

어린이용 소프트웨어

컴퓨터가 가정으로 도입된 얼마 후 어린이들을 겨냥한 소프트웨어가 나타나기 시작했다. 아이가 어릴수록 '교육용' 소프트웨어가 넘쳐난다. 시대별로 각 연령 집단을 위해 적당하다고 간주하는 컴퓨터 사용의 양에 대한 생각이 변함에 따라 특정 연령 집단을 위한 소프트웨어의 양은 시간이 지나면서 변화되어왔다.

영유아용 소프트웨어 1990년대와 2000년대 초, 유아들을 위한 소프트웨어가 상당히 많이 출시되었다. 9개월 정도의 유아를 위해 고안된 이러한 제품들은, 아기들이 어른의 무릎에 앉아 키보드를 눌러 화면이 변하는 것을 보게 한다. 사실, 이러한 대부분의 소프트웨어는 키를 눌러 컴퓨터에 영향을 미칠 수 있다는 것 이상의 교육적 효과는 없다. 화면은 글자, 숫자, 모양과 밝은 색상들로 꾸며진다. 2000년 이후 교육자들과 소프트웨어 개발자들의 유아용 소프트웨어에 대한 사고는 변화되었다. 따라서 유아용 프로그램의 다수가 (예를 들면 점프스타트 베이비(JumpStart Baby)와 세서미 스트리트 베이비(Sesame Street Baby)) 중단되었다. 하지만 역시 동일한 개발자들이 참여한 교육 프로그램 중 좀더 연령대가 높은 어린이들을 위한 소프트웨어는 여전히 판매되고 있다. 이 책을 저술하는 시점에서는 새로 출시된 유아용 소프트웨어 상품이 거의 없는 상태였다.[9)]

유아를 위한 소프트웨어의 목적은 원인과 결과에 대하여 교육을 시킨다는 것이다. 말하자면, 아이가 키보드를 치면 변화가 나타나는 것을 볼 수 있다. 효과는 늘 똑같이 나타나기 때문에(즉, 화면에 나타나는 그림) 아이는 하나의 행동이 다른 결과를 불러온다는 것을 배우게 된다. 그러나 어린이 발달에 대한 연구에서는 유아가 발달학적으로 원인과 결과 간 연결을 이해하는 것이 불가하다고 밝힌다. 그러므로 이런 소프트웨어는 원래의 교육 목적을 달성할 수 없다고 할 수 있다.

취학전 어린이에서 2학년생까지 오늘날 유치원 교육 프로그램은 20년 전에 비교해 훨씬 더 학구적이다. 아이들은 유치원에 다니기에 앞서 어린이집을 다니며 이미 글자를 인식하고 적어도 숫자 20까지 세며 자신의 이름 정도는 쓸 수 있게 된다. 유치원에서는 본격적인 읽기와 쓰기 교육을 시작한다. 유치원을 마치는 시점까지도 글자를 읽을 줄 모르는 아이는 초등학교 1학년에 매우 불리한 위치에 처하게 된다. 그러므로 현재 이 시기 어린이를 위한

---

9) 인터넷에서는 오래된 소프트웨어 제품들을 구매할 수도 있다. 그러나 그런 소프트웨어는 업데이트된 지 꽤 시간이 지난 것들이다. 예를 들어 매킨토시 어린이용 소프트웨어 개발자들은 제품들을 OS 9에서 OS X로 시스템 업그레이드조차 하지 않았다.

소프트웨어는 기초적 읽기와 쓰기 교육에 주력한다. 어린이의 교육 참여 효과를 높이기 위해 많은 프로그램들이 어린이용 텔레비전 쇼를 기초로 하고 있다.

그 예가 되는 프로그램은 '아서(Arthur)'라는 텔레비전 시리즈로부터 시작된다(아서는 코가 짧은 땅돼지로, 그의 친구들은 모두 다양한 종류의 동물들이며 어린이들처럼 행동한다). 초등학교 2학년 프로그램에서는 두 자리, 세 자리 숫자 빼기, 더하기와 지도 읽기, 고대 역사(아프리카, 이집트, 미국 인디언, 고대 그리스, 고대 로마)를 가르친다. 아이들은 '클리포드(Clifford the Big Red Dog) 쇼'의 등장인물들과 함께 어학을 배우고 읽기 능력을 연마한다.

컴퓨터 사용은 실제로 초등학교 1학년 어린이 교육에서 기정사실이 되었다. 각 학교는 1980년대 이후 교실에 컴퓨터를 배치하고 학교에 컴퓨터 랩(lab)을 설치한다는 목적을 추구해왔다. 혹여 가정에 컴퓨터가 없는 아이가 있을지라도 학교에서 컴퓨터를 다룰 수 있게 되며 기술교육 수업에도 참여할 수 있다. 아이가 학교에서 기술을 사용하는 것에 반대하는 부모들의 경우, 특별 요청을 하면 학교 기술 수업에서 면제될 수 있다. 초등학교 1학년생이 컴퓨터를 사용하는 것이 거의 현실이 된 만큼 이제 최선의 교육효과를 내기 위한 어린이용 소프트웨어의 역할이 무엇인가가 주요 사안이 되었다. 교육자들은 유치원 교육 이후로부터 컴퓨터 사용이 교육프로그램에 수용된 경우[10)]라면, 컴퓨터를 교실에 배치하는 것이 교육 방법을 다양화한다고 믿는 것 같다. 그런데 컴퓨터가 실제 커리큘럼으로 통합되는 데 나타나는 장애 중 하나는 교사들이 기술을 사용하도록 훈련받지 않았다는 점이다. 이 점을 어렵게 혹은 무섭게 여기는 교사들이 있다. 어떤 경우 학생들이 교사들보다 더 많은 기술 지식을 갖기도 한다.

초등학교 2학년 이상 1학년과 2학년 커리큘럼에서는 유치원에서처럼 언어과목에 초점을 맞춘다. 그러나 그 시기 이후부터 주로 다른 과목 수업을 위한 언어기술이 강조된다. 그러므로 8세에서 12세 연령 집단을 위한 소프트웨어는 주로 언어기술 이상의 주제에 초점을 둔다. 소프트웨어 패키지 중 일부는 매우 효과적인 교육 도구로 평가된다. 예를 들면 가상의 스파이인 칼멘 샌디에고(Carmen Sandiego)가 나오는 시리즈(칼멘 샌디에고는 세계 어디에 있는가? 미국에서 칼멘 샌디에고는 어디에 있는가? 등등)는 등장인물을 찾아나서는 게임의 형태로 지리학을 교육한다.[11)] 수학 해결사(Math Blaster) 시리즈(예를 들면 Math Blaster 1편: 지점 찾기)는 게임의 형태[12)]로 수학 훈련과 연습을 제공한다.

---

10) "교실에서 기술 통합하기: 우리는 적을 만났다, 그 적은 바로 우리다(Integrating Technology in Classrooms; We have met the enemy and he is us)."를 참조하라. 교육적 커뮤니케이션과 기술협회(Association for Educational Communications and Technology), 27째 개정판. 시카고, 2004년 10월 19-23일.

11) http://www.gamefaqs.com/computer/apple2/review/R12493.html

초등학교 이상의 교육 아이들이 초등학생 이상으로 자라나면 교육을 위한 기술사용은 변화되기 시작한다. 교육적 소프트웨어의 양이 크게 줄어들게 된다. 대신 학생들은 워드 프로세서, 프레젠테이션 패키지 및 이메일과 같은 소프트웨어를 사용하게 된다. 학생들의 가장 큰 변화는 학습조사를 위해 인터넷을 사용한다는 점이다. 웹에서 막대한 양의 정보제공이 가능해진만큼 학교 과제를 위해 굳이 도서관을 방문할 필요가 없게 되었다. 비록 의무교육 기간인 K-12 학생들의 20% 정도가 학교 수업 관련 조사를 위해 도서관을 이용한다고 하지만 이제 대부분의 학생은 인터넷을 우선적으로 이용하며 온라인에서 정보를 발견하지 못하면 쉽게 절망하곤 한다.[13]

웹을 이용하는 아이들

아이들은 가정에서 혹은 학교에서, 놀이로 혹은 자료검색을 위해 인터넷을 이용한다. 이 점이 바로 교육자들과 부모들이 해결해야 하는 현실이다. 또 다른 문제는 인터넷이 아이들에게는 위험한 장소가 될 수 있다는 점이다. 인터넷에서 아이들을 보호하기 위한 두 가지 전략이 있다. 어린이용 웹사이트에만 접속할 수 있게 제한하는 것과 어린이가 접속하는 URL을 가려내는 것이다.

어린이용 게임 사이트 텔레비전 방송국과 장난감 제조업자들이 어린이용으로 개발한 많은 웹사이트들이 있다. 또한 아주 어린아이들을 위한 pbskids.org와 nickjr.com과 같은 사이트들이 있다. 초등학생과 중학생들은 만화 방송(Cartoon Network)과 같이 좀더 크고 화려한 사이트로 몰리는 현상이 있다. 이러한 사이트들은 무료이지만 광고를 한다. 예를 들면 레고 웹사이트는 게임과 만화를 제공하면서 다른 한편 레고 제품을 광고한다. 게임의 등장인물의 모습을 딴 포스트 시리얼을 판매하는 포스트의 게임 사이트인 postopia.com에도 현란한 광고들이 많이 나타난다. 아이들이 그러한 광고에 노출되는 것이 합당한가의 문제는 아직도 해결되지 않았다.

광고를 피하려면, 부모들은 게임 사이트에 이용료를 내면 된다. 한 예로, 초등 3학년생 이상을 겨냥하는 것으로 보이는 디즈니의 툰타운(ToonTown)에는 무료 게임도 있긴 하지만 전체 콘텐츠를 모두 이용하려면 유료가입을 해야만 한다. 그러나 이용비가 1개월에 9달러 95센트, 1년이면 79달러 95센터에 달하는 만큼 많은 부모들이 이 비용이 비싸

---

12) http://www.superkids.com/aweb/pages/reviews/math1/blater1/merge.sthml

13) 나는 여러 해 동안 미국의 인터넷 회사 AOL의 '숙제 돕기' 섹션에서 온라인교육을 제공했다(이 실시간 프로그램은 2000년대 중반에 중지되었다). 어린아이들에게 1940년도 신문기사는 온라인으로 제공되지 않으니 반드시 도서관을 방문해야 한다는 사실을 이해시키는 종류의 일들이 어려울 때가 많았다.

다고 여길 수 있다.[14)]

숙제 도우미 사이트 모든 어린이용 웹사이트가 게임을 하기 위한 것은 아니다. 1학년에서 12학년까지 학교 과목 수업을 제공하는 숙제 도우미 사이트가 많이 있다. factmonster.com의 경우 무료이지만 대부분 많은 사이트들에서는 수업과 개인지도를 이용하는데 비용을 요구한다. Homeworkhelp.com에서는 4학년에서 12학년까지 개인 수준별 3,000가지 학습 모듈을 이용하는데 1년에 175달러(1개월에 30달러)까지 내야 한다. Tutor.com은 채팅과 온라인 화이트보드를 이용해 학생들이 실시간으로 개인교사의 개인지도를 받는 실시간 수업을 제공하고 있다. 그런데 시간 당 29달러이므로 다소 비싸다고 여기는 부모들도 있다. 그렇다면 숙제 도우미 사이트를 이용하는 것은 윤리적인가? 그 문제에 대한 대답은 어떤 종류의 도움을 제공하는가에 따라 달라진다. 대부분의 무료 사이트들은 사전에 작성된 수업과 참고자료를 제공하고 있다.

어느 학생이 그러한 사이트에서 자료를 도용하는 일은 실제로 있을 법한 일이긴 하지만 그 수업들이 특정 문제의 해답을 주기보다는 개념을 가르치는 만큼 매우 흔한 일은 아니다. 그러나 부모가 자녀의 숙제를 도울 때나 마찬가지로 실시간 학습강의 사이트들은 학생의 공부를 필요 이상으로 너무 대신해주는 문제가 있을 수 있다. 윤리적으로 상당히 문제가 되는 것은 사전에 작성된 학기말 리포트를 제공하는 사이트들이다. 일부는 무료도 있다. 학생들은 공유하고 싶은 리포트를 업로드하고 필요한 자료는 다운로드할 수 있다. 이러한 자료들은 학생들이 작성한 것이므로 전문가들이 작성한 자료보다 학교 교사들의 의심을 덜 받게 된다. 대학생들은 무료로 맞춤식 연구보고서를 요청할 수도 있다.

남이 작성한 기말 리포트를 웹에서 찾아 이용할 수 있다는 사실은 숙제를 위해 웹사이트를 이용하게 되면서부터 발생한 문서도용 문제의 전부가 아니다. 즉, 누군가의 리포트를 통째로 자신의 것으로 제출하기보다는 자료 인용을 밝히거나 다른 사람이 작성했다는 사실을 숨긴 채 웹사이트 내 문장 중 일부만 복사하여 자신의 글에 가져다 붙이는 학생들도 있다. 예를 들면 복사된 자료가 학생의 작문 스타일과 매우 다를 때, 학생이 웹에서 자료를 복사했음이 매우 명확해진다. 그러나 전체 자료가 아예 다른 학생의 글이라면 자료를 다운로드했음을 밝혀내는 것이 매우 어려울 수도 있다. 그 문제를 돕기 위해 턴잇인(Turnitin)[15)]과 같은 웹사이트가 생겨났다. 학교들은 턴잇인과 계약을 통해 학생들이 제출하는 숙제에 대한 '원본 여부'를 확인한다. 턴잇인은 제출된 숙제를 이미 제출된 자료,

---

14) 이 비용은 1개월에 9달러 95센트이며, 1년 내내 사용하는 경우 거의 120달러에 이른다. 성인이 13세 이상용 게임 사이트인 포고 닷컴(pogo.com)이용비로 1년에 40달러를 지불하는 것과 비교하면 큰돈이다.

15) www.turnitin.com 참조.

현재와 과거의 웹사이트, 신문/잡지 기사 데이터베이스와 비교한다. 이 보고서에서는 제출된 자료가 얼마나 기존 자료와 유사한지 여부를 가려낸다. 비교 분석을 위해 막대한 범위의 자료를 사용함에도 불구하고 턴잇인이 모든 도용 사실을 밝혀낸다거나 분석결과에 전혀 오류가 없다고 주장할 수는 없다. 하지만 학생들이 스스로 숙제를 하도록 만들고자 하는 교사들에게 이 사이트가 큰 도움을 주는 것만은 사실이다.

콘텐츠 걸러내기 웹은 대체로 통제되지 않는 놀이터라고 할 수 있다. 어린이 포르노그래피를 제외하고는 웹사이트에 게시되지 못할 것이 거의 없다. 대부분의 콘텐츠 필터링 소프트웨어는 아이들이 부적합한 웹사이트에 접속하는 것을 방지한다. 하지만 이조차 어렵게 만드는 웹사이트 운영자들이 있다. 백악관 도메인의 예를 들어보자. www.whitehouse.gov이 미국 정부의 공식 웹사이트에 접속하는 주소이다. 학생 한 명에게 그곳에 접속하여 주지사가 누구인지 알아보라고 권유할 수도 있다. 그런데 한편 whitehouse.com은 유해 사이트이다. 웹사이트 이용자들은 닷컴(.com)에 너무나 익숙한 나머지 거의 의식하지 못한 채 그것을 타이핑할 지도 모른다. 따라서 아이들이 우연히 엉뚱한 사이트에 접속하게 되기란 아주 쉬운 일이며 그것이 바로 화이트하우스 닷컴 사이트 운영자들이 노리는 것이다.[16)]

많은 부모들이 웹필터링 소프트웨어를 설치하여 부적합한 인터넷 접속을 방지하려 했다. 인터넷 필터는 채팅, 뉴스그룹, 인스턴트 메시지, P2P(Peer to peer) 네트워킹, FTP, 이메일을 차단하거나 감시하는 능력을 갖는다. 또한 사용자들은 차단할 웹사이트의 리스트를 만들고 원치 않는 사이트를 표시할 키워드도 작성할 수 있다. 대부분의 필터링 패키지는 이용자의 웹사이트 방문 기록을 보관하고 그 보고서를 다른 컴퓨터에 보낼 수 있다. 일부의 경우, 인터넷 브라우저의 사용에 시간제한을 가하기도 한다. 비록 소프트웨어 필터가 모든 웹사이트를 차단할 수는 없을지라도 부모는 아이가 유해한 웹사이트에 접속하는 것을 방지하기를 원할 수 있다. 따라서 이러한 필터링 소프트웨어가 아이들을 부적합한 인터넷 접속으로부터 보호하기 위해서 가야할 길은 아직도 멀다.

기술과 도서관의 변화

아무래도 도서관은 소리 안 나는 신발을 신고 머리를 쪽져올린 중년의 노처녀 사서들이 사람들을 조용히 시키며 책으로 가득 찬 동굴 같은 홀이라는 선입관이 있다. 그 이미지가 과거에는 사실이었을지 몰라도 오늘날에는 그렇지 않다. 도서관에서는 그 어떤 분야에 못지않게 지대하게 기술을 이용한다. 이 장에서는, 기술도입 이전 도서관의 모습이 어떠했는지

16) 2008년 초기에 whitehouse.com은 2008 대통령 선거에 대한 공화당 비하 뉴스에 이용되었다.

그리고 기술도입 후 정보를 정리하고 제공하는 도서관의 목적을 달성하는 방식이 어떻게 변화되었는지에 대해 알아본다.

도서관의 정보기술 도입

도서관들은 상당히 빨리 정보기술을 도입했다. 사실 도서관들은 1930년대에, 대여한 책과 새로 들어온 책을 정리하기 위한 펀치 카드 정리 기계를 도입하면서 기술을 사용하기 시작했다. 도서관 자동화 역사는 [**표 9-2**]에 정리했다.

초기의 온라인 검색

도서관은 온라인 검색을 사용한 초기 기관 중 하나이다. 인터넷이 나타나기 전에 록히드(Lockheed)의 다이알로그(DIALOG)와 SDC의 올빗(ORBIT)과 같은 고유의 독립적인 도서목록 색인 서비스가 있었다. 이러한 데이터베이스는 정기간행물 가이드(The Reader's Guide to Periodical literature) 및 기타 전문자료 정기간행물 색인들을 대신했다. 도서목록 데이터베이스 접속을 원하는 도서관은 공중 가입형 디지털 데이터 교환망(Public Switched Data Network: PSDN)에 다이얼 접속하는 모뎀을 이용하여 컴퓨터에서 원하는 데이터베이스에 접속하도록 했다. 이 초기의 기간 중 고무 받침대([**그림 9-1**] 참조) 위에 놓는 전화 헤드셋으로 구성된 모뎀인 어쿠스틱 커플러(acoustic coupler)를 사용하여 연결이 이루어졌다. 어쿠스틱 커플러는 실제로 전화선을 통해서 소리를 보내고 전화 수화기 스피커의 소리를 '듣는다.' 어쿠스틱 커플러는 수화기의 마이크로폰을 통해 들린 음을 적절한 소리로 스피커에 전달한다.[17)]

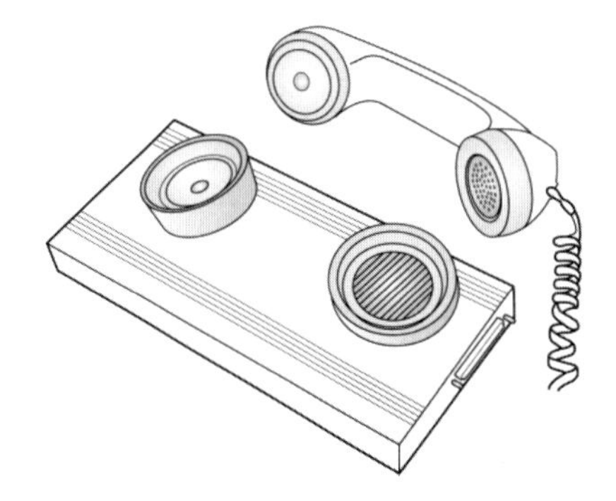

그림 9-1 어쿠스틱 커플러

17) 말할 필요도 없이, 어쿠스틱 커플러는 막대한 전송 에러를 내기 일쑤였다. 온라인 커뮤니케이션은 전화 수화기 사용이 필요 없는 다이얼 기술 등 직접연결 모뎀의 개발에 크게 의존하게 되었다.

도서관은 이 서비스에 접속한 시간의 양과 검색하고 인쇄한 인용 자료의 수에 따라 데이터베이스 접속 비용을 냈다. 대규모 검색의 경우 데이터베이스 운영회사가 직접 자료를 인쇄하고 검색자에게 우편 발송하여 접속 시간을 줄였다. 기사의 전문은 온라인에서는 제공되지 않았지만 대신 검색자들은 도서목록이나 발췌문과 같은 인용문을 얻을 수 있었다. 인터넷과는 다르게 이러한 초기 도서목록 데이터베이스는 통합된 것이 아니었다. 각각이 독립된 자료였으며 그것을 운영하는 회사에서 수익을 창출하려는 목적에 따라 만들어진 것이었다. 도서관들은 색인된 신문들에 기초해 데이터베이스를 선택했다. 때로 자료 검색을 위해 여러 개의 데이터베이스에 접속하여 그 결과를 수동으로 통합해야만 했다.

온라인 도서 대출 시스템

1950년대에는 도서관에서 대여하는 서적 뒷면에 두 개의 카드가 들은 포켓이 있었다. 각 카드에는 저자, 제목, 책의 고유번호가 인쇄되어 있었다. 책을 대여해 줄 때 도서관 사서는 두 카드를 꺼내 도장을 사용하여 반납일자를 찍었다.

표 9-2 도서관 자동화의 주요 역사

연대	내용
1930	펀치 카드 장비를 사용하여 도서 대출과 도서 입수 표시
1961	컴퓨터로 색인용 키워드(Keyword in context, KWIC) 생성 가능
1960년대	컴퓨터가 국회도서관용 자료 목록을 위한 기계 판독 정보 생성
1965~1968년	국회도서관은 MARC I과 MARC II 프로젝트를 수행함. 이 프로젝트에서는 컴퓨터를 이용하여 3자리 숫자 분야로 정보를 분석하여 목록을 위한 기록 번호를 매김.
1967년	온라인 컴퓨터도서관 센터(OCLC)가 운영을 시작하여 검색 가능한 목록 데이터베이스를 제공했다. 초기에 이 서비스는 오하이오주에서만 제공함.
1968년	자동화 도서목록 검색 도구인 다이얼로그가 시범 실시됨.
1971년	OCLC 사용이 미국 전역 도서관으로 확장됨.
1970년대 후반	다이얼로그와 올빗(ORBIT) 등과 같은 독립적 검색 인용 데이터베이스 사용이 널리 보급됨. 밸로츠(BALLOTS) 운영이 시작되어 MARC 시스템을 사용하는 도서관에 목록 자료를 공급함.
1980년	캘리포니아대학의 온라인 카탈로그가 알파넷(ARPANET: 인터넷의 전조)을 사용하여 전국적으로 제공되는 카탈로그를 작성하는 멜빌(MELVYL)로 발전.
1980년대	도서대출 시스템을 운영하는 미니컴퓨터를 사용하기 시작함. 카드 카탈로그가 온라인 방식으로 바뀌기 시작함. 처음으로 CD-ROM이 인쇄물 형태였던 도서목록 자료를 대체하는 데 사용됨.

또한 일반적으로 대출자의 도서관 카드를 통해 도서 대출자의 정보가 찍히거나 작성되곤 했다. 두 개의 카드 중 하나는 다시 포켓에 집어넣어 책 반납일이 언제인지 알 수 있도록 했다. 한편 다른 카드는 도서관에 보관되어 도서관 측에서 어떤 책이 대여되었는지 알 수 있었다. 도서관에서 보관하는 카드들의 경우, 손으로 직접 날짜와 인식 번호별로 정리했다.

책이 반납될 때, 도서관 사서는 해당 책의 카드를 찾아 포켓에 다시 집어넣었다. 그러고 나서 책은 서고의 제자리로 돌아가 진열되었다. 앞서 말한 카드들을 통해 반납일이 지난 것으로 확인된 책들은 반납일이 지난 후에도 여전히 서류철로 보관되었다.

자동화된 도서대출시스템은 처리 절차를 상당히 변화시켰다. 예를 들어 대부분의 상업 시스템에서는 판매 품목에 바코드를 부여했다. 각 품목은 고유의 바코드를 얻어, 같은 항목의 여러 복사본을 찾아내기 쉽게 되었다. 도서 대출 카드 역시 바코드를 갖거나 기계로 판독이 가능한 다른 인식 시스템을 갖게 되었다. 도서관 사서 역시 상점에서 하듯이 바코드를 스캔할 수 있게 되었다. 대출 시스템의 데이터베이스는 대출자와 대출된 항목간 논리적 연결 체계를 만들었다. 데이터베이스 안에 데이터가 보관되는 만큼 데이터를 요청하고 다양한 방법으로 검색할 수가 있다. 즉, 날짜별, 대출자별, 항목별 등과 같은 방법이다. 많은 도서관에서 웹사이트를 구축했다. 대출한 책을 반납하기 위해서는 직접 도서관으로 가야 하지만 웹사이트를 이용하여 대출 기간 갱신이 가능하다. 또한 대부분의 도서관 자동화 시스템에서 대출자들이 전자 상으로 예약하여 책을 대출할 수 있다. 자료 반납의 경우를 들자면, 도서관 자동화 시스템에서는 기한을 넘기거나 예약한 자료들에 대한 정보 안내도 생성한다.

원래 자동대출시스템은 단순단말기로 접속되는 중앙 미니컴퓨터를 사용하였다. 그러나 오늘날 도서관 시스템은 클라이언트/서버(개인컴퓨터 워크스테이션을 따라 지역 네트워크(LAN)를 통해 연결되는 한 개 이상의 작은 서버) 혹은 웹을 기반으로 하여 접속이 웹브라우저로 이루어지며 웹서버와 데이터베이스와 송신한다. 도서대출 자동화 시스템은 하나의 결점을 갖는다. 네트워크 혹은 컴퓨터가 다운되는 경우 대출이 어려워질 수 있다는 점이다. 그런 경우, 도서관 사서는 바코드를 종이 위에 직접 적어뒀다가 서비스가 복구될 때 시스템에 기입한다.

카드 카탈로그의 소멸

스무 살 이하의 청소년들의 경우, 도서관 카드 목록 상자를 본 적이 없을지 모른다. 오늘날 대부분의 도서관들은 (매우 작은 도서관을 제외하고) 보유 도서 카탈로그를 버리고 온라인 데이터베이스로 대체했다. 카드 카탈로그는 대체로 3" × 5" 크기의 카드가 들어있는 작은 서랍들이 꽉 찬 큰 목재 서랍장이다. 이 서랍에는 저자, 제목, 주제 카드가 알파벳순

그림 9-2 과거에 사용된 도서 카드

으로 정리되어 있다. 지난 세기 초에는, 이 카드들을 타이핑하여 작성했다. 그러나 고속 컴퓨터 인쇄기가 나타나면서 대부분의 카드 세트들을 구입할 수 있었다(**[그림 9-2]** 참조). 생산 방식과는 별개로 이 카드들은 길고 지루한 과정을 거쳐 손으로 직접 철을 했다. 카드 카탈로그를 검색하려면, 알파벳 순서에 따라 저자, 제목 혹은 주제별로 조사했다.

오늘날의 전자 방식 카탈로그는 불리언(Boolean) 검색을 이용하여 '그리고' 와 '또는' 검색 용어를 함께 사용하여 다양한 용어 검색을 가능하게 하며 원한다면 같은 검색 내에서 저자, 제목, 주제에 대해서 검색할 수 있다. 온라인 카탈로그는 물리적 카드 카탈로그 검색보다 그 어떤 면에서도 더욱 효과적이다. 카탈로그와 도서 대출 시스템의 통합을 통해 도서 대출을 원하는 사람은 책이 서고에 있는지 없는지, 이미 대여 됐는지, 대여되었다면 언제가 반납일인지 등을 알 수 있도록 되었다.

인터넷의 원문 도서관

도서관에서 웹을 이용하기 전에 정기간행물을 검색하기 위해서는 종이 정기간행물 색인을 찾아 번호를 조사하여 서고에 가서 원하는 자료를 찾아야 했다(혹은 정기간행물이 공공에 개방된 것이 아니라면 사서에게 요청한다). 온라인 인용구 검색 데이터베이스는 자료 조사를 더욱 쉽고 효과적으로 만듦으로써 종이 간행물 색인목록을 찾아야 하는 검색 과정을 변화시켰다. 그러나 자료에 접속하기 위해서는 여전히 실제 정기간행물을 찾아야만 했다. 보편적 도서 형식 기준으로서 웹의 도래와 PDF의 수용은 정기간행물들 혹은 전체 도서에 접촉하는 방식을 변화시키기 시작했다.

교양이나 취미용 전자도서의 수용은 매우 오래 걸렸음에도 불구하고 연구자료에 대한 전자도서는 훨씬 더 빨리 받아들여졌다. 전문적 검색 간행물에 대해서는 특히 그렇다. 예를 들면 화학문서 간행물을 색인하는 화학초록(Chemical Abstracts)이 인쇄되었을 때

1년 분에 대한 색인만으로도 바닥에서 천장에 닿는 책장을 완전히 차지하였다. 이 색인들의 실제 자료는 이보다도 몇 개 더 많은 책장을 차지했다. 대학에서 주로 사용하는 화학자료를 제공하기 위해서는 이 색인과 자료를 구입하는 면에서 그리고 서가를 차지하는 공간 면에서 비용이 많이 들었다.[18)]

첫 번째 해결책은 마이크로필름 혹은 마이크로피시(Microfiche)로 자료를 제공하는 것이었다. 양자는 모두 필름이나 피시를 소유한 도서관에서만 사용이 가능한 대형 리더기를 필요로 했다. 대부분의 경우, 기사의 복사본은 페이지 당 돈을 내고 인쇄할 수 있다. 이러한 마이크로 형태의 자료는 서가 공간 문제(그리고 동시에 자료 중 일부 페이지가 뜯어져 나가는 문제)를 해결할 수 있지만 그 이상 특별한 편의를 제공하지는 않는다. 마이크로 형태 자료를 보유하는 도서관들은 오늘날까지도 계속해서 그것들을 사용하긴 하지만 더 이상 자료를 보태지는 않고 있다. 오늘날 화학초록과 같은 색인 서비스는 완전한 전자 상태로 다양한 검색 데이터 서비스를 제공한다.[19)] 그러나 아마도 더욱 중요한 사실은, 자료의 전체 본문이 웹에서 제공된다는 점일 것이다. 대부분의 자료는 PDF 파일로 저장된 상태이다. HTML과 PDF 링크를 통해 자료의 본문에 접속할 수 있다.

연구논문 자료 이용은 대체로 무료가 아니다. 도서관은 데이터베이스 접속을 위한 비용을 지불한다. 저작권 문제와 비용 때문에 전문 데이터베이스는 공공에 무료로 제공되지 않는 것이 일반적이다. 사용자들은 비용을 내고 단체에 소속되어 있거나(주로 대학도서관 혹은 기업체 도서관) 혹은 인쇄하는 페이지당 혹은 기사당 비용을 지불해야 한다(주로 공공도서관에서). 그럼에도 불구하고 온라인으로 정기간행물 전문 내용에 접속하는 것은 인쇄에 비해 여러 면에서 장점을 갖는다. 왜냐하면 온라인 접속은 인쇄물 기사를 구매하는 것보다 경제적인데다가 도서관에서 공간을 차지하지 않으며 사용자들이 원거리에서도 인터넷을 통해 조사를 수행할 수 있게 하기 때문이다. 전자 정기간행물은 소실될 리도 없고 손상되지도 않으며 페이지 중 일부가 떨어져 나가는 일도 없다. 게다가 사용자들이 동시에 같은 간행본에 접속할 수 있다.

서적의 본문 역시 전자 상태로 보관될 수 있다. 도서관에서는 서적의 데이터베이스 접속비를 지불하여 허가 받은 도서관 이용자들이 검색할 수 있게 한다. 저작권 자료의 사용을 통제하기 위해 본문 도서열람 시 대개 본문을 다운로드할 수 없다. 대신 본문의 일부 내용을 열람하고 복사할 수 있도록 자체적 웹 인터페이스를 제공한다. 더 이상 저작권 소

18) 과학 문서에 대한 인쇄물 색인의 또 다른 주요한 문제는 논문 기사가 제공될 때와 색인이 제공되는 시기 간의 시차에 있다. 예를 들어 1951년 화학 간행물에 대한 색인은 1952년 11월까지도 제공되지 않았다. 대부분 발췌 자료들은 실제로는 1950년에 발행된 것이었는데, 이는 정기간행물 색인이 작성되는데 거의 2년이라는 시간이 소요되었음을 의미한다.

19) http://www.cas.org/index.html에서 더 자세한 정보 참조가 가능하다.

유가 문제되지 않는 많은 소설(예를 들면 찰스 디킨즈의 작품들) 역시 제공되긴 하지만 주로 전자도서관에서 보유하는 대부분의 서적들은 비소설 서적들이다. 원하는 책이 전자도서관에 보유되어 있고 컴퓨터 스크린으로 책을 읽는 것을 좋아한다면 이것만큼 자료를 얻는 데 훌륭한 방법은 없다. 누구도 이 자료를 도서관에서 훔칠 수도, 대여해 가져가거나 손상시킬 수도 없는 것이다. 자료는 원하는 때마다 항상 그 자리에 있는데다가 그것을 가지러 굳이 도서관을 방문할 필요도 없다. 그리고 하나의 전자간행물이 동시에 많은 독자들에게 제공될 수도 있지 않은가. 그럼에도 불구하고 두 가지 한계점이 있다면, 모든 출판물이 전자 형태로 제공되는 것은 아니라는 점과 온라인으로 책을 읽는 것을 싫어하는 사람들이 많다는 점이다.

도서관 네트워크

오늘날 도서관들 (공공 및 학교 도서관) 역시 광지역 정보통신망(WAN)의 이용자이기도 하다. 미국의 많은 지역은 컴퓨터 네트워크로 서로 연결되어 있으므로 회원제 도서관의 이용자들과 자료를 공유할 수 있는 대규모 시스템 역시 연결된다. 도서관 이용자들은 다음과 같은 서비스에 익숙해졌다.

- 모든 회원제 도서관들의 전체 보유 서적 검색이 가능한 온라인 카탈로그에 접속할 수 있다. 일반적으로 이런 유형의 통합 카탈로그는 웹을 통해 제공된다.
- 전화든 혹은 온라인에서든 시스템 내에 있는 모든 도서관에서 보유하고 있는 자료를 요청하는 것이 가능하다. 이러한 유형의 도서관 시스템에서는 대개 정기적으로 차량을 운행하여 회원제 도서관들 간에 자료를 교환한다.
- 온라인으로 자료를 갱신한다.
- 회원제 도서관 중 아무 곳에나 자료 반납이 가능하다.
- 가입 도서관 네트워크 외부 자료의 도서관 상호대출 요청이 가능하다.

직접 열람하고 싶은 경우만 아니라면 컴퓨터가 있는 도서관 이용자가 굳이 도서관을 방문할 필요는 거의 없다.

제9장에서 무엇을 배웠나

기술의 사용은 서구사회에서 기정사실이다. 그러나 어린이의 삶에서 기술의 역할에 대해서는 지대한 논란이 있다. 일부 의사들은 두 살 이하 어린이가 텔레비전을 시청해서는 안 된다고 믿기도 한다. 그러나 동시에, 유아를 위한 텔레비전 방송이나 컴퓨터 소프트웨어가 존재한다. 대부분의 아이들은 3세가 되기 전에 이미 컴퓨터 기술을 사용해본다. 컴퓨터는 많은 유치원에서 흔히 사용되며 모든 초중고 학교에서는 늘 갖춰져 있다. 교육적 소프트웨어는 유치원과 초등학교에 다니는 어린이들에게 제공된다. 그보다 좀더 나이가 많은 학생들은 인터넷을 이용해 조사를 하거나 소프트웨어를 사용하여 숙제를 한다.

인터넷에서 막대한 양의 자료를 검색하는 일이 가능하게 되면서 문서도용이 큰 문제로 발전되었다. 따라서 교사들은 모방 자료를 분별해내기 위해 웹 자료의 도용을 추적하는 웹사이트들을 이용하게 되었다.

도서관은 정보기술을 매우 많이 수용하고 있다. 소형 도서관의 카드 카탈로그는 검색 가능한 온라인 데이터베이스로 대체되었다. 정기간행물과 색인 그리고 서적 본문이 전자 형태로 제공되기도 한다. 도서관들은 또한 컴퓨터를 이용해 도서 대출 관리를 하기도 하고 도서관 네트워크에 가입하여 자원 공유를 향상시키기도 한다.

생각해보기

1. 2세 이하 어린이를 키운다고 가정해보자. 아이가 어떤 기술을 이용하게 하겠는가? 어떤 의견에 동의하며, 그 이유는 무엇인가?
2. 6개월이 된 유아를 둔 부모인데, 마침 친척 아주머니가 18개월 이하 유아용 텔레비전 방송 채널을 가입해주셨다. 이 채널을 시청하겠는가? 웹을 사용하여 찾아낸 전문가 의견을 통해 자신의 의견을 뒷받침하라(힌트: www.eric.ed.gov는 이 조사에 알맞은 웹사이트이다. 교육에 관하여 엄청난 양의 검색 가능한 논문 데이터베이스가 마련되어 있다).
3. 미국 정부는 어린이 비만이 국가적으로 큰 문제라고 공표했다. 아이들이 현대 기술과 더 많은 시간을 보낼수록 신체적 활동이 적어지는 만큼 어린이 비만의 주요 요인으로서 기술사용이 지적된다. 그러나 어떤 연구는 그 반대라고 밝혔다. 기술사용과 신체 활동 간 관계에 대해 더 알아보기 위해 조사를 수행하라. 조사 결과, 앞선 연구 내용에 동조하는가 아니면 미국 정부의 의견을 지지하는가?
4. 많은 아이들이 인터넷을 통해 놀이와 공부를 하는 만큼 인터넷이 통제되어서는 안 되는 것일까 아니면 웹사이트에 게시되는 콘텐츠를 제한함으로써 어린이들을 보호해야 하는가? 그 이유는 무엇인가?

5. 고등학생이며 6학년짜리 어린 동생이 있다고 가정하자. 그런데 당신의 부모는 가족 공동 컴퓨터(가정 내 유일한 컴퓨터)에 인터넷 필터링 소프트웨어를 설치하려고 생각 중이다. 두 칸짜리 표를 만들어 이 설치에 대한 찬성과 반대의 이유를 적어라. 작성한 표의 내용을 비교해 보았을 때, 필터링 소프트웨어를 설치하는 것이 옳은가?
6. 가장 최근에 도서관에 간 것이 언제이며 거기서 무엇을 했는가?
7. 학교 수업을 위해 가장 마지막으로 작성했던 연구논문에 대해 떠올려보라. 어디서 조사를 했는가? 어떤 조사 매체를 가장 많이 사용했는가?

참고문헌

American Academy of child & Adolescent Psychology. "ChildrenOnline." *http://aacap.org/page.ww?name=Children+Online§ion=Facts+for+Families*

Cesarone, Bernard. "Computers in elementary and early childhood education." *http://www.news.com/p/articles/mi_qa3614/is_200010/ai_n8904161*

Gilbert, Alorie, and Stefani Olsen. "Do Web filters protect your child." *http://www.news.com/Do-Web-filters-protect-your-child/2100-1032_3-6030200.html*

"Guide to First Class Learning Software." *http://www.learningvillage.com/*

"Internet filter review." *http://internet-filter-review.toptenreviews.com/*

Iowa State University e-Library "Student plagiarism websites." *http://lib.iastate.edu/commons/resources/facultygudies/plagiarism/websites.html*

Kafai,Yasmin B., Althea Scott Nixon, and Bruce Burnam. "Digital Dilemmas: How Elementary Preservice Teachers Reason about Students' Appropriate Computer and Internet Use." *Journal of Technology and Teacher Education* 15(2007):409-424.

Light, Paul. *Social Processes in Children's Learning*. Cambridge, UK: Cambridge University Press, 2000.

Northwest Regional Educational Laboratory. "Technology in early childhood education: finding the balance." *http://www.nwrel.org/request/june01/child.html*

Schaffer, David Williamson. *How Computer Games Help Children Learn*. Basingstoke, Hampshire, UK: Palgrave Macmillan, 2006

Shields, Robert. "How do you choose educational software?" *http://www.learningvillage.com/html/artshields.html*

Stewart, Christine. "Computes could disable children." *http://news.bbc.co.uk/2/hi/health/1041677.stm*

Stoerger, Sharon. "Plagiarism." *http://www.web-miner.com/plagiarism*

Chapter 10

과학과 의학

Science and Medicine

제10장에서 무엇을 배울까?

- 기술의 이용을 의학적 진단을 도와주는 보조물로서 탐구해보자.
- 로봇을 이용한 수술과 같이 외과수술에 이용되는 기술에 대해 살펴본다.
- 어떻게 기술이 임상연구소의 기능을 향상시켰는지에 대해 검토해보자.
- 다양한 과학적 연구에 사용되는 기술들에 대해 살펴본다.
- 윤리적, 종교적으로 논란이 되는 의학기술과 과학기술을 살펴보자.

개요

기술은 과학 및 의학연구와 항상 밀접한 연관성을 가져왔다. 의학연구가 이룬 성과의 상당 부분은 전자현미경과 같은 도구가 없었다면 불가능했을 것이다. 이 장에서는 과학기술이 순수과학연구와 의학연구의 발전에 있어 어떤 뒷받침을 해왔는지 살펴보고 논란이 된 다양한 과학기술에 대해서도 검토한다.

보건의료

기술은 보건의료 부문에서 100년 이상 동안 중요한 위치를 차지해왔다. 기술이 20세기 초창기에 보건의료 부문을 발전시켰는지는 여전히 미해결의 문제이다. 그 시기 동안 수술 환자의 생존율 요인은 특정한 기술이기보다는 오히려 더 나은 위생 상태 때문이었다고 할 수 있겠다. 그러나 오늘날 우리는 불치병이라고 생각했던 병을 치료하기 위해 정교한 진단과 외과적 기술에 더욱 의존하고 있다.

진단영상 기술

의사가 가장 주의를 요해야 하는 것은 환자의 질병이나 건강상태를 정확히 치료하고 있느냐이다. 진단을 위한 일련의 영상기술이 이것을 가능하게 만들었다. 첫 번째는 엑스레이 기계(X-ray machine)였다. 윌리엄 몰겐(William Morgan)이 시험적으로 엑스레이를 선보였던 1785년에 그 개발이 시작되었다. 그러던 중 과학자들이 방사선[1]을 만들어내기 위해 초창기 컴퓨터의 주요 전자공학 부분인 브라운관(cathode ray tubes)을 개발했다. 윌리엄 뢴트겐(Wilhelm Rontgen)은 1895년에 X-ray를 의학적으로 상당한 가치가 있다고 생각했고 이 기계를 만들려고 했다. 1년 후 에디슨이 의학용 X-ray 기계의 기초가 되는 형광투시경을 개발했다.

엑스레이는 의사들이 폐 또는 뇌([**그림 10-1**])와 같은 기관의 뼈와 연조직을 2차원적으로 볼 수 있도록 해준다. 의사들은 이 엑스레이 영상을 이용하여 부러진 뼈, 연조직에 생긴 종양, 환자가 섭취하거나 사고로 환자의 몸에 박힌 이물질 등을 식별할 수 있게 되었다. 그러나 엑스레이가 위험을 수반한다는 것을 오랜 시간에 걸쳐 알게 되었다. 엑스레이 기계의 방사선에 과다노출될 경우에는 암, 불임 및(또는) 선천적 결함이 유발될 수 있다. 엑스레이가 오늘날에도 여전히 유용한 진단도구로 사용되지만 일반적으로 필요할 때만 사용되며, 생식기에는 불필요하게 사용하지 않고 반복되는 노출로부터 X-ray 기사를 보호

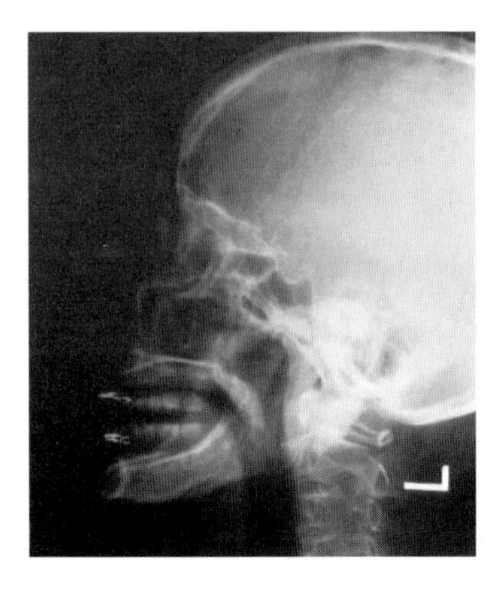

그림 10-1 두개골 엑스레이 영상

1) 처음에는 전자의 흐름이 진공관의 유리면에 부딪칠 때 영상이 만들어지는 것을 음극선 때문이라고 여겨졌다. 그러나 실제로는 전자의 흐름으로 인해 만들어진다는 것이 과학자들에 의해 밝혀졌다.

하기 위해 세심한 주의가 필요하다. 그래서 엑스레이 기사들은 엑스레이 기계를 작동시킬 때 항상 보호벽 뒤에 서 있다.

진단기구로서 X-ray의 결점은 신체의 모든 부분을 같은 평면에 배열된 2차원적인 영상으로 보여준다는 것이다. 만약 신체의 단면적인 영상을 볼 수 있다면 의학적 진단을 좀더 정확하게 내릴 수 있을 것이다. 한때 컴퓨터 축 단층엑스선 사진촬영이라고 알려진 컴퓨터 단층엑스선 사진촬영(CT)이 바로 단면영상을 보여주었다. 상업적으로 이용 가능한 이 과학기술은 고프리 뉴볼드 경(Sir Godfrey Newbold)에 의해 1960년대 중반 영국에서 개발되었고 1970년대 초 대중적으로 사용되기 시작했다.[2]

[그림 10-2]와 같이 CT영상은 신체의 한 부분을 자르고 그 측면을 촬영한 단면도와 같다.[3] 각각의 영상 자체는 여전히 2차원적인 모습이지만 오늘날의 기술을 사용하여 입체감이 있는 영상으로 만들 수 있다. 환자가 CT를 촬영하려면, 촬영대에 누운 후 스캐너(**[그림 10-3]**) 안으로 들어가게 된다. 환자는 이 정밀검사가 진행되는 동안 몸을 절대 움직여서는 안 되며, 움직임을 방지하기 위해 종종 신체의 일부분을 고정시켜야 할 때도 있다. 이러한 이유로 폐쇄공포증이 있는 환자들의 경우에는 CT촬영이 끔직한 경험이 될 수도 있다. CT촬영을 할 때 X-ray를 사용하므로 영상촬영을 남용하는 환자는 방사선에 과다하게 노출될 위험도 있다.

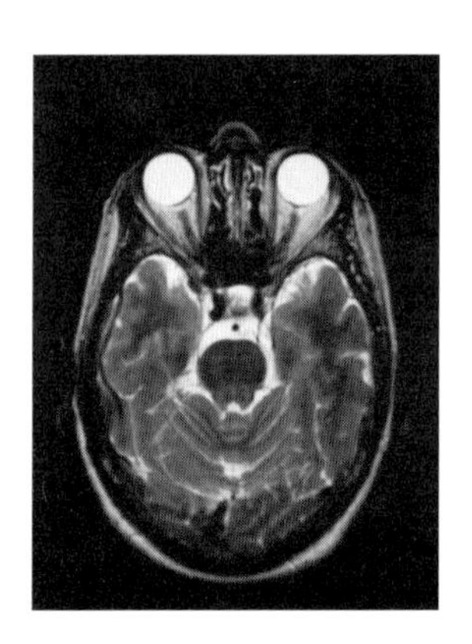

그림 10-2 CT 촬영영상

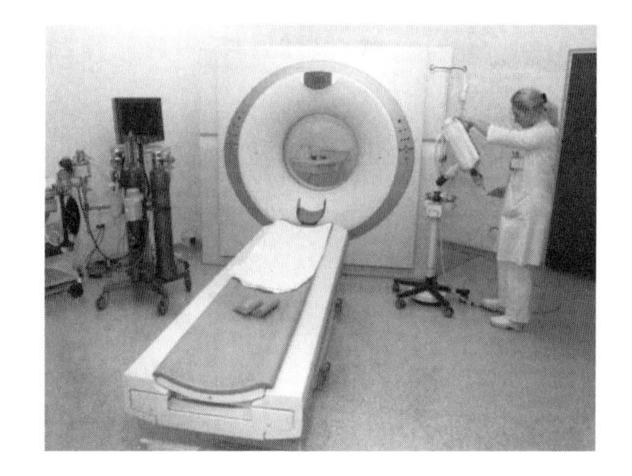

그림 10-3 CT 기계

2) 흥미로운 역사 속 이야기 : 처음으로 상업적인 CT스캐너를 생산했던 기업은 EMI로 바로 비틀스의 음반을 배급한 회사였다. 음반판매로 수익을 창출한 덕에 이 회사는 새로운 의료용 기계를 개발하는데 투자할 수 있었다.

3) CT스캐너는 의료용 외에 다른 분야에서도 사용된다. 예를 들어 고고학자들은 부숴질 우려가 있거나 역사적 가치가 많은 미라나 다른 가공품의 내부를 살펴보기 위한 용도로 사용한다.

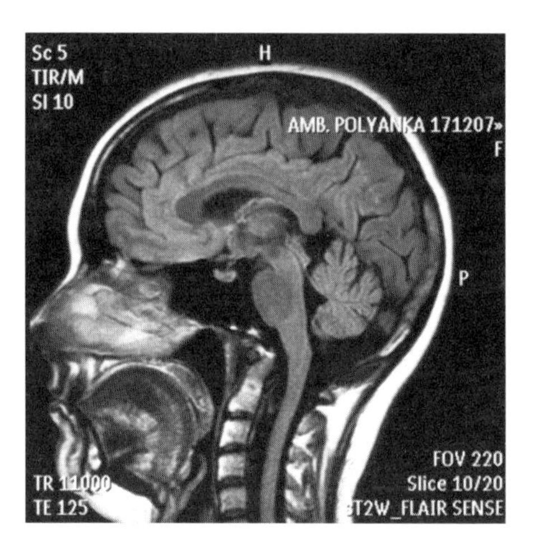

그림 10-4 MRI 영상

의사는 X-ray에 노출되는 것을 피하기 위해 자기공명촬영(magnetic resonance imaging: MRI)을 이용할 수 있다. CT처럼 MRI도 단층영상을 보여준다([**그림 10-4**] 참조). MRI는 수소원자를 자기화한 자기장을 이용하는 방식이다. 전자파가 자기화에 영향을 미치면 수소원자 자체에서 무선신호가 방출되어 자기화를 없앤다. 스캐너는 그 무선신호를 증폭시켜서 검사대상이 되는 부위의 영상을 만들어낸다. 소프트웨어 프로그램이 2차원적인 단층영상들을 이용하여 입체적인 영상을 재구성한다.

원래 MRI는 CT와 아주 흡사한 점을 가지고 있다. 환자가 막힌 공간 내부에 들어가서 전혀 움직이지 않은 상태로, 가끔은 한 시간 동안 있어야만 한다. 그러나 오늘날 어떤 의료시설들은 폐쇄된 공간을 꺼리는 환자들을 위해 완전히 막혀있지 않은 '개방된' MRI를 비치해두고 있다. 또한 MRI는 방사선에 노출되지 않는다는 장점을 가지고 있다. 안타깝게도 이 개방형 기계가 찍은 영상은 완전 폐쇄형 기계가 찍은 영상에 비해 품질이 좋지 않을뿐더러 시끄러운 점도 있다. 그래서 환자는 검사를 받는 동안 줄곧 울리는 시끄러운 소리를 듣게 된다. 어떤 환자들은 진정제나 마취제 없이 MRI를 이용할 수 없을 정도이다.

CT는 경화된 조직의 영상을 우수하게 보여주는 반면에 MRI는 경화되지 않은 조직을 찍는데 적합하다. 그리고 MRI는 CT보다 더 고가이고 활용도가 떨어지지만 방사선을 사용하지 않기 때문에 한 환자에게 짧은 기간에 걸쳐 반복하여 사용할 수 있다. 음파도 생물체의 내부 사진을 촬영하는데 이용할 수 있다. 아마도 초음파 기술의 가장 잘 알려진 예는 태아의 영상스캐닝일 것이다. 소노그램(sonogram)기계는 프러브가 부착된 작은 독립형 장치이다([**그림 10-5**] 참조). 부착된 프로브를 이용하여 검사할 부위에 대면 영상을 볼 수 있다. 환자는 MRI 검사를 할 때처럼 부동의 자세를 유지해야 한다거나 폐쇄된 공간 안에 갇힐 필요도 없다.

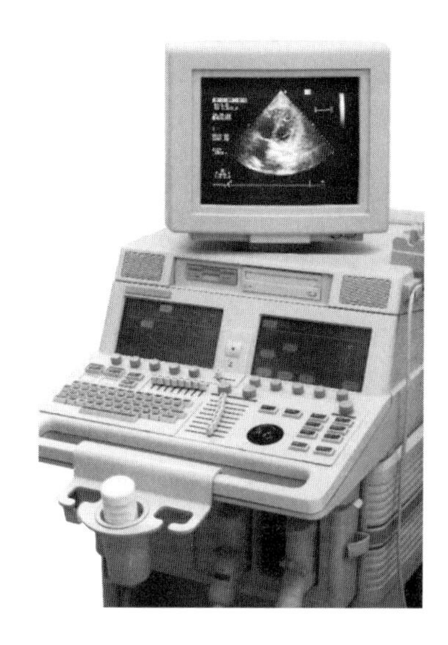

그림 10-5 초음파 기계

대부분의 초음파 기계가 2차원 흑백영상을 만들어내고 3차원적인 입체 컬러영상도 가능하지만 아주 비싸기 때문에 자주 사용되지는 않는다. 검사 시에 프로브는 검진 부위 조직 안으로 음파를 보내고 그 조직은 에코(echo: 레이더 반사파와 흡사)를 되돌려 보내는데, 이것이 초음파 기계에 의해 영상으로 변환된다. 소노그램 기계로 태아가 제대로 자라고 있는지 확인이 가능한데, 혹시 비정상적인 뼈의 발육이 임신 초기에 발견된다면 태아의 부모가 임신 지속 여부를 결정할 수 있는 기회를 갖도록 해준다. 초음파는 또한 산부인과 이외의 용도로 종양이나 혈액응고 같은 문제들을 진단할 때 사용된다.

초음파는 일반적으로 성장하고 있는 태아에게 안전하다고 여겨진다. 그러나 오늘날 임신한 여성들은 종종 다양한 초음파의 영향을 받으므로 우려가 되어왔는데, 임신 초 3개월의 기간 동안 위험할 수 있다.[4] 서구사회에서는 의사들이 환자에게 특정한 진단방법을 이용할 것을 권유한다. 그러나 그 진단방법이 위험을 감수할 만큼 가치 있는지에 대한 최종 결정은 환자 본인의 몫이다. 예를 들어 뼈가 부러졌는지 여부를 알아보기 위해 X-ray를 사용하기로 결정하는 일은 간단한 문제이지만 위험한 상태의 임산부에게 초음파 검사의 횟수는 결정하기 어려울 수 있다.

외과수술 기술의 발달

'제국의 역습(The Empire Strikes Back, 스타워즈 시리즈 중 하나)'이라는 영화에서 루

---

4) http://www.plus-size-pregnancy.org/Prenatal%20Testing/prenataltest-ultrasoundsafty.htm

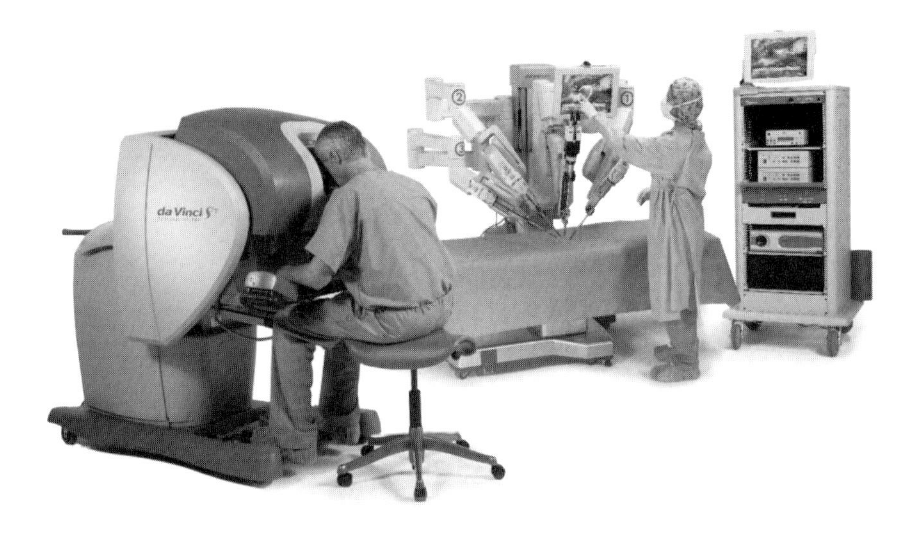

그림 10-6 다빈치 의료시스템

크 스카이워커(Luke Skywalker)가 눈 속에서 부상당한 곳을 치료받는 장면을 떠올려보라. 로봇의사가 물탱크 안의 물에 떠있는 그를 치료해준다. 로봇이 의료행위를 하는 것은 과학소설에서 오랫동안 활용해온 소재이다. 그리고 현실에서도 어느 정도까지는 의사의 통제 하에 외과 수술용 로봇을 이용한다. 다빈치 의료시스템(The da Vinci Surgical System, Intuitive Surgical 회사의 제품)은 최신 기술로 좋은 예가 된다.[5] 이것은 **[그림 10-6]**에서 보여주듯이 세 부분으로 구성되어 있는데, 컴퓨터와 전자 조종장치가 탑재된 카트(**[그림 10-6]**에서 오른쪽 그림), 의사의 조작테이블(왼쪽 그림), 그리고 수술 장비(중앙 그림)로 되어 있다.

수술도구 중 로봇의 팔 하나는 의사가 조작하는 콘솔로 뛰어난 영상의 수술 장면을 보내주는 카메라를 장착하고 있다. 나머지 로봇 팔들은 수동 복강경보다 더 넓은 범위로 움직임이 가능한 외과수술용 기구들을 장착하고 있으며, 로봇은 2차원적인 움직임만을 할 수 있다. 다빈치 의료시스템은 로봇이 어떤 수술과 관련된 결정을 하거나 스스로 움직일 수는 없고, 외과의사가 콘솔 앞에 앉아서 수술 현장을 입체적인 영상으로 보며 **[그림 10-7]**에서 보는 것과 같은 기구를 사용하여 다른 로봇의 팔 동작을 조종한다. 로봇은 인간의 손보다 더 정교한 움직임으로 수술을 할 수 있지만 의사의 조종에 의해 수술이 이루어지므로 로봇은 수술을 집도하기보다는 수술용 도구로 사용된다.

---

5) http://www.intuitivesurgical.com/index.aspx

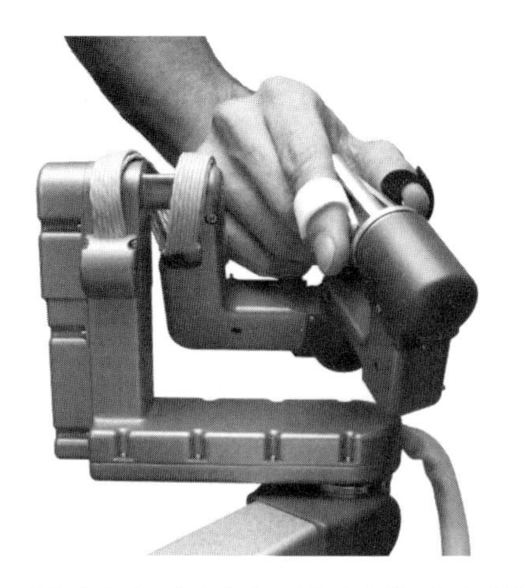

그림 10-7 다빈치 수술 장비에서 로봇 수술을 하기 위한 핸드 컨트롤

로봇을 이용한 수술은 의사들로 하여금 전통적인 수술 환경에서보다 더 다양한 상황에서 발생 가능한 위험을 최소화하도록 해준다. 어떤 환자들에게는 로봇을 이용한 수술이 고통을 덜 느끼게 해줄 수 있으며 회복기간도 더 짧다. 그 이유는 바로 이 수술이 의사의 통제 하에 로봇이 수술을 하는 것이기 때문에 환자들이 대체로 편안함을 느낀다는 데 있다. 만약 로봇을 이용한 수술이 실패하더라도 의사가 직접 수술을 마무리할 수 있다. 대부분의 로봇 수술은 의사와 로봇이 수술실에서 함께 진행한다. 그러나 가끔 의사가 먼 거리로 외진을 가야 할 때는 로봇을 이용한 수술을 하지 못한다.[6] 이러한 원거리수술은 두 가지 경우에 해당한다. 환자가 수술을 받을 수 있는 병원까지 오기에는 너무 먼 지역에 살고 있는 경우(예를 들어 알래스카 지역이나 미래에는 화성(Mars)이 이에 해당)와 수술을 집도할 의사가 환자가 위치한 곳까지 올 수 없는 경우가 있다. 첫 번째 경우, 보조의사와 또는 간호사가 일반적으로 수술이 이루어지는 동안 현장에 참관하지만 의사는 수술 현장에 없다. 이런 경우 수술이 계획대로 진행되지 못할지도 모를 위험이 있다.

그러나 전문의가 원거리 수술을 할 경우, 수술을 받고 있던 환자에게 무슨 일이 생기면 보조의사가 적절한 조치를 취한다. 이러한 안전장치를 위한 제2의 의사가 필요하기 때문에 원거리 수술은 비용이 더 많이 든다. 원거리 수술의 또 다른 문제점은 의사가 수술 현장에서 보내온 영상을 보고 로봇에게 다시 신호를 보내는 사이의 시간 간격이 있다는 것이다. 그러한 시간적 지체는 우주공간에서의 경우에는 심각한 문제가 될 것이다.

---

6) 더 많은 정보를 얻으려면 http://temple.edu/ispr/examples/ex00_12_28.html

임상연구소에서의 의학기술

기술이 가장 많이 사용되는 의료분야 중 하나는 임상연구소이다. 연구의 대부분은 의사에 의해 진행되고 있으며, 일부분은 기계에 의해 이뤄진다. 미생물 배양과 같은 테스트는 테스트할 재료 준비의 일부 과정이 자동화되어 있기는 하나 사람이 해독해야만 한다. 이와는 반대로 대부분의 혈액검사는 기계에 의해 이루어진다. 오늘날의 임상실험은 많은 부분을 컴퓨터로 작업한다. 혈액학(hematology), 화학 그리고 면역학적 검정을 포함한 혈액검사는 30년 이상 동안 의학연구소의 주된 대상이었다. 현재는 베크멘-코울터(Beckman-Coulter)라고 알려져 있는 코울터회사가 최초 개발한 혈액분석 기계는 여전히 코울터계수기로 불린다. 이것은 혈액계수, 차이점, 백혈구계수 그리고 적혈구계수를 완벽하게 제공한다. 일단 혈액이 준비되면 전문가가 혈액용기를 원심분리기에 넣어 완료된 샘플 하나를 코울터계수기 안에 삽입한다. 이 기계를 통한 분석은 사람이 수작업으로 할 때보다 더 빠른 10분 정도의 시간이 소요되며 더 정확하다. 결과는 스크린과 종이 위에 나타난다.

몇몇 의학검사는 전자현미경의 슬라이드 검사에 의해 이뤄진다. 그것을 사람이 해독하기는 하지만 종종 과학기술의 도움을 빌어 준비된다. 예를 들어 한 조각의 극히 얇은 조직이 검사에서 필요하다면 대상 샘플은 일단 얼려진 후 사람이 할 수 있는 것보다 훨씬 더 얇은 두께로 기계에 의해 잘려진다. 많은 혈액검사기계는 또한 사람이 해독할 수 있을 정도로 극소량의 혈액을 준비할 수 있다.

현재 최신식 임상실험 기술은 워크셀(workcell)이라는 자동화 장비로, 표준혈액학, 혈액화학 그리고 면역학적 검정을 포함한 놀라운 범위에 이르는 혈액 분석을 수행한다. 이것은 한 가지 샘플로 동시에 다양한 검사를 할 수 있는 방법이다. 많은 분석을 처리하는 연구소의 경우 이 장비로 시간을 절약할 수 있다. 또한 이 장비는 혈액 수거 용기의 플라스틱 마개에서도 혈액을 채취할 수 있으므로 많은 양의 혈액을 필요로 하지 않는다. 앞에서 언급했듯이 의학연구소에는 원심분리기와 살균소독기가 사용되며, 냉각장치, 냉동기 그리고 실험표본의 성장 또는 성장예방을 위한 환경유지와 특정온도에서 저장해야 하는 화학약품을 위한 배양설비가 필요하다.

의료기록의 미래

지금까지 의료용으로 개발된 장비에 대해 주로 다루었다. 하지만 의료분야에서도 노트북(laptops), 컴퓨터 그리고 손바닥 크기의 기계 등 일반 용도의 장비들을 많이 사용한다. 2003년 영국의 한 연구에 따르면 의사와 간호사들은 병원에서 포켓용 컴퓨터를 빈번하게 사용하는 것으로 밝혀졌다.[7] 이 장비에 치료중인 특정 질병의 기록을 담을 수 있을 뿐만 아니라 더 유용한 일정표로 사용이 가능하기 때문이다. 병원과 의료 활동도 비즈니스라고 볼 때, 다른 일반 서비스 업종처럼 고객(환자)들의 기록, 예약, 요금청구, 영수처리가 필요하다. 본질적으로 병원에서는 보건의료라는 서비스를 제공하는 것이므로 많은 전형적인 비즈니스에서처럼 대가를 산정하는 방법을 이용하는 경향이 있다.

의료분야에서 환자의 기록보관 부문에서는 자동화가 느리게 진행되는 듯 보인다. 미국에서 전자의료기록의 확장은 아주 미미하다. 2006년 1차 진료시설의 의사 16%만이 환자의 전자기록시스템을 활용하였다.[8] 의료기록은 차트에서 갱신되고 처방전은 작은 종이 위에 기록된다. 병원에서 예약확인을 위해서는 컴퓨터 기록을 살펴보고 환자의 기록과 진료비 기록은 여전히 서류 검토를 하는 것이 일반적이다. 이런 현상에 대한 몇 가지 이유가 있다. 또한 환자의 전자기록이 병원과 의료시설 간에 정보공유의 차원에서는 용이하지만 개인정보 침해와 관련하여 우려의 소리가 있다.[9,10] 현재 서류상 누적된 데이터의 양도 문제이고 서류상 기록을 전자기록으로 전환하는데 드는 비용도 엄청나다. 병원시설들과 광대한 의료 업무를 전환시키는데 드는 비용이 너무 비싸기 때문에 새로운 진료기록만이 전자시스템으로 기록되고 있어 기존의 환자들은 서류와 전자 기록에 모두 등재되는 상황이 생긴다.

이것은 병원 직원이 반드시 전자기록뿐만이 아니라 서류도 검토해야 한다는 의미이다. 의료 당국은 서류기록을 전자기록으로 전환하는데 드는 비용과 함께 직원들의 반발도 고려해야 한다. 앞의 문제에 덧붙여서, 전자 의료기록시스템을 판매하는 많은 소프트웨어 상인들이 있는데, 모든 상품들이 특허품이고 서로 호환이 된다고 보장할 수 없어서 서로 다른 시스템 간에 데이터를 교환할 수 없는 문제를 가지고 있다. 이 상품들은 PDF와 같은 파일 포맷(format)과는 달리 표준화가 이뤄져 있지 않다. 정부의 규제도 의료기록 기술을 따라잡지 못하고 있다. 미국과 같은 많은 나라들은 의료기록을 반드시 원본으로 보관해야 하고 바꿔서는 안 된다는 생각을 고수하고 있다(잘못을 정정할 수 있으나 편집해서는 안 된다). 그리고 그 기록들은 신빙성을 검증하는 서명이 있어야만 하는데, 전자적으로 이것을 하려면 현존하는 의료기록의 편집을 예방할 방법이 있어야만 하고 물리적 필적을 대신하는 전자서명이 받아들여져야 한다. 이 마지막 문제 하나만으로도 컴퓨터에 의료기록을 전적으로 유지하는 것은 매우 어렵다.

---

7) http://www.mo.md/id155.htm

8) 조운스톤 더글러스(Johnston Douglas), 그리고 그 외. 외래 환자들의 컴퓨터 등록에 따른 효용성 (The value of Computerized Provider Order Entry in Ambulatory Settings): 행정상의 예비조사(Executive Preview). 웨슬리 M A(Wellesley, M A) : 정보기술 지도력 센터 (Center for Information Technology Leadership), 2003.

9) http://www.apapractice.org/apo/pracorg/legislative/the_health_information.html#

10) http://secure9.mymedicalrecords.com/StaticContent/know.html?cpo=2 이 데이터는 의사의 컴퓨터로 전송하여 다운 받게 할 수 있으나 개인정보 침해의 우려가 상당히 많다.

자연과학 분야에서의 기술

오늘날 자연과학 연구는 기술에 흠뻑 빠져 있다. 기술에 의해 과학자들은 세상의 가장 작은 요소들을 볼 수 있게 되었고 위험한 화학약품들을 안전하게 화합시키며 우주를 탐험하고 또한 위험한 폭풍을 예측할 수 있게 되었다. 자연과학 연구에서 모두 거론하기에도 불가능할 만큼의 많은 기술이 사용되고 있다. 그러나 이 장에서는 순수과학에서 사용되는 기술의 이용과 형태에 대한 개요를 다룬다.

생물학: 미생물 관찰

생물학은 살아 있는 유기체들을 다루고 종종 그 유기체들의 아주 작은 부분을 다루기 때문에 생물학적 연구는 수세기 동안 기술을 사용해왔다. 특히 처음으로 현미경이 17세기에 등장했을 때 그러했다. 관찰 대상을 비추기 위해 빛(처음엔 자연광선이었고 나중에는 전구)을 사용했기 때문에 광학현미경으로 알려져 있다.[11] 초기 현미경에는 렌즈가 단 하나밖에 없었다. 150년 후 나타난 다중렌즈를 가진 복합현미경은 주로 4배, 10배, 40배 확대하는 세 개의 렌즈를 가지고 있으며 오늘날 폭넓게 사용되고 있다([**그림 10-8**] 참조). 어떤 복합현미경은 렌즈 사이에 오일 한 방울을 떨어뜨려야 하는 몰입렌즈(immersion lens)라는 제4의 렌즈를 갖추고 있다. 몰입렌즈는 대상을 주로 100배율로 확대하여 관찰할 수 있다. 최대 100배율의 광학 현미경으로도 생물학 연구에는 충분하지 않다. 예를 들어 과학자들은 온전한 세포로 한정된 연구보다는 오히려 인간 염색체를 관찰하길 원한다. 바로 전자현미경([**그림 10-9**] 참조)이 2백만 배까지 확대할 수 있었기 때문에 [**그림 10-10**]에서

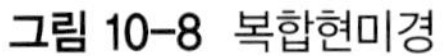

그림 10-8 복합현미경

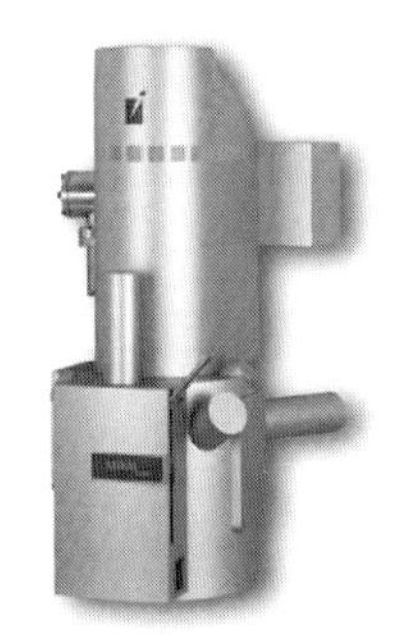

그림 10-9 전자현미경

---

11) 실제로 누가 현미경을 발명했는지 논란이 있다. 1590년에 현미경을 자신이 발명했다고 주장하는 자카리아스 잰슨(Zacharias Janssen)이라는 사람이 있었는데 그의 출생연도가 1590년이었기 때문이다. 지금은 17세기 중반 안톤 본 루벤호크(Anton von Leeuwenhoek)가 생물학자들에게 현미경을 처음으로 경험케 해준 인물로 흔히 알려져 있다.

그림 10-10 전자현미경으로 찍은 영상

보여지는 것과 같은 개미의 영상을 찍을 수 있었다.

전자현미경에 쓰이는 기술은 실제로 다음의 4가지가 있다.

- 투과법은 투명한 부분을 가진 대상물에 쏘여지는 전자빔을 이용한다. 검사 대상물을 통과한 빔의 간격이 영상을 만들어낸다.
- 스캐닝은 전자빔을 이용하는데, 스캐너가 종이 위의 영상을 스캐닝하는 많은 경우가 이에 해당한다.
- 반사법은 검사 대상의 이미지를 만들기 위하여 전자빔의 반사광을 이용한다.
- 스캐닝 투과법은 투과 전자현미경의 기술에 스캐닝기법을 덧붙인 것이다.

생물학 연구에 현미경을 사용하는 문제를 둘러싸고 또는 현미경 그 자체의 사용에 관해 논란의 여지는 거의 없다. 그러나 현미경의 사용이 가능한 연구 유형은 수세기 동안 논란이 되어왔다. 예를 들면 광학현미경의 사용으로 혈액 성분(적혈구 세포, 백혈구 세포, 혈소판 등)의 검사가 가능했는데, 어떤 이들은 이것을 "자연의 이치에 어긋나는" 것이라고 못 박았다. 매번 기술을 이용하여 인간 신체의 작은 부분들을 탐구할 때마다 이에 반대하는 사람들이 있다. 긍정적인 측면에서 아주 명확하게 현미경은 질병을 식별하고 치료하는 과정에 있어 기초가 된다.

대기과학: 날씨 예측

우리 대부분은 일기예보에 익숙하다. 가끔 우리는 일기예보를 텔레비전을 통하여 또는 신문을 통하여 접한다. 오늘날은 웹을 통해 일기예보를 더 빈번히 접하게 되었다. 기상지도와 강수확률 예측을 위해 쓰이는 기술은 하드웨어와 소프트웨어의 결합이다. 많은 소프트웨어는 미국 국립기상청[12)]에서 고안되어 수학적 모델 예측을 위해 1950년대에 컴퓨터를 사용하기 시작했다.

컴퓨터 모델을 산출하기 위해 다양한 기상관측 기구들로부터 입력데이터를 제공받는다. 온도계와 함께 다음과 같은 도구들이 있다.

- 풍속계: 풍속측정. 로빈슨(John Thomas Romney Robinson)이 1846년 발명한 이 기구가 바람을 측정하기 위해 사용한 도구는 컵이었다. 현대 과학기술은 다음을 포함한다.
  - 바람 때문에 떨어진 온도를 측정하는 달궈진 전선
  - 기구 내부와 바람에 의해 영향 받는 외부의 레이저 사이에 생기는 도플러 편이(Doppler shift)의 차이 측정
  - 2~3개 변환기(음파풍속계)에서 방출되는 음파 사이의 차이 측정
  - 대기의 이동에 따라 발생하는 압력을 측정하는 판이나 튜브
- 기압계: 대기의 압력측정. 가스패로 베르티(Gasparo Berti)가 17세기 중반에 기압계를 발명했다. 1643년의 첫 기압계는 수은을 사용했으며 현재는 물, 수은, 대기 압력변화에 따라 확장하고 수축하는 베릴리움/구리(beryllium/copper) 합금 전지를 사용한다(아네로이드 기압계, aneroid barometer).
- 습도계: 습도측정. 대부분의 습도계가 2개의 온도계를 이용하는데, 하나는 건조하게 유지하고 다른 하나는 습하게 유지한다. 습식온도계의 구(bulb)에서 수분이 증발하면 온도가 떨어진다. 건식온도계와 습식온도계에서 읽은 수치 차이로부터 상대적 습도를 산출한다.
- 강우량/강설량 게이지: 강수량 측정. 단순한 강수량 게이지는 눈금측정관이 더 많이 사용된다.
- 기상레이더: 강수의 이동과 형태에 대한 위치, 강도, 방향에 대한 사실을 보고. 기상레이더 기지국은 도플러효과를 사용하며 종종 도플러레이더(Doppler radar)라고 불린다. 레이더의 정보를 처리하는 소프트웨어는 우리에게 익숙한 기상지도

---

12) http://www.research.noaa.gov/weather

그림 10-11 미국의 기상관측 위성인 더 고즈-1(The GOES-1)

를 작성한다.

- 위성: 구름과 같은 대기 현상에 대한 사진을 시간 간격을 두고 찍어서 분석에 활용한다. **[그림 10-11]**에서 보이는 것과 같이 위성은 또한 산불과 같은 화재, 황진, 대양의 조류, 눈과 얼음에 뒤덮인 장소 등을 찍는다. 각각의 이미지는 흔히 기상예보에서 보는 위성 기상지도를 제작하기 위해 결합된다.

기상 기구들의 데이터들은 기상예보를 위해 수집된다. 가장 정확한 기상예보의 형태는 (수치로 예측) 슈퍼컴퓨터의 능력과 기온, 대기압력, 풍속 그리고 풍향, 강수량과 같은 데이터가 필요하다. 그러나 수치로 산출한 기상예보는 완벽하지 않고, 심지어 특정 산출에 의한 예측이 종종 틀리기조차 한다. 측정 시점에서 예측시간대가 더 멀수록 더 부정확할 확률은 더 높아진다. 이러한 모든 기상관련 기술이 우리에게 어떤 도움을 주는 것인가? 기상예보는 항공, 항해, 농업을 포함한 많은 산업들에 있어 필수적이다.

폭풍경보는 허리케인과 토네이도와 같은 위험한 기상의 이동경로에 있는 지역에서 사람들이 안전하게 대피할 수 있도록 해준다. 그러나 경험상 애석하게도 기상예측이 반드시 정확하지는 않다. 부정확한 기상예보의 대부분은 우산을 준비하지 못해서 비를 맞거나 너무 따뜻하게 옷을 입어서 더울 정도의 불편함을 줄 뿐이지만 한편으로는 폭풍에 대한 부정확한 예측은 생명을 위협할 수도 있다.

천문학: 우주공간 탐험

천문학은 기술의 도움 없이는 발전을 하기 힘든 과학 분야 중 하나이다. 지구상에서 우리가 육안으로 볼 수 있는 것 이상으로 우주에 대해 알고 있는 지식의 대부분은 망원경, 컴퓨터에 의한 데이터 분석, 인간이 이룬 우주공간 탐험의 작은 성과로부터 얻은 것이다. 초기 우주공간 연구는 가톨릭교회가 지구 중심 우주론을 믿고 있었기 때문에 잘 받아들여지지 않았다. 태양 중심이론의 열렬한 초기 옹호론자였던 코페르니쿠스는 이단자라는 꼬리표를 달았다. 그러나 육안을 토대로 한 그의 관측은 이론을 정당화할 철저한 증거가 거의 없었다. 갈릴레오([**그림 10-12**])가 1609년 굴절망원경을 발명하여 코페르니쿠스의 정확함을 과학적으로 정당화한 증거인 금성의 움직임과 같은 현상 관측이 가능하게 되었다.

1616년 종교재판소는 마페오 바르베니니 추기경(Cardinal Maffeo Barberini: 후에 교황 어번(Urban) 7세가 되었음)이 코페르니쿠스이론의 옹호자였음에도 불구하고 갈릴레오에게 코페르니쿠스이론에 대해 옹호를 중단하라는 명령을 내렸다. 종교재판소는 지구가 태양 주위를 회전하는 것은 불가능하다고 선언했고, 갈릴레오는 로마 가톨릭교회의 검열을 통과하지 않고는 태양 중심 이론에 관련된 그 어떤 저작물도 출판할 수 없었다. 그러나 1624년경 종교재판소는 사실이 아닌 이론으로서 태양 중심이론 서적의 발행을 허가할 정도로 누그러져 있었다. 그래서 갈릴레오가 발견한 연구내용을 담은 1630년 필사본은 검열위원회에서 완전히 검열되지 못했다. 그러나 갈릴레오에게 선페스트(The Bubonic Plague)가 급습하여 책의 서문과 끝 부분만이 실제로 감수되었다.

하지만 교황이 이 책의 내용에 대하여 알게 되었고, 이를 종교재판소에 회부하였다. 갈릴레오는 이단으로 정식 기소되었다. 그때 68세의 나이였고 건강이 좋지 않았음에도 불구하고 재판에서 자신의 연구를 변호하기 위해 로마로 갔다. 종교재판소는 태양 중심의 태양계이론과 이에 따른 지구의 공전이론이 이단이라는 입장을 포기하지 않았다. 고문과 같은 위협을 받은 후 갈릴레오는 코페르니쿠스이론에 대한 지지를 철회하였고 여생을 가택

그림 10-12 갈릴레오 갈릴레이(Galileo Galilei)

연금의 상태로 보냈다. 갈릴레오의 일생 동안, 인류는 과학적 연구와 기술발전이 종교적 반대로 정지되는 실제 상황을 겪어야 했다. 그러나 종교재판소의 영향력이 약화되면서 과학자들은 망원경을 개량하고 이에 따라 우주 체계와 움직임에 대한 연구를 계속하였다. 17세기 기술의 토대가 된 굴절망원경은 20세기가 될 때까지 최신 기술이었지만 전파망원경의 개발로 우주공간을 탐색할 수 있는 더 나은 환경이 제공되었다.

오늘날의 망원경은 지상용 또는 우주용으로 분류된다. 가장 큰 지상용 망원경으로는 세로 파라날(Cerro Paranal)[13]이라는 산속의 칠레사막에 위치한 유럽 우주관측소의 초대형망원경(VLT)이 있다. VLT(**[그림 10-13]**)[14] 망원경은 개별 또는 한 단위로 열리는 8.2m 렌즈 4개의 배열로 되어 있다. 그러나 지상용 망원경의 문제는 지구 대기로 인해 상이 보이지 않거나 왜곡된다는 것이다. 우주용 망원경은 대기작용에 의한 왜곡의 문제점은 없다. 현재까지는 허블망원경(**[그림 10-14]**)이라는 가장 성공적인 궤도 망원경이 있다. 이 망원경 외의 다른 어떤 것도 태양계로부터 먼 거리 은하계까지의 모든 것을 이와 필적할 만한 영상으로 제공할 수 없었다. 지구로 전송되는 영상을 분석하는 소프트웨어와 함께 허블망원경은 과학자들에게 빅뱅에 가까운 시간의 발원에 이르기까지 먼 광속여행의 기록으로 우주탄생 정보를 주었다. 전에는 단지 이론에 불과하던 현상들을 증명할 수 있었다. 예를 들어 암흑물질(dark matter, **[그림 10-15]**)의 존재가 이 망원경으로 확인되었지만 과학자들은 아직도 이 암흑물질을 무엇이라고 해야 할지 확신하지 못한다.

그림 10-13 칠레에 위치한 초대형 망원경(VLT)

그림 10-14 지구 궤도에 완전히 장착된 허블우주망원경

---

13) http://www.eso.org/paranal/

14) http://hubble.nasa.gov/

그림 10-15 허블망원경으로 찍은 광선차단물질 영상

그림 10-16 평평한지구협회의 시각으로 본 지구

우주에 대한 지식은 지구상에 사는 인류에게 큰 영향을 준다.[15] 예를 들면 망원경, 위성, 기구들은 우리가 지구의 오존층[16]에 생긴 구멍의 크기와 위치를 찾을 수 있도록 해준다. 오존층의 존재는 우리가 알고 있듯 삶을 지속하는데 필수적이므로 오존을 감시하는 것(그리고 유지하기 위해 가능한 행동을 취하는 것)은 명백하게 중요하다. 현대 현미경과 우주선에 의해 밝혀진 모든 증거들에도 불구하고 아직도 지구가 평평하다고 믿는 사람들이 있다. 가장 명백한 지지자들은 평평한지구협회의 구성원들로서, 그들이 주장하는 지구 모형은 **[그림 10-16]**[17]에서 보는 바와 같다. 그들은 우주공간에 천공(ether)의 존재가 있다거나 (우주는 진공상태가 아니라는 개념), 지구가 태양 주위를 회전하기에는 중력이 부족하다거나, 사람이 둥근 지구의 밑바닥으로 떨어질 거라는 주장 등을 한다.

이처럼 과학적 사실과 상반되는 이론을 지지하는 많은 다른 단체들처럼 그들은 대중이 진실을 알지 못하도록 하려는 음모가 있다고 지적한다. 우주탐사 중 찍은 사진을 예로 들어 그들은 인간이 탑승한 우주선의 모습은 장난이라고 주장한다. 유력한 증거가 현재의 과학이론을 뒷받침하기 때문에 서구사회 대부분의 사람들은 지구가 평평하다는 이론을 옹호하는 사람들을 어리석다고 여긴다.

물리학: 물질들은 무엇으로 이루어져 있는가

기술이 없는 천문학은 오히려 원시적인 과학임에도 불구하고, 어느 정도까지는 기술 없이

---

15) 우리 인류는 항상 우주에 대해 알아내려고 박차를 가해왔다. "지식을 위한 지식(Knowledge for knowledge' s sake)"은 수많은 우주론 연구의 많은 동기가 된다. 그러나 지식의 실제 적용이 단순히 알고 이해하길 원하는 사람들을 위해 반드시 필요한 것은 아니다.

16) http://ozonelayer.noaa.gov/

17) http://theflatearthsociety.org

실행될 수 있다. 그러나 어떤 연구 분야는 인위적인 도움 없이는 존재할 수 없을 것이다. 입자물리학이 바로 그런 분야이다. 이 학문은 소립자의 성질을 포함하여 원자의 내부구조에 대한 정보를 제공하며 입자물리학자들의 빅뱅(BigBang: 우주생성의 원인이라고 여겨지는 사건)에 대한 연구도 한다. 연구되는 입자들은 지극히 작은 크기이다. 이러한 입자를 얻으려면 원자나 그 내용물이 고속으로 함께 분쇄되어야 한다(종종 광속에 가까운 속도).

원자속도를 높이고 충돌시키는 기술은 입자가속기로 알려져 있다. 원자충돌은 그 내부 구조 분석을 위해 쪼개거나 새로운 결합 분자를 생성할 수도 있다. 충돌이나 결합에 의한 더 작은 원자들은 많은 양의 초우라늄원소[18]를 생성한다. 분쇄되거나 결합된 원자들은 최대속도로 움직이기 때문에 입자가속기는 일반적으로 크기가 꽤 크다. 예를 들어 **[그림 10-17]**에서 보는 것과 같이 미국의 페르미 국립가속기연구소[19]에 있는 입자충돌기인 테바트론(Tevatron)의 항공사진이 있다. 그림 속의 링은 6.3km 가속기의 크기를 나타내고 있다. 입자들이 이 링을 돌 때 광속보다는 작은 시간당 320km까지 속도를 낸다.

그러나 테바트론이 세계에서 가장 큰 입자가속기는 아니며 유럽 핵연구기구(European Organization for Nuclear Research)가 세운 대형 하드론충돌기(LHC)가 가장 크다.[20] LHC는 27km의 넓은 링을 갖추고 있어 수리가 필요한 곳으로 가야할 경우 기술자는 차량으로 이동해야 할 정도이다. 대형 하드론 충돌기는 2007년 11월에 주요 건축물이 완성되었고 2008년 중반에 작동을 시작하였다.

원자충돌로 생겨난 많은 생성물들은 단기간 생존한다. 예를 들면 111의 원자번호를 가진 초우라늄원소인 로엔트제니움(roentgenium)은 3.6초의 반감기를 갖는다.[21] 그러

그림 10-17 페르밀랍에 위치한 테바트론 가속기의 항공사진

18) 초우라늄 원소는 우라늄보다 더 큰 원자번호를 가지고 있으며 지구상에서 자연적으로 생기는 원소가 아니다. 두 원소 모두 방사성 원소이다.
19) http://www-bdnew.fnal.gov/tevatron/
20) http://public.web.cern.ch/Public/en/SpotlightConnectingLHC-en.html
21) 방사성원소의 반감기는 이 방사성 물질 질량의 절반이 붕괴하는데 걸리는 시간이다.

므로 탐지기와 충돌한 결과를 적는 기록기가 갖춰져야 한다. 입자물리학은 분명히 특정 기술 없이는 존재할 수 없는 학문이다. 입자물리학의 대부분은 실제 적용이 꼭 필요하지 않으므로 순수과학 분야로 간주된다. 어떤 사람들은 특히 입자가속기 시설 건설과 작동에 드는 비용을 고려할 때 그런 연구를 할 이유가 없다고 주장한다. 그러나 다른 많은 사람들은 우주에 대한 지식 모두를 값진 것이라고 믿으며 비록 이런 연구에서 얻은 것이 이용가치가 없는 것일지라도 우리가 살고 있는 이 우주를 더 깊이 이해할 수 있기 때문에 단지 그 이유 하나만으로도 가치가 있다고 주장한다.

논란이 되는 의학과 과학기술

의학기술처럼 윤리적이고 종교적인 논란을 일으키는 분야는 없다. 새로운 기술의 적절한 사용에 관한 중요한 그리고 종종 열정적이기도 한 논의를 하자면, 기술은 사회가 그 영향을 받아들일 수 있는 속도보다 더 빠르게 진화한다. 이 장에서 우리는 현재의 과학과 의학기술 사용에 있어 발생하는 주목할 만한 논란에 대해 검토한다. 이러한 논제들에는 명백하게 옳고 그른 것이 없고, 다만 기술에 대한 우리의 의견이 기술 연구가 진행되고 실제적인 적용이 분명해짐에 따라 계속 변화하고 있을 뿐이다.

복제

복제(cloning)는 어느 한쪽 부모의 세포로부터 만들어낸 생명체이다. 그 자손(식물 또는 동물)은 유전적으로 부모의 유전자와 동일하다. 복제는 오랫동안 공상과학소설에 많이 등장해왔지만 현실에서는 상황이 훨씬 복잡하다. 농부들은 수년 동안 더 튼튼하고 질병과 해충에 더욱 강한 농작물을 복제해왔다. 식물 복제는 일반적으로 받아들여지지만 동물과 인간의 복제는 이와는 별개의 문제이다. 기술이 인간의 장기를 복제할 수 있는 단계에 있지 않고, 하물며 인간 전체의 복제는 더구나 어렵다. 그러나 동물은 성공적으로 복제에 성공했다.

처음으로 복제된 양 돌리(Dolly)는 스코틀랜드 에딘버러의 로슬린연구소에서 1996년 태어났다.[22] 과학자들은 한 마리의 양으로부터 세포핵을 추출하여 그것을 돌리의 '복제부모(clone parent)'로부터 얻은 세포핵과 치환하였다. 이것은 포유동물의 난자에서 절반 정도 발견되는 유전인자보다 더 완벽한 한 세트의 유전인자로 다른 양에게, 즉 대리모(surrogate mother)에게 이식되었다. 현재 모든 동물복제는 이러한 방법으로 이루어지고

22) http://www.reslin.ac.uk/

있다. 돌리는 모든 면에서 정상적이고 건강한 양처럼 보였다. 이 양은 네 마리의 새끼를 낳았고 폐질환으로 6세의 나이에 사망하였다(대부분의 양들은 11~12년 동안 산다). 하지만 돌리의 죽음은 복제와는 아무 관련이 없다. 폐질환은 양들에게 흔한 병이기 때문이다.

돌리의 복제 이후 연구자들은 쥐, 돼지, 개, 고양이, 올챙이, 잉어, 리서스원숭이, 소 그리고 말들을 복제해왔다. 그렇다고 복제가 특히 효율적인 기술은 아니다. 복제 효율성은 보통 0%~3% 사이이다.[23] 즉, 과학자들이 100개의 복제된 세포핵을 대리모에게 이식했다면 최대 3개까지 성공하므로 실패의 확률이 높다. 복제물은 그 부모와 유전적으로 동일하지만 모양이나 행동이 일치하는 것은 아니다. 예를 들면 처음 복제된 고양이(2001년 텍사스 A&M대학에서 복제한 카본카피(CarbonCopy))는 다리, 가슴 그리고 배 색깔이 하얗고 얼굴 윗부분과 등은 검은 줄무늬가 있는 갈색 고양이이다. 그러나 이 복제 고양이의 엄마는 얼룩무늬 고양이로 카본카피처럼 다리, 가슴, 배는 하얗지만 얼굴 윗부분과 등은 주황색과 검은색 줄무늬가 있는 갈색 고양이이다. 카본카피의 성격 또한 대리모의 성격과는 일치하지 않았다. 그 이유로 몇 가지 추측이 가능하다.

- 포유류의 모든 유전자는 겉모습을 결정짓는 데에만 쓰이지는 않는다. 사용되지 않는 유전자도 많이 존재한다. 고양이와 같은 동물의 외모는 털 색깔, 감촉 그리고 모양을 통제하는 어떤 유전자가 관여하거나 발현되느냐에 따라 결정된다. 성격에 영향을 주는 유전자의 경우에도 이와 같다.
- 지금까지는 유전적인 영향이 성격을 결정짓는데 더 많은 영향을 준다고 여겨져 왔지만 환경도 성격을 결정짓는데 최소한의 영향력이 있다. 이런 결론은 대부분 따로 떨어져 자란 쌍둥이의 연구에서 얻었다.[24]
- 돌연변이는 배아가 대리모에게 이식된 후 발생한다. 예를 들어 일란성 쌍둥이 중 한 명이 건강하다면 다른 한 명은 근위축증으로 고통 받는 경우가 있다.

복제는 다음과 같은 경우에 이용될 수 있다.

- 해충과 질병에 강한 유전적으로 동일한 식용채소와 식용가축들을 복제한다. 복제는 이러한 용도로 오늘날 쓰여진다.
- 애완동물이 사망한 후 복제한다. 고양이를 복제했던 경우가 있었으나 그 비용이 너무 비싸서(한 번의 복제시에 32,000달러 정도)복제 회사는 결국 문을 닫았다. 이미 언급했듯이 복제 비용이 더 싸지고 복제과정이 믿을만하더라도 복제된 애완

23) 복제 효율성에 대한 정보는 http://www.mindfully.org/GE/GE3/Cloning-EfficiencyAug01.htm
24) 쌍둥이에 관한 연구 참고 사이트는 http://www.townonline.com/parentsandkids/news/x2058360157

동물이 복제 대상과 외모나 행동이 똑같을 거라는 보장을 할 수는 없다.

- 멸종위기에 처한 동물들을 보존한다. 8년 동안 죽어 있던 구아르(guar: 희귀한 야생들소)로부터 얻은 세포로 구아르 한 마리를 복제했지만 48시간 동안만 생존해 있었다. 이런 기술이 유용하긴 하나 현재는 극히 효율적이지 못하다.
- 멸종해가는 종을 재창조한다. 멸종동물의 재창조에 관한 아이디어는 영화 '쥬라기 공원'에 등장하는 가공의 복제된 공룡들을 떠올리게 한다. 가능성이 흥미를 끌지만 과학자들은 대부분의 화석에 있는 DNA는 불완전하거나 손상되어 있기 때문에 복제에 이용할 수 없다고 한다.[25)]
- 인간을 위해 장기나 세포를 배양하고 저장한다. 예를 들면 당신의 심장에서 추출한 약간의 세포는 심장이식을 받을 경우를 대비해서 배양하여 대체물로 보관할 수 있다. 복제된 피부는 화상치료를 위해 피부이식용으로 사용 가능하다. 복제된 대체물이 수혜자의 것과 동일하기 때문에 사실상 거부반응이 일어날 확률이 없을 것이다.
- 인간 자체를 완전히 복제한다. 이것은 불임부부가 생물학적으로 동일한 자신들의 자녀를 가질 수 있는 방법이다.

복제는 돌리의 출생 이전부터 논란이 되어왔다. 반대 이유는 다음과 같다.

- 종교적 반대. 서구사회의 종교는 오로지 신만이 생명을 창조할 수 있다고 믿으므로 인간복제를 신에 대한 도전이라고 본다. 이러한 태도는 힌두교와 불교처럼 환생의 개념이 있는 다수의 동양 종교에서는 찾아볼 수 없다.[26)]
- 복제된 채소와 동물 섭취의 안전성에 대한 정보 결여. 우리의 몸속에 복제 식품이 쌓일 경우 문제가 생길 수 있다.
- 낮은 성공률. 현재 대부분의 동물복제 비용이 너무 고가라서 정기적으로 사용하기에 합당치 않다.
- 유전적 다양성의 감소. 자연적 생물체(식물이나 동물)가 가지는 생존의 우월성 중 하나는 유전적 다양성이다. 예를 들면 종종 한 종이 어떤 질병으로부터 많은 피해를 입게 되는 경우, 그 병에 대한 면역력을 가진 소수가 살아남아 그 종의 생명을 이어간다. 만약 그 종이 모두 유전적으로 동일하다면 전체가 멸종되거나 영원히 유전적 문제점을 안고 살아갈 것이다.

---

25) 현대 동물의 유전자에 있는 유전코드(genetic code) 중 일부 빠진 부분을 대체하는 것은 영화 '쥬라기 공원'에서 이용된 개구리 DNA처럼 가능성 있는 기술이 아니다.

26) 이 문제에 대한 사설은 다음을 참고 http://www.nytimes.com/2007/11/20/science/20tier.html

- 복제물의 빠른 노화. 돌리의 빠른 죽음과 그 밖의 다른 복제동물들을 관찰한 결과, 과학자들은 복제동물들이 복제되지 않은 동물들보다 더 빨리 노화가 되는지의 여부를 의심하게 되었다.

지구상에는 세계적으로 통합된 정부가 없다.[27] 그러므로 정부가 복제를 허용하는지 또는 금지하는지는 국가별로 다르다. 예를 들어 영국의 경우 2001년 치료용 복제연구, 즉 질병과 부상의 치료를 위한 복제연구를 허용했다.[28] 하지만 인간의 배아복제는 14일이 되기 전까지만 허용된다. 호주 역시 2007년 이와 비슷한 법을 제정했다.[29]

하지만 미국의 상황은 좀더 복잡하다. 여러 주들이 복제연구를 금지하는 법령을 제정했으나 연방정부에서는 직접적인 조치를 취하진 않았다.[30] 복제연구를 위한 재단의 설립과 민간기금 모금을 허용하는 대신 복제연구를 위한 연방정부의 기금 사용은 금지했다.

동양의 종교들이 인간복제에 반대하는 입장은 아니지만 한국과 같은 몇몇 아시아 국가들은 치료용 복제는 허용하지만 인간복제는 금지하는 법을 제정했다. 중국 정부 또한 치료용 복제는 지지한다. 그럼에도 불구하고 아시아의 복제 연구소들이 미국보다 더 나은 기금, 더 나은 연구 설비들 그리고 적은 규제를 받고 있다. 복제연구의 법적인 상태를 둘러싼 재미있는 질문들 중 한 가지는 어떻게 우리가 인간이라는 한 종으로서 법적으로 치료용 복제는 허용하지만 온전한 인간 복제는 금지하는 결론을 내렸는지이다. 사실상, 이 세상은 너무 정치적으로 분열되어 있어서 논란이 되는 문제에 대한 세계적인 의견 일치는 실질적으로 불가능하다. 이러한 현상은 이미 벌어지고 있다. 전세계적 지도자나 입법기구 없이 많은 주요 국가들은 복제윤리에 관하여 비슷한 결론을 내려왔다.

예상했듯이, 이 문제에 대한 여러 가지 견해가 있다. 우리는 필요할 때 우주의 진리를 인식할 수 있는 윤리적 존재임을 자랑스러워할지도 모른다. 도덕과 윤리성을 내포하는 많은 질문을 할 때 세상에는 종교적이고 정치적인 관점이 있는 만큼 많은 대답이 존재한다.

줄기세포 연구

복제와 가장 관련 깊은 것은 줄기세포과학인데, 줄기세포는 성장하고 있는 배아가 신체 중 모든 형태의 세포로 변화한다. 줄기세포 치료법은 파킨슨병과 같은 병에 효과적이라는 사실이 밝혀졌으며 또한 줄기세포가 제1타입 당뇨병의 치료에도 가능성이 있는지 연구 중이

27) UN이 있지만, 그들의 권고와 결의는 어떤 국가에도 구속력을 갖지 않는다. 이 기구는 법적인 강제력을 가지고 있지 않으나, 2005년 UN은 인간복제금지 결의안을 통과시켰다.

28) http://www.nytimes.com/2007/11/20/science/20tier.html?_r=1&oref=slogin

29) http://www.theage.com.au/news/national/state-move-for-cell-cloning/2007/03/12/1173548107146.html

30) http://viena.usembassy.gov/en/download/pdf/human_clone.pdf

다. 줄기세포가 필요한 세포로 자란다는 사실은 인간 신체의 외부기관으로도 이용될 수 있다는 희망을 준다. 줄기세포는 화상 환자들의 피부재생에 이용하거나 척추손상 환자들의 손상된 신경세포의 대체뿐만이 아니라 팔다리나 장기들의 성장에 이용될 수 있다.

줄기세포의 두 가지 주요 출처로 배아와 성체 부분이 있다. 연구자들이 성체줄기세포가 생각한 것보다 더 많은 세포로 성장한다는 사실을 발견하고 있음에도 원하는 형태로 분화하도록 하기가 더 어렵고 그 수도 적다는 문제점이 있다. 그리고 분화가 시작되기 전의 어린 배아가 줄기세포로 가장 적합하다.[31] 성체줄기세포의 사용에 대한 논란이 거의 없어보이나 자료연구의 대부분은 배아줄기세포를 포함한다. 줄기세포가 추출될 때 배아가 파괴되는 과정 때문에 생긴 지 며칠 되지 않는 배아도 생명체라고 믿는 사람들의 반대가 있는 것이다.[32] 많은 배아줄기세포가 이미 만들어 놓은 줄기세포 라인에서 복제되어 만들어진다. 논란의 중심은 복제라는 측면과 배아로부터 직접적으로 새로운 피조물이 창조되는 두 가지 모두에 있다.

새로운 줄기세포 라인의 피조물을 둘러싸고 두 가지 중요한 윤리적인 궁금증이 있다. 첫째로, 여성에게 이식되지 않은 냉동수정란에서 새로운 종의 탄생이 가능한가? 이 질문에 대한 답은 사용되지 않은 배아의 처분에 관한 논란과 밀접한 관계가 있다. 종교적이고 윤리적인 관점에 따라 각 개인들이 불임 해결을 위해 사용되지 않은 배아를 기증, 과학적 연구를 위한 배아기증(줄기세포 연구를 포함), 또는 그냥 배아처분을 할지 여부를 결정할 것이다. 둘째로, 배아가 단순히 연구용이나 치료용으로만 만들어질 것인가? 불임치료용으로 만든 사용되지 않은 배아의 사용을 반대하는 사람들은 거의 변함없이 줄기세포연구용 배아를 만드는 것에 반대한다. 게다가 원치 않는 배아를 연구용으로 사용하는데 찬성하는 사람들도 여전히 그런 목적으로만 배아를 만드는 것에 반대한다.

줄기세포 연구에 관한 국가정책은 세계적으로 다양하다. 미국은 배아줄기세포 연구를 특별히 금지하지 않는다. 그러나 2001년 미국의 대통령인 조지 부시가 이미 만들어 놓은 줄기세포라인(정책 제정 전에 만들어진) 계획에 연방정부기금 사용을 금지하는 정책을 제정했다. 줄기세포 연구에 대한 많은 국가들의 입장을 정리한 내용이 **[표 10-1]**에 있다.

피임과 낙태

착상과 임신을 돕는 과학기술(특히 인공수정, 시험관 수정, 대리모의 사용)은 오랫동안 논란이 되어왔다. 착상 방해 또는 낙태에 사용되는 기술은 더더욱 논란이 된다. 반대 이유의

31) 인간줄기세포 추출을 위한 최적의 시간은 수정 후 4~5일이 지난 때인 듯하다.

32) 배아줄기세포 연구에 대한 광적이지 않은 반대 의견을 보려면 다음을 참고 http://www.stemcellresearch.org/

대부분은 종교적인 것이지만 개인적인 믿음과 행동 역시 반대의 영향력을 가진다.

표 10-1 줄기세포 연구 관련 주요 국가들의 입장

분류	정의	국가
허용	줄기세포 연구에 대해 제한이 없거나 거의 없음	호주 벨기에 중국 이스라엘 일본 싱가포르 한국 스웨덴 영국
융통적	불임치료 병원에서 기증받은 배아만을 사용하는 연구	브라질 캐나다 프랑스 이란 남아프리카 스페인 네덜란드 대만
제한	줄기세포연구의 완전 금지에서 이미 존재하는 줄기세포라인까지 제한하는 연속체	거의 제한적: 오스트리아 아일랜드 노르웨이 폴란드 약간 제한적 : 독일 이탈리아 미국

출처: http://www.mbbnet.umn.edu/scmap.html

수정 보조 임신을 기대하고 있거나 불임부부의 고통은 오랫동안 이어져왔다. 처음으로 기증받은 정자로 인공수정을 한 여성에 대한 기록이 1884년에 있었다.[33] 그러므로 1977년 루이즈 브라운(Louise Brown)의 수정으로 시작된 시험관 임신이 처음은 아니었

33) http://fubini.swarthmore.edu/~WS30/WS30F1998/nrosad.html

다.[34] 오늘날 어느 쪽의 기술도 성공과는 거리가 멀다. 인공수정을 통한 평균 성공률은 시술 대상 여성의 나이와 수정을 하기 전 임신약물을 복용했는지의 여부에 따라 5~20% 사이이다.[35] 35세 이하 여성의 시험관수정 성공률은 35%이지만, 40세 이상의 경우에는 10% 이하로 떨어진다.[36] 수정을 돕는 두 가지 방법 모두 비교적 비용이 많이 든다. 인공수정은 한 번의 시술 당 4,000달러까지, 시험관 수정은 12,000달러의 비용이 든다. 그러므로 이 두 가지 방법은 그 비용을 지불할 능력이 되거나 보험처리가 가능한 사람들만이 이용할 수 있다.

수정 보조는 비용이 많이 들기 때문에 경제 능력이 낮은 사람들은 이용이 불가능하다. 가격에 의한 이러한 차별은 생식 관련 기술에만 국한된 것이 아니라 대부분의 기술, 특히 고가의 새로운 과학기술에서 더욱 두드러진다. 앞서 언급한 것처럼 반대 의견의 대부분은 종교적인 것이고 주로 가톨릭교회와 남부침례교도들에 의한 것이다.[37] 다음은 그들이 주장하는 반대 의견들이다.

- 인간배아는 그 시작부터가 인간이므로 인간의 권리를 갖는다.
- 인간의 성관계는 남성과 여성, 그리고 그들 가족 간의 결합이라는 의미와 가톨릭 교리로만 의미가 있는 출산의 두 가지 목적을 가지고 있다.
- 시험관수정은 가족결합을 침해하고 '부모의 혈통을 잇는' 부모와 자식관계를 빼앗으며 인격 성숙을 방해한다. 시험관수정은 객관적으로 부부의 결합과 완전한 상태에서의 잉태를 허용치 않으므로 유전적이고 임신에 의한 친자관계, 양육의 책임에 갈등을 초래한다. 가톨릭 교리에서 이것은 가족의 단일성과 안정성에 대한 위협이며 권리침해의 원천을 제공한다고 말한다.[38]
- 이식되지 않은 배아파괴는 그것이 단지 세포에 지나지 않는다 해도 인간생명을 만드는 요소이기 때문에 살인이다.

가톨릭교회는 기증된 정자와 난자 및(또는) 과학연구에 사용되는 배아가 포함된 기술에 심하게 반대한다.

피임 논란이 되는 피임의 두 가지 측면이 있다. 첫째는 자녀 수를 제한하는 피임사용의 윤리성이다. 둘째는 인구제한의 도구로 사용되는 피임과 정부의 개입으로 시행되는 것에 대한

34) 시험관수정의 역사 http://fubini.swarthmore.edu/!WS30/WS30F1998/nrosad03.html
35) http://www.babycenter.com/0_fertility-treatment-artificial-insemination-iui_4092.bc
36) http://health.yahoo.com/reproductive-treatment/in-vitro-fertilization-for-infertility/healthwise-hw227379.html
37) 논란이 되는 의학기술에 대한 남부침례협의회의 입장 http://www.johnstonsarchive.net/baptist/sbcabre.html
38) http://catholicinsight.com/online/church/vatican/article_475.shtml

문제이다. 다수의 종교단체들은 '자손을 낳아 번창하라'는 성경구절에 근거하여 어떻게 해서든 피임에 반대한다. 가톨릭교회[39]와 정통파 유대교[40] 역시 피임에 반대한다. 가톨릭교회와 모르몬교회는 금욕에 의한 피임을 제외하고 모든 피임을 금지한다.[41] 정통파 유대교는 물리적 장치를 이용하는 피임법에 반대하는데, 경구용 피임약과 같은 약품에 의한 피임은 허용한다. 이러한 방침은 여호와의증인과 같은 몇몇 기독교도들도 따르고 있다. 한편 이슬람교는 어떤 피임도 금지한다.[42] 감리파와 루터파 같은 기독교도들은 모든 피임을 허용하지만 루터 파는 부부가 평생 자녀를 갖지 않으려고 하는 피임에는 반대한다.[43]

부주의한 살생은 잘못이라고 믿는 불교에서는 임신을 예방하는 경구용 피임약이나 콘돔과 같은 피임은 허용하지만 자궁 내 삽입하는 피임기구나 사후피임약과 같이 배아를 파괴하는 경우에는 반대한다.[44] 힌두교와 시크교(힌두교의 일파)는 대부분의 피임을 허용한다.[45] 정치적으로 그리고 실질적으로 세계의 모든 국가들은 피임을 허용하고 있다. 그러나 효과적인 피임이 공평하게 가능하지는 않다. 선진국보다 인구 증가가 주요 골칫거리인 개발도상국들은 어떤 형태로든 가족계획을 강요한다.

세계 대부분의 나라에서 피임은 임의적이다. 각각 10억 이상의 세계 최대인구를 가진 중국과 인도는 인구과잉의 문제로 심각하다. 이 두 나라는 다른 정부 형태에 따라 각기 다른 방법으로 인구제한을 한다. 인도는 민주주의 국가이므로 국민에게 피임의 의무를 요구하거나 가족규모를 제한하는 것과 같은 법안이 통과되지 않을 것이다. 그 대신 대중교육 캠페인과 정관절제술을 받는 남성에게 대가를 지불하는 방법을 사용해오고 있다.[46] 또한 사후피임약과 같은 '긴급한 상황에서의 피임' 방법도 합법화 하고 있다.[47] 그러나 빈곤이 심한 상태이기 때문에 피임약이 필요한 사람들에게 제때 전달되지 못하는 상황이 종종 발생한다. 그러므로 최근의 경제적 성장에도 불구하고 인구과잉의 문제는 여전히 심각하다. 한편 중국은 필요하면 국민에게 피임의 의무를 명할 수 있는 전체주의 국가이다. '한 자녀 갖기' 정책이 그것으로, 한 가정 당 오로지 한 명의 자녀만 둘 수 있게 하였다.[48]

---

39) http://www.lisashea.com/lisabase/aboutme/birthcontrol.html
40) http://judaism.about.com/od/sexinjudaism/a/birthcontrol.html
41) http://www.geocities.com/swickersc/mormonfam.html
42) http://www.crescentlife.com/family%20matters/islam_and_abortion.htm
43) http://www.lcms.org/pages/internal.asp?NavID=2122
44) http://www.bbc.co.uk/religion/religions/buddhism/buddhistethics/contraception.shtml
45) http://www.blurtit.com/q889025.html
46) http://www.dancewithshadows.com/society/understanding-contraception.asp
47) http://www.kaisernetwork.org/daily_reports/rep_index.cfm?DR_ID=32376
48) http://www.overpopulation.com/faq/countries-of-the-world/asia/china-one-child-policy/

중국의 농촌가정의 경우는 예외로, 첫째가 여아일 경우 둘째를 임신할 수 있다. 하지만 정부의 명령을 무시하고 둘째 아이를 가진 도시 가정은 중국에서 가장 부자들만이 감당할 수 있을 만큼 무거운 벌금이 부과된다. 이 한 자녀 갖기 정책은 중국의 인구성장을 확실히 줄여주었다. 그러나 이에 따른 심각한 문제점이 있다. 중국은 문화적으로 오랫동안 남아선호 사상을 가지고 있다. 그러므로 한 자녀 갖기 정책은 많은 여아 사망과 입양 포기와 같은 결과를 낳았다. 그래서 현 세대의 많은 구성원들이 남성으로 이루어져 있으며, 이후 세대에게 결혼할 여성이 충분치 않을 것이고 따라서 인구의 급격한 감소가 예상되어 염려되고 있다. 이보다는 중요성이 덜하지만 중국인들이 또한 걱정하는 것은 앞으로 한 명의 자녀가 형제자매의 도움 없이 두 명의 부모를 부양해야 한다는 것이다.

어떤 국가에서는 인구증가의 문제가 이와는 정반대의 상황이다. 이 나라들은 출생률이 사망률보다 높지 않아서 인구가 점점 감소하고 있다. 특히 러시아는 1년에 거의 백만 명의 인구감소를 보이고 있다.[49,50] 구소련의 시기 동안에는 피임이 러시아에서 폭넓게 이용되지 않았다. 그러므로 여성들은 마지막 수단으로 낙태를 했다.[51] 그러나 피임이 널리 이용되면서 낙태율은 감소하였다. 그런데도 교육받은 여성들이 여전히 가족규모를 제한하여 인구감소가 계속되고 있다. 러시아 정부는 그에 따른 대응방침으로 다음과 같이 권고하고 있다. 대가족에 대한 세제특혜, 이민 확대, 사망률 감소를 위한 조치의 입법(예를 들면 안전벨트 착용의 의무화).[52] 이러한 대부분의 제안들, 특히 이민의 확대와 같은 사항은 국민의 반대에 부딪히고 있다.

낙태 부도덕하다고 여기는 낙태에 대해서 사람들은 낙태시술 병원의 폭파와 시술의사 살해와 같은 방법으로 강력하게 반대의사를 표현하였다. 대부분의 주요 종교들은 낙태 문제에 대해 공식적인 입장을 취한다. 그것에 대한 개요는 **[표 10-2]**에 실렸다. 낙태는 많은 논란이 되기 때문에 정계와 종교계에서 중요한 문제가 된다. 한 국가에서 종교의 영향력이 클수록, 정부는 그 종교의 의견을 반영하는 법을 시행할 가능성이 더욱 높아진다. 예를 들어 가톨릭교회의 중심지인 이탈리아는 유럽국가들 중 마지막으로 낙태를 허용하였다.[53] 아일랜드는 충실한 가톨릭 국가로 여전히 낙태가 불법이다.

---

49) http://www.csmonitor.com/2002/0418/p06s02-재며.html

50) 카자흐스탄, 우크라이나, 벨로루스, 몰도바, 에스토니아, 라트비아 그리고 조지아를 포함한 전 소련 공화국들은 모두 비슷한 문제에 직면해 있다. 몇몇 동유럽국가들(불가리아, 보스니아, 슬로베니아, 헝가리, 리투아니아)도 인구감소로 고통 받고 있다. 스와질랜드와 보츠와나의 아프리카 국가들은 AIDS로 인한 사망 때문에 인구가 감소하고 있다.

51) http://www.rand.org/pubs/research_briefs/RB5055/index1.html

52) http://news.bbc.co.uk/2/hi/europe/4125072.stm

53) http://www.ben.iss.it/precedenti/aprile/1apr_en.htm

표 10-2 세계 주요 종교들의 낙태에 대한 입장

종교	낙태에 대한 입장
가톨릭	모든 낙태금지, 산모의 생명을 구하기 위한 낙태 포함.
남부침례교	모든 낙태금지, 산모의 생명을 구하기 위한 경우 제외.
감리교	가능한 한 낙태는 피해야 함. 그러나 태아가 심하게 기형인 경우, 강간으로 인한 임신 또는 산모의 건강이 위험할 경우 낙태 허용.
루터파	낙태금지, 산모의 생명을 구하기 위한 낙태 제외.
모르몬교	낙태금지, 강간이나 근친상간의 경우 제외, 태아가 출산시 생존가능성이 없을 정도의 기형일 경우 제외, 산모의 건강이 위험할 경우 제외.
유대교	인간생명의 시작을 출산시로 생각하므로 낙태를 하지 않는 것이 더 위험할 경우 낙태허용. 산모의 생명을 구하기 위해서 또는 산모가 만달이라도 태아의 생존가능성이 없을 때 낙태허용. 치명적이지 않은 유전적 결함 또는 다운증후군으로 출생한 직후의 경우 낙태금지. 더 엄격한 정통유대교는 낙태허용 범위가 이보다 좁다.
이슬람	일반적으로 모든 낙태금지, 산모의 생명을 구하기 위한 경우 제외. 그러나 어떤 학자들은 기형으로 인해 생존가능성이 없거나 아이의 불구로 인해 가족 부담이 현격할 경우 임신 후 40~120일 이내 낙태허용.
힌두교	모든 낙태금지, 산모의 생명을 구하기 위한 경우 제외.
불교	일반적으로 낙태를 금지하나 개별상황을 모두 고려해야 함을 표명.

※ 낙태에 대한 가톨릭교회의 입장, http://www.newadvent.org/cathen/01046b.htm
감리교의 입장, http://www.methodist.org.uk/static/factsheets/fs_abortion.htm
루터파의 입장, http://www.lcms.org/pages/internal.asp?NavID=2121
더 많은 정보는 다음을 참고, http://www.religioustolerance.org/jud_abor.htm
힌두교의 입장, http://www.angelfire.com/mo/baha/hinduism.html
불교의 입장, http://www.urbandharma.org/udharma/abortion.html

미국에서의 낙태는 로우 대 웨이드 사건(Roe vs. Wade case)으로 알려진 1973년 대법원 판결의 결과로 합법화되었다. 그러나 종교단체들의 압력으로 몇몇 주들은 낙태를 제한하는 법안을 통과시켰다. 연방정부는 낙태비용을 충당하기 위한 연방정부 기금의 사용을 계속 금지하고 있다. 미 대법원이 낙태에 대한 여성의 권리로 인정하는 조건은 다음과 같다.

- 미성년자의 낙태를 하기 전 부모의 신고 및(또는) 동의 요함.
- 병원에 첫 방문 후 낙태에 대해 다시 생각해 볼 시간을 낙태시술 전에 가질 것.
- 낙태하기 전에 상담 필요.

낙태에 관한 열띤 공방이 치열해서 이러한 의학기술을 둘러싼 논란이 곧 진정될 기미는 거의 없다.

제10장에서 무엇을 배웠나

기술은 의학과 과학의 발전에 중요한 역할을 해왔다. 의학적 진단은 x-ray와 MRI와 같은 영상기술의 도움을 받았다. 현재 극미소 수술은 로봇의 보조로 진행되고 있어 외과 의사들이 훨씬 더 작은 절개부위로 수술이 가능해지면서 환자의 감염 위험이 감소되고 회복기간이 단축되었다. 혈액검사가 이뤄지고 박테리아균이 배양되는 의료 연구소도 많이 자동화되었다. 특화된 장비에 더하여 병원과 의료 시술은 기록보관을 위한 전반적인 전산화를 확대하고 있다.

순수과학 연구도 기술에 의존한다. 예를 들어 작은 유기체에 대한 생물학적 연구는 현미경의 사용이 필요하다. 광학현미경이 수백년 동안 쓰여졌지만 20세기 전자현미경의 발명으로 이전에 볼 수 없었던 구조물의 분석이 용이해졌다. 현대 기상학은 대기조건 측정을 위한 기술과 기상예보를 위한 소프트웨어를 사용한다. 우주탐험은 망원경 기술에 의존한다. 소립자와 초우라늄 원소를 연구하는 물리학은 거대한 입자가속기를 사용한다.

과학과 의학연구에 의해 생성된 어떤 기술들은 논란의 대상이 되는데, 주로 종교의 믿음에 위배되기 때문이다. 복제, 줄기세포 연구, 보조 착상, 피임 그리고 낙태와 같은 일련의 기술들이 이에 해당한다.

생각해보기

1. 의료 영상 기술(X-ray, CT, MRI)도 결점이 없는 것은 아니다. 부러진 팔다리 사진을 찍으려고 하는 가족에게 어떤 기술을 추천할 것인가? 그 이유는? 만약 의사가 폐종양을 의심하고 있다면 결정을 바꿀 것인가? 그 이유는?
2. 어떤 형태의 복제를 허용해야 한다고 생각하는가? 그 이유는? 그 결정을 누가 해야 하고 그 이유는 무엇이라고 생각하는가?
3. 줄기세포 연구에 제한이 있어야 하는가? 그리고 이유는? 그렇다면 허용할 수 있는 것은 무엇이고, 그 이유는?
4. 일반적으로 정부가 과학연구 규제에 적극적인 역할을 해야 하는가? 과학연구의 실제 적용 제한에 있어 정부가 적극적으로 대처해야 하는가? 그 이유는?
5. 여성의 유방 엑스선 사진은 스스로 하는 검사보다 더 일찍 유방암 여부를 판단할 수 있게 해주었다. 이 검사방법은 진단을 위해 고안되었으나 그 자체가 암을 유발할 수 있는 엑스선이다. 이미 존재하는 질병의 발견과 병을 유발하는 위험 사이에서 어떤 결정을 내릴 것인가? 여성의 유방암 진단의 새로운 기술을 찾아내는데 공조해야 하는가, 아니면 현재의 기술로 충분한가? 그리고 그 이유는?

6. 로봇 보조수술이 얼마나 안전하다고 생각하는가? 안전을 제외한 어떤 요소가 로봇 수술의 결정을 하게 만드는가? 그런 로봇 수술을 받을 것인가? 그 이유는 무엇인가?
7. 미국의 시민들은 국립기상청의 예측에 의지하게 되었다. 이러한 예측의 정확도에 대한 수치를 인터넷에서 찾아보라. 우리는 얼마나 그런 예측에 의존할 수 있는가? 그리고 그 이유는 무엇인가?
8. 중국과 인도는 과잉인구로 심한 압력을 받고 있다. 이 장에서 제안된 전략들에 덧붙여 두 나라는 인구제한을 위해 무엇을 할 수 있는가? 피임이 더 좋은 방법인가, 아니면 도움이 되는 다른 기술이 있는가? 그 대답에 따른 이유를 설명하라.

참고문헌

Bellis, Mary. "The Invention of x-ray machine and CAT-scan." *http://inventors.about.com/library/inventors/blxray.htm*

Bellomo, Michael. The Stem Cell Divide: The facts, Fiction, and the Fear Driving the Greatest Scientific, Political, and Religious Debate of Our Time. New York: AMACOM/American Management Association, 2006.

Dick, Richard S., Elaine B. Steen, and Don E Detmer. *The Computer-Based Patient Record: An Essential Technology for Health Care*. Washington, DC: National Academies Press, 1997. (See also http://www.nap.edu/catalog.php?record_id=5306)

Engleman, Robert. *More: Population, Nature, and What Women Want*. Washington, DC: Ireland Press, 2008.

Furcht, Leo, and William Hoffman. *The Stem Cell Dilemma*. New York: Arcade Publishing, 2008.

"Galileo gets credit for refracting telescope." *http://www.reviewtelescopes.com/telescope-types/galileo-gets-credit-for-refracting-telescope-28/*

Goldstein, Joseph, Dale E. Newbury, David C. Joy, and Charles E. Lyman. *Scanning Electron Microscopy and X-ray Microanalysis*. New York: Springer, 2003.

Haney, Johannah. *The Abortion Debate: Understanding the Issues*. Berkeley Heights, NY: Enslow Publishers, 2008.

Kalender, Willi A. *Computed Tomography: Fundamentals, System Technology, Image Quality, Applications*. New York: Wiley-VCH, 2006.

Kaplan, Phoebe, Robert Dussault, Clyde A. Helms, and Mark W. Anderson. *Musculoskeletal MRI*. New York: Saunders, 2001.

Keim, Brandon. "Buddhists and Hindus not worried about scientists playing god." *http://www.nytimes.com/2007/11/20/science/20tier.html?_r=1??oref=slogin*

Kuhn,Thomas. *The Coperican Revolution: Planetary Astronomy in the Development of Western Thought*. Cambridge, MA: Harvard University Press,1957.

Levine, Aaron D. *Cloning: A Beginner's Guide*. Oxford, Oxfordshire, UK: One World Publications, 2007.

Love, Jamie. "The cloning of Dolly." *http://www.synapses.co.uk/science/clone.html*

Monmonier, Mark. *Air Apparent: How Meteorologists Learned to Map, Predict, and Dramatize Weather*. Chicago, IL: University of Chicago Press, 2000.

Roderick, Daffyd. "Doctor's little helper."
http://www.time.com/time/interactive/health/doctor_np.html

Rothenberg, Mikel A. *Understanding X-Rays: A Plan English Approach*. Eau Claire, WI: PESI Healthcare, 1998.

"Stem cell basics." The U. S. National Institutes of Health.
http://stemcells.nih.gov/info/basics/

Wythes, Joseph H. *The Microscopist: Or, A Complete Manual on the Use of the Microscope*. Ann Arbor, MI: University of Michigan Library, Scholarly Publishing Office, 2005.

Chapter 11

엔터테인먼트와 예술

Entertainment and the Arts

제11장에서 무엇을 배울까?

- 디지털 창작물을 비롯해 영상예술에 미친 기술의 영향을 살펴보자.
- 디지털 기술이 어떻게 사진기술을 변화시켰는지 알아보자.
- 그래픽 디자인 분야에서 웹의 영향력에 대해 학습한다.
- 신시사이저와 다른 디지털 악기들의 출현이 가져온 라이브 음악과 음반의 변화에 대해 살펴본다.
- 디지털 음악이 어떻게 계속하여 음반의 생산과 판매를 대신할지에 대해 알아본다.
- 음악과 비디오의 디지털화를 둘러싼 저작권 문제에 대해 토의해보자.
- 영화산업에서 컴퓨터 관리 장비의 사용에 대해 배운다.
- 기술이 만화영화 산업에 끼친 영향에 대해 고찰한다.
- 필름 보관의 문제를 살펴보자.
- 텔레비전의 기술과 송출방식을 스위치에서 디지털 방식으로 전환하는 것에 대해 학습한다.

개요

현대사회에 기술이 가져다준 변화들 중 가장 눈에 띄는 것은 예술작품을 창조하고 전달하는 방법의 변화이다. 이러한 변화에는 놀라운 경제적 효과가 있으며 여전히 진행 중이다. 이 장에서는 예술과 엔터테인먼트 성과물들 중 예술적 창작물과 보급이 어떻게 변화해 왔는지 살펴본다. 또한 디지털 미디어가 몇몇 특정 분야에 영향을 준 방법에 따라 새로운 보급방법을 둘러싼 지적재산권 문제에 대해서도 논의한다.

예술은 어떻게 변화하는가

컴퓨터기술의 영향을 받지 않는 비기술 분야 중 하나는 영상예술이다. 그래픽 소프트웨어는 예술가들이 창작물을 만들어내기 위해 연필이나 페인트, 종이를 이용하기보다 미디어를 사용하여 창작물을 만들 수 있도록 영향을 주었다. 디지털 창작으로 알려진 컴퓨터에 의한 예술작업은 계속 진보하고 있다. 사진술도 디지털카메라를 통해 여러 가지 기술적인 면에서 영향을 받았다. 이 장에서는 디지털 창작과 사진술에 대해 검토한다. 그리고 그래픽 디자인과 웹의 관계에 대한 고찰도 한다.

디지털 창작

디지털 창작에는 다음의 두 가시 필요성이 대누되었다.

- 전자출판으로 변경한 출판업자들은 디지털 형식의 삽화를 원했다. 종이에 작업된 원본의 스캔은 출판업자들이 원하는 품질이나 해상도에 미치지 못했다. 이런 필요성은 브로슈어, 카탈로그, 연간보고서를 제작하는 많은 회사들과 함께 신문, 잡지, 책 출판업자들에게 있었다.
- 웹에는 많은 양의 작품들이 실리는데, 모두 디지털 형식이 요구되며 데이터 전송속도를 향상시키기 위한 압축이 필요했다.

그러나 디지털 예술을 만들기 위한 프로그램은 전자출판과 웹을 앞지른다. 디지털 예술 창작은 한 가지 중요한 조건이 필요한데, 예를 들어 마우스, 스타일러스, 광펜과 같은 포인팅 장치로 화면에서 자유로운 움직임을 만들어내야 한다는 것이다. 그래서 그래픽 유저 인터페이스를 사용하여 이런 문제를 해결하였다. 처음으로 널리 보급된 아트 프로그램은 맥 페인트(MacPaint)로, 1984년 첫 매킨토시에 내장되었다. 이 프로그램은 그리기도구로서 마우스로 그리고, 흑백과 단층페인팅의 기능을 가지고 있었다. 이것을 시작으로 디지털 그리기 프로그램은 컴퓨터가 충분한 용량을 확보하자 곧 컬러로 향상되었다.[1)]

비트로 된 페인팅 이미지는 대상그래픽에 의해 결합되며, 그리기 내용에는 모양, 컬러, 크기, 위치 그리고 이미지의 겹치기효과 중 자리잡기가 있다. 레이저 프린터로 출력될 수 있는 대상 그래픽은 개별 도트를 사용하여 그려야만 하므로 더 훌륭한 결과를 보여준다. 처음 대상 그래픽 프로그램에는 맥 드로우(MacDraw), 매크로미디어 프리핸드(Macromedia

---

1) 흑백인 경우 그리기의 각 도트(dot)는 단 1비트의 메모리 저장소가 필요하나 컬러일 때에는 팔레트(palette) 안의 색상들에 번호를 매겨서 각 도트에 할당해야 한다. 4가지 컬러를 표현하기 위해 이미지 도트 당 2비트가 필요하고, 16가지 컬러는 4비트가 필요하다. 최소로 가능한 컬러이미지는 도트 당 8비트인 256컬러이고, 수천 종류에 해당하는 순수컬러(true-color)는 도트 당 24비트가 필요하다. 오늘날 컴퓨터의 대부분은 32비트 컬러이며 이것은 수백만 컬러에 해당한다.

그림 11-1 스타일러스와 줄 없는 마우스의 그래픽 태블릿(와콤의 인튜어스 3)

그림 11-2 스타일러스로 그리는 와콤 신티크 디스플레이

Freehand), 그리고 어도브 일러스트레이터(Adobe Illustrator)가 있었지만 지금은 일러스트레이터만이 살아남았다. 예술작업을 위해 고안된 그래픽 프로그램들은 대상 그래픽에 의해 만들어진 것만큼 좋은 고해상도 출력기와 함께 1984년 이후 발달하였다. 지금도 진화하고 있는 컬러 프린터는 적당한 가격으로 훌륭한 품질을 제공한다.[2)]

컴퓨터를 이용한 작업을 하면서 예술가들이 지적하는 문제점들 중 하나는 마우스가 자연스러운 효과를 내지 못한다는 것이었다. 이 문제를 수정하기 위한 첫 시도는 그래픽 태블릿을 이용하는 것으로, 스타일러스로 그리는 것이었다([**그림 11-1**] 참조). 그러나 그리기는 스크린에 보이는 것이기 때문에 의도한 결과를 얻지 못했다. 이 문제의 해답은 [**그림 11-2**]에서 보는 것과 같이 예술가가 그릴 수 있는 디스플레이로 얻을 수 있었다. 수정작업을 한 결과는 마치 캔버스나 종이를 사용할 때처럼 스타일러스를 사용하여 바로 눈으로 확인할 수 있다. 디지털 창작은 예술가들이 사용하지 않게 된 것도 아니고, 그렇다고 미술시장에 영향을 준 것도 아니다. 디지털 예술은 수작업과는 다른 목적을 가지고 있다. 우리가 훌륭한 그림의 복제품이나 컴퓨터로 만든 이미지를 벽에 건다고 해도, 전통적인 방법의 예술품에 대한 수요는 변함이 없다.

사진예술

필름사진술은 1826년에 프랑스인 니세포르 니엡스(Nicéphore Niépce)가 촬영한 첫 영구사진으로 시작되었으며, 필름은 8시간의 노출이 필요했다. 이때부터 1980년대에 이르

2) 인쇄와 출판업계에는 "컬러는 돈이다"라는 속담이 있다. 어떤 형태의 인쇄라도 컬러가 더해지면 흑백이나 회색계보다 더 비싸진다. 최소한 당분간은 이런 현상이 지속될 것이다.

기까지 사람들은 질산은을 소재로 한 필름으로 사진을 만들었다.

그러나 1989년 디지털카메라의 출현은 필름사진을 거의 사라지게 만들었다. 잘 알려진 첫 디지털카메라는 소니사의 마비카(MAVICA)였다.[3] 이미지 저장을 위해 2인치 플로피디스크를 사용하는 이 디지털카메라는 두 개의 이중 충전기구에 의해 작동한다.[4] 각 이미지는 720,000픽셀로 표현되고, 플로피디스크는 25장의 고화질 또는 50장의 저화질 영상을 저장할 수 있었다. 그러나 이것은 당시에 이용되던 필름카메라보다 훨씬 떨어지는 품질이었다. 마비카의 등장 이후 디지털 이미지 당 픽셀수는 계속하여 올라갔다. 최고급인 하셀블라드 H3D11-39(Hasselblad H3D11-39, **[그림 11-3]**)는 가로 7,212픽셀, 세로 5,142픽셀의 영상을 만들어냈다(거의 39메가 픽셀). 대부분의 최고급 모델들처럼 이것은 전문가용 필름카메라와 맞먹거나 더 향상된 품질의 전문가용 1안 리플렉스 카메라이다. 이 책이 쓰여질 당시 하셀블라드 H3D11-39 카메라는 약 34,000달러에 매매되거나 하루에 약 500달러에 빌려야 할 만큼 굉장히 고가였다. 일반인용 디지털카메라는 최고 10메가 픽셀이었고 일반적으로 500달러 이하의 가격이다.

즉석사진은 오랫동안 인기를 누려왔다. 소비자들이 디지털카메라로 선택을 재빨리 바꾼 것은 그리 놀랄 일은 아니다. 그 이유는 특히 사진현상소와 비슷한 품질의 사진을 만들어내는 저가 프린터와 휴대폰, PDA(personal digital assistants), 다양한 종류의 형태와 크기를 가진 컴퓨터에 장착된 카메라의 등장에 있다. 소비자들이 디지털카메라를 많이 선호한 결과 2008년 2월 폴라로이드는 회사 내의 즉석카메라 파트를 폐지하고 이 카메라를 사용하는 소비자들을 위해 필름공급을 계속할 다른 회사에 기술허가를 내주었다.[5] 디

그림 11-3 39메가 픽셀에 이르는 영상을 만드는 하셀블라드 H3D11-39 카메라

3) 마비카(MAVICA)는 마그네틱 비디오 카메라(MAgnetic VIdeo CAmera)의 머리글자.

4) 이중 충전장치(Charge-coupled devices)는 AT&T 벨연구소에서 1969년 개발한 것으로 디지털카메라에 저장할 수 있도록 빛을 전자신호로 전환한다.

5) http://www.boston.com/business/technology/articles/2008/02/08/polaroid_shutting_2_mass_facilities_laying_off_150/

지털카메라의 시대로 전환되는 또 다른 징조는 2003년경 필름카메라보다 디지털카메라의 판매가 앞서는 것으로 나타난 것이며[6] 2006년 코닥은 필름보다 디지털 제품을 더 많이 판매한 것으로 알 수 있었다.[7]

이와는 반대로 전문 사진작가들은 디지털카메라의 품질이 필름카메라의 품질과 거의 같아질 때까지 필름카메라를 계속 사용하였다. 오늘날 몇몇 인물전문 사진관은 전부 디지털이다. 그들은 수정을 위해 수작업보다는 포토샵과 같은 소프트웨어를 이용하여 고객들이 수정 결과를 바로 컴퓨터 모니터에서 확인할 수 있도록 한다. 이전에 필름카메라로 인물촬영을 했던 것과 그 품질을 견줄 수 있을 만큼 고객들의 만족도가 높고 비용도 낮아졌기 때문에 디지털카메라의 보급이 확산될 수 있었다. 그러나 전문 사진작가들이 완전히 필름을 외면해버린 것은 아니다. 어떤 사람들은 저속 필름카메라가 더 낫다고 믿는데 심지어 20메가 픽셀 디지털 사진은 필름보다 좋지 않으며, 고속 필름은 저해상도 카메라보다 더 훌륭하다고 말한다.[8] 그러나 일반적인 대다수의 의견은 11메가 픽셀에서 디지털카메라가 35mm 필름카메라보다 더 우수하다는 결론을 내렸다.[9]

마치 오디오 애호가들은 레코드판이 콤팩트디스크보다 더 나은 성능을 가졌다고 믿는 것처럼 항상 필름을 더 선호하는 사진작가들이 있고 그런 고객들에게 제공해야 하는 필름이 필요하다.[10] 그럼에도 많은 사진들이 필름보다는 디지털로 촬영된다. 디지털 사진으로의 전환은 필름과 카메라 시장에 경제적 영향 이상의 효과를 끼쳐왔다. 디지털로의 변경이 비교적 쉽게 이뤄졌고 파일이 일단 저장된 후에는 다른 대안을 찾기가 극히 어렵다. 사진작가나 예술가는 그들이 원하는 것은 무엇이든지 보여줄 수 있다. 그래서 우리는 더 이상 사진이 사실을 촬영하여 보여준다고 믿을 수 없게 되었다. 대부분의 사람들에게는 이것이 별로 중요한 문제는 아니겠지만 법정과 같은 곳에서는 주요 관심사가 되었다. 예를 들어 한 운전자가 횡단보도에서 행인을 치었다고 가정해보자. 운전자는 사고현장을 디지털카메라로 촬영한 후, 집에 돌아와서 사진 속 횡단보도 선을 변경한다. 희생자는 실제로 사고발생 당시 횡단보도를 건너고 있었지만 운전자가 경찰에게 보여준 사진은 희생자가 횡단보도에 있지 않은 것으로 되어 있다. 경찰은 희생자와 운전자 중 누구를 믿겠는가?

그래픽 디자인과 웹

누구나 그런대로 홈페이지를 만들 수 있다. 그러나 효과적이고 디자인이 잘된 홈페이지를 만들려면 어느 정도 이상의 실력이 필요하며 그래픽 디자인에 대한 지식이 있어야 한다.

---

8) 필름속도와 디지털 해상도 사이의 관계연구는 http://www.clarkvision.com/imagedetail/film.vs.digital.summary1.html

9) http://www.normankoren.com/Tutorials/MTF7A.html

10) 같은 맥락으로, 관이 있는 증폭기가 통합회로보다 오히려 더 풍부한 소리를 제공한다고 믿는 하이파이 애호가들도 있다.

홈페이지 만들기를 처음 시작하면 그리 잘된 디자인이 아니더라도 쉽게 만들 수 있음을 확실히 알게 된다. 그러므로 홈페이지를 처음 만든 사람들이 그래픽 디자인을 배웠는지, 전혀 배우지 않았는지는 결과를 보면 확인이 가능했다. 이것은 미완성의 HTML스타일과 부족한 지식에 기인한다. 이런 상황은 두 가지 요인에 의해 어느 범위까지는 개선되었다. 첫째, HTML은 홈페이지 개발자가 페이지 상에 무엇을 표현할지 상당한 통제력을 가진 시점까지 개선되었다. 둘째, 웹 디자인 소프트웨어는 개발자가 HTML코드의 명기 없이 섬세한 페이지 레이아웃을 할 수 있도록 해주었다.[11)]

만약 좋은 디자인의 목적이 가능한 한 많은 사람들로 하여금 사이트를 방문하고 여러번 다시 찾도록 하는 것이라면, 다음을 고려해야 한다.

- 열악한 디자인은 어떤 방문자들에게는 예술적 감각에 해를 끼칠 수 있으며 그들을 멀어지게 한다.
- 조잡한 디자인은 사이트 이용자들에게 필요한 정보를 찾는데 어려움을 준다. 만약 그 사이트가 물건을 파는 곳이라면, 이용자들은 원하는 물건을 찾지 못하므로 구매율이 떨어진다.
- 특히 번쩍이는 그림과 같은 디자인 요소들은 간질을 앓고 있는 사람들과 같은 경우 부정적인 신체적 결과를 초래할 수 있다.
- 제목이 너무 작으면 이용자가 읽을 수 없다. 그 사이트가 물건을 팔든지 아니면 정보를 제공하든지 간에 이용자들은 정보를 얻지 못하게 된다.
- 홈페이지의 열악한 디자인은 잠재적 구매력을 지닌 고객에게 안 좋은 인상을 주게 되어 실질적인 고객으로 만들지 못한다.

웹사이트 디자인이 조직체의 명성과 효율성에 중요한 영향을 끼치기 때문에 오늘날 디자이너들에 대한 수요는 아주 많다. 이것이 의미하는 바는 새로운 분야로 그래픽 디자이너의 일이 변화되거나 더 나아졌거나 또는 확장되었다는 것이다. 전통적으로 서적이나 인쇄술 분야에서 활동했던 그래픽 디자이너들은 이제 온라인에서 작업하고 있다. 이 책에서 다룬 다른 많은 분야와 마찬가지로 그래픽 디자인은 기술에 의해 변화해왔다. 온라인 그래픽 디자이너의 수요가 증가하고 예술대학의 디지털 미디어 전공이 여러 곳에 설립되었다. 수업 내용에는 프린트와 온라인 미디어의 차이점과 특징, 전통적 그래픽 디자인이 포함되어 있

---

11) 열악한 웹 디자인은 사라지지 않고 있다. 예를 들어 다음 사이트를 방문하라. http://www.reading.ac.uk/GraecoAegyptica/ 배경이 회색은 아니지만 모호한 디자인인 제 1세대 텍스트는 거의 읽을 수가 없다. 더 많은 열악한 디자인을 보려면 다음을 참고. http://www.webpagesthatsuck.com/dailysucker/

다. 이 분야는 웹 개발 교육과정과는 별개로 홈페이지의 프로그래밍 측면을 강조하고 있다.

음악에 대한 논란

음악 분야는 기술의 도입으로 주목할 만한 영향을 받아왔다. 우리는 지금 인터넷으로 녹음된 음악들을 많이 전송받고 있을 뿐만 아니라 디지털 도구들이 음악 창작을 할 때도 중요한 역할을 해준다. 이 장에서는 디지털 도구의 이면에 있는 기술과 이것이 어떻게 음악가들에게 영향을 끼쳤는지에 대해 다룬다. 그리고 디지털 음악의 보급에 대해 살펴본다.

전자악기의 역할

컴퓨터화된 도구들은 전자음 합성장치를 시작으로 1950년대에 개발되었다. 그러나 한 그리스인이 오르간의 동력을 위해 수력기계를 발명했던 기원전 2세기 이후로 사람들은 기구들에 동력을 공급하기 위해 기술을 이용해왔다. 바람이 현들을 가로지를 때 소리를 만드는 에올리안 하프도 같은 시기 동안 개발되었다. **[표 11-1]**에는 음악을 만드는데 도움을 주었던 초기 기계들에 대해 종합해 놓았다. 오늘날의 신시사이저는 어쿠스틱 악기(acoustic instruments) 소리를 흉내 낼 수도, 전자적인 소리를 만들어낼 수도 있다. 게다가 전자장치는 소리 샘플을 얻을 수 있다. 샘플들이 차례대로 연주될 때 신시사이저는 원래 악기에 가까운 소리를 들려준다.[12] 그랜드 피아노처럼 느껴지고 들리는 야마하 클라비노바(Yamaha Clavinova)와 같은 가장 정교한 전자악기들은 샘플로 채취한 아날로그 음원으로부터 그 모든 소리들을 만들어낸다. 클라비노바는 샘플 채집, 저장, 디지털 음의 연주를 위한 전자공학과 함께 실물 크기의 88개 키가 있는 건반으로 구성되었다.

많은 음악가들은 오늘날 완벽하게 전자악기뿐만 아니라 증폭기로 소리를 보내고 궁극적으로 스피커로 소리를 전송하는 전자 픽업(electronic pickups)에 맞춰진 어쿠스틱 악기들을 사용한다. 음악가들과 음악 애호가들은 어느 정도까지는 해당 악기가 완전히 전자악기인지 아니면 증폭되는 것인지를 따진다. 첫 번째 자동악기는 음악가들의 경멸을 받았던 플레이어피아노였다. 플레이어피아노는 어쿠스틱피아노로서 건반들이 자동으로 움직이므로 사람이 연주하는 것과 똑같은 소리를 낸다.

현대 플레이어피아노도 이와 같은 방식으로 작동하고, 어떤 것에는 전자음을 연주하기 위한 전자장비가 포함되어 있기도 하다. 이 악기에 대한 근원적인 논란은 이것이 음악을

12) 얼마나 샘플음이 원음에 가까운지는 '샘플링 간격(sampling interval)'에 달려 있다. 샘플음들이 더 가깝게 밀착되어 있을수록 원음에 더 가까운 소리를 낼 수 있다.

악보에 따라 완벽하게 연주할 수는 있지만 피아니스트가 곡에 '영혼'을 담아 연주하는 것처럼 할 수는 없다는 것이다. 그러나 오늘날에도 사람들은 음악의 종류에 상관없이 피아노 연주를 듣기 위해 콘서트장에 모여든다. 이 점으로 미루어 볼 때 플레이어피아노는 건반 연주자들에게는 별 영향을 미치지 못한 것 같다.

표 11-1 초기 자동연주악기의 발달

연대	악기
기원전 2세기	하이드럴리스(Hydraulis), 수력원조 오르간 그리스의 에올리안 하프(aeolian harp), 바람이 현들을 지날 때 소리를 만든다.
15세기	허디-거디(hurdy-gurdy)의 개발
16세기	사동 오르산(Mechanical organ) 수력원조 오르간(Water-assisted organ) 아키셈발로(Archicembalo) 발명, 6개의 건반과 31단계 옥타브 사용
17세기	누벨 인벤션 드 레버(Nouvelle Invention de lever), 소리를 내기 위한 수력장치
18세기	자동으로 노래하는 새가 쓰여지다. 휴대용 오르간(Barrel organ) 사용.
1761	클라베신 일렉트릭(Clavecin electrique), 파리에서 아베 델라보더(Abbe Delaborder)가 발명. 유리하모니카(Glass harmonica), 벤자민 프랭클린(Benjamin Franklin)이 발명. 팬 하모니카(Panharmonicon), 메일즐(Maelzel)이 발명.
1796	편종(carillon) 발명. 오르골(music box) 발명.
1867	전자화음 피아노(Electroharmonic piano), 엘리샤 그레이(Elisha Grey)의 발명품으로 전화선으로 음을 보냈음.
1876	토나메트릭(Tonametric), 코에니그(Koenig)의 발명으로 670부분으로 구성된 4옥타브 제공.
1887	미국에서 플레이어피아노 발명.
1895	옥타비아(Octavia)는 8번째 음을 만들어내고, 아르파시테라(Arpa citera)는 16번째 음을 만드는 것으로, 줄리안 카릴로(Julian Carillo)가 발명.
1880	다이나마폰(Dynamaphone) 또는 텔하모니움(telharmonium), 타두스 카힐(Thaddeus Cahill) 발명. 7톤에서 200톤의 악기이며 발전기로 전류를 만들어 사용. 텔하모니움(telharmonium)은 첫 번째 신시사이저로 여겨짐. 코랄첼로(Choralcello), 멜빈 세버리(Melvin Severy)와 조지 싱클레어(George B. Sinclaire가 발명한 것으로 전자자기 바퀴로 소리를 만드는 오르간.
1899	싱잉 아크(Singing arc), 첫 번째 완전 전자악기로 등장. 영국에서 윌리암 두델(William Duddel)에 의해 발명된 이 장비는 탄소봉램프에 의해 방출되는 소리를 이용한다. 연주자는 건반을 이용하여 소리를 다양화 한다.

1920	에테로폰(Aetherophone), 러시아에서 레온 테러민(Leon Theremin)이 발명했으며 비트(beat) 합성을 위해 진공관을 사용. 연주자는 손잡이를 아래위로 움직여 음의 고저를 변화시킨다. 이 장치는 테러민(Theremin)으로 알려지기 시작했다.
1926	스파로폰(Spharophon), 파티튜로폰(Partiturophon), 칼레이도폰(Kaleidophon), 독일에서 조르그 메이거(Jorg Mager)가 발명한 것으로 극장에서 이용하는 전자악기.
1928	온데 마테노트(Ondes Martenot, 프랑스의 Maurice Martenot이 개발)와 트라토니움(trautonium, 독일의 Friedrich Trautwein이 개발)은 메이거(Mager)의 악기를 개선한다. 연주자는 소리의 높이를 변화시키기 위해 건반을 지나는 링(ring)과 같은 장치를 사용한다.
1929	하몬드 오르간사(Hammond Organ Company)가 로렌스 하몬드(Laurens Hammond)에 의해 설립되었다.
1930	첫 번째 드럼기계 출현.
1932	전자기타를 처음으로 콘서트에서 사용.
1937	첫 전자어쿠스틱(electronic-acoustic) 피아노 개발.
1948	실제 첼로 소리를 합성할 수 있는 첫 악기가 캐나다의 휴 르케인(Hugh LeCaine)에 의해 완성.
1940년대	수많은 작은 크기의 전자오르간 개발.
1949	로버트 무그(Robert Moog)가 자신만의 테라민(Theremin)을 만들다.
1950년대	테라민(Theremin)을 이용한 콘서트가 여전히 열리다. 전자적 사운드를 만들기 위해 다양한 방법을 이용. 전자음악을 만들어내는 음악가들이 음악인협회에 가입할 수 없었던 까닭에 처음으로 저항운동을 한다.
1955	전자음악 신시사이저(Electronic music synthesizer)가 올슨(Olson)과 벨라(Belar)에 의해 개발된다. 이 장비는 건반으로부터 프로그래밍을 할 수 있었다.
1958	벨연구소에서 처음으로 컴퓨터가 음악을 만들어내는데 사용되었다. 연구원들이 음악을 만들기 위해 컴퓨터 프로그램을 받아 적었다.
1962	싱켓(Synket)은 연주용 악기로 폴 케토프(Paul Ketoff)가 발명했다.
1964	무그 신시사이저(Moog synthesizer)가 처음으로 선보였다.
1970년대	테라민(Theremin)을 이용하는 콘서트가 아직도 열린다.

전자악기에 관련된 모든 이야기에는 다소 차이점이 있다. 다양한 오케스트라 소리를 합성할 수 있는 전자키보드 악기의 발달은 드럼악기의 섬세함과 함께 스튜디오 작업을 하는 음악가들에게 두려움을 주었고 오케스트라가 없어질지도 모른다는 우려를 하게 만들었다. 이러한 전자악기들은 녹음된 음악과 라이브쇼로 모두 연주되어 왔지만 신시사이저가 얼마나 좋은지 상관없이 많은 청취자들은 여전히 기계와 실제 연주의 차이를 구별할 수 있

다. 음악인들 사이에 고용에 대한 불안이 생겨난 대신 전자악기들은 록, 현대, 실험적인 음악 분야에서 자리 잡았다.[13)]

디지털음악의 시대

이 책이 쓰이던 시기에 녹음음악의 보급에 생긴 변화는(특히 온라인 보급) 많은 관심을 받고 있었다. 음악은 전자적으로 변화하기에 이상적인 분야였다. 왜냐하면 파일들은 비교적 작고 복사될 때 소리는 정확히 저장되었기 때문이다. 그러나 대부분의 녹음음악은 저작권법이 적용되었고, 불법복제 문제는 계속하여 음악계의 화두로 남아 있다.

음악 보급과정의 변화 디지털음악 보급의 영향을 이해하려면 먼저 녹음음악이 판매되는 전통적인 방법을 살펴볼 필요가 있다. 그 과정은 다음과 같다.

1. 음반회사가 음악가와 계약을 한다.
2. 음악가는 녹음실로 가서 음반작업을 한다. 주로 CD 하나를 채울 만큼의 분량을 녹음해야만 한다.
3. 음반회사는 CD의 표지 디자인과 판매할 매체와의 계약 등 제반 업무를 처리한다.
4. 음반이 생산되면 배급업자들에게 보낸다.
5. 배급업자들은 음반을 레코드 가게에 판매한 다음 음반을 운송한다.
6. 레코드점에서는 음반을 소비자들에게 판매한다.

얼마나 많은 업체들이 녹음음반을 일반 소비자가 구매하기까지 관련되어 있는지 주목하라. 음악가, 음반회사, 음반복사회사, 배급업자 그리고 소매상이 이에 해당한다. 각 업체는 어떻게 해서든 각자 일에 대한 보수를 필요로 한다. 음반회사가 이 분야에서 가장 상위에 위치하고 있다. 음반회사는 배급업자들에게 돈을 받아서 음반복제와 음악가 로열티를 지불한다. 판매비용을 제외한 나머지는 음반회사의 이윤이 된다.[14)]

디지털음악의 보급은 그 과정에 변화를 가져왔는데, 종종 음반회사의 역할을 없앴으며 거의 모든 실질적인 음반제작을 없애는 결과를 초래했다. 왜냐하면 CD 생산이 필요 없기 때문에 음악가와 음반회사는 그 비용을 제외시키게 된 것이다. 그러나 CD 제작비용은 총천연색 표지제작과 케이스 비용을 포함하더라도 대량생산의 경우에 비용이 1달러도 안

---

13) 전자악기의 영향에 대한 분석에 관심이 있다면 트레버 핀치(Trevor J. Pinch)와 캐린 비스터벨드(Karin Bijsterveld)가 쓴 '박수를 보내야 할까?(Sould One Applaud?)' 를 참고. (기술과 문화(Technology and Culture) 44, 2003 : 536–559)

14) 독립 음악가들은 자신의 음반판매를 위해 음반회사 없이 본인의 음반을 제작할 수 있다. 그러나 그들은 많은 자본과 커다란 시장을 보유한 음반회사만큼 폭넓거나 집중적으로 일을 추진할 수 없다.

된다. 소비자에게 이런 CD 구입비용 절감은 별문제가 되지 않는다는 의미이다.[15] 음악의 디지털 보급은 또한 배급업자들을 제외시킬 수도 있다. 아이튠즈(iTunes)와 같은 소매업자들 또는 음반회사들은 소비자들에게 직접 음반을 판매할 수 있다. 이것은 음반과 관련하여 유통구조상 중요하지 않은 단계인데, 즉 제품가격의 상승 요인이 되는 한 단계를 없앤다는 것을 의미한다. 배급업자의 비용이 선적, 창고부대비용, 마케팅, 기타 등등 상당하므로 중간단계의 제외는 소비자가 부담하는 비용을 눈에 띄게 줄일 수 있게 되었다.

디지털 음악보급으로의 변화는 CD 판매에 상당한 영향을 미쳤다. 예를 들어 2005년의 첫 3개월 동안 CD 판매는 20% 떨어졌다. 또한 소비자들은 앨범 전체를 구입하기보다는 곡들을 개별 구입하는 경향을 보인다.[16]

음악가들에게 미친 영향 음악가들은 대부분 음악의 디지털 보급을 반기는 듯하다. 저렴해진 비용 때문에 독립음악가들은 인터넷 시장 진출이 가능해졌고 음반회사를 통해 작업했던 음악가들에게는 더 높은 로열티를 받을 수 있는 기회가 되었다.[17] 게다가 디지털 음악의 보급은 이전에 이용할 수 없었던 몇 가지 기회들을 제공한다.

- 음악가들은 온라인에서 소비자가 앨범에 수록된 곡들 중 한 곡이나 두 곡 정도를 들어볼 수 있도록 하였다.
- 신인 음악가들은 인터넷을 통해 폭넓은 청취자에게 선보이고 잠재적인 수요를 꾀할 수 있게 되었다.
- 음악가들은 콘서트를 위해 앨범을 사람들에게 줄 수 있다.
- 음악가들은 CD 전체를 녹음할 필요가 더 이상 없으며, 몇 곡만 녹음하여 개별 판매를 할 수 있다. 음악가들은 저비용으로 이것이 가능하게 되었다. 단지 시간 당 녹음실 사용료만 지불하면 되었다.
- 음악가들은 음반회사와 상관없이 독립적으로 음반제작을 할 수 있게 되었고, 배급업자를 통하지 않고서도 음악을 판매할 수 있다는 것은 판매수입 중 더 많은 부분을 가질 수 있다는 것을 뜻한다.[18]

---

15) 독립 음악가들은 CD의 제작비용을 지불해야만 하기 때문에 그들의 수익 계산법은 조금 다르다. 500–1,000 유닛(units)에 해당하는 소량 주문은 CD 당 6.5 달러 정도의 비용이 든다(http://www.eqmag.com/article/the-future-music/Sep_06/22874). 그러므로 디지털 보급은 독립 음악가들에게 많은 도움을 준다.

16) http://www.breitbart.com/article.php?id=070322121539.enwwmbqh&show_article=1

17) 이 문장에서 '가능성'이라는 단어를 주목하라. 더 저렴한 비용으로 인해 더 높은 로열티 창출이 합당하지만 실제로 그런 현상은 일어나지 않았다.

18) 음반회사가 로열티를 지불한다고 계약하지만 음악가들이 녹음실 사용료 등을 감당하는 경우가 많다. 음반회사는 돈을 선불한 다음 그 돈으로 음악가의 로열티를 갚는다.

동시에 음악가들은 디지털 음악으로의 전환으로 인한 위험도 안고 있다. 특히 온라인 음악 판매자의 정직성에 따라 손해를 볼 수도 있다. 마땅히 치러져야 할 모든 로열티가 제대로 처리되는지 감독이 간단하지 않다.[19]

저작권 문제 사람들이 디지털로 음악을 녹음하게 되자마자 음악은 인터넷을 통해 자유롭게 공유될 수 있게 되었다. 냅스터(Napster)와 같은 서비스는 인터넷 사용자들로 하여금 파일 교환을 쉽게 해주었기 때문에 인기가 상승했다. 냅스터는 파일공유(peer-to-peer file-sharing)서비스이다. 실제로 음악파일을 저장하지 않고 이용자가 특정 음악을 찾도록 돕는다. 이용자들은 다른 이용자들로부터 직접 전송받는다.[20]

음악 파일공유는 저작권 침해이며 분명한 도둑질이기에 음반 산업계는 냅스터에 대해 법적인 조치를 취했다. 그러나 냅스터측은 그들의 서비스가 음악파일 보급에 해당하지 않고 소비자가 어떻게 그 서비스를 이용했건 간에 책임져야 할 의무는 없다고 주장했다. 이러한 주장에도 불구하고 불법적인 음악배포 혐의로 유죄를 선고받았으며 표면상으로는 사업의 종류를 변경해야만 했다(냅스터는 현재 여전히 음악파일 공유 시스템을 운영하지만 서비스 이용료를 받고 있고, 전송은 할 수 없고 음악듣기만 가능하다).

불법판결을 받은 음악파일 공유를 대표했던 냅스터와 마찬가지로 많은 다른 서비스 중 가장 유명한 카자(Kazaa)는 2006년경 "저작권 도둑의 국제적인 사이트로서 음악계 전체에 해를 끼쳤으며 합법적인 디지털산업을 성장시키기 위한 음악계의 노력을 방해한다"라고 악명을 떨치게 되었다.[21] 1년 후 카자는 합법적 기업으로 전환하였다. 음악의 디지털 보급은 이용료를 지불하는 합법적인 서비스로 진화하였다. 가장 최초이자 가장 거대한 규모의 디지털 음악 판매자는 아이튠즈(iTunes)로서, 영화와 TV의 비디오도 함께 다룬다.[22] 애플(Apple)은 디지털 음악의 합법적 판매를 위해 음반회사와 계약을 성사시켰지만 저작권 문제가 사라지지 않았다. 모든 곡은 애플의 아이팟(iPod)이 아닌 아이튠즈의 생산품을 이용할 수 없도록 방지하는 소프트웨어인 DRM(Digital Rights Management)과 함께 판매되었다.[23]

아이팟이 MP3시장에서 우위를 선점하고 있었고 음악이 주로 한 곡 당 1달러, 앨범에 10달러 이하의 저가였으므로 DRM으로 인한 제한은 장애가 되지 않았다. 2007년경

---

19) 재즈 음악가의 경우는 http://www.allaboutjazz.com/php/article.php?id=21697

20) 냅스터는 http://iml.jou.ufl.edu/projects/Spring01/Burkhalter/Napster%20history.html

21) IFPI의 CEO인 존 케네디(John Kennedy)가 다음 사이트에서 언급됨. http://www.mipi.com.au/statistics.htm

22) 2008년 2월 현재, 미국에서 아이튠즈(iTunes)가 월마트에 이어 두 번째로 가장 큰 소매업체이다.

23) 아이튠즈 특허는 다양한 컴퓨터에서 이용하는 음악의 복제와 음악파일에서 CD로의 전송을 모두 허용하고 있다. 다만 MP3만 이용제한을 받고 있다.

몇몇 이용자들은 아이튠즈의 DRM 제한 때문에 짜증을 냈고, 이에 애플은 몇 음반회사와 제한 없는 음악 제공에 대해 협상했다. 기본적으로 DRM 제외 곡들은 저작권료를 지불하는 곡들에 비해 1.29달러 대 0.99달러로 조금 더 비쌌지만, 2007년 말쯤에는 이 두 가지 경우 모두 원래의 가격과 같아졌다. 디지털 음악의 합법적 자료들은 저작권 문제가 사라졌음을 의미하는 것은 아니다. IFPI[24] (국제적인 기관으로 70개국의 1,400개 음반회사의 업무를 담당)와 RIAA[25](미국)의 두 기관은 음악가들과 음반회사의 권리를 위해 계속 일하고 있다.

RIAA는 불법 다운로드로 의심되는 행위에 대해 법적 조치를 취하는 것으로 유명한 단체이다. 2008년 2월, 이 단체는 12개의 주요 대학 학생들에게 불법 다운로드에 대한 법적조치를 취하겠다는 내용의 협박편지를 보냈다. 이 편지를 받은 사람들은 불법 다운로드로 인한 비용을 감당하든지, 아니면 법정에 서든지 결정을 해야만 했다.[26] RIAA는 요구하는 액수가 터무니없기로 유명했다. 자녀가 불법으로 다운받은 곡당 10,000달러 이상의 벌금을 요구받는 소송으로 부모들은 고통을 받았다.[27] RIAA는 또한 합법적으로 구매한 CD를 MP3로 복제하는 것을 불법화하는 성과를 올리기도 하였다.[28]

미국에서는 정확히 무엇이 음악의 합법적인 사용인가에 대한 판단은 1998년 만들어진 '디지털 저작권법(Digital Millennium Copyright Act: DMCA)'에 의해 결정된다.[29] 이 법은 무엇이 저작권을 가진 대상에 대한 '정당한 사용'인가의 정의를 내렸다.[30] 이에 대한 주요 법 규정은 다음과 같다.

- 디지털 내용물로 올려진 것이 저작권 보호를 받지 못하는 것은 불법이다.[31]
- 저작권 침해에 이용될 목적으로 만들어진 소프트웨어나 하드웨어의 생산과 판매는 불법이다.
- IPSs서비스가 저작물의 불법 양도를 위해 쓰여졌지만 불법복제물의 존재를 인지하고 그들의 서버에서 이것의 제거를 요구한 경우에는 책임을 면제한다.
- 단과대학이나 종합대학에서 소속 교수, 직원 또는 학생들이 저작권물의 복사를 위해 컴퓨터 통신망을 이용한 경우 면제된다.

---

24) http://www.ifpi.org25) 미국 음반산업연합회 http://www.riaa.org

26) http://www.riaa.org/newsitem.php?id=BOFAEEC1-A56A-0F04-D999-94A807ADAA6E
대학의 반응을 보려면, http://www.ur.umich.edu/0304/Jan26_04/04.shtml

27) 이 논란의 한 편은 http://www.newscientist.com/article/dn3877-internet-musicshareres-face-legal-attack.html

28) http://www.eff.org/deeplinks/2006/02/riaa-says-ripping-cds-your-ipod-not-fair-use

29) DMCA의 내용은 다음에서 볼 수 있음 www.copyright.gov/legislation/dmca.pdf

30) DMCA는 디지털 음악과 함께 소프트웨어에도 적용된다.

31) 이 규정에 대한 예외는 백과사전 연구물과 컴퓨터 보안검사와 같은 활동도 포함한다.

- 저작권물을 인터넷을 통해 방송하는 사람들은 이에 대한 인세를 지불해야 한다. 공연자들도 이와 같은 방법으로 저작권물을 현장에서 공연할 경우 미국 컴퓨터, 작가, 출판업자협회(American Society of Computers, Authors, and Publishers: ASCAP)에 사용료를 지불해야 한다.

DMCA는 소프트웨어, 영화, 음반 산업계의 지지를 받고 있지만 도서관, 대학 그리고 기타 유사 기관들의 반대에 부딪히고 있다. 특히 다양한 분야의 연구자들은 저작권이 있는 것을 연구목적으로 '정당한 사용'을 하는데 있어 그들이 방해를 하고 있다고 믿는다.[32] 이것의 결과로 미국 저작권협회는 학구적이고 연구 목적의 활동에 대한 법의 부정적 영향을 주시해야했다. 그리고 이런 경우에만 저작권을 면제해주는 것에 대한 선언으로 법령의 완화를 이끌어냈다. 예를 들어 2009년이 변제만기 시점이라면 시대에 뒤진 기술이 소프트웨어 또는 컴퓨터 게임의 사용을 막는 경우 저작권법 적용을 하지 않는다.

그러나 저작권협회는 법적인 권리를 가진 사람이 그 대상을 다른 매체로 옮기는 변경(format shifting)에 대한 면제요청을 수락하지 않았다.[33] 녹음음악 보급이 실물에서 디지털 다운로딩으로 변경이 지속되는 한 저작권 문제는 계속될 것이 확실하다. 디지털 보급으로의 전환은 끝나지 않았다. 그래서 음악 생산자와 소비자 사이의 적절한 균형이 아직 이뤄지지 않았다는 증거들이 나타나곤 한다.

영화

음악처럼 영화도 디지털로 전환되었다. 비디오는 음반을 판매하는 상점에서 온라인으로 팔리고 있으며, 또한 같은 저작권 문제로 다투고 있다. 앞에서 음악과 관련하여 저작권 문제를 다뤘으므로 다시 그 문제를 다루지 않을 것이다. 그러나 기술이 영화제작에 있어서도 중요한 영향을 미쳤으며, 특히 애니메이션과 특수효과 분야에서 더욱 그러했다. 우리는 또한 필름보관의 필요성에 대해서도 다룬다.

컴퓨터와 영화

컴퓨터는 애니메이션을 통하여 영화제작에 투입된 것이 아니라 카메라 기술을 통해서였다. 처음에는 많은 특수효과들이 모델들을 통하여 그리고 멈춤 동작의 사진을 통해서 창조되었다. 영화에서 새로운 '피조물'이 필요할 때마다 모델제작자는 움직일 수 있는 모델을

---

32) 이전의 저작권법은 연구, 교수, 비평에 소량의 저작물을 사용하는 것을 '정당한 이용'이라고 간주했다.

33) http://www.sourcewatch.org/index.php?title=Digital_copyright

제작하여 색칠했다. 모델을 이용한 영화작업은 모델 움직이기, 필름에 찍기, 다음 장면을 위해 조금 움직이기의 절차가 필요하고 이 과정이 반복되었다. '신밧드의 7번째 여행(The 7th Voyage of Sinbad, 1958)'을 제작한 레이 해리하우젠(Ray Harryhausen)의 작품처럼 초기 공상과학소설은 이러한 기술을 많이 사용했다.

멈춤 동작 사진이 이용된 영화가 한 요소 이상 필요하면, 예를 들어 배우들과 피조물과 같은 요소들이 필요할 때 영상들은 따로따로 준비되었고 그런 다음 그것들을 함께 모으기 위해 다시 촬영했다. 합쳐진 장면이 더 많을수록 정확한 정렬이 더욱 어려워진다. 이 작업에 컴퓨터가 투입되었다. 카메라 동작들을 녹화하기 위해 컴퓨터를 사용한 첫 영화 중 하나는 '스타워즈: 에피소드 Ⅳ'였다. 루커스필름(Lucasfilms)의 기술자들은 특정 장면의 녹화를 위해 '기억'할 수 있는 카메라들을 개발했다. 예를 들면 전투사가 영화의 마지막에 '데쓰 스타(Death Star)'의 참호를 뚫고 달리는 장면의 촬영은 참호 모델과 전투사의 모델들을 사용했다. 그 장면을 촬영하려면 참호 밑에 다른 전투사 모델들의 다양한 움직임이 요구되었다. 정확히 합체된 필름을 얻기 위하여 컴퓨터로 제어되는 팔들이 참호 밑 모델들을 움직였다.

만화영화의 변화

만화영화(Animation)는 1892년부터 만들어졌다. 첫 번째 영화는 그림들의 루프(loop)를 이용한 만화의 단편작들이었다. 그러나 이 방법은 만화가 영화로 만들어졌던 1906년이 되어서야 사용되었다. 오늘날의 기준에 의하면, 그 첫 시도는 흑백의 선으로 된 그림들로 조잡한 것이었다. 첫 번째 만화영화는 1914년 작품인 거티(Gertie)라는 이름의 호감 가는 공룡이 등장하는 것이었다.[34] 이즈음 디즈니는 '증기보트 윌리(Steamboat Willie)'[35] 라는 만화영화를 상영했고, 만화영화는 예술적 양식을 활용하여 제작되었다.

컴퓨터가 만든 만화영화 옛날 만화영화는 '셀(cel)'이라는 플라스틱 위에 손으로 각 장면을 색칠한 예술가들에 의해 만들어졌다. 그것은 말 그대로 단 하나의 필름을 제작하기 위해 수천 개의 인물들을 손으로 일일이 그리는 작업을 말한다. 셀들은 사진으로 찍히고 책장을 넘기면 연속적인 움직임으로 보이게 만든 책(flip book)들처럼 동작의 착각을 만들려고 재빨리 움직였다.[36] 왜냐하면 각 셀은 개별적으로 그려졌기 때문에 그 과정은 시간

34) '거티 공룡(Gertie the Dinosaur)' 전체를 보려면 http://www.youtube.com/watch?v=UY40DHs9vc4

35) '증기보트 윌리(Steamboat Willie)'는 다음 사이트에서 관람. http://www.youtube.com/watch?v=uKm41_LMPRM

36) 동작의 환영효과를 만들려면 초당 24프레임(frame)이 필요하다. 그러므로 90분짜리 만화영화에는 21,360프레임(frame)이 요구된다. 게다가 수많은 셀로 구성된 어떤 프레임에서는, 예를 들면 등장인물들과 배경을 맞추려고 또 다른 것 위에 놓여진다.

이 많이 소비되고 손이 많이 가는 작업이었다. 우리가 고전이라고 여기는 디즈니영화사의 '백설공주'와 '피터 팬'과 같은 만화영화는 셀 만화를 이용하여 창작되었다. 컴퓨터 그래픽의 도입은 만화영화를 완전히 변화시켰다.

디즈니 영화 '트론(Tron)'[37](1982)은 일반적으로 컴퓨터 그래픽의 많은 도움을 받은 첫 번째 필름으로 간주된다. 이 영화에 실제 연속적인 움직임이 존재하지만 그 이야기의 대부분은 컴퓨터 내부에서 벌어진다. 오늘날 관람객의 관점에서 이 필름은 마치 모든 장면들을 컴퓨터로 만들어낸 것처럼 보인다. 그러나 이것은 관람객들이 컴퓨터 그래픽이라고 생각하게끔 만들려고 실제 움직임의 촬영에 색깔을 더 보강하고 '로토스코픽(rotoscopic)'[38]이라는 기법을 사용한 결과이다. 특수효과를 위해 모델보다는 컴퓨터로 만든 첫 영화들 중 하나는 1984년의 '마지막 우주전사 (The Last Starfighter)'[39]라는 영화였다.[40] 줄거리는 비디오게임 능력이 탁월한 한 소년에 대한 것으로, 우주전투 비행선과 우주전쟁 장면들은 컴퓨터로 만들어졌고 실제 연속움직임들과 합쳐졌다. 관객들은 어느 장면들이 실제 움직임을 촬영한 것이고 어느 장면들이 컴퓨터로 만들어낸 것인지 아주 확실하게 구별할 수 있었다.

오늘날 컴퓨터로 만들어진 만화영화는 입체적인 등장인물들을 표현해낼 수 있으며, 가끔은 만화라는 것을 잊을 정도로 진짜 같다. 사실적인 만화영화로는 '토이 스토리(Toy Story)'[41] (디즈니, 1995)가 있다. 그 뒤를 이어 '슈렉(Shrek)'[42] (드림웍스, 2001)과 '카스(Cars)'[43] (디즈니, 2006)가 등장했다. 아카데미상이 영화제의 새로운 상 부문을 만들 정도로 2001년 많은 우수한 만화영화들이 상영되었다.[44] 이제 우리는 사실적 영상과 A급 배우들의 목소리 연기가 있는 만화영화를 기대하기에 이르렀다.

실제 동작과의 결합 실제 동작과 만화 장면과의 일치는 오랜 역사를 가지고 있다. 1949년 스튜디오는 전통적인 셀(cel)기법을 실제 동작 필름 위에 사용하여 만화에 덮어씌우는

37) '트론(Tron)'에서 잘린 장면들은 다음에서 볼 수 있음. http://www.youtube.com/watch?v=eMY1FaOKF-0 , http://www.youtube.com/watch?v=41hMgB-ptkw&feature=related

38) 로토스코핑(Rotoscoping)은 만화가가 실제 배우들을 필름 위에 그리는 기법으로 1915년 이후로 이용되고 있다.

39) '마지막 우주전사(*The Last Starfighter*)'의 잘린 장면들. http://www.youtube.com/watch?v=poUQIFCQwlk&feature=related http://www.youtube.com/watch?v=JFOHy791kRE&feature=related

40) 더 많은 정보, http://www.imdb.com/title/tt0087597/

41) 극장 예고편은 다음에서 볼 수 있음. http://www.youtube.com/watch?v=DPMvfaF2tao

42) '슈렉'의 첫 극장용 예고편을 다음에서 볼 수 있음. http://www.youtube.com/watch?v=jxqQPrUomTc

43) '카스' 예고편. http://www.yotube.com/watch?v=JzwWqkxBb5I&feature=related

44) 오스카상 최고 만화영화상: '슈렉'(2001), '스피리티드 머웨이(Spirited Away)'(2002), '니모를 찾아서'(2003), '인크레더블(The Incredibles)'(2004), '월리스와 그로밋'(2005), '해피 피트(Happy Feet)'(2006), 그리고 '라따뚜이(Ratatouille)'(2007).

기술을 이용할 수 있게 되었다. 예를 들어 MGM의 만화영화인 '세뇨르 드루피(Senor Droopy)'[45]의 마지막 장면은 만화캐릭터 드루피가 여배우의 무릎에 앉아 있는 것을 보여준다. 이 여배우는 그 개의 머리를 쓰다듬어주고 있다. 진 켈리(Gene Kelly)는 '닻을 감아올리고(Anchors Aweigh)'[46]라는 영화에서 제리(Jerry)라는 생쥐와 춤을 추었고, 디즈니의 '메리 포핀스(Mary Poppins)'[47]에서도 이와 똑같은 방법으로 줄리 앤드류스(Julie Andrews) 와 딕 반 다이크(Dick Van Dyke)가 펭귄들과 함께 다른 상상 속 동물들과 춤추는 장면을 연출하였다. 그러나 이러한 초기의 노력들은 실제 동작과 만화캐릭터 간에 최소한의 상호작용만을 가지고 있었다.

1988년에 '누가 로저 래빗에게 죄를 뒤집어 씌웠는가(Who Framed Roger Rabbit)'[48]가 출시되었을 때 만화와 실제 배우들의 결합을 너무 자연스럽게 합성해서 많은 사람들이 만화캐릭터들이 실제 세상에 나타난 것 같은 경외심을 가졌다. 이 영화는 실제 동작과 만화의 섬세한 결합을 보여주는 시작에 불과했다. 어떤 경우에는 배우들이 영화촬영 동안 동작을 기억하는 센서가 달린 옷을 입고 출연한다. 이 움직임들은 나중에 만화캐릭터가 동작을 따라할 모형으로 쓰인다. 만화영화가 완성되면 그것이 실제 배우를 대신해 필름에 입혀진다. '반지의 제왕(Lord of the Ring)'의 골룸(Golum)과 '스타워즈 3부'의 자 자 빙스(Jar Jar Binks)가 이 방식으로 제작되었다. 그 기법은 '움직임 포착'으로 알려져 있다.[49]

움직임 포착이 만화캐릭터의 전반에 걸쳐 사용되는 또 다른 주요 이점이 있다. 순전히 만화캐릭터만을 사용했을 때 실제 배우들은 나중에 만화캐릭터와 동작을 함께하는 것처럼 덧씌워지는 기회를 갖지 못하고, 마치 만화캐릭터가 옆에 존재하는 것처럼 힘든 과정을 연기해야 하고 그 결과도 어색하게 나온다. 실제 배우들의 자리를 대신하여 컴퓨터로 만든 캐릭터들이 사용되는데 만화영화보다 더 많은 비용이 드는 것이 우려 중의 하나였지만 앞으로는 그런 걱정도 줄어들 것이다. 생산되는 만화영화의 수가 늘어남에도 불구하고, 인간을 위한 배역은 상반되는 감소를 보여 왔다. 모든 만화캐릭터에는 목소리배우가 필요하다. 종종 목소리배우들은 대사를 녹음하는 장면이 찍힌다. 그러면 만화가는 목소리배우의 얼굴 표정을 만화캐릭터를 더 실제처럼 보이게 하는데 이용한다.

---

45) '세뇨르 드루피' 만화영화를 모두 보려면 http://www.youtube.com/watch?v=RJahbFhKfJE

46) 춤추는 장면 http://www.youtube.com/watch?v=BTXgejy5WuI

47) 펭귄과 춤추는 장면 http://www.youtube.com/watch?v=cloJX9KXjaA

48) 영화의 첫 5분간의 장면 http://www.youtube.com/watch?v=WswD1djENJE 실제 움직임과 만화가 합쳐지는 장면을 보려면 끝날 때까지 영화를 지켜보라. 예고편은 다음 사이트에서 볼 수 있다. http://www.youtube.com/watch?v=zG37ysSqgq8

49) 배우들의 움직임 포착(motion capture)과 만화영화의 결과 사이의 훌륭한 예를 보려면 http://www.youtube.com/watch?v=EDbMwxs6w9A

필름 보관

영화의 역사는 100년 정도밖에 되지 않았지만 초창기에 촬영되었던 영화들은 필름 상태가 악화되고 있다. 극장영화, 다큐멘터리 그리고 심지어 뉴스영화까지 사라질 위기에 처해 있다. 모든 종류의 영화들은 당시 세상을 반영하는 까닭에 만들어질 시대를 비추는 거울이다. 그러므로 영화는 그 자체가 예술적 가치일 뿐만 아니라 역사적 증거로 보관할 가치를 지닌다. 극장영화 감독인 마틴 스콜세이지(Martin Scorsese)는 "영화는 역사이다. 영화의 모든 발자취가 담긴 필름을 잃는다면 우리는 우리의 문화, 우리 주변 세계와의 연결고리 그리고 우리 자신과 서로의 연결고리를 잃는 것이다"라고 말했다.[50]

의회 도서관에 따르면 1920년대부터 미국에서 만들어진 영화의 20% 이하, 1910년 이전은 10% 이하의 필름만이 남아 있다.[51] 문제는 영화 필름의 특성 자체에 있다. 필름은 질산염으로 인한 품질악화와 색상의 바래짐으로 인해 파괴에 직면해 있다. 필름의 내용물보다는 필름 자체의 악화로 인한 '식초 증후군'은 필름에 독특한 식초냄새를 남기고 아세테이트로 인해 산산조각이 나며 결국엔 붕괴된다. [52]

국제필름보관협회(National Film Preservation Foundation)는 필름보관을 위해 다음의 세 가지 전략을 제안한다.

- 오래된 필름을 더 안정적인 새로운 필름재료에 옮긴다.
- 필름들을 서늘하고 건조한 상태에 보관한다.
- 현대적 복사를 통한 접근 방법을 제공한다.[53]

이 세 가지 중 어떤 방법도 보관비용은 비싸다. 이처럼 많은 비용을 주요 영화사들이 감당하고 있으며, 자사 제작 영화들을 기록보관소에 보관하고 있다. 그러나 이러한 주요 영화사가 제작하지 않은 영화들은 '고아' 영화로, 국제영화보관협회, 국제영화보관위원회(National Film Preservation Board, 미 의회도서관의 지부),[54] 미국영화연구소(American Film Institute),[55] 필름 포에버(Film Forever)[56]와 같은 영화관련 기구들에서 보관 중이다.

---

50) http://www.pbs.org/newshour/bb/media/jan-june01/orphanfilms_01-12.html

51) http://www.loc.gov/film/plan.html

52) 필름이 직면한 다른 위험들에 대해 더 자세한 정보를 얻기 위해서는 다음 사이트의 보관 규칙들(the Preservation Basics) 부문을 참고, http://www.preservation.org/

53) http://www.filmpreservation.org/preservation/why_preserve.html#

54) http://www.loc.gov/film

55) http://www.afi.com/about/preservation/aboutpresv/deteriorate.aspx

56) http://www.filmforever.org/

디지털 비디오

전통적으로 극장영화들은 촬영하고, 현상하고, 복제하고, 극장으로 보내졌다. 많은 텔레비전 쇼들이 테이프에 녹화되었지만 극장영화는 그런 매체를 결코 사용하지 않았다. 그러나 디지털카메라의 개발은 비디오를 녹화할 수 있는 새로운 방법을 제시했다. 아마추어 비디오 기록자들(Amateur videographers)은 디지털 비디오를 선택했다. 디지털카메라 안의 메모리카드에 홈비디오를 녹화하는 것은 쉽기도 하고 편리하기도 하다. 또한 녹화한 다음 편집, 점검, DVD로 만들기 위해 컴퓨터로 보낼 수 있다는 장점도 가지고 있다. 이 때문에 많은 소비자들이 디지털 스틸 카메라에서 디지털 비디오로 선택의 폭을 넓혀가는 것은 당연하다. [57]

- 디지털 복제는 필름 생산보다 더 가격이 저렴하다.
- 디지털 영화의 배급도 더 저렴하다. 디지털 영화는 위성을 통해 극장으로 방송(복제비용을 완전히 제외할 수 있음) 되고, 작고 값싼 광학 매체를 통해 수송될 수도 있다.
- 디지털 영화는 필름 영화처럼 부식되거나 보관할 필요성이 없다.

다른 한편으로, 극장들은 영화 영사장비에 많은 투자를 하고 있으며, 디지털 장비로의 전환은 종종 엄청난 비용이 든다. 디지털 영사기로의 전환은 원래 예측했던 것보다 더 느리게 진행되고 있다. 예를 들면 2005년 미국의 200군데 이하의 극장들이 디지털 영사기의 사용이 가능했으며, 2007년에는 그 수가 2,500군데 정도로 늘어났다. 2008년에는 두 배가 될 것이라고 생각되었다.[58] 그러나 미국 내에 12,000개의 극장이 있다는 사실을 감안한다면 이런 성장속도가 그리 빠르지는 않은 듯하다.[59]

텔레비전의 미래

오늘날 텔레비전 쇼는 극장영화와 같은 방식으로 판매되고 있다. 텔레비전 쇼를 비디오테이프, DVD 또는 인터넷에서 다운로드될 수 있는 디지털 형식으로 구매할 수 있다. 그리고 joost.com과 같은 홈페이지에서 시청도 가능하다. 그러나 그것만이 지난 10년 간 텔레비전에 가져온 주요 변화는 아니다. 디지털 오디오와 비디오로의 전환은 여전히 진행 중이다.

---

57) 많은 디지털 비디오카메라는 비슷한 스틸 디지털카메라만큼 해상도가 높진 않아도 스틸 사진도 찍을 수 있다.

58) 더 많은 정보는 다음 사이트를 참고. http://www.signonsandiego.com/uniontrib/20080113/news_1a13digital.html

59) 극장의 총 개수는 다음 출처에서 얻음. http://www.statemaster.com/graph/lif_cla_mov_the_and_dri-classic-movie-theaters-drive-ins

아날로그의 종말

원래 텔레비전 방송은 대기로 송출되었다. 만약 전송받을 수 있는 지역에 살고 있지 않다면 단순히 운이 없는 것이었다. 그러나 1948년 로버트 탈톤(Robert Tarlton)이 첫 케이블 텔레비전 시스템을 만들었는데, 그는 언덕 꼭대기에 커다란 안테나를 설치하고 동축케이블을 통하여 그가 사는 펜실베이니아 지역으로 전파를 보냈다. 케이블 텔레비전은 1960년대 후반 시작되었으며 1970년대 중반에는 아주 많은 프로그래밍이 가능해졌다. 그리고 아날로그 위성텔레비전이 그 뒤를 이었다. 커다란 아날로그형 C-band 위성 방송 수신기 접시들은 1980년대 초 디지털 위성 텔레비전의 출현으로 대부분 구식이 되었다.[60] 우리가 오늘날 보통 이용하는 직접방송(direct broadcast) 위성시스템은 아날로그 위성장비보다 훨씬 저렴하고, 케이블 텔레비전과 가격이나 프로그래밍에 있어 경쟁력이 있다.

2000년대 초, 케이블 텔레비전 공급업자들은 아날로그 전파와 함께 디지털 전파를 전송하기 시작했다. 디지털 텔레비전을 보유한 가입자들은 셋톱박스 없이 시청이 가능했다. 디지털 영상과 음향임에도 불구하고 디지털 케이블과 위성 가입자들도 아날로그 텔레비전을 계속 사용할 수 있었다. 그러나 미국 의회는 방송국에 2009년 2월 17일자로 아날로그 전파의 송출을 중단할 것을 요구하였다.[61] 그리하여 아날로그 텔레비전은 변환기 없이는 텔레비전 방송을 시청할 수 없게 된다. 아날로그 케이블 가입자들도 지역방송의 시청에 곤란을 겪게 될 것이고 결국에는 시청이 불가능해질 것이다. 예상한 것처럼, 7천만 대의 미국 텔레비전 수상기들을 폐기처분한다는 방안에 대해 많은 반대가 있었다. 그래서 이 법안에 셋톱 변환기 구입비용을 요구하는 사람에게 40달러에 상당하는 쿠폰을 발행해준다는 조항이 포함되었다.[62] 결국 현재의 아날로그 텔레비전이 쓸모가 없어지면 더 많은 가정들이 디지털 텔레비전을 갖게 될 것이지만 현재로서는 변환기를 사용하는 것이 적절한 해결책으로 보인다.

프로그램 녹화

가정용 VCR이 도입되기 전에는 텔레비전 쇼가 방송되는 시간대에만 시청할 수 있었다.

---

60) 커다란 접시(large dishes)와 오늘날의 작은 접시(small dishes)와의 한 가지 차이점은 프로그래밍이 판매되는 방식에 있다. 작은 접시 시스템 이용자는 케이블 텔레비전처럼 완전한 채널 패키지를 구입해야 한다. 그러나 C-밴드 채널은 낱개로 구입할 수 있었다. 게다가 많은 회사들이 똑같은 C-밴드 채널을 제공했으며 사용자가 가진 하드웨어에 적절히 이용되었다. 제공업체간 직접적인 경쟁이 있었고 가격을 제어하려는 경향이 있었다. 오늘날 이용자들은 케이블을 선택하거나 소수의 위성 제공업체 중 하나를 선택할 수 있으며 이에 따른 필요 장비가 있다.

61) 소규모 방송국은 법적으로 예외가 되었다. 대부분의 지역 방송국들은 최소한 단기간 동안 아날로그 전파송출을 계속할 수 있다.

62) 디지털 텔레비전 방송으로의 전환이 시청자에게 끼친 영향에 대한 자세한 내용 http://www.dtvanswers.com/newsroomdtv_insert.pdf http://www.dtv2009.gov/

사람들은 자신이 좋아하는 프로그램을 시청하기 위해 집에 머물러야 했는데 '시청시간 변경'이 가능한 도구인 VCR을 사용하게 되어 많은 변화가 일어났다. 또한 TV 프로그램을 저장하였다가 반복하여 시청할 수도 있었다. 텔레비전 프로그램을 만드는 사람들은 처음에 VCR에 대해 부정적으로 반응하였다. 텔레비전 프로그램의 녹화는 명백한 저작권침해로 보였기 때문이다.[63] 유니버설방송국은 소니의 장비들, 베타맥스(Betamax)를 언급하며 저작권 침해를 조장한다고 소니를 고소했다.[64]

이 사건은 미국의 대법원까지 갔으며 법원은 개인적 용도의 녹화는 저작권 침해에 해당하지 않지만 저작권물에 대한 정당한 사용이 고려되어야 한다고 판결을 내렸다. 법원은 또한 기계에 의해 가능할 수도 있는 저작권 침해의 발생문제는 VCR 제조사에게 책임이 없음을 판결했다.[65] 가정의 VCR은 디지털비디오 녹화기(DVRs)로 주로 바뀌었다. DVR은 프로그램을 작성하기에 많은 어려움이 있는 VCR보다 더 쉽게 조작이 가능하고 내부 하드디스크에 비디오카세트보다 훨씬 많은 프로그램을 저장할 수 있다. 또한 상업광고를 피해 빨리감기를 더 쉽게 할 수 있다. 그리고 가정에서 프로그램의 시청시간 변경을 위한 녹화가 허용된 선례도 여전히 유효하다.[66]

---

63) 프로그램 녹화를 좋아하는 사람들은 상업 광고도 함께 녹화된다고 불만을 토로한다. 그래서 광고업자들은 손해 볼 것이 없었다. 하지만 그것은 시청자가 상업광고를 피하기 위해 빨리감기 버튼을 누를 거라는 것을 고려하지 못했다. 녹화가 잘 되지 않을 때 VCR은 이론적으로 상업광고를 건너뛰게 되어 있다. VCR은 빈 화면으로 광고의 시작을 감지한다. 그러나 모든 광고의 시작이나 끝이 빈 화면으로 되어있지는 않아서 VCR이 제대로 감지하지 못할 수도 있다.

64) 사건은 미국소니 대 유니버설 도시방송주식회사에 대한 것이었다(Sony Corp. of America v. Universal City Studio, Inc., 464U.S.417(1984).

65) 이 결정은 몇 년 후에 ISPs가 가입자의 저작물 불법 전송 행위에 책임을 지지 않고 있는 것에 다시 반영되었다.

66) DVR을 둘러싸고 수많은 법적 대응이 있었는데, 저작권 문제보다는 특허권 문제로 인한 것이었다.

제11장에서 무엇을 배웠나

미술과 엔터테인먼트 분야는 기술의 도입으로 상당한 영향을 받았다. 예술가들은 전통적인 종이/캔버스/페인트 도구들의 사용과 함께 소프트웨어를 사용하여 창작을 했다. 디지털 예술은 효과적인 홈페이지 창작과 전자출판에 필수요소가 되었다. 게다가 이젠 효과적인 홈페이지 창작을 위해 그래픽 디자이너들에게 전문가적 기술이 요구된다. 사진예술은 필름을 기본으로 하던 산업에서 최초로 디지털 산업으로 옮겨갔다. 아마도 필름카메라는 항상 있겠지만 오늘날 판매되고 사용되는 카메라의 대부분은 디지털이다.

음악 역시 디지털 기술의 영향을 받았으며 소리 합성을 하는 디지털 악기들이 일반적으로 사용된다. 다행히도 디지털 악기가 컴퓨터로 제어될 수 있더라도 예상했던 것처럼 라이브 공연을 하는 음악가의 수요는 줄지 않고 있다. 녹음음악은 원래 레코드판, 카세트테이프, CD 등 물질적인 매개체(physical media)에만 담겨서 판매되었지만 지금은 인터넷을 통해 전송 받을 수 있게 되었다. 어떤 전송은 저작권 침해에 해당하지만 합법적 전송은 구매 가능하다. 또한 어떤 음악가들은 소비자들의 구매력을 자극하기 위해 자신의 음악을 인터넷을 통해 무료로 주기도 한다.

영화산업도 디지털 기술로 인해 변해왔다. 컴퓨터로 만든 만화영화가 전통적 셀을 기본으로 하는 만화영화의 자리를 대부분 대신하게 되었다. 최근의 만화영화들은 실제 동작과 구별하기 힘든 입체적 구성요소들을 포함하고 있다. 극장영화는 이전에는 필름에만 촬영되었지만 점차 디지털 비디오카메라로 촬영되고 있다. 극장들은 디지털 영사기로 끊임없이 바꾸고 있다. 2009년 2월 미국 텔레비전 방송사들은 법에 따라 아날로그 전파에서 디지털 전파로 전환할 것이다. 아날로그 텔레비전 수상기를 보유한 사람들은 디지털 텔레비전을 구입하거나 셋톱변환기를 구입해야만 디지털 전파의 수신이 가능하다.

생각해보기

1. 디지털 사진은 수정이 아주 쉽고 수정 여부를 감지하기 어렵기 때문에 우리는 더 이상 어떤 사진이 수정되지 않았다고 믿을 수 없어졌다. 신문이나 웹에 뜬 뉴스사진을 믿을 수 있는가? 왜 그런가? 어떤 사진이 수정되지 않았음을 증명할 수 있는 방법에는 무엇이 있는가?
2. 10~20명의 친구들이나 학교 급우들에게 설문조사를 하라. 얼마나 많은 디지털 음악을 구매했는가? 저작권이 있는 음악을 얼마나 많이 무료로 전송받았는가? 각 개인이 수집한 음악 중 몇 퍼센트가 합법적인가? 설문조사의 결과가 무엇을 의미하는가?
3. 텔레비전 방송사들에게 디지털 전송만을 위해 아날로그 송출을 중단하도록 강제하는 미국 의회의 결정은 정당한 것인가? 그것이 정당하거나 그렇지 않은 이유는 무엇인가?

4. 인터넷을 사용하여 훌륭한 홈페이지 디자인의 기준을 검사하는 항목들을 모아라. 그런 다음 유명한 홈페이지를 방문하여(예를 들면 amazon.com 또는 walmart.com) 검사 항목들과 비교하라.
5. 당신이 거대 음반회사의 CEO이고, 주로 디지털로의 전환으로 인해 CD 판매량 감소에 직면해 있다고 가정해보라. 또 다른 문제는 음악가들이 그들의 음악을 녹음하고 보급할 때 음반회사를 거치지 않는 경향이 증가하고 있다는 것이다. 당신의 회사를 살리기 위해 어떤 전략을 이용할 것인가? 음악을 전송받는 시대에 어떻게 적응할 것인가? 그 해답을 구하는 동안, 회사는 여전히 이윤을 추구해야 한다는 점을 명심하라.
6. 그래픽 디자인 회사로부터 디지털작업을 하기 위한 최신 소프트웨어의 공급을 요청받았다. 그 디자이너들은 홈페이지를 색칠하고, 그리고, 배열할 수 있기를 원한다. 어떤 소프트웨어 패키지를 구입할 것인가? 그 이유는?
7. 많은 DVR은 컴퓨터로 또는 DVD로 프로그램을 전송할 수 있다. 이것은 저작권법의 공정한 사용 지침에 의해 허용되어야 하는가? 그 이유는?

참고문헌

Battino, David, and Stewart Copeland. *The art of Digital Music: 56 Visionary Artists and Insiders Reveal Their Creative Secrets*. Milwaukee, WI: Backbeat Books, 2004

Beaird, Jason. *The Principles of Beautiful Web Design*. Lancaster, CA: SitePoint, 2007.

Benoit, Herve. *Digital Television. Satellite, Cable Terrestial, IPTV, Mobile TV in the DVB Framework*. 3rd ed. New York: Focal Press, 2008.

Charmasson, Henri J., and John Buchaca. *Patents, Copyrights & Trademarks for Dummies*. 2nd ed. Hoboken, NJ: For Dummies, 2008.

Earnshaw, Rae, and John Vince. *Digital Content Creation*. New York: Springer, 2001.

Gardner, Garth. Computer Graphics and Animation: History, Careers, Expert Advice. Washington, DC: Garth Gardner Company, 2002.

Green, Rachel. *Internet Art*. New York: Thames & Hudson, 2004

Hirsch, Robert. *Seizing the Light: A History of Photography*. Columbus, OH: McGrawHill Humanities/Social Sciences/Languages,1999.

Holmes, Thom. *Electronic and Experimental Music*. 3rd ed. New York: Routledge, 2008.

Jenkins, Mark. *Analog Synthesizers: Understand, Performing, Buying—From the Legacy of Moog to Software Synthesis*. New York: Focal Press, 2007.

Kelby, Scott. *The Digital Photographic Book*. Volume 1. Berkeley, CA: Peachpit Press, 2006.

Kelby, Scott. *The Digital Photographic Book*. Volume 2. Berkeley, CA: Peachpit Press, 2008.

Mazzioti, Giuseppe. *EU Digital Copyright and law and the End-User*. New York: Springer,2008.

Noam, Eli M., and Lorenzo Maria Pupillo. *Peer-to-Peer Video: The Economics. Policy, and Culture of Today's New Mass Medium*. New York: Springer,2008.

Paul, Christiane. *Digital Art*. New York: Thames & Hudson, 2003.

Peitz, Martin, and Patrick Waelbroeck. "An economist's guide to digital music." *http://www.cesifo-group.de/DocCIDL/cesif01_wp1333.pdf*
Price, David A. *The Pixar Touch: The Making of a Company*. New York: Knopf, 2008.
Solomon, Charles. *Enchanted Drawings: The History of Animation*. Revised ed. New York: Random House Value Publishing, 1994.
Sparkman, Donald. *Selling Graphic and Web Design*. 3rd ed. New York: Allworth Press, 2006.

Chapter 12

앞으로의 기술세계

Looking Ahead

제12장에서 무엇을 배울까?

- 미래예측에 영향을 주는 문제들을 검토해보자.
- 기관들과 사람들의 향후 50년의 기술에 대한 우려를 살펴보자.
- 기술이 우리를 변화시킬 방법들에 대한 다양한 예측들을 토의해보자.

개요

이 책에서 우리는 최근 역사를 통한 기술변화와 우리가 살고, 일하고, 즐거운 시간을 보내고, 다른 사람들과 상호작용하는데 영향을 끼친 기술에 대해 다뤘다. 장래에 대한 전망과 함께 우리는 특히 인터넷과 웹 같은 과학기술의 많은 부분을 놀라움으로 받아들였다. 아무도 글로벌 네트워크와 관련 기술들이 우리의 삶을 변화시킬지 예측할 수 없었다. 우리가 향후 50년 동안의 기술변화 예측을 할 때 그것을 사실로 받아들여야 하는가, 아니면 비현실적이라고 치부해야 하는가? 이 장의 첫 부분은 바로 이 질문에 대해 다루며, 예측의 역사와 이 책의 앞부분에서 다뤘던 문제에 대해 재검토한다. 그런 다음 다가올 미래의 어느 순간, 다시 검토해볼 몇 가지 특정한 예측에 대해 살펴본다.

정확한 예측은 가능한가

사람들은 아주 오래전부터 미래를 예측했다. 예를 들면 5,000년 이전부터 마야 사람들은 '위대한 순환(Great Cycle)'을 포함한 달력을 제작하였다. 이 달력은 지구와 태양이 은하계를 중심으로 일렬로 늘어서는 것으로 끝나고 있다. 이런 사건은 26,000년마다 한 번씩 벌어지며, 다음번은 2012년 12월 21일이 예정일이다.[1] 마야인들이 2012년이라는 날짜를 예측한 것인지 아니면 단지 이때가 자연 주기의 마지막이고 또 다른 시작으로 본 것인지는 확실하지 않지만 다수의 사람들도 최근에 이것을 예측했다.[2] 많은 예측들 중에는 지구의 자기력이 극을 바꾸게 되고 이에 따른 대규모 융기가 일어날 것이라는 설도 있다.[3] 마야의 달력에 대한 극단적인 해석에는 이 세계가 2012년에 종말을 맞이할 것이라는 내용이 있는데, 그 이유는 이 달력이 2012년을 마지막으로 끝나기 때문이다.[4]

노스트라다무스(Nostradamus)라고 더 많이 알려진 프랑스의 천문학자 미셸 드 노스뜨레담(Michel de Nostredame) 역시 유명한 예언가이다. 노스트라다무스는 케네디와 그의 동생 로버트 F. 케네디(Robert F. Kennedy)의 암살, 히틀러의 출현 그리고 1999년 7월 세계의 종말과 같은 사건들을 예언한 것으로 유명하다.[5] 하지만 그가 예언한 대부분은 명확치 않고 상당한 해석을 필요로 한다. 그래서 그가 정확한 예측을 한 것인지에 대한 논란은 오늘날에도 남아 있다.[6]

제1장에서 우리는 미래에 대한 정확한 예측을 하기란 굉장히 어려운 것이라고 결론지었다. 예를 들어 웰즈(H. G. Wells)와 쥘 베른(Jules Verne)과 같은 몇몇 예언가들이 미래 사건들과 미래 기술에 대한 예언을 비교적 정확하게 했지만 대체로 우리 인간들은 기술과 관련하여 무슨 일이 생길지 예측할 수 없다는 것을 잘 알고 있다. 기술의 역사는 틀린 것으로 판명된 많은 예측들로 가득하며, 그 예들은 **[표 12-1]**에 실려 있다.[7] 기술변화를

---

1) 왜 마야인들이 2012년 동지(the winter solstice)를 그들 달력에서 지구의 종말로 선택했는지에 대한 설명은 http://www.levity.com/eschaton/Why2012.html

2) 마야인들은 20세기와는 다른 천문학적 지식을 가지고 있었다. 그들은 2가지의 단기간 달력을 보유하고 있었는데, 하나는 260일 달력이었고 다른 하나는 365일 달력이었다. 게다가 그들은 장기간의 지구대권(long-range Great Cycle)을 가지고 있었다. 이 모든 것은 그들이 천체의 움직임을 측정하는데 뛰어난 능력을 가지고 있었음을 의미한다.

3) 다음 홈페이지의 내용은 자기성을 띤 극들이 2012년 스스로 뒤집힐 것이라는 주장이다. http://survive2012.com/gery11.php

4) http://www.greatdreams.com/end-world.htm

5) 노스트라다무스 예언의 정확성을 지지하는 의견은 http://www.didyouknow.cd/nostradamus.htm 그리고 http://alynptyltd.tripod.com

6) 노스트라다무스 예언이 허론임을 폭로하는 내용은 http://www.snopes.com/rumors/nostradamus.asp, http://www.allaboutpopularissues.org/Nostradamus-Prophecy.htm. 그의 예언을 읽을 때 예언들이 애매한 말들로 포장되어 있음을 생각하라. 이것은 다양한 방식으로 해석이 가능하다.

7) 빌 게이츠가 컴퓨터의 주메모리가 640K 이상을 필요로 하지는 않을 거라는 말을 한 적이 있다는 떠도는 이야기가 있다. 빌 게이츠 자신이 이것을 부정하므로, 표면적으로는 단지 지어낸 이야기가 되었다.

관측하는 일에 종사하는 사람들조차 예측에 곤란을 겪는다. 예를 들어 바텔연구소(Battelle Institute)의 연구원이 1995년에 작성한 2005년 예측자료를 살펴보라([**표 12-2**] 참조).[8] 만약 부분적인 성공을 '적중'이라고 가정한다면 10개 중 6개가 적중했다.

표 12-1 잘못 예측된 기술에 대한 유명한 예언

예측한 사람 또는 기관	예측한 연도	예측 내용
미국 상원의원 올리버 스미스(Oliver Smith)	1842	모스(Samuel Morse)의 전신기 시범을 본 후 "나는 그가 미쳤는지 보려고 그의 얼굴을 가까이에서 봤고 다른 의원들과 함께 그들이 실험에 자신을 잃게 될 것이라고 확신했다."
<보스톤포스트>의 논설	1865	"박식한 사람들이라면 사람의 목소리를 전선을 통해 전달할 수 없다는 것을 알고 있다. 그리고 그것이 설령 가능하다고 해도 그것은 아무 쓸모가 없다."
윌리엄 톰슨(William Thomson), 로드 켈빈(Lord Kelvin)	1895 1897	"공기보다 무거운 기계가 나는 것은 불가능하다." "라디오는 미래가 없다."
토마스 에디슨 (Thomas Edison)	1922	"라디오에 대한 열광은 곧 사그라진다."
토마스 왓슨(Thomas Watson) IBM의 사장	1943 1949	"내 생각에는 전세계적으로 5대의 컴퓨터만이 필요할 것이다." "미래의 컴퓨터는 아마도 1.5톤 이상 무게가 나가진 않을 것이다."
켄 올슨(Ken Olson) 디지털 장비회사(DEC)의 사장	1977	"가정에서 컴퓨터를 원할 아무런 이유가 없다."

* 더 많은 내용은 다음 사이트를 참고 http://www.nsba.org/sbot/toolkit/tnc.html

제1장을 떠올린다면 실제로 혁신적인 생각은 매우 드물다는 것을 깨달을 것이다. 대부분의 시간을 우리는 아주 새로운 것을 만들어내기보다는 오히려 이미 존재하는 기술을 발전시키고 개량하는데 써왔다. 미래 예측도 이와 동일한 듯 보인다. 가까운 미래에 대한 예측은 꽤 정확할 수 있는데, 그 이유는 그 예측들이 현재 기술들을 근간으로 하고 있기 때문이다. 그러나 참된 기술혁신이 일어날 시간이 있기 때문에 더 먼 미래의 예측일수록 정

8) 베텔연구소는 국제적인 연구기관이다. 이곳은 많은 미국 정부기관들을 위한 연구를 하지만 이 연구소의 주요 연구대상은 지구이다. 이곳의 홈페이지는 http://www.batelle.org 이다.

확성은 더 떨어진다. 10년 후 미래 예측이라도, 베텔연구소 연구원의 적중률은 60% 밖에 되지 않는데, 이것은 우연보다 조금 더 높은 확률이다.

예측하는 일은 결코 멈추지 않았다. 이는 기술이 어디로 향하는지 누군가가 풍부한 경험을 바탕으로 해석해야 한다는 것을 의미한다.

표 12-2 2005년 최고의 전략적 기술 10가지. 1995년 베텔연구소의 연구원이 예측한 것으로 중요한 순서대로 배열*

예측	실제 일어난 일
1. 인간 염색체조합과 유전자를 기초로 한 진단법으로 질병을 예방하고 암을 치료할 수 있게 된다.	인간 염색체가 지도로 완성되었지만 이제 겨우 그 정보를 이용하기 시작했을 뿐이다.
2. 특수 재료의 사용이 보편화되고 컴퓨터 기반 디자인과 분자 단계의 새로운 제조공업은 교통, 컴퓨터, 에너지, 통신에 쓰여질 것이다.	우리가 기존 재료들의 개량을 계속하고 나노기술 사용에 대한 연구를 할지라도 기술의 실질적 사용은 아직 일어나지 않았다.
3. 연료전지와 배터리 등 압축되고 장시간 지속되는 휴대용 에너지는 미래 전자장비의 동력이 될 것이다.	이 고성능, 휴대용 에너지를 어디에서 나 쓸 수 있다. 휴대용 컴퓨터의 배터리 수명은 우리가 원하는 성능에 못미치고 연료전지 기술은 이제 태동기이다.
4. 디지털 고선명 텔레비전이 활성화된다. 이 기술은 더 선진화된 컴퓨터와 영상을 이끌어낼 것이다.	디지털 고선명 텔레비전에 관한 예측은 적중했다.
5. 개인용 미니 전자제품의 일반화. 주머니에 들어가는 전자계산기 크기의 무선 데이터 저장소는 팩스, 전화기, 도서관만큼의 저장 용량을 가진 컴퓨터의 역할을 제공할 것이다.	아이폰(iPhone)이라고 할 수 있을까?
6. 비용효과가 큰 '스마트 시스템(smart system)'은 파워, 센서, 제어를 통합하며 처음부터 끝까지 제조과정을 제어할 것이다.	스마트 시스템은 미국의 공장들에서 흔히 볼 수 있다.
7. 노화과정을 늦추기 위해 유전적 정보에 의존한 노화방지 제품들이 등장한다.	우리는 이 노화방지 제품의 예측이 꼭 적중하길 바란다.
8. 의료 기술은 아픈 부위를 포착하기 위해 초정밀 센서를 이용할 것이고, 의약보급 시스템이 확대되며, 구토와 머리카락 빠짐과 같은 부작용을 줄이는 암세포 치료 약품이 나온다.	새로운 치료요법은 10년 전보다 부작용이 덜 하지만 인간의 몸에 부정적 영향을 주지 않고 암세포만 겨냥하기에는 기술이 아직 부족하다.
9. 하이브리드 연료 차량(Hybrid fuel vehicles). 다양한 연료의 주입으로 작동하는 이 차량은 상황에 따라 적절한 연료를 선택할 것이다.	오늘날의 가스/전기 혼성 자동차들은 운전 상황에 따라 두 가지 종류의 연료를 전환하여 사용한다.

10. 에듀테인먼트(Edutainment)의 활성화. 교육적인 게임과 컴퓨터 모의실험은 컴퓨터 능력을 갖춘 학생들의 취향에 적합할 것이다.	에듀테인먼트 관련 예측은 적중했다.

* 베텔연구소의 모든 예측 내용을 보려면 다음 사이트를 참고,
http://www.batelle.org/SPOTLIGHT/tech_forecast/technologies.aspx

우연에 가까운 예측

우리 인간들은 미래 기술에 대한 예측을 잘할 수 없으면서도 예측을 멈추지 않는다. 인터넷은 온갖 종류의 사람들이 한 예측들로 가득하다. 우리는 이 내용 중 몇 가지 예측들을 다룬다.[9] 퓨 인터넷(Pew Internet)과 미국 라이프프로젝트(American Life Project)[10]는 비영리단체로서, 미국 사회와 문화에 미친 인터넷의 영향을 연구하는 조직이다. 2006년 이 단체는 "인터넷의 리더들, 행동가들, 건설업자들 그리고 비평가들"[11]에게 2020년 즈음의 인터넷과 문화에 대해 어떻게 생각하고 있는지에 대한 조사를 했다. 이에 대해 700명 이상의 사람들이 응답했다.[12] 응답자들에게 끝없는 토론회를 갖도록 해준 것이 아니라 6가지 각본에 따라 대답하도록 문제를 제출했다.

그 결과에 대한 개요는 **[표 12-3]**에서 볼 수 있다. 주목할 것은 응답자 중 70% 이상이 주어진 내용에 동의하지 않았다는 것이다. 사실상, 각 상황별 최소 30%가 주어진 각본보다 더 부정적인 미래를 예측했다. 이 조사에서 가장 강력한 동의를 얻은 것은 가장 충격적인 내용으로, 58%의 응답자가 폭력적으로 되어가는 기술에 대해 저항세력이 테러를 더 많이 저지른다는 것이다. 2005년 예측한 베텔연구소는 또한 75년 후의 10가지 기술예측을 만들었다(**[표 12-4]** 참조). 이 예측의 대부분이 꽤 합당해 보인다. 그러나 제7항은 미국 국민들에게는 놀라움이었을 것이다. 미국 국민들은 원자력의 확산을 많이 포기한 반면 캐나다와 유럽 사람들은 원자력에 대해 훨씬 더 편안하게 느끼고 있다. 제2항은 생물연료(biofuels)가 가까운 미래에 대량으로 사용될 것으로 예측되고 있어서 경제적으로 합당해 보이진 않지만 필연적인 것으로 보인다.

---

9) 물론 예측은 계속하여 변화하고 있다. 이러한 변화와 보조를 맞춰나가기 위해 다음 사이트를 참고하라.
http://www.google.com/alpha/Top/Society/Future/Predictions/

10) http://www.pewinterpret.org

11) 앤더슨(Anderson), 자나 퀴트니(Janna Quitney), 리 레이니(Lee Rainie). "인터넷의 미래 제2장(The Future of the Internet II)" 퓨 인터넷(Pew Internet) 그리고 미국 라이프 프로젝트(American Life Project). 2008년 9월 24일. http://news.bbc.co.uk/1/shared/bsp/hi/pdfs/22_09_2006pewsummary.pdf

12) 설문조사는 홈페이지에 게재되었고 응답자들은 자율적인 선택을 하였다. 이것은 표본집단이 무작위가 아니었다는 의미이다.

2002년 베텔연구소는 2012년경 가정(home)을 기반으로 하는 기술의 변화에 대한 예측을 발표했다([표 12-5] 참조). 1950년대 한때 있었던 로봇 고용인에 대한 예측이 빠져있다는 점을 먼저 주목하라. 둘째로 이 예측들 중 많은 것들이 점점 사실로 되어가고 있다는 점이다. 예를 들면 기기들의 원격조종이 이용가능하다는 것이다. 이것이 비록 리모콘을 사용하여 기계를 자유자재로 이용하는 것은 아니지만 우리는 컴퓨터, 통신, 텔레비전 용품들의 통합이 점점 이뤄지고 있음을 체험하고 있다. 무선주파수(RFID) 형태의 개인 인식은 현실이다.

표 12-3 2020년에 대한 예측

설문조사 순서에 의한 예측	동의	이의	무응답
세계석, 저비용 네트워크전략: 2020년경 전세계 네트워크 상호사용이 가능해진다. 휴대전화는 극히 저비용으로 지구상에서 어디에서나 누구나 이용 가능해질 것이다.	56%	43%	1%
영어가 다른 언어를 밀어낸다: 2020년 연결된 통신은 세계를 하나의 커다란 정치적, 사회적, 경제적 공간으로 평준화할 것이며, 이것은 사람들이 어디에서나 인터넷으로 얼굴을 맞대고 만날 수 있고 정기적으로 대화와 영상교환을 나눌 수 있다는 의미이다. 영어는 소통에 있어 필수적이 되어서 다른 언어들을 내몰 것이다.	42%	67%	1%
자율적인 기술이 문제이다: 2020년경, 지능있는 통제력은 감시, 안전 그리고 추적시스템과 같은 완전히 중요한 행동 밖으로 인간을 차단할 것이므로 인간의 통제를 벗어난 기술은 위험을 유발하고 고칠 수 없는 의존성을 유발할 것이다.	42%	54%	4%
투명성이 개인 사생활의 희생을 치르더라도 더 나은 세상을 만든다: 감지능력, 기억장치 그리고 통신기술이 더욱 저렴하고 더욱 발전할 때, 개개인들의 공적이고 사적인 삶은 전세계적으로 점차 '투명'해질 것이다. 모든 것이 좋거나 나쁘거나 모두에게 좀더 분명해질 것이다. 가능한 모든 방법으로 2020년경 세계를 더 나은 곳으로 만들 것이다. 그 혜택은 비용을 능가할 것이다.	46%	49%	5%
가상현실은 어떤 면에서는 유출이다: 2020년경, 인터넷의 가상현실은 대부분의 사람들을 '실제 세계'에서 일하는 것보다 더 생산적이 될 수 있도록 만들 것이다. 하지만 가상 현실은, 우리가 사람들을 현실에서 잃는 것처럼 많은 이들을 심각하게 고민하게 만들 것이다.	56%	39%	5%
인터넷은 세계적 접근으로 성공적으로 진행되고 있다: 베스트셀러 <세계는 평평하다>의 저자인 토마스 프리드먼은 최근의 세계혁명은 인터넷의 힘이 개개인들로 하여금 세계적으로 제휴하고 경쟁할 수 있도록 만들었다는 사실을 알게 된 것이라고 한다. 2020년경, 이런 자유로운 정보의 흐름은 도시국가, 조합을 기본으로 하는 문화그룹 및	52%	44%	5%

(또는) 다른 지역적 다양성과 세계적 조직망에 의해 현재의 국경선을 완전히 무의미하게 할 것이다.			
일부 집단은 테러활동을 할 것이다: 2020년경 정보와 통신기술의 가속화로 뒤처지게 된 사람들(많은 사람들은 스스로 선택)은 저항세력을 형성할 것이다. 어떤 사람들은 대부분 단순히 평화를 추구하고 정보의 과부하를 해결하기 위해 정보망 밖에서 사는 반면, 다른 사람들은 기술에 반대하여 테러행위를 일삼거나 폭력적인 항거를 할 것이다.	58%	35%	7%

* 퓨 인터넷과 미국 라이프프로젝트의 허락을 얻어 게재했다.

음성 인식(Voice Recognition)도 보급되고 있지만 비교적 초기 단계에 있으므로 적은 어휘로 이용되며 단 하나의 목소리로 많은 어휘를 인식하게 하려면 오랜 훈련기간을 거쳐야만 한다.[13] 개인용 연료전지의 개발이 현재 훨씬 앞선 듯 보일지라도 다른 예측들에 대한 정확성을 판단하기에는 너무 이르다. 〈파퓰러메카닉스 *Popular Mechanics*〉라는 잡지는 2000년에 50년 전 출판되었던 내용에 뒤이은 내용을 게재했다.[14] 그 기사에는 **[표 12-6]**에 있는 예측 내용이 실려 있다.

미래학자들의 예측

미래학자는 미래를 분석하고 예측하는 사람이다. 많은 미래학자들은 특정분야에서 전문가로 부상하고, 그래서 그 분야의 예측은 사람들에게 믿음을 준다. 일단 한 번 신임을 얻은 미래학자는 다른 분야로 영역을 확장한다. 이들은 계속되는 순회강연, 책 집필과 잡지 기사 쓰기로 생계를 꾸려갈 수 있다. 그러므로 미래학자들에게 신임은 사회적 명성으로서 뿐만이 아니라 재정적 성공에도 아주 중요하다. 자신을 미래학자라고 지칭하는 사람들이 많다. 이제 우리는 유명한 미래학자들인 레이 커츠웨일(Ray Kurzwail), 패트릭 딕슨(Patrick Dixon), 레이 하몬드(Ray Hammond), 이안 피어슨(Ian Pearson)의 예측에 대해 살펴보고 그들이 어느 부분에서 초점이 다르고, 예측이 겹치며, 얼마나 멀리까지 예측을 하는지에 대해서 살펴보자.

13) 많은 기관들이 전화 서비스를 목소리 인식으로 전환하였다. 문제는 목소리가 너무 약하거나, 너무 높거나, 너무 낮으면 시스템이 인식하지 못한다는 것이다. 만약 목소리 대신 발신 전화번호를 인식하지 못한다면 전화로 상대방에게 통화할 방법은 없다.

14) http://blog.modernmechanix.com/2006/10/05/miracles-youll-see-in-the-next-fifty-years/

표 12-4 배텔연구소의 2005년~2080년 예측

1. 선진화된 보건의료 서비스에는 시민들과 군대 모두를 위한 생체감응 장치(biosensor)와 같은 의료진단과 치료기술, 백신, 가정용 의료장비, 니코틴 중독치료가 포함된다.
2. 자연친화적이고 재생 가능한 에너지에는 연료전지(fuel cells), 수소 생산품과 저장, 태양력, 유전적으로 처리된 생물체연료(biofuels)가 있다.
3. 혁신적인 소재들에 대해 몇 가지만 언급하자면, 나노섬유와 소재, 고성능이며 고지능 폴리머, 의료용, 경계작물, 여과작용의 적용에 이용할 생물량 생산품(biomass products)이 있다.
4. 대용량 자료분석은 모형제작 모의실험과 기상예측 패턴 인식, 자료시각화 목소리 인식, 암호시스템과 같은 대용량의 자료가 필요한 대용량 복합시스템 예측을 포함한다.
5. 깨끗한 물로 된 생산품 완료와 국제사회에 더 나은 처리과정과 장비를 제공하는 저장기술
6. 과학적이고 기술적인 교육에는 프로그램 안에서의 참여와 리더십 그리고 지역, 주, 연방 단계에서의 합동연구가 포함된다.
7. 연료처리과정, 원자력, 쓰레기 처리에 있어 혁신을 통해 원자력을 소생시킨다.
8. 탄소문제 처리를 포함한 혁신적인 접근과 기술을 이용하여 세계 기후변화에 대처한다.
9. 자선에 대한 지원과 대규모 도시 기업들의 지원을 통해 미래에 계속하여 투자한다.
10. 용접기술의 비약적인 발전은 수리적이고 컴퓨터를 기반으로 하는 용접과 구조적 압박 모형과 자동추진, 원자력 등을 포함하고 있다.

*이 예측들은 2004년에 발표되었고 다음 사이트에서 볼 수 있다. http://www.battelle.org/SPOTLIGHT/tech_forecast/75.aspx

레이 커츠웨일

레이 커츠웨일(Ray Kurzwail)은 미래학자 겸 '싱귤레리티singularity'의 신봉자로 잘 알려져 있다. 하지만 그가 처음으로 유명해진 것은 큰소리로 책을 읽는 기계의 발명 때문이었다. 커츠웨일의 판독 기계(Kurzweil Reading Machine)의 첫 번째 판은 거의 냉장고 크기였지만 오늘날에는 휴대전화에 삽입될 정도이다. 이 기계는 책을 판독기를 통해 읽을 수 있도록 번역한다.[15)]

표 12-5 베텔연구소의 2012년 가정의 편리함을 위한 혁신적인 10가지 예측

1. 가정기기의 만능적인 통제:나이가 아주 많은 노인들도 손바닥 크기의 무선조종 장치를 이용해 자동차 문과 차고를 열고 닫고, TV를 시청하는데 편리하게 이용한다. 이러한 장치들은 마이크로프로세서의 빠른 발달과 무선통신의 발달로 더욱 사용범위가 넓어지고, 실제 만능통제(universal control)의 세계로 이끌 것이다. 이용범위는 컴퓨터로의 접근, 점등, 난방 그리고 냉방의 기능을 포함하여 확장될 것이다. 이는 또한 휴대용 컴퓨터 또는 손바닥 크기의 컴퓨터가 가정에서 모든 전기기기들을 완전히 통제하는 수준까지 될 것이다.

15) 재미있게도 인공지능 미래에 대한 커츠웨일의 관점은 변함없이 매우 기계학적으로 들린다.

2. 개인화된 건강상태 모니터링과 간호: 소비자들이 집에서 편안하고 사생활을 보호받을 수 있도록 수준 높은 건강상태 모니터링을 요구함에 따라 가상 왕진이 현실로 될 것이다. 순환계, 심장, 신장 검사가 임신진단 검사만큼 쉬워질 것이다. 검사결과를 인터넷을 통해 의사에게 보내면 의사는 무엇을 할지 또는 더 복잡한 검사나 치료를 해줄 전문가들을 집으로 보낼지 판단할 것이다.

3. 가정환경: 바깥공기가 차단된 집(airtight home)은 에너지절약의 차원에서 훌륭하지만 실내공기의 질적인 측면에서는 좋지 않다. 이런 집을 소유한 소비자의 요구로 에너지 절약과 함께 환기장치의 개선이 이뤄질 것이다. 실내공기의 질적인 개선은 발달한 환기용 팬과 필터를 통해 상당한 개선을 이룰 것이다. 이 필터는 외부의 꽃가루, 실내 곰팡이, 애완동물의 비듬, 기타 미립자들을 포함한 공기 중 알레르기 유발인자들을 제거하는 역할을 할 것이다.

4. TV, 화상통신, 컴퓨터의 통합: 미래의 가정은 가장 강력한 컴퓨터와 최대 복합소프트웨어를 이용할 수 있으며 종종 이런 것들이 아주 작은 크기의 전기장치에 맞춰져 소형화될 것이다. 이런 것은 TV, 케이블, 위성을 지나갈 것이고 컴퓨터는 집안 전체를 통제할 것이다. 손바닥 크기 또는 휴대용 컴퓨터는 전화기만큼 보편적인 도구가 될 것이다. 화상전화는 TV, 컴퓨터 화면, 휴대전화 등 다양한 방법으로 사용될 것이며, 시간을 말해주는 시계처럼 흔한 일이 될 것이다.

5. 목소리 인식과 활성화: 우리는 30년 전에 어렵고 값비쌌던 문자의 광학적 인식을 이루는데 오랜 시간이 걸렸다. 오늘날에는 광학판독기가 있는 스캐너, 인쇄기계 그리고 복사기는 흔히 발견할 수 있다. 이와 같은 경향은 목소리 인식과 활성화에도 적용될 것이다. 2012년경, 자동차와 가정의 보안시스템은 사람의 목소리로 작동될 것이다. 사람이 컴퓨터에 말을 하면, 목소리 패턴이 디지털 형태로 전환되는 것이다.

6. 개인화된 에너지: 소형화된 연료전지가 전화기, 컴퓨터, 전기기구들에 장시간 지속되는 동력을 공급하여 기존의 배터리를 능가하게 될 것이다. 소형 PEM 연료전지는 에너지 효율과 저장밀도를 증가시킬 것이다. 냉난방과 기타 주요 기구들은 연료전지 또는 전기를 통해 작동될 것이며, 가정에서 더 많은 전기기구들과 가정용 장비들을 전보다 더 오랜 시간 이용할 수 있게 해줄 것이다.

7. 환경친화적인 소재들: 어떤 사람들은 새 차 또는 새 집에서 나는 냄새, 즉 화학적으로 만든 인공 건축소재와 카펫으로부터 나는 냄새를 싫어한다. 유전적으로 처리된 나무, 식물, 곡물을 포함한 소재에서 자연적으로 추출된 섬유를 사용하여 새롭고 더욱 경재적인 소재가 개발될 것이다. 이것은 더욱 환경친화적이라 사람들에게 환영받을 것이고, 석유에서 추출된 소재들을 대신하여 오랜 동안 각광받을 것이다.

8. 가정용 쓰레기처리: 미국인들이 쓰레기를 땅에 묻기 시작한 이래로 우리는 한번 쓰고 버리는 일회용에 대한 반작용을 겪게 될 것이다. 사람들이 사용 후 폐기처분한 것들을 전에는 숲이었던 곳에 묻어버림으로써 아무거나 모두 버리는 것에 익숙한 문화를 양산한다. 이것은 지방자치단체들이 쓰레기의 내용물과 수거량을 제한하도록 변화시킬 것이다. 각 가정들은 고형쓰레기를 차세대 쓰레기압축기로 선처리를 해야만 할 것이고 또한 버리는 물도 미리 처리하도록 요구받을 것이다.

9. 개인맞춤 신분증명과 보안: 개인맞춤 바이오칩은 오늘날 시장에 소개된 지 얼마 되지 않았다. 향후 사실상 모든 사람들이 자신의 건강상태와 의료기록을 읽기 쉽고 이해하기 쉬운 내장 칩의 형태로 몸에 지니고 다닐 것이다. 출생, 사망, 결혼 등에 관한 인구통계에 더하여, 생물학적 신분증명(bio-ID)은 사람들을 식별하고 의료적 도움이 필요한지 구별하기 위해 개개인의 DNA 청사진 완성판을 보유하게 될 것이다. 이 청사진은 어쩌면 음성 패턴 인식과 결합하여 자동차, 집, 컴퓨터에 사용하게 될 것이다.

10. 가정 실내 온도와 습도, 조명: 만약 부엌에서 일할 때 부엌은 시원하고, 휴식을 취하는 방에서는 따뜻한 온도로 TV 시청을 원한다면, 새로운 기술이 도움을 줄 것이다. 오늘날 HVAC시스템은 자동온도조절장치로 집 전체에 냉난방을 한다. 2012년경 우리는 각 방을 별도로 더 쾌적하고 에너지 효율을 높여 냉난방을 하게 될 것이다. 습도제어는 1년 내내 30%~50%의 습도를 유지할 것이다. 현재 상업적 배경에서 흔히 쓰이는 부분조명은 출입할 때마다 조명이 자동으로 켜지고 꺼지는 센서로 가정에서도 흔하게 이용될 것이다

다음의 사이트에서 이용, http://www.battelle.org/SPOTLIGHT/tech_forecast/hightech.aspx
* PEM은 폴리머 일렉트로라이트 멤버(Polymer Electrolyte Member)를 상징한다. 연료전지에 대한 자세한 내용은 다음 사이트를 참고, www.fueleconomy.gov/feg/fcv_pem.shtml

레이 커츠웨일의 미래 예측들은 끊임없이 가속화되는 기술의 영향에 기초를 두고 있다. 그는 변화율이 선형보다는 지수 형태로 증가한다고 믿는다. 그것은 결국 변화가 순간적으로 발생하는 한 점에 이를 것이고, 동시에 인공지능이 인간의 능력을 능가하여 인간이 심오한 변화를 체험하게 되는 한 지점을 가리키는 싱글레리티에 이를 것이다. 좀더 구체적으로, 커츠웨일은 인공지능이 2020년경에 인간처럼 생각할 수 있는 연산능력을 갖게 될 것이고 그 인공지능은 2029년경에 전환시험[16]을 통과할 수 있을 거라고 믿는다.[17,18] 커츠웨일의 예측은 가끔 과감하게 공상과학소설 분야에도 쓰여진다. 그는 인간이 자의식을 기계로 전달하는 것을 통해 목표달성을 위한 노력을 끊임없이 계속해 나간다고 본다. 이것이 인류 진화의 논리적 종착지라는 것이 그의 의견이다. 그 기술은 21세기 후반에 이용 가능할 것이다.

표 12-6 2000년 〈Popular Mechanics〉가 예측한 2050년

예측 내용	현 상황(해당한다면)
조종사 없는 비행기	
로봇 외과의사	제10장에서 언급했듯이, 우리는 이미 로봇으로 수술을 한다
더 나은 암 치료제와 많은 상황에서 암들을 치료하는 새로운 약물들	
신체 외부 대체조직의 성장: 신체부위를 대체할 조직의 복제	줄기세포연구는 대체조직 복제를 연구중

16) 전환시험(Turning Test)은 기계가 실제로 기계일 뿐이라고 확정짓기 위해 기계가 인간과 상호작용을 할 수 없을 때 지적이라고 고려될 수 있다. 다시 말하면, 만약 기계가 인간처럼 다른 사람과 상호작용을 할 때 상대방을 속일 수 있다면 그것은 전환시험을 통과하는 것이다.
17) http://www.newscientist.com/channel/opinion/science-forecasts/dn10620-ray-kurzweil-predicts-the-future.html
18) 싱글레리티 추종자들(singularitarians)은 기이현상이 임박했다고 믿는 개인들이 모여 만든 조직이다. '싱글레리티 추종자들의 원리(Singularitarian Principles)' 의 내용을 원하면 다음을 참고, http://yudkowsky.net/sing/principles.ext.html

인간의 신체장기를 대신할 동물장기의 사용	돼지의 장기가 실험에 이용되었으나 성공하려면 오랜 시간이 필요
사고가 임박했을 때 자동차를 제어할 수동 장치	
고혈압을 낮출 수 있는 화학약품과 같은 건강 개선을 위한 음식	
컴퓨터는 가정용 기기들의 일부분이 될 것이다. 당신이 사용하는 제품을 기록하고 자동으로 쇼핑 목록을 작성할 것임	RFID 태그의 개발과 더불어 가까운 미래에 컴퓨터장착 가정용 기기의 사용이 가능
태양빛의 양을 조절하도록 변화된 유리	
유흥을 위한 프로그램은 오직 위성을 통해서만 전달	
텔레비전은 가상현실과 3D 홀로그램으로 대체	지금까지 가상현실은 홍보되고 있는 것만큼 현실에서 이뤄지지는 않았음
사람들의 수명은 150세까지 늘어날 것으로 전망	

다음은 커츠웨일이 자신의 입장을 그의 홈페이지에 올려놓은 내용이다.

> 기술에 대한 역사분석은 상식적인 '직관의 선형(intuitive linear)' 관점과는 반대로 기술변화가 지수 형태라고 보여준다. 그래서 우리는 21세기에 진보의 100년을 경험하지 못할 것이다. 오늘날과 같은 발전 속도라면 20,000년 이상의 시간이 소요된다. 칩 속도(chip speed)와 비용효과와 같은 회귀 현상들도 지수 형태로 증가한다. 심지어 지수 성장률에 지수 형태의 성장이 포함되어 있다. 몇 세기 안에, 기계지능이 인간의 것을 능가하는 싱글레리티를 경험하게 될 것이다. 이것은 기술변화가 너무 빠르고 심오하여 인류 역사에 분열을 일으키는 것을 말한다. 그것은 바로 생물학적 지능과 비생물학적인 지능 간의 합병, 불멸의 소프트웨어 기반의 인간 그리고 광속으로 우주 밖을 향하여 팽창하는 초고도 단계의 지능을 암시하는 것이다.[19]

패트릭 딕슨

패트릭 딕슨(Patrick Dixon)은 미래예측을 위해 의료 활동을 포기한 의사이다. 강연을 통해 돈을 벌기는 하지만 그는 자신이 저술한 책 전체와 비디오를 홈페이지에서 무료로 전송받을 수 있도록 했다.[20] 그가 예측한 기술의 미래는 다음과 같다.

---

19) 커츠웨일이 변화, 인공지능(artificial intelligence), 그리고 싱글레리티에 대한 견해는 http://www.kurzweilai.net/ articles/art0134.html?printable=1

20) http://www.globalchange.com/

- RFID칩과 비슷한 작은 연산 장치들은 옷을 비롯한 대부분의 물체에 심는 것이 가능해질 것이다. 새겨진 장치들은 인터넷을 이용할 필요 없이 서로 통신이 가능하다.
- 미래의 기술혁신 성공은 기술 자체보다는 기술에 대한 사람들의 느낌과 더욱 관련이 있을 것이다. 그는 이것에 대해 다음과 같이 말한다. "미래는 기술이 아니라 감정에 대한 것이다. 사람들이 디지털 세상에서 어떻게 생각하고 어떻게 느끼느냐에 대한 것이다."[21]
- 은행업무와 금융처리는 무선으로 그리고 콜센터에는 비디오가 설치될 것이다.
- 줄기세포연구는 장기와 조직 대체의 성장을 이끌 것이다.
- 다른 의학연구는 인간의 수명을 150년 이상으로 연장시키고, 새 치아의 성장이 가능하게 하고, 노화로 인한 시력손실을 치료하며, 원하는 부위에 털을 자라게 하는 성과를 이룰 것이다.
- 부국과 빈국간의 불균형은 세계를 약하게 만들 것이다.

딕슨 박사의 예측은 기술과 비즈니스에 많이 집중되어 있다. 대부분이 가까운 미래 예측에 초점이 맞춰져 있으며, 그가 묘사한 변화들의 날짜는 언급되어 있지 있다.

레이 하몬드

레이 하몬드(Ray Hammond)는 유럽에서 유명한 작가이자 미래학자이다.[22] 그는 소설의 형식으로 자신의 생각을 담아 출판했으며, 그가 저술한 비소설도 폭넓게 보급되어 왔다. 그는 책과 대중 강연으로 삶을 꾸려간다. 다음의 내용이 포함된 2030년 예측 내용은 2005년에 발표되었다.

- 기술변화의 속도가 가속화되어 많은 발달들이 동시에 일어나는 것처럼 보일 것이다.
- 2030년과 2040년의 어느 시점에 한 가지 기술적 사건이 인류 진화를 근본적으로 일으킬 것이다(그의 생각이 커츠웨일의 기이현상과 얼마나 흡사한지 주목하라. 하몬드는 싱글레리티의 개념을 자신의 이론에 채택한 듯 보인다).
- 우리가 자연에 영향을 주는 행동을 멈춘다고 할지라도 온실가스효과와 기타 인간 활동들이 지속되기 때문에 기후변화는 계속될 것이다.

---

21) http://www.globalchange.com/technoimpact.htm

22) http://www.hammond.co.uk/index.html

- 인공지능은 인간의 사고 과정과 같아질 것이며 급속도로 인간의 지능을 능가할 것이다.

이안 피어슨

이안 피어슨(Ian Pearson)은 영국통신사(British Telecommunications)[23]에서 일하는 미래학자이다. 그는 **[표 12-7]**[24]의 내용을 포함한 미래 기술연대표의 공동저자이다. 이 예측들은 많은 면에서 1950년대에 만든 2000년을 예측한 내용과 흡사하다. 그 내용에는 일반적인 경향보다는 특정한 기술들이 언급되어 있다. 그렇지만 패트릭 딕슨과 레이 하몬드의 예측들은 명확한 유사점들이 있다.

주목할 만한 예측들

미래학자들만이 미래를 예측한 것은 아니다. 가끔 기관이나 개인이(또는 개개인들이 모인 조직체) 다른 사람에게 예측을 요청하기도 한다. 예를 들면 <뉴사이언티스트 매거진>은 다양한 과학과 기술 분야에 있는 50명의 과학자들에게 예측을 요청했다.[25] 이런 형태의 예측은 저자들이 전문적 미래학자들이 아니며 한정된 전문 분야 내에서의 예측이므로 서로 다르다.

- 루이스 올포트(Lewis Wolpert, 진화 생물학자): "향후 50년 내에 조직생물학과 컴퓨터 모형들이 우세해짐에 따라 배아는 완전히 '측정가능'해질 것이고 염색체 정보와 세포질의 내용물과 함께 수정란을 받아 태아의 완전한 성장을 예측할 수 있을 것이다. 이것으로부터 새로운 일반법칙이 생길 것이다."[26]
- 스티븐 웨인버그(Steven Weinberg, 물리학자): "50년 후 내가 상상할 수 있는 가장 중요한 물리학적 발달은 입자와 자기장의 모든 특성을 기술한 최종이론(final theory)의 발견이 될 것이다."[27]
- 마이클 가자니가(Michael Gazzaniga, 심리학자): "다음 50년은 사회적 정신(social mind)에 초점이 맞춰질 것이다. 인간은 사회적 동물이고 개개인의 정신

---

23) http://www.btinternet.com/~ian.pearson/http://www.itwales.com/997789.htm

24) 다음의 참고 사이트는 예측 내용을 위한 목적이 아니더라도 상호작용하는 재미를 위해 볼 가치가 있다. http://www.btplc.com/Innovation/News/timeline/

25) 이러한 예측들을 다음에서 찾을 수 있다. http://www.newscientist.com/channel/opinion/science-forecasts

26) http://www.newscientist.com/channel/opinion/science-forecasts/mg19225780.080-lewis-wolpert-forecasts-the-future.html

27)http://www.newscientist.com/channel/opinion/science-forecasts/mg19225780.077-steven-weinberg-forecasts-the-future.html

상태는 대부분의 시간을 관계들에 대해 생각하게끔 되어 있기 때문이다."[28]

- 프리맨 다이슨(Freeman Dyson, 이론물리학자이자 수학자): "50년 후 가장 커다란 비약적 발전은 대기권 밖 생물체의 발견이 될 것이다."[29]
- 로저 고스덴(Roger Gosden, 의사): "만약 우리가 부모로부터 신체세포를 처리하여 인공 난자와 정자를 얻을 수 있다면 그리고 결합하여 자궁에 이식할 수 있다면 어떨까? 그런 기술은 불임, 선천성 기형, 유전적 질환을 극복할 수 있는 가능성이 될 것이다."[30]

표 12-7 2006~2051년 British Technology의 예측

연도	예측
2010	• 개인용 컴퓨디와의 완진한 목소리-상호작용 • 컴퓨터로 강화된 꿈꾸기
2012	• 나노기술 장난감 • 안내견의 대체로 로봇활용 가능 • 인간의 두뇌 속도만큼 빨라진 사무용 컴퓨터 • 컴퓨터로 통제되는 식욕억제 물질 (appetite suppressants)
2015	• 관람자가 영화의 배역을 선택할 수 있음 • 로봇이 스스로의 문제점을 진단할 수 있고 수리 가능 • 입력장치로서 생각 인식 • 감정제어 장치 • 달에서 헬륨(Helium) 채취
2020	• 인류의 90%가 컴퓨터 활용 가능* • 선택된 문제에 대한 전세계적인 투표 • 태양에너지의 생화학적 저장 • 홀로그래픽 TV
2025	• 가정용 입체 프린터 • 박테리아로 만든 회로 (Circuit made with bacteria) • 인간과 컴퓨터 간의 직접적인 두뇌연계 • 상업적 생산품들을 제조하는 공장들을 우주공간에 설립
2035	• 태양력 기지국 • 시간여행 발명 • 우주공간 엘리베이터

28) http://www.newscientist.com/channel/opinion/science-forecasts/mg19225780.092-michael-gazzaniga-forecasts-the-future.html
29) http://www.newscientist.com/channel/opinion/science-forecasts/dn10481-freeman-dyson-forecasts-the-future.html
30) http://www.newscientist.com/channel/opinion/science-forecasts/dn10625-roger-gosden-forecasts-the-future.html

2037	• 거대한 영구 달기지
2050	• 텔레파시 통신 • 두뇌 전송(brain downloads)

* 연대표에는 이 예측을 위한 인구를 표시하지 않았다. 전세계 인구의 82%만이 읽고 쓸 줄 안다는 것을 감안하면, 이 것은 선진국의 인구 중 90%를 의미하는 것 같다.

그러나 어느 분야의 심층 전문가가 미래에 대한 정확한 예언을 할 수 있는지는 의문이다. 2050년에 대해 어떤 예측을 하더라도 우리는 시간이 다가오고 있다는 것을 알고 있다. 우리가 고찰한 예측들에 대해 결론을 내리기 전에, 공상과학소설의 역할에 대해서도 다시 한 번 심사숙고해야 한다. 대부분의 공상과학소설은 미래가 그 배경이고 주로 과학에 대한, 특히 우주공간 여행, 광속보다 더 빠른 장비 등 몇 가지 중요한 가정을 한다.

너무나 많은 공상과학소설들이 너무 먼 미래를 배경으로 하고 있기 때문에 소설 속의 예측들은 미래기술 예측을 하는 개개인들이나 기관들처럼 같은 문제로 고민한다. 시간상 더 먼 미래를 예측할수록, 그 예측의 정확도는 더 떨어진다. 그럼에도 불구하고 공상과학소설은 과학자들과 공학자들에게 아이디어를 제공해왔고, 제1장에서 설명했듯이 그 결과로서 발전해온 기술들에 대한 토론의 장이 되어왔다.

제12장에서 무엇을 배웠나

사람들은 아주 오래 전부터 미래를 예측해왔다. 어떤 예측들은 5,000년 전 살았던 마야인들의 천문학에 기초하고 있고, 유명한 노스트라다무스는 16세기 동안 예측들을 만들어냈다. H.G. 웰즈나 쥘 베른과 같은 작가들도 예측을 했다. 오늘날 기관들과 개개인 모두 예측들을 하고 있으나 그 정확도는 종종 우연보다 조금 더 나은 정도밖에 되지 않는다. 그래서 예측이 가치가 있는 것인지 아닌지는 여전히 의문으로 남아 있다.

생각해보기

1. 만약 타임캡슐을 만들어 50년 후 개봉한다면, 그 안에 무엇을 담을 것인가? 다시 말하면, 오늘날의 어떤 과학기술들이 50년 후 흥미롭거나 중요하다고 예측하겠는가?
2. **[표 12-3]**의 퓨연구소의 연구를 이용한 예측 시나리오를 **[표 12-4]**의 베텔연구소의 세계 예측과 함께 생각해보라. 어떤 예측들이 공통적인가? 이러한 예측들이 정확하다고 생각하는가? 그 대답에 대한 이유는?
3. 누군가 미래 예측으로 삶을 살아간다면 그것이 이상하게 보이는가? 그 이유는? 회사의 소속직원이 미래예측을 한다면 그 대가로 보수를 지급해야 하는가? 그 이유는?
4. 세 명 또는 네 명의 미래학자들의 홈페이지를 방문하라. 당신에게 확신을 주는 예측을 한 미래학자의 홈페이지에서 항목을 만들어라. 그 이유의 정당함을 증명해보라.
5. 기관들과 개개인들이 만든 예측들 사이에는 몇 가지 비슷한 점들이 있다. 그 비슷한 점들이 많을수록 정확도가 더 높아진다고 생각하는가? 그 이유는?
6. 이제는 당신의 차례이다. 미래 기술에 대한 10가지 예측을 만들어라. 각 예측이 왜 일어날지 그 이유를 설명하라.

참고문헌

Braden, Gregg, Peter Russell, Daniel Pinbeck, Geoff Stray, and John Major Jenkins. *The mystery of 2012: Predictions, Prophacies & Possibilities*. Louisville, CO: Sounds True, 2007.

Brockman, John. *The Next Fifty Years: Science in the First Half of the Twentieth Century*. New York: Vintage,2002.

Cristol, Hope. "Futurism is dead: Need proof? Try 40 years of failed forecasts." Wired, December 2003. *http://www.wired.com/wired/archive/11.12/view.html*

Kurzweil, Ray. *The Age of Spiritual Machines: When Computers Exceed Humans Intelligence*. New York: Penguin, 2000.

Paul, Ryan. "Experts believe the future will be like Sci-Fi movies." *http://arstechnica.com/news.ars/post/20060924-7816.html*

"The World of 2088: Technology."
http://www.washington.edu/alumni/columns/june98/technology.html

Vass, Thomas E. *Prediction Technology: Identifying Future Market Opportunities and Disruptive Technologies*. 2nd ed. New York: Great American Business & Economics Press, 2007.

>>> 찾아보기

한글 찾아보기

ㄱ

ㅇ

ㅈ

ㅊ

ㅋ

영문 찾아보기

A

B

C

D

E

T

U

V

W

X

Z

기타